室内无线通信技术原理与工程实践

赵 培 李 岢 张需溥 等/编著

北京邮电大学出版社
www.buptpress.com

内 容 简 介

本书全景式地介绍了室内无线通信技术原理及工程实践。全书共分 12 章,在选材上面向室内覆盖的整个生命周期,详细介绍了通信体制、技术原理、规划设计、工程建设和网络优化等重点环节的相关知识。

本书内容涵盖了 LTE、3G、2G、WLAN 等多种技术体制,并融入了室内多网协同、小基站(Nanocell、Lampsite 等)、无源器件质量、直放站调测、网络质量评估、室内自动路测等热点问题。本书各章中均备有一定量的例题或案例,以便于读者理解关键知识点;书后还附有各章习题,可供作为教科书及技术培训使用。

本书强调技术与工程的结合,适合作为高等院校通信工程、电子信息工程、计算机科学与技术等专业本科生、工程硕士、专科生和高职高专生的专业基础课教材,也可供通信网络运营商、通信设备制造商、通信工程施工企业、室内网络优化企业、通信工程培训机构等单位内部培训使用。

图书在版编目(CIP)数据

室内无线通信技术原理与工程实践 / 赵培等编著 . -- 北京:北京邮电大学出版社,2015.1
ISBN 978-7-5635-3862-1

Ⅰ. ①室… Ⅱ. ①赵… Ⅲ. ①无线电通信-通信技术-研究 Ⅳ. ①TN92

中国版本图书馆 CIP 数据核字(2014)第 243920 号

书　　　名:室内无线通信技术原理与工程实践
著作责任者:赵　培　李　剀　张需溥 等编著
责 任 编 辑:刘　颖
出 版 发 行:北京邮电大学出版社
社　　　址:北京市海淀区西土城路 10 号 (邮编:100876)
发 行 部:电话:010-62282185　传真:010-62283578
E-mail:publish@bupt.edu.cn
经　　　销:各地新华书店
印　　　刷:北京联兴华印刷厂
开　　　本:787 mm×1 092 mm　1/16
印　　　张:27
字　　　数:688 千字
印　　　数:1—2 000 册
版　　　次:2015 年 1 月第 1 版　2015 年 1 月第 1 次印刷

ISBN 978-7-5635-3862-1　　　　　　　　　　　　　　　　　　　定　价:56.00 元

前　言

长期以来室内一直是无线通信业务量发生的主要场所，业界一直广为流传室内话务量占比至少 60% 的说法。随着移动互联网时代的到来，这种趋势更为明显。宋代大儒欧阳修曾言："余平生所作文章，多在三上，乃马上、枕上、厕上也。"目前，微博、微信等数据业务的热点区域也往往产生于车站、地铁、写字楼、居室甚至卫生间等泛室内场景。

毋庸置疑，室内无线通信系统也已经成为移动通信产业链上的重要环节。随着 4G 网络大规模建设的到来，室内覆盖的设备制造、工程建设、运营维护等工作都面临着产业变迁，室内覆盖从业人员也需要不断更新知识。

本书编者分布在室内无线通信领域的高校教学、产品研发、规划设计和网络优化等不同领域，亲历了近年来室内无线通信产业界的种种变革和最新实践，为业界提供一本全景式的参考书是大家共同的愿望。本书部分内容曾经在编者各自所承担的高校教学、师资培训、专题内训和前沿讲座等场合使用过，并且根据多轮反馈进行了修订。本书一共有 12 章，可分为三个部分：

第一部分包含第 1～4 章，介绍室内无线覆盖工程实践中经常用到的通信理论和技术体制，包括无线频谱分配、室内电磁传播、无线组网基础概念以及 2G、3G、4G、WLAN 等常见无线通信系统的技术特点，这些知识是提升工程方案价值的依据和指南。

第二部分包含第 5～7 章，介绍组建室内无线组网所需硬件的技术原理和应用特点，包括以一体式基站、分布式基站和小基站为代表的信源设备，以数字光纤直放站、干放等为代表的有源放大设备，以天线、功分器、耦合器、电桥等为代表的无源器件，并特别给出了这些设备在实际应用过程中的注意事项。

第三部分包含第 8～12 章，介绍室内网络规划设计、工程建设和网络优化三个重要环节中的工程技术和典型案例，其中，LTE 室分网络设计、室内共建共享 POI 系统、不同制式的网络优化案例等问题均做了重点描述。

本书在每一章后面均配有一定量的习题，读者可以通过这些习题对所学知识进行巩固，加深理解；后续还将通过北京邮电大学出版社网站(http://www.buptpress.com/)提供教学幻灯片及实验辅导工具等配套资料。这些资料会形成一个完整的体系，为院校教学和企业内训提供便利。

本书既可作为大专院校通信工程、电子信息工程、计算机科学与技术等专业本科生、工程硕士、专科生和高职高专生的专业基础课教材，也可以作为通信网络运营商、通信设备制造商、通信工程施工企业、室内网络优化企业、通信工程培训机构等单位的内部培训资料，还可供室内无线覆盖工程的广大从业者作为案头常备参考书。

全书的统筹和校审由赵培负责，具体分工如下：第 1、4、5、8、9 章由赵培、李剀、张需溥、陈庆涛等共同编写，第 2、3 章由崔高峰、赵培、隋延峰等共同编写，第 6、11、12 章由李剀、曾二刚等共同编写，第7、10章由张需溥、赵培等共同编写。梁章、周兴伟等提供了部分章节的原始素材，龙妮娜、王维、黄超等审阅了部分章节，张钰、李玉婵、郝城锋、李洋、刘晓园等人在勘误过程中也提供了令人难忘的帮助。

编者还要特别感谢高鹏、孟德香、李楠、沈忱、李冶文、谭步律、胡恒杰、周兴围、罗建迪、金文研、王彬、焦卫平、董姗、卜振钊、赵云峰、王大鹏、张俪、路怡、李爱成、胡志东、曾伟超、万朝晖、黄景民、林学进、韩春根、林轶樑、张吓弟、叶强、李晓明、李俊杰、赵承东、湛颖、蔡万强、范政、王波、李军、李莉莉、王晓磊、杨大成、杨鸿文、王卫东、韦再雪、吕文俊、曹伟、陈金虎等师友就室内覆盖领域专题研究或工程实践所曾给予的帮助和启发。

需要特别声明的是：相关表述纯属个人专业探讨，并不代表我们过去或将来所服务公司的立场或意见。同时，编者还要向所引文献的全部作者的原创工作表示诚挚的谢意！在编写过程中参考和引用了国内外很多书籍和网站的相关内容，由于涉及内容较多，未能一一列举，在此一并感谢！

需要注意的是：室内覆盖并不一定完全通过室内（外）分布系统来解决；近年来，借助宏站特型天线、小基站等手段设计的"室外覆盖室内"或"室内外联合覆盖"等解决方案也在不断实践完善中；此外，分布系统的末端也正在趋向有源化，未来，依托分布系统反馈的位置信息向用户提供更加精准的通信业务也将成为现实。

由于时间仓促、学识有限，书中不足和疏漏之处难免，恳请广大读者将意见和建议通过北京邮电大学出版社反馈，以便在后续版本中不断完善。

编　者

目　　录

第1章 概　　论

早期的无线通信网络中,用户数量较少,城市建筑结构也相对简单,为了满足用户室内通话需求,可以主要由室外基站对室内进行覆盖;但随着城市建设和移动通信的发展,建筑遮挡越来越严重,手机用户越来越多,室内的覆盖和容量越来越难以满足,因此室内覆盖的技术手段也日益多样化。图1.1总结了常见的室内覆盖解决方案,本书将陆续结合不同无线通信技术体制介绍这些方案在工程实践中应用的相关知识。

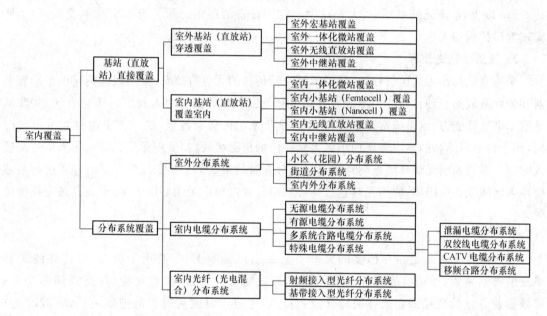

图 1.1　常用室内覆盖方案

1.1　无线通信室内覆盖方案的技术要素

1.1.1　信源种类[1]

无线通信室内覆盖的信源主要包括一体式基站、分布式基站、小基站、中继站等多种形态,工程上也往往将直放站并入信源范畴。本书中,常用基站类设备的介绍详见第5章,常用直放站类设备的介绍详见第6章。

1. 一体式基站信源

一体式基站信源分专门为室内覆盖区域独立承载提供业务量的方式和室内外覆盖区共用基站业务容量的信源接入方式。室内独立提供业务量的方式是采用射频电缆接入方式直接与信号分布系统相连,通过信号分布系统均匀分配至各个天线端口,室内外覆盖区共用基站方式是将基站多余业务量部分地转移到室内覆盖区,实现室内有效覆盖。前者适用于覆盖面积较大或者人流比较密集,业务量相对较高;后者适用于低业务量和较小面积的室内覆盖,同时也适用于高话务量的大型赛事场馆和影院以及地铁的专用覆盖,采用的有源放大设备应设置适当的上下行增益,最大限度地减少基站的噪声引入。

2. 分布式基站信源

分布式基站又称为拉远式基站,该信源话务容量大、组网灵活,能将富余话务容量拉远至定点覆盖区域。传统上该设备分别为射频拉远、中频拉远和基带拉远三种类型。射频拉远和中频拉远是使用射频或中频电缆实现拉远,拉远距离分别为 100～300 m,主要实现本地信源馈送(即机房和天线位于同一个站点);基带拉远传输主要使用光纤进行拉远,传输距离一般可达 5 km 以上,由于光纤损耗小,大大减少干放等设备的使用。除了可以实现本地接入,也能实现远端拉远接入。

3. 直放站馈送信源

采用直放站作为馈送信号源,分为无线空间传送的无线直放站、采用线缆衔接的干线放大器和光纤直放站三种。通过中继接力方式将室外宏基站的信号引入到室内覆盖盲区,共享基站的基带处理能力,该系统常用于室外站承载业务存在富余容量,扩大至室内覆盖范围的应用,用于话务量不高的室内场所如小区多楼宇内的信源接入,在使用无线直放站作为信号源接入时应考虑到周围无线环境影响及宏基站业务容量的限定。采用干线放大器时应考虑与基站衔接射频线缆传输距离,使用光纤直放站可解决传输过程中无线环境影响,但应具备光纤铺设的条件。

4. 直放站拉远系统

直放站拉远系统是在一拖多的光纤直放站组网基础上,带有用于切换、监控载波调度单元的拉远系统,近端机的监控部分能实现与远端机的切换、参数设置、状态查询等功能;可根据业务量的高峰期和低谷期转移这一特点,通过定时或实时控制把施主基站(载波池)载频送往远端站,按时间段预分配地进行载波容量的调配形成新覆盖区。此类设备可防止业务高峰期的拥塞。采用光纤传输接入方式可以克服射频电缆对信号的衰减,不受隔离度问题的限制,根据业务预测需求,合理选取信源基站和频率规划,但需要铺设光纤通路,配置多台设备的供电。

1.1.2　信源属性

根据信源小区的载波或能量是否全部用于室内覆盖系统,还可以将信源分为独立信源和非独立信源。独立信源(图 1.2)是指信源小区的载波全部用于室内分布系统的信源,否则为非独立信源(图 1.3)。

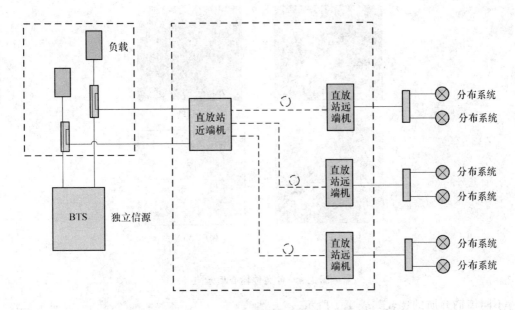

图 1.2 独立信源示意图(虚框内为非必选项)

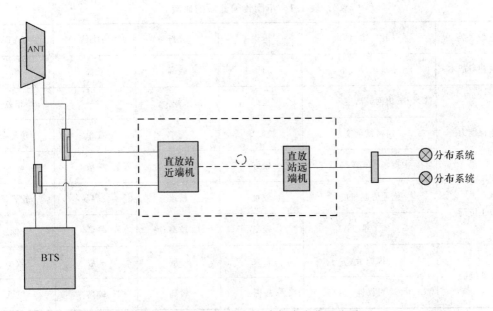

图 1.3 非独立信源示意(虚框内为非必选项)

1.1.3 传输介质

传输介质是指将室分信号从功率设备传送至系统天线的介质,主要包括电缆、光纤、五类线、CATV 四种,如图 1.4 所示,其中泄漏电缆既是传输介质,也是天线,归属电缆。

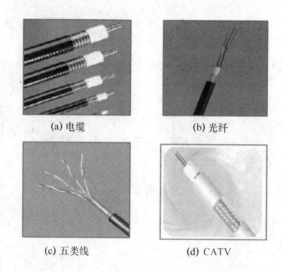

(a) 电缆　　　　　　　(b) 光纤

(c) 五类线　　　　　　(d) CATV

图 1.4　各类传输介质示意

不同传输介质的比较如表 1.1 所示。

表 1.1　不同传输介质的比较

比较大类	比较项目	电缆	光纤	五类线	CATV
系统建设成本	系统建设成本	低	较高	较高	高
组网能力	组网灵活度	较好	好	好	很差
	组网复杂度	较简单	简单	简单	较复杂
	大型场景支撑能力	较好	好	一般	较差
施工协调	物业协调难度	较难	较难	较容易	较容易
	施工难度	较高	较高	较低	低
日常维护	维护量	较大	一般	一般	较小
	可靠性	较低	较高	较高	较低

1.1.4　天线布局

根据天线点位的布放位置,可以将室分系统分成室内分布系统、室外分布系统(又称小区分布系统)和室内外分布系统。其中,室内分布系统是传统的主流室内网络覆盖方式,但随着城市环境的日益复杂以及居民环保意识的提高,入户建设的难度逐渐加大,室外分布系统和室内外分布系统逐渐成为室内覆盖的新型选择。

1. 室内分布系统

室内分布系统指天线点位主要在室内、基于缆线传输、通过器件进行功率分配、利用室内天线进行室内区域无线信号覆盖的分布系统。典型的室内分布系统如图 1.5 所示。

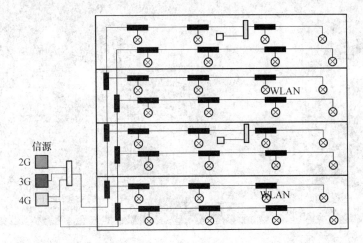

图 1.5　室内分布系统示意

2. 室外分布系统

室外分布系统指在居民小区的园区内设置天线，将信源设备输出的功率基于馈线传输，通过器件进行功率分配，利用室外天线进行室内及邻近室外区域无线信号覆盖的分布系统。典型的室外分布系统如图 1.6 所示。

图 1.6　室外分布系统示意

3. 室内外分布系统

室内外分布系统指天线点位同时分布在室内和室外，将信源设备输出的功率基于馈线传输，通过器件进行功率分配，利用室内外天线进行室内及邻近室外区域无线信号覆盖的分布系统。典型的室内外分布系统如图 1.7 所示。

图 1.7　室内外分布系统示意

1.1.5　典型场景下的方案选择

典型场景下室分系统覆盖方案如表 1.2 所示。

表 1.2　室分系统分场景覆盖技术方案

系统	类型	写字楼	酒店	居民住宅	交通枢纽	学校	大型场馆	工业园区	商场超市
信源	独立信源	●	●	●	●	●	●	●	●
	非独立信源	○	×	○	×	×	×	○	○
信号引入方式	一体式基站	●	●	●	●	●	●	●	●
	分布式基站（BBU＋RRU）	●	●	●	●	●	●	●	●
	直放站馈送	○	○	○	○	○	○	○	○
	一体化微基站	○	○	○	○	○	○	○	○
传输介质	电缆	●	●	●	●	●	●	●	●
	光纤	○	○	○	●	○	○	●	○
	五类线	○	○	○	×	○	×	○	○
	CATV	×	○	○	×	○	×	×	×
天线布放方式	室内（分布天线全部在室内）	●	●	●	●	●	●	○	●
	室外（分布天线全部在室外）	○	○	○	○	○	○	○	○
	室内外（分布天线既有室内又有室外）	○	○	●	○	○	○	●	○

注：●优选，○可选，×不选。

1.2 典型室内信号分布系统[1]

信号分布系统是根据网络传输的制式和频段,结合不同建筑物损耗及场景选取不同的覆盖分布方式。本节主要介绍最常用的两种信号分布系统,即室内电缆分布系统和室内光纤分布系统。

1.2.1 室内电缆分布系统

1. 无源电缆分布系统

无源电缆分布系统由除信号源外的耦合器、功率分配器、合路器等无源器件和电缆、天线组成,通过无源器件进行信号分路传输,经馈线将信号尽可能平均分配至分散安装在建筑物各个区域的每一副天线上,从而实现室内信号的均匀分布,如图1.8所示。

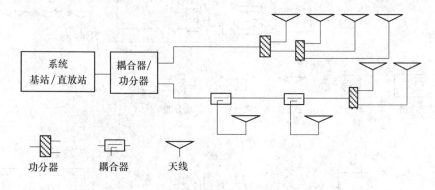

图 1.8　无源电缆分布系统示意

2. 有源电缆分布系统

有源电缆分布系统由除信号源外的放大器类设备、耦合器、功分器、合路器等有源、无源器件和馈线、无源天线或有源天线等组成,同时还增加滤波器用以增大抑制无线空间干扰信号进入上行有源设备的隔离度,如图1.9所示。有源电缆分布系统宜多用于建筑面积较大的建筑物内或狭长隧道类型的室内环境,如果在地铁、公路或铁路隧道中则需要增加放大器,用以补偿信号在传输过程中的损耗。当一级放大器无法完成对某一区域的覆盖时,在保证上行送入基站接收端口的杂散噪声不超出最低规定的条件下可采用多级级联方式,从而完成信号的延伸覆盖。

需要注意的是,随着分布式基站(二层架构及三层架构)的逐渐普及,干放及直放站等放大设备的应用在不断减少。

3. 多系统共用室内分布系统

多系统共用室内分布系统是多系统、多网络共用共享的一种组网接入方式,又可分为收发共用传输路径(图1.10)和收发分路传输路径(图1.11)两种方式。采用多系统接入综合分路平台(Point of Interface,POI),通过对不同制式之间的频段隔离实现在室内多制式、多系统的重叠覆盖,对后来接入的系统可采用后端馈入的方式,如无线局域网系统,但须考虑原有覆盖路径适用的频率范围。对较长的分支路径需采用有源器件(如放大器等)增加传输信号功率时,各系统有源器件相互独立上下输入端需考虑收发隔离及带外频段的抑制能力,有源设备需放置在具有隔离效果的无源器件(如多频率分路/合路器或收发滤波器等)中间,以避免系统之间的有源干扰。该种方式通常用在地铁或隧道覆盖环境条件下。有关 POI 系统的详细介绍参见本书第 10 章。

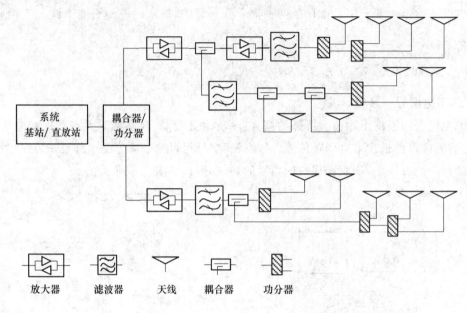

图 1.9　有源电缆分布系统示意

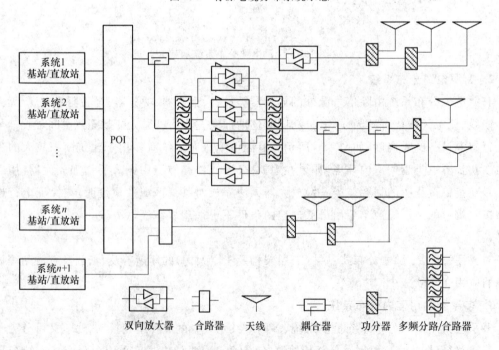

图 1.10　多系统共用室内分布系统(收发共用)示意

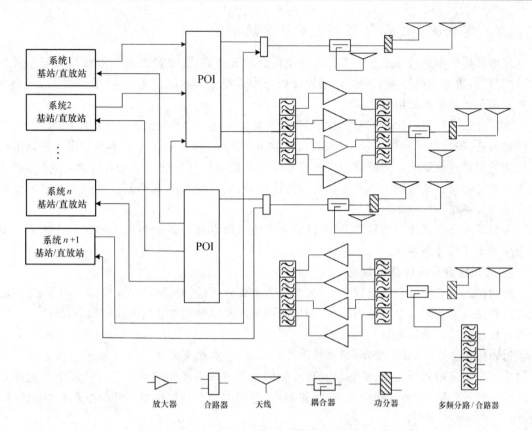

图 1.11　多系统共用室内分布系统(收发分路)示意

4. 泄漏电缆分布系统

采用泄漏电缆分布方式的信号分布系统称为泄漏电缆分布系统,利用功率放大器和射频宽带合路器或耦合器,将多种频段的无线信号通过泄漏电缆进行传输覆盖。泄漏电缆分布系统适用于隧道、地铁、长廊、高层升降电梯等特定环境地形结构的覆盖如图 1.12 所示。覆盖半径一般为 2～6 m,覆盖效果取决于泄漏电缆的泄漏比。泄漏电缆可以保证信号场强均匀分布,克服驻波场。由于泄漏电缆损耗较大,传输距离短,对传输距离长的区域通常加有中继放大。

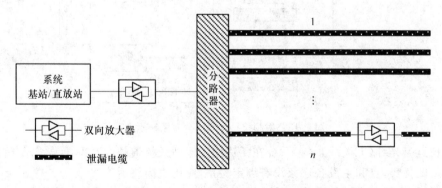

图 1.12　泄漏电缆分布系统示意

1.2.2　室内光纤(光电混合)分布系统

室内光纤分布系统是基于全光纤或光电混合的分布方式,直接通过光纤传输分配至各处的天线节点,再经光电转换把射频信号连接到每个天线上。系统由主单元、光纤线路、含光电转换远端单元以及天线组成。

光纤分布系统中,远端设备与天线可以是分离或一体化结构,由于省去了射频器件及线缆的传输损耗,输出电信号功率较小(因此又称微功率分布系统),在多系统共用情况下降低了相互之间的射频干扰影响。同时应用光纤分布系统时还可扩展传输通道的带宽,以满足多制式宽带业务的需求。既适用于小型的住宅和旅馆区域,又适用于中大型覆盖范围或者中大型业务密集公共场馆。

根据馈入分布系统的信号类型,光纤分布系统又可以细分为射频拉远型光纤分布系统和基带拉远型光纤分布系统。

1. 射频拉远型光纤分布系统

射频拉远型光纤分布系统以光纤/五类线为主要介质,其中,远端单元可以直接放装、外接天线或者馈入末端同轴电缆分布系统,而不同级数的扩展单元与远端单元相结合,便于灵活构建较大规模的拉远型设备。

射频拉远型光纤(五类线)分布系统由接入单元、扩展单元和远端单元组成。接入单元与扩展单元之间采用光纤连接,扩展单元至远端单元之间采用光纤或网线连接。近端单元接入基站的射频发射端,可灵活耦合 2G、3G 和 4G 多种制式。射频拉远型光纤分布系统如图 1.13 所示。

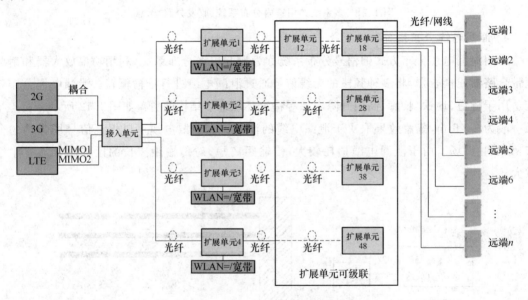

图 1.13　射频拉远型光纤分布系统示意

射频拉远型光纤(五类线)分布系统在无法建设宏站或街道的高功率覆盖需求场景具备建设相对容易的优势,且和主设备厂家没有绑定关系,应用更为灵活。

从长远看,光纤和宽带的模式建设造价将低于馈线系统,因此业界将加快推动基于射频拉远的光纤/五类线分布系统的成熟,完善监控、管理平台,提升有源设备性能和质量,降低造价,细化产品形态。

　　射频拉远型光纤(五类线)分布系统主要应用在无法通过宏站或街道站解决的、建筑物离散的高功率需求场景,大型建筑群小区内、楼宇间分散布放天线的小区分布场景,且除 4G 覆盖外还有 2G、3G 覆盖需求或若主设备厂家不提供基带拉远的光纤分布系统的场景。射频拉远型光纤(五类线)分布系统可少量应用于同轴电缆部署困难、隐蔽性要求高、2G/3G/4G 都具有较大覆盖需求的较大的室内的场景。

2. 基带拉远型光纤分布系统

　　基带拉远型光纤(五类线)分布系统是一种在室内进行光纤或五类线布线的新型方案,目前仅有个别通信主设备厂家可以提供,详见本书第 5 章中关于三层架构分布式基站的描述。

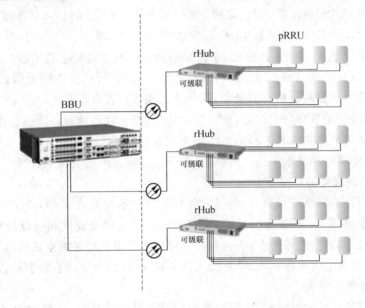

图 1.14　基带拉远型光纤分布系统示意

　　基带拉远型光纤(五类线)分布系统为有源系统,由主设备 BBU 接入合路单元 DCU、rHub、pRRU 构成,设备之间采用光纤或五类线连接,可以同时支持 2G/3G/4G 三模拼装外加 WLAN,实现多制式功率自动匹配同覆盖,并实现对所有设备的监控。

　　基带拉远型光纤(五类线)分布系统比同轴电缆(馈线)易于布放;远端单元可以直接放装、外接天线;不同级数的扩展单元与远端单元相结合,便于灵活构建较大规模的分布系统。

1.3　无线通信室内覆盖的发展趋势

1.3.1　共建共享[2]

1. 监管部门的要求

　　2008 年 9 月 28 日,工业和信息化部、国务院国有资产监督管理委员会联合下发了工信部联通[2008]235 号《关于推进电信基础设施共建共享的紧急通知》,对于各基础电信企业室内分布系统的共建共享提出如下明确要求:"新建基站设施(其中包括室内分布系统)具备条件的应联合建设,已有基站设备具备条件的应开放共享;基础电信企业租用第三方站址、机房等各种设施,不得签订排他性协议以阻止其他基础电信企业的进入。"

根据文件要求,在工信部、各省通管局的大力推进下,各基础电信企业均已将共建共享考核结果纳入企业业绩考核体系,共建共享推进情况与各省市运营商主要负责人的利益直接挂钩,监管部门的要求是促进各运营商共建共享室内分布系统工作落实的主要抓手。

工信部在《关于2010年推进电信技术设施共建共享的实施意见》中明确指出,自2010年6月起,将室内分布系统纳入统计范围。这一文件的发布无疑促使三大运营商加大室内分布系统共建共享力度,在整个通信行业内实现资源的合理利用和优化。2011年,工信部通过《关于2011年推进电信基础设施共建共享的实施意见》(工信部联通[2011]142号)。该文件指出了三家基础电信企业2011年全国基础设施的共建率(均应不低于以下水平:铁塔50%、杆路25%、基站40%、传输线路25%、管道20%、室内分布系统15%)和共享率(均应不低于以下水平:铁塔40%、杆路60%、基站40%、传输线路60%、管道25%、室内分布系统2%)。

2014年7月,三大运营商中国移动、中国联通和中国电信共同签署了《发起人协议》,分别出资40.0亿元人民币、30.1亿元人民币和29.9亿元人民币,成立中国通信设施服务股份有限公司(后更名为中国铁塔股份有限公司,简称中国铁塔),各自持有40.0%、30.1%和29.9%的股权。中国铁塔的发展将分三步走:第一步是增量(即运营商所有新建的铁塔),第二步是存量(即把已有的铁塔资源并入其中),第三步解决混合经济的问题(即引入民营资本)。该公司的成立将进一步推动各种场景下的共建共享,当然也包括室内覆盖场景。

2. 运营商节约成本的诉求

为了满足LTE的网络质量要求,各运营商自行新建或改造现有2G、3G室内分布系统时需要提供多系统、多频段、多制式覆盖能力,室内分布系统建设规模和建设投资进一步加大。且因LTE高频段、高数据业务需求,各运营商间室内分布系统建设方案选择趋同,此时多运营商间共建或改造共享室内分布系统,额外投入成本较少,共担成本比自建节约投资效果明显。

3. 业主方的特定要求

为了发挥LTE系统的性能优势,往往需要建设双路室分系统,从而加大了走线及天线布放的施工量。在民众环保意识日益增强的背景下,室内分布系统的入户施工更加困难。此时,多运营商共建共享室内分布系统将成为运营商和业务博弈的妥协选项。

1.3.2　无线光纤分布系统

无线光纤分布系统是一种以光纤承载无线信号传输和分布的解决方案,此类系统充分发挥了光纤承载带宽大和传输损耗小的优势,适应了通信运营商多业务运营的网络建设需求,是一种有效的多制式、多业务融合的分布系统建设方案,该方法还实现了国家及运营商的统一规划、共建共享的要求,避免了大量的重复投资。

特别地,为贯彻落实国务院关于"加快宽带中国建设""加快普及光纤入户"的要求,推进光纤到户建设,工信部通信发展司组织编制的《住宅区和住宅建筑内光纤到户通信设施工程设计规范》和《住宅区和住宅建筑内光纤到户通信设施工程施工及验收规范》两项国家标准,已于2013年4月1日起实施。该标准主要规定了以下强制性要求:(1)在公用电信网已实现光纤传输的县级及以上城区,新建住宅区和住宅建筑的通信设施应采用光纤到户方式建设;(2)住宅区和住宅建筑内光纤到户通信设施工程设计必须满足多家电信业务经营者平等接入、用户可自由选择电信业务经营者的要求;(3)新建住宅区和住宅建筑内的地下通信管道、配线管网、电信间、设备间等通信设施必须与住宅区及住宅建筑同步建设、同步验收。

虽然光纤到户强制标准的初衷是为了提升固网宽带建设水平,但该标准的落地客观上将有利于室内无线光纤分布系统的建设。

1.3.3　室内外协同通信

室内是移动通信话务量产生的主要场景，日本某运营商的研究数据表明：室内产生的话务量约占总话务量的 60%，但是大部分建筑结构并不复杂的楼宇，如居民区、学校宿舍、低矮写字楼等，基本可以通过室外基站直接穿透覆盖室内的方式解决室内通信。国内某特大型城市的研究数据表明：发生在某片特定区域内的室内话务中，约有 62% 是室外基站吸收的，约有 25% 是室内分布系统吸收的，剩余 13% 的比例无法稳定地占用室内分布系统或室外基站，经常处在室内外切换的状态之中。

当前很多室内分布系统是为了解决用户投诉或者 VIP 楼宇覆盖而建设的，因此网络资源利用率相对于室外基站而言偏低。因此，考虑到室内分布系统的投资收益比，通过室外基站（尤其是小基站）和室内分布系统等多种手段的协同组合来解决室内通信就成为现实的诉求。

具体而言，在室内覆盖建设过程中，要根据业务预测和网络情况，加强室内覆盖解决方案的合理规划，优选室外覆盖室内方式，对于适用室外覆盖室内方式解决的需求点，在充分发挥网络优化能力的基础上再行考虑宏站或街道站点的新建，并对不同制式进行合理规划；必须采用室内分布系统覆盖建设方式时，应区分改造或新建分别进行规划。新建室内覆盖系统的规划必须立足长远。改造现有室内分布系统时必须考虑便于引进 LTE、减少改造投资、降低工程实施难度等关键因素。

特别地，对于室外网络结构和室内建筑结构并不复杂的场景，应充分发挥网络优化能力，尽可能通过网络优化实现网络整体干扰最小化、容量最大化。对于绝对电平偏弱但网络接入能力满足要求、绝对电平较高但干扰高质量差的情况，以及其他适用情况，应优先考虑通过网络优化予以解决。

在这样的背景下，加强室分系统选址的精确性就很有必要，因此也涌现出一些新的技术手段。比如基于信令数据的室内用户定位方法，该方法首先归纳出室内用户的行为特征，依据用户信令数据和统计数据，分析确定用户是否属于室内用户，然后判断这些室内用户是由室内分布系统还是室外基站覆盖；如果某片区域内由室外基站吸收的室内用户占比过大，并且室外基站的网络负荷也较高，那么该片区域就应该加大室内分布系统的建设力度。

本章参考文献

[1]　中国通信标准化协会.无线通信室内信号分布系统－第 1 部分:室内分布系统总体技术要求(送审稿)[S].2007.

[2]　万俊青.LTE 网络室内分布系统共建共享探讨[J].移动通信,2013,37(6):16-20.

[3]　工信部.两部门联合印发 2011 年推进电信基础设施共建共享实施意见[EB/OL].(2011-4-27)[2014-8-30].http://www.miit.gov.cn/n11293472/n11293832/n11293907/n11368223/13733417.html.

[4]　工信部网站.工业和信息化部相关司局负责人就成立"国家基站公司"的报道进行回应[EB/OL].(2014-4-30)[2014-8-30].http://www.miit.gov.cn/n11293472/n11293832/n11293907/n11368223/15982048.html.

第2章　无线通信理论基础

2.1　无线通信频谱分配

无线通信离不开无线电波,而无线电波是一种看不见、摸不着的电磁波。随着社会的发展、人类的进步,无线电波已渗透到社会生活的各个方面,如卫星导航、手机通信等,成为影响国防、经济和人们日常生活的重要因素。

本节将介绍无线电频谱的基本概念及其分类,简述目前常见的无线电业务、无线电频谱管理,以及中国陆地移动通信可用频谱的分配情况,最后介绍未来陆地移动通信系统频谱需求情况。

2.1.1　无线电频谱简介

无线电波是一种电磁波,无线电频谱和电磁频谱存在什么关系呢?首先,电磁频谱可以看成是不同频率电磁波的总称。根据频率范围的不同,电磁波又可被划分为多种形式,如无线电波(频率低于 3 000 GHz)、红外线($300\sim4\times10^5$ GHz)、可见光($3.84\times10^5\sim7.69\times10^5$ GHz)、紫外线($7.69\times10^5\sim3\times10^8$ GHz)和 X 射线($3\times10^8\sim5\times10^{10}$ GHz)等。通常所说的无线通信所用频谱主要集中在无线电波频段,只是电磁频谱的一部分。

由于无线电波的频率范围为$3\sim3\,000$ GHz,频率范围较大,而不同频率范围内,无线电波特性不同,为了对无线电波进一步区分,无线电频谱又被划分为多个频段,如表 2.1 所示。在表 2.1 中,300 MHz$\sim$3 000 GHz 的频段由于波长小于 1 m,也可被称为微波频段。

表 2.1　无线通信使用的电磁波的频率范围和波段

频段名称	频率范围	波段名称		波长范围
极低频(ELF)	$3\sim30$ Hz	极长波		$100\sim10$ Mm
超低频(SLF)	$30\sim300$ Hz	超长波		$10\sim1$ Mm
特低频(ULF)	$300\sim3\,000$ Hz	特长波		$1000\sim100$ km
甚低频(VLF)	$3\sim30$ kHz	甚长波		$100\sim10$ km
低频(LF)	$30\sim300$ kHz	长波		$10\sim1$ km
中频(MF)	$300\sim3\,000$ kHz	中波		$1\,000\sim100$ m
高频(HF)	$3\sim30$ MHz	短波		$100\sim10$ m
甚高频(VHF)	$30\sim300$ MHz	超短波(米波)		$10\sim1$ m
特高频(UHF)	$300\sim300$ MHz		分米波	$1\sim0.1$ m
超高频(SHF)	$3\sim30$ GHz	微波	厘米波	$10\sim1$ cm
极高频(EHF)	$30\sim300$ GHz		毫米波	$10\sim1$ mm
至高频(THF)	$300\sim3\,000$ GHz		亚毫米波	$1\sim0.1$ mm

特别地,文献中也经常看到使用雷达波段对频谱的标识方法,这是在第二次世界大战期间,为了保密通信的需要而引入的划分方法(表 2.2)。

表 2.2 无线通信使用的电磁波的频率范围和波段

名称	P 波段	L 波段	S 波段	C 波段	X 波段	Ku 波段	K 波段	Ka 波段
频率	230～1 000 MHz	1 000～2 000 MHz	2 000～4 000 MHz	4 000～8 000 MHz	8 000～12 500 MHz	12.5～18 GHz	18～26.5 GHz	26.5～40 GHz

此外,无线电频谱如同水、空气一样,也是一种自然资源,是一种开放的、全世界可以共享的资源,并且无线电频谱是一种非耗竭资源,人们可以对它进行反复利用。但也正由于无线电频谱的开放性,如果不能对其进行有效管理、不加限制地肆意使用,将会造成不同国家、地区间无线电干扰,从而降低无线电频谱使用效率,甚至严重影响国防安全以及经济活动的有序进行。

2.1.2 陆地公众移动通信可用频谱分配

无线电可用频谱范围非常宽(3 Hz～3 000 GHz),无线电业务也有多种形式,如固定和移动类无线通信,陆地和航空类无线通信[1]。根据 ITU 的分配,每种业务可使用的无线电频谱不同。同时,每个国家或地区对同一种无线电业务分配的频谱也不相同,本书很难把每种无线通信对应的频谱一一列举出来。由于本书主要讨论陆地移动通信系统的室内部署问题,因此将重点介绍现有陆地移动通信系统可用频谱及其分配情况。对于其他无线通信及其频谱分配情况,有兴趣的读者可以参阅 ITU 及各个国家或地区的"无线电频率划分表"。

目前,陆地移动通信系统已发展到第四代(4th Generation,4G),也可被称为 IMT-Advanced 系统。同时,未来系统业务也将由传统的语音业务转变为数据业务,对系统容量要求大大增加,ITU 为 IMT-2000 及其之前系统划分的频段已不能满足未来业务发展的需求。2007 年 10 月,ITU 在世界无线电大会 WRC-07 上为 4G 系统划分了新增频谱。截至目前,ITU 划分给陆地移动通信系统的可用频谱如图 2.1 所示。

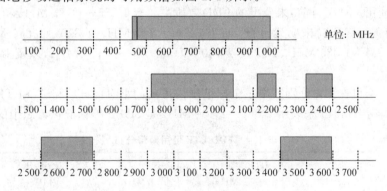

图 2.1 ITU 划分给陆地移动通信系统可用频谱

虽然 ITU 把上述频段划分给陆地移动通信系统可用,但每个频段上还有其他业务可用,每个频段的具体业务分配可由各个国家自行确定,只要保证次要业务不对主要业务构成有害干扰即可。同时,还有部分频段已经被其他业务占用,如前面提到的 470～806 MHz 频段等。因此,在某个国家或地区范围内,陆地移动通信系统可用的频谱是十分有限的,下面重点介绍800 MHz～3 GHz 范围内中国陆地移动通信系统可用频谱分配。

国内三家运营商(中国移动、中国联通和中国电信)都同时运营着 2G、3G 和 4G 多个系统,每个系统占用的频谱如表 2.3 所示。

表 2.3　中国陆地移动通信系统可用频谱分配(截至 2014 年 6 月)

运营商	陆地移动通信系统	可用频段/MHz
中国移动	GSM	885～909(上行),930～954(下行)
	GSM1800	1 710～1 725(上行),1 805～1 820(下行)
	TD-SCDMA	1 880～1 900(TDD) 2 010～2 025(TDD)
	TD-LTE	1 880～1 900 2 320～2 370(仅限室内) 2 575～2 635
中国联通	GSM	909～915(上行),954～960(下行)
	GSM1800	1 745～1 755(上行),1 840～1 850(下行)
	WCDMA	1 940～1 955(上行),2 130～2 145(下行)
	TD-LTE	2 300～2 320(仅限室内) 2 555～2 575
	FDD LTE	1 745～1 765(上行),1 840～1 860(下行)
中国电信	CDMA	825～835(上行),870～880(下行)
	cdma2000	1 920～1 935(上行),2 110～2 125(下行)
	TD-LTE	2 370～2 390(仅限室内) 2 635～2 655
	FDD LTE	1 765～1 785(上行),1 860～1 880(下行)

除表 2.3 所列频段外,中国已确定将 2 300～2 400 MHz 和 2 500～2 690 MHz 频段划分给 TDD 系统使用。截至目前,未分配的 FDD 频段主要有 1 755～1 785 MHz 和 1 850～1 880 MHz。也还有部分频段尚未明确分配,如 1 725～1 745 MHz、1 820～1 840 MHz、1 935～1 940 MHz、1 955～1 980 MHz、2 125～2 130 MHz、2 145～2 170 MHz,以及 IMT-Advanced 的新增频段等。

此外,表 2.4 和表 2.5 分别列出了全球范围内可用的 FDD LTE 和 TD-LTE 可用频带分布情况。其中,用 Band40 来表示 2 300～2 400 MHz 是 3GPP 等标准化组织中的通常做法。

表 2.4　FDD LTE 可用频带分布

序号	LTE 频带(上行) /MHz	LTE 频带(下行) /MHz	频带宽度 /MHz	双工距离 /MHz	频带间隔 /MHz
1	1 920～1 980	2 110～2 170	60	190	130
2	1 850～1 910	1 930～1 990	60	80	20
3	1 710～1 785	1 805～1 880	75	95	20
4	1 710～1 755	2 110～2 155	45	400	355
5	824～849	869～894	25	45	20
6	830～840	875～885	10	35	25

序号	LTE 频带（上行）/MHz	LTE 频带（下行）/MHz	频带宽度/MHz	双工距离/MHz	频带间隔/MHz
7	2 500～2570	2 620～2 690	70	120	50
8	880～915	925～960	35	45	10
9	1 749.9～1 784.9	1 844.9～1 879.9	35	95	60
10	1 710～1 770	2 110～2 170	60	400	340
11	1 427.9～1 452.9	1 475.9～1 500.9	20	48	28
12	698～716	728～746	18	30	12
13	777～787	746～756	10	−31	41
14	788～798	758～768	10	−30	40
15	1 900～1 920	2 600～2 620	20	700	680
16	2 010～2 025	2 585～2 600	15	575	560
17	704～716	734～746	12	30	18
18	815～830	860～875	15	45	30
19	830～845	875～890	15	45	30
20	832～862	791～821	30	−41	71
21	1 447.9～1 462.9	1 495.9～1 510.9	15	48	33
22	3 410～3 500	3 510～3 600	90	100	10
23	2 000～2 020	2 180～2 200	20	180	160
24	1 626.5～1 660.5	1 525～1 559	34	−101.5	135.5
25	1 850～1 915	1 930～1 995	65	80	15

表 2.5　TD-LTE 可用频带分布

序号	频带范围/MHz	频带宽度/MHz
33	1 900～1 920	20
34	2 010～2 025	15
35	1 850～1 910	60
36	1 930～1 990	60
37	1 910～1 930	20
38	2 570～2 620	50
39	1 880～1 920	40
40	2 300～2 400	100
41	2 496～2 690	194
42	3 400～3 600	200
43	3 600～3 800	200

在国内的 TDD 产业中,通常还广泛使用 A 频段等称谓来指代不同的频段。

表 2.6　不同指代方式的对应及当前（2014 年 2 月）运营制式

名称	基本可对应 3GPP 频带	频率范围/MHz	运营制式
A 频段	Band34	2 010～2 025	TD-SCDMA
D 频段	Band38	2 575～2 655	TD-LTE
E 频段	Band40	2 300～2 400	TD-LTE
F 频段	Band39	1 880～1 920	TD-SCDMA、TD-LTE

2.2　室内环境的电磁传播

相比于室外通信，室内环境多种多样，常见的室内环境有家居、办公、会议、工厂等多种场景。图 2.2 分别给出了 4 种典型的室内场景平面图。

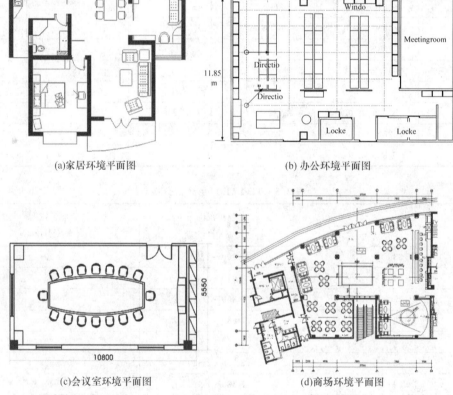

(a)家居环境平面图　　　　　　　(b) 办公环境平面图

(c)会议室环境平面图　　　　　　(d)商场环境平面图

图 2.2　不同室内环境平面图

虽然室内电磁传播也受电波直射、反射、绕射、散射等机制的影响，但由于室内环境的复杂性，相比于室外环境，室内电波信号的变化更加剧烈。信号强度很大程度上取决于室内收发天线位置、墙壁、楼板、家具的材料和布局等因素。例如，当天线安装高度与桌子高度接近时，天线和接收端之间很难存在直视路径；而当天线安装于天花板时，天线和接收端之间存在直视路径的概率就会增大。此外，墙体、家具也将使电波发生大量的散射、反射，从而对接收信号的质量产生较大影响。

　　因此,由于室内通信环境较为复杂,室内的隔断、家具等装饰都会影响信号的传播,室内信道建模要比室外信道建模难度更大。本章在介绍无线通信环境和传播信道特点的基础上,将重点介绍室内传播模型。

2.2.1　无线通信环境和传播信道

　　由于无线电波是在开放的空间中进行传播,因此无线通信的环境也是开放式的,容易受到周围环境的影响,如建筑物、墙体、室内装饰、隔断等。基于无线通信环境的复杂性,在无线传播信道中,电磁波的传播机制是多种多样的,通常情况下可以分为反射波、绕射波、散射波这几类[3],如图 2.3 所示。

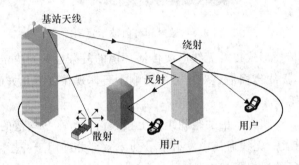

图 2.3　电磁波的反射、绕射和散射示意图

1. 反射波

　　反射波一般发生在电磁波在传播过程中遇到远远大于自身波长的物体,并且物体表面较光滑的场景,如图 2.4 所示。例如,反射波经常发生在地球表面、建筑物或墙体表面等尺寸较大的光滑物体表面。通常在反射波发生时,入射波一部分能量会以反射波的形式反射,还有一部分能量会进入反射体内继续传播。但当反射体为理想导体时,入射波所有能量会以反射波形式进行传播。

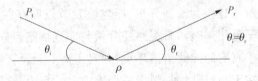

图 2.4　反射波示意图

2. 绕射波

　　绕射波指电磁波在传播过程中在障碍物表面形成的二次波在障碍物背面继续进行传播,好像是绕过了障碍物,如图 2.5 所示。当电磁波频率较高时,绕射波的形成受障碍物的尺寸大小,以及在绕射点出电磁波的幅度、相位和极化特性等因素影响。绕射波的特性可以使信号在弯曲的地球表面进行传播,使不存在直射路径的收发两点间也可以进行有效通信。虽然在障碍物的阴影区,接收信号强度会急剧下降,但由于绕射波的存在,接收信号一般仍具有足够的强度用于信号的正确接收。

3. 散射波

散射波发生在电磁波在传播过程中遇到和自身波长可比拟的障碍物,并且单位体积内障碍物数量较大的场景,如图 2.5 所示。散射波经常由传播信道上的粗糙表面、小物体或者不规则物体形成。在实际环境中,树叶、路标、灯柱等都可能成为散射体。散射波的方向是不固定的,可以是任意方向。相对于直射波、反射波和绕射波,散射波的能量比较弱。

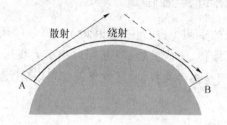

图 2.5　散射和绕射波示意图

上述几种电磁波传播形式以及无线电波传播环境的复杂性共同决定了无线通信传播信道的特点。一般情况下,无线传播信道对信号的影响主要体现在以下几方面。

(1) 路径传播损耗

路径传播损耗主要反映大范围的空间距离上接收信号电平平均值的变化,与传播环境、传播距离、频率等因素有关。无线通信中发射信号功率大部分都用于补偿路径传播损耗,传播距离越远,频率越高,路径传播损耗越大。

(2) 慢衰落

慢衰落也称为阴影衰落,主要反映中等范围内(数百波长量级)的接收信号电平平均值的变化,主要由传播路径上障碍物阻挡而产生的阴影效应引起。这类衰落一般不存在于有线通信,通常遵循对数正态分布,变化速率较慢。

(3) 小尺度衰落

小尺度衰落反映小范围内(数十波长以下量级)接收电平平均值的变化,电平幅度一般服从瑞利(Rayleigh)分布、莱斯(Rice)分布和纳卡伽米(Nakagami)分布。其中,当收发节点间不存在直视路径时,信道一般可建模为瑞利分布;而当收发节点间存在直视路径时,信道一般可建模为莱斯分布,莱斯因子可用来表示直视路径分量与非直视路径分量的关系;与莱斯分布相比,纳卡伽米分布更接近于真实的无线信道环境,并且不需要假设直视路径的存在。

此外,小尺度衰落存在于空间、时间、频率三个维度上。其中,空间选择性衰落指不同地点与空间位置衰落特性不同;时间选择性衰落指不同时间点的衰落特性不同,主要由移动物体或处于移动环境中的物体产生的多普勒频移导致;频率选择性衰落指不同频率的衰落特性不同,主要由多径效应导致。而多径效应是指接收到的信号不仅有直射信号,还有经过障碍物发射、散射等从不同路径达到的信号的矢量叠加产生的效应。

2.2.2　室外信号向室内的电磁传播

虽然室内覆盖系统可较好地解决室内覆盖问题,但室内覆盖系统的成本较高,并且部分业主对室内覆盖有抵触情绪,不能保证每个大中型楼宇都部署完善的室内覆盖系统。很多情况下,大部分建筑物室内覆盖仍然需要由室外基站进行覆盖,如图 2.6 所示。

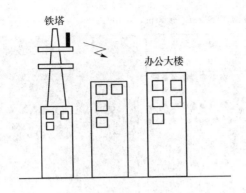

图 2.6　室外信号到室内的传播

1. 信号分布特点

为了直观地了解室外基站对室内进行覆盖的效果,并分析室外信号向室内的电磁传播特征,本节结合实测数据说明了室外信号在室内的分布特点。

图 2.7 中建筑物墙体为钢混凝土结构,窗户采用镀膜玻璃,建筑物内部有办公室、墙体和大厅。建筑物和发射机之间没有障碍物。基站发射天线位于周围建筑物顶部,高度为 25 m,工作频率为 900 MHz,基站天线增益为 17.7 dBi,发射功率为 60 dBm,下倾角为 7°,发射天线和建筑物距离为 22 m。由测试结果可知,基站发射信号可以直接到达的区域,接收信号质量较好。随着接收机位置向建筑物内部移动,接收信号质量逐渐降低。同时,由于周围建筑物的反射和散射作用,建筑物外部街道处接收到的信号强度要高于同位置室内接收信号强度。此外,也可发现室外发射信号并不能保证室内所有区域都得到较好的覆盖。

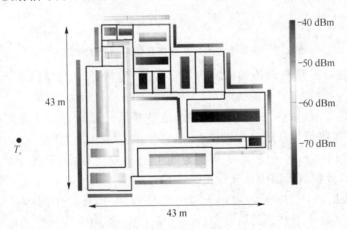

图 2.7　建筑物底层和街道上接收信号强度分布图[4]

图 2.8 中,测量频率为 1 864.4 MHz,室外测量点高度为 1 m,室内测量点高度为 7.5 m(第二层)[5]。由测量结果可知,室外地面处接收信号强度远大于室内高楼层处的接收信号强度。而对于不同楼层高度,室内接收信号强度测量结果如图 2.9 所示。

图 2.9 给出了同一建筑物内接收天线位于不同高度时,在室内接收到 16 个不同基站的信号强度及其平均值。绝对天线高度指接收天线位于不同楼层时的高度,5 种测量高度可以分别看为地面、第 2 层、第 5 层、第 11 层和第 13 层的测量高度。由图可知,楼层高度每升高 1 m,有 0.5～1 dB 的楼层增益。

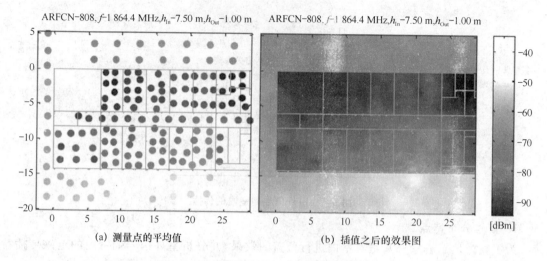

(a) 测量点的平均值　　　　　　　　(b) 插值之后的效果图

图 2.8　室外和室内第二层信号强度测量结果

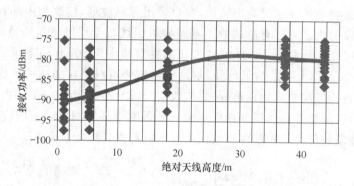

图 2.9　建筑物内不同高度接收信号质量测量结果[5]

结合上述室外信号到室内传播的实测结果可知,室外信号到室内覆盖的信号分布特点如下[6]:

(1) 在低楼层(3 层以下),由于大型建筑的这些楼层一般为面积较大的裙楼,且周围建筑的阻挡较多,总体接收信号良好且干扰较小,但也存在区域内局部室内信号较弱的情况。

(2) 在中低楼层(3～10 层),由于周围建筑的阴影效应减小,且处于天线的主瓣照射区内,信号较为稳定,接收信号信干比较为良好。

(3) 在中高楼层(11～20 层),由于天线的旁瓣抑制,信号较中间楼层弱,但由于遮挡较少,能同时接收到来自多个基站的信号而造成严重干扰,是接收信号信干比最差的区域,方案设计须重点关注。

(4) 在高楼层(20～40 层),由于偏离室外基站天线的主瓣覆盖区导致接收信号强度逐步下降,并且由于缺少主导信道信号导致接收信号信干比较差。

(5) 在超高楼层,则由于与室外基站高度落差过大造成信号盲区。

由上述分析可知,室内覆盖需要重点解决两个问题,在低楼层和超高楼层需要解决信号弱的问题,而在中高楼层则需要建立主导信号解决信号杂乱的问题。

2. 传播模型

由于室外基站发射的信号到达室内需要经过三段不同的传输环境,分别是室外传输、介质内传输和室内传输。因此,室外到室内的信号损耗一般由三部分组成:室外传播损耗、穿透损耗和室内传播损耗。此外,由于不同建筑物墙壁、窗户、地板等采用的材料不同,不同材料对信号造成的穿透损耗不同。由于室外到室内传播环境较复杂,并且容易受墙壁,室内装饰等因素影响,室外到室内的链路传播模型一般也都是通过测量得到的经验模型。

(1) COST-231 室外到室内视距传播模型[7]

COST-231 视距传播模型是基于 $900 \sim 1\,800$ MHz 测量得到的,测量距离为 500m。该模型假设室外发射天线与建筑物表面存在视距传播路径。该模型可表示为

$$PL = 32.4 + 20\log f + 20\log(S + d) + W_e + W_{ge}\left(1 - \frac{D}{S}\right)^2 + \max(\Gamma_1, \Gamma_2)$$

其中,f 为工作频率,单位为 GHz;S 为室外发射(接收)天线和实际楼层的外墙之间的距离,单位为 m;d 为建筑物外墙和室内接收(发射)天线之间的垂直距离,单位为 m;D 为室外发射(接收)天线与建筑物外墙的垂直距离,单位为 m;W_e 为外墙的垂直穿透损耗,单位为 dB;W_{ge} 为外墙额外的水平穿透损耗,一般为 20 dB;W_i 为建筑物内墙/楼层地板穿透损耗,单位为 dB;Γ_1 为 N 个内墙造成的穿透损耗,单位为 dB,$\Gamma_1 = W_i N$;Γ_2 为建筑物内部非遮挡造成的路径损耗,单位为 dB,$\Gamma_2 = a(d - 2)(1 - D/S)^2$,$a$ 是对非遮挡路径的特定衰减因子,典型值为 0.6 dB/m。

上述模型假设室外天线到建筑物外墙间的传播模型为自由空间损耗模型,带窗户的外墙穿透损耗为 $4 \sim 10$ dB。如果外墙是不带窗户完全的混凝土结构,穿透损耗可以达到 $20 \sim 30$ dB。一般情况下,增大窗户的尺寸,可以减小信号的穿透损耗。

例 2.1　假设室外发射天线与室内接收天线之间存在 LOS 路径,天线工作频率为 $2\,000$ MHz,室外发射天线到用户所在楼层的距离为 500 m,室外发射天线与建筑物外墙的垂直距离为 200 m,建筑物外墙和室内接收天线之间的垂直距离为 20 m,外墙的垂直穿透损耗为 10 dB,水平穿透损耗为 20 dB,接收天线与外墙之间没有遮挡物,试求发射机和接收机间的路径损耗。

由于接收天线与外墙之间没有遮挡物,信号无须穿透内墙,$\Gamma_1 = 0$。同时,建筑物内部非遮挡造成的路径损耗 Γ_2 为

$$\Gamma_2 = a(d - 2)(1 - D/S)^2 = 0.6 \times (20 - 2)(1 - 200/500)^2 = 3.9 \text{ dB}$$

根据 COST231 视距传播模型,以及 $W_e = 10$ dB,$W_{ge} = 20$ dB 可得室外发射机与室内接收机之间的路径损耗为

$$PL = 32.4 + 20\log 2 + 20\log(500 + 20) + 10 + 20 \times \left(1 - \frac{200}{500}\right)^2 + \max(\Gamma_1, \Gamma_2)$$
$$= 113.8 \text{ dB}$$

(2) COST-231 室外到室内非视距传播模型[7]

COST-231 非视距传播模型首先选择一个室外测量点,该测量点与室内测量点的距离最近,然后把室外到室内接收信号的损耗和室外天线到室外测量点的损耗进行关联。该模型可表示为

$$PL = PL_{out} + W_e + W_{ge} + \max(\Gamma_1, \Gamma_3) - G_{FH}$$

其中,PL_{out} 是室外测量点处测得的室外天线到室外测量点之间的路径损耗;W_e 为外墙的垂直穿透损耗;W_{ge} 为阴影衰落造成的损耗,900 MHz 为 $3 \sim 5$ dB,$1\,800$ MHz 为 $5 \sim 7$ dB;Γ_1 为 N 个内墙造成的穿透损耗,$\Gamma_1 = W_i N$;Γ_3 为建筑物内部非遮挡造成的路径损耗,$\Gamma_2 = ad$,a 是对非遮挡路径的特定衰减因子,典型值为 0.6 dB/m;G_{FH} 为楼层高度增益,大小为 nG_n 或 hG_h,n 是

楼层数，h 为相对于外部参考点的楼层高度，G_n 对于高度大于 4 m 的楼层一般为 4～7 dB，G_h 一般为 1.1～1.6 dB。

例 2.2　假设室外发射天线与室内接收天线之间不存在 LOS 路径，室外天线工作频率为 1 800 MHz，室外天线到室外测量点处的路径损耗为 90 dB，外墙的垂直穿透损耗为 10 dB，阴影衰落造成的损耗为 6 dB，接收天线与外墙之间有一个内墙，内墙的穿透损耗为 15 dB，楼层高度增益为 10 dB，建筑物外墙和室内接收天线之间的垂直距离为 20 m，试求发射机和接收机间的路径损耗。

由于接收天线与外墙之间有遮挡物，信号需穿透 1 个内墙，$\Gamma_1 = 15$。同时，建筑物内部非遮挡造成的路径损耗 Γ_2 为

$$\Gamma_3 = ad = 0.6 \times 20 = 12 \text{ dB}$$

根据 COST-231 非视距传播模型，以及 $W_e = 10$ dB，$W_{ge} = 6$ dB 可得室外发射机与室内接收机之间的路径损耗为

$$PL = 90 + 10 + 6 + \max(\Gamma_1, \Gamma_3) - 10 = 111 \text{ dB}$$

（3）曼哈顿模型

曼哈顿模型（Manhattan Model）是一个室内-室外混合模型[8]，所给出的是从室外进入室内所造成的衰减，如图 2.10 所示。

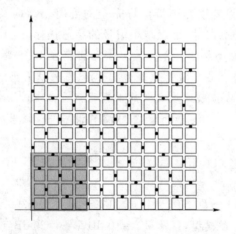

图 2.10　曼哈顿模型图

曼哈顿模型假定用户出入建筑物是通过相同的通道，在该通道上室外传播损耗和室内传播损耗可以线性叠加，因此不存在信号快衰。换言之，曼哈顿模型定义室内-室外传播损耗为

$$L_{\text{entr}} = [1 - w(r)] \cdot L_{\text{Outdoor}} + w(r) \cdot L_{\text{Indoor}}$$

其中，L_{Indoor} 为室内传播损耗；L_{Outdoor} 为室外传播损耗；r 为与墙之间的距离；$w(r)$ 为室内传播损耗和室外传播损耗的权值，定义为

$$w(r) = r/R$$

其中，R 为模型覆盖半径，r 满足 $0 \leqslant r \leqslant R$。

（4）室外-室内多因子调校模型[9]

本章参考文献[9]提出了一种基于模测数据的"室外-室内传播模型"，为区别起见，称之为"室外-室内多因子调校模型"。基本原理如图 2.11 所示，其中 S 点为信号源，R_f 点为室外信号参考点，R 点为室内接收点。"室外-室内传播模型"用以反映无线电波从 R_f 点到 R 点之间的传播特性。可以看到，"室外-室内传播模型"的本质仍是一种无线电波的室内传播模型。

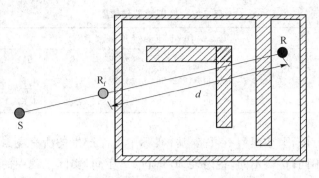

图 2.11　室外-室内多因子调校模型

本章参考文献[9]所提"室外-室内传播模型"的具体表达式为

$$P_{\text{loss}} = K_1 + K_2 \log d + K_3 \log f - K_4 \log N + K_5 T_c + K_c$$

其中，K_1 为常数，即截距；K_2 为斜率，即距离系数；K_3 为频率系数；K_4 为楼层系数；K_5 为建筑物类型系数；K_c 为建筑物所属环境类型系数。

影响电波自由空间传播特性的主要因素是传播距离 d 以及电波频率 f。在考虑室外-室内传播模型时，除了考虑以上主要因素外，还需要综合考虑影响室内信号覆盖效果的其他多个因素。

一般情况下，影响室外信号对室内环境覆盖效果的因素主要有以下几个方面：

（1）室内外的距离 d

由于传播过程中电波能量的扩散以及室内环境的阻挡，室内接收点与室外信号的距离将是影响接收信号强度的重要因素。

（2）电波的工作频率 f

不同频率的无线电波其绕射能力及穿透能力有所不同，因此电波频率也是影响覆盖效果的重要因素。

（3）室内环境的楼层数 N

由于室外信号为地面信号，可以预见随着楼层的改变，不同楼层的室内覆盖效果将有所不同，因此需要把楼层数考虑进来。

（4）建筑物类型 T_c

建筑物自身的类型同样会影响室外信号对室内环境的覆盖。建筑物类型是指：建筑物是钢筋水泥框架结构还是砖混结构，外墙材料是瓷砖、大理石还是玻璃，等等。同样的室外信号对钢筋水泥结构的楼房与砖混结构的楼房的室内覆盖效果差别很大。因此，需要把建筑物类型因数考虑进来。根据需求的迫切性以及测试的可实施性，重点选择钢筋水泥框架结构、瓷砖外墙的中高层住宅楼作为研究对象。

（5）该建筑物所处环境类型 K_c

建筑物所处环境类型也会影响室外信号对室内环境的覆盖，若建筑物周围中高层建筑较多，可以预见电波反射、折射等现象较多，对室外信号的室内覆盖效果影响较大。因此有必要将该因数考虑进来。一般情况下，根据高、中层住宅楼周围建筑物的密集程度将其所处环境类型划分为密集市区和普通市区两种类型。

本章参考文献[9]在深圳罗湖及龙岗地区选取"高层住宅楼"及"中层住宅楼"各 5 栋开展了模型调校测试，测试频率为 2 000 MHz，得到如表 2.7 所示参数拟合结果。

表 2.7　模型调校结果[9]

模型公式	$P_{loss}=K_1+K_2\log d+K_3\log f-K_4\log N+K_5T_c+K_c$								
调校结果	K_1	K_2	K_3	K_4	K_5	K_c	T_c	均值误差	方差
高层住宅	1.35	10.63	1.00	2.88	1.00	2.00	1.60	0 dB	8.5 dB
中层住宅	0.92	7.13	1.00	3.74	1.00	1.00	1.60	0 dB	7.7 dB

由于测试环境有限,上述模型不可能包含实际中可能产生的所有场景。并且不同国家或地区的建筑物风格不同,材料不同,室内装饰习惯也不相同,实际工程中的室外到室内损耗可能与上述经验模型得到的值差别较大。因此,在实际网络部署中,还要针对不同的场景通过实际测量进行修正,以更好地指导网络规划和链路预算等工作。

3. 穿透损耗

穿透损耗指室外参考点平均信号强度与室内参考点信号强度之差。通常情况下,室外参考点为室外离地 2m 处。穿透损耗可分为 4 类[10]:墙体损耗、房间损耗、楼层损耗和建筑损耗。

(1)墙体损耗指信号穿透墙体带来的损耗,它一般和信号入射角角度有关。由于在室内有大量的反射,并且墙体周围也有大量的家具,墙体穿透损耗很难通过室内测量直接得到。在发射机与墙体存在视距传输的情况下,由于墙体的发射波入射角角度较小,与垂直波穿透损耗相比,反射波的穿透损耗较大。此外,非视距传输情况下入射波的穿透损耗与视距传输时的穿透损耗也不同。因此,在不同的测量环境下,墙体的穿透损耗也会有较大差别。

(2)房间损耗指在离地面 1~2 m 的房间中测得的穿透损耗的中值。如果房间具有外墙,房间损耗通常情况下高于墙体损耗。

(3)楼层损耗指建筑物同一楼层中所有房间内测得的穿透损耗的中值。一般情况下,楼层损耗服从对数正态分布。

(4)建筑损耗指在建筑物所有楼层处测得的穿透损耗的中值。当采用建筑损耗时,需要指明地下室是否包含在测量范围内。

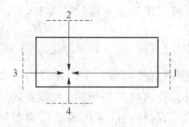

图 2.12　穿透损耗测量方法

图 2.12 给出了一种通用的穿透损耗测量方法,该测量方法考虑了从所有角度穿透外墙的入射波。一般情况下,穿透损耗与多种因素有关,如视距传播、建筑物分布、结构、墙体材料、楼层高低、天线倾角等,是多种因素综合影响的结果。这里,重点分析部分主要因素对穿透损耗的影响[11]。

(1)入射角角度

一般情况下,室外基站对不同建筑物的入射角角度不同。由图 2.13 可知,随着收发天线间角度的增大,同一条件下测得的穿透损耗减小。

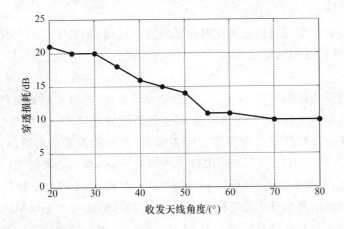

图 2.13　穿透损耗与收发天线角度的关系[11]

（2）建筑物外墙结构

建筑物外墙是影响建筑物穿透损耗的最主要因素。而在外墙相关的参数（墙的宽度、材料等）中，外墙的结构和材料对建筑物穿透损耗影响最大。在测量结果中，即使是相邻的房间，并且与发射机间的相对角度相同，由于墙体和窗户的布局不同，穿透损耗值的标准差可达到12 dB。文献[12]指出接收天线位于具有大型窗户的房间时的接收信号强度远远大于没有或只有小窗户的房间。文献[13]在 GSM900 频段测量了不同建筑物中不同类型房间穿透损耗，如表 2.8 所示。

表 2.8　不同建筑物的穿透损耗平均值和方差[13]

		室内,和室外相隔 2 堵墙		室内,没有窗户		室内,有窗户		均值	
		平均值/dB	标准差/dB	平均值/dB	标准差/dB	平均值/dB	标准差/dB	平均值/dB	标准差/dB
高层	建筑物之间共享墙壁	8.8	8.9	7.2	9.3	4.5	9.4	5.6	9.5
	建筑物之间相互隔离	5.8	11.5	2.0	11.7	1.2	10.1	2.0	10.8
低层	建筑物之间共享墙壁	12.3	11.5	6.2	12.9	5.5	12.9	5.8	13.1
	建筑物之间相互隔离	12.3	12.2	9.0	9.0	8.3	11.2	9.1	11.2
均值		9.7	11.1	4.8	11.0	5.0	10.9	5.7	11.1

（3）接收机所处楼层高度

在某些场景中，穿透损耗随着楼层高度的增加而降低。这种与楼层高度相关的增益通常被称为楼层高度增益，单位为 dB/楼层。由于不同建筑物的楼层高度不同，有时也采用 dB/m来表示楼层高度增益。然而当建筑物楼层高度大于其周围建筑物平均高度时，这种楼层高度增益很小，甚至没有增益。

（4）非视距传输

由于非视距传输主要通过信号的反射和散射进行传播，影响了信号与墙体之间的入射波角度，从而对信号的穿透损耗造成影响。

（5）频率

根据电磁波能量传输原理，频率越高，穿透能力越强，但电磁波穿透过程中传播损耗也越大。本书中讨论的穿透损耗，如无特别说明，都是指电磁波通过各种途径越过障碍物后的综合能量损耗。而由于电磁波能量传输受多种因素影响，不同的测量条件得出的结论不尽相同。通过对 900 MHz、1 800 MHz 和 2 300 MHz 穿透损耗测量，本章参考文献[14]认为穿透损耗随频率升高而升高；而本章参考文献[15]通过对 912 MHz、1 920 MHz 和 5 990 MHz 穿透损耗测量得出穿透损耗随频率升高而降低；本章参考文献[16]通过对 800 MHz～8 GHz 穿透损耗测量得到穿透损耗与频率没有关系的结论。由此可见，单一地说穿透损耗随频率升高而增大或降低都是不准确的。

4. 典型频段的穿透损耗测量

由上述分析可知，穿透损耗与建筑物外墙结构，建筑物类型和使用材料有关。表 2.9 给出了 GSM900 在不同建筑物类型条件下的穿透损耗测量值[17]。

表 2.9　GSM900 在不同建筑物类型下的穿透损耗均值和方差[17]

建筑类型	穿透损耗均值/dB	标准方差/dB
大型购物中心	30	7.6
高层写字楼	13	7.9
高层住宅楼	7	6
19 座中巴车	7.9	6.4
12 座面包车	4.5	4.9

而建筑物墙体所采用的材料有多种，如部分家庭采用木质墙体，加上一些塑料板在室内搭建一些内墙，并用木质或混凝土结构构建楼层的隔断；而在办公环境里面，经常使用钢筋混凝土建造。由于墙体所采用材料的物理和电气特性差别较大，很难用一种通用模型表示所有种类墙体对信号的衰减作用。研究者通常会采用大量实验得出的经验值来表示墙体对信号的衰减，典型材料的衰减效果如表 2.10 所示。

表 2.10　2 GHz 频段的穿透损耗参考值

材料类别	穿透损耗/dB
普通砖混隔墙（<30 cm）	10～15
混凝土墙体	20～30
混凝土楼板	25～30
天花板管道	1～8
电梯箱体轿顶	30
木质家具	3～6
玻璃	5～8

　　表 2.11 给出了 TD-LTE 和 TD-SCDMA 在典型频段室外到室内覆盖能力的对比。如表 2.11 所示,综合技术和频率因素(考虑一层墙穿透),频率影响覆盖主要体现在传播损耗和穿透损耗。2.6G 频段的传播损耗和穿透损耗明显增加,较 2 GHz 高 8 dB 左右(传播损耗 4 dB,一层墙穿透损耗 3~4 dB),较 900 MHz 高 25 dB 左右,较 700 MHz 高 28 dB 左右。

表 2.11　TD-SCDMA 和 TD-LTE 不同无线频段的综合穿透能力

系统	TD-SCDMA	TD-LTE	TD-LTE	TD-LTE
工作频段	2 GHz	700 MHz	1.9 GHz	2.6 GHz
室外覆盖室内对应的站间距/m	435	1542	548	352
综合穿透损耗/dB	19	15	19	23

2.2.3　室内电磁传播的经验模型

　　由于路径传播损耗模型与传播中的地形、地貌、距离、频率等因素有关,很难用一个确切、完整的公式对路径传播损耗模型进行表示。在工程中,通常会根据一些经验公式或模型进行路径传播损耗的分析,也即通常所说的经验模型。经验模型指对大量数据进行统计分析得到的模型,一般适用于预测半径大于 1 km 的无线电波传播情况。目前,常用的经验模型有奥村-哈塔(Okumura-Hata)模型、COST-231 模型等,这些模型都是基于室外场景测量得到的。然而,由于室内传播覆盖范围小,易受建筑物类型、室内装饰、家具布局等因素影响,室内链路传播模型与室外传播模型有较大区别。

1. 常用室内电磁传播经验模型

(1) 对数距离路径损耗模型[18]

基于对数距离的路径损耗模型为

$$PL = PL(d_0) + 10n\log\left(\frac{d}{d_0}\right) + X_\sigma$$

其中,n 取决于建筑物类型和周围环境(具体取值如表 2.12 所示);X_σ 表示服从正态分布,并且标准差为 σ 的随机变量;d 为收发点之间的距离;$PL(d_0)$ 为发射点到参考点之间的路径损耗。

表 2.12　不同建筑物环境下的路径损耗因子[18]

建筑物类型	频率/MHz	n	σ/dB
零售商店	914	2.2	8.7
办公环境,软隔断	900	2.4	9.6
办公环境,软隔断	1 900	2.6	14.1
金属工厂(LOS)	1 300	1.6	5.8

(2) 衰减因子模型[18]

　　衰减因子模型是一种包含建筑物类型和各种阻挡物效果的路径损耗模型,该模型可以精确预测室内和校园网络的路径损耗。该模型可以把路径损耗的测量值和预测值之间误差的标准差缩小到 4 dB 之内(对数距离路径损耗模型造成的误差在 13 dB 左右)。该模型可表示为

$$PL = PL(d_0) + 10n_{MF}\log\left(\frac{d}{d_0}\right) + \sum PAF$$

其中,n_{MF}表示不同层之间的路径损耗因子(具体值如表 2.13 所示);PAF 表示对于某一特定室内隔断的隔断损耗因子(典型隔断材料的损耗如表 2.14 所示);d 为收发点之间的距离;$PL(d_0)$为发射点到参考点之间的路径损耗。

表 2.13　不同楼层数环境下的路径损耗因子和标准差[18]

楼层数	n_{MF}	σ/dB
同一层	2.76	12.9
间隔 1 层	4.19	5.1
间隔 2 层	5.04	6.5
间隔 3 层	5.22	6.7

表 2.14　典型室内隔断材料损耗(PAF)[18]

隔断材料类型	损耗/dB	测试频率/MHz
全金属	26	815
单面/侧面铝	20.4	815
混凝土砖墙	13	1 300
薄膜绝热	3.9	815

(3) Keenan-Motley 模型

Keenan-Motley 室内传播模型(简称 K-M 模型)路径损耗公式为

$$L(d) = L(d_0) + 20\log(d/d_0) + \sum_{j=1}^{J} N_{wj}L_{wj} + \sum_{i=1}^{I} N_{Fi}L_{Fi}$$

其中,d 为传播距离,单位为 m;N_{wj}、N_{Fi}分别表示信号穿过不同类型的墙和地板的数目;L_{wj}、L_{Fi}则为对应的损耗因子,单位为 dB;J、I 分别表示墙和地板的类型数目。建议值:$L_{Fi}=20$ dB(对所有地板);$L_{wj}=3$ dB(对所有墙壁)。

为了更好地拟合测量数据,对 K-M 模型进行修正,路径损耗可表示为

$$L(d) = L(d_0) + L_c + L_f k_f + \sum_{j=1}^{J} k_{wj}L_{wj}$$

其中,L_c 为常数;L_{wj}为穿过收发天线之间 j 类墙体的衰减;k_{wj}为收发天线之间 j 类墙体数目,L_f 表示穿透相邻地板的衰减,k_f 表示楼层数目,即穿透地板的数目。

典型参数值,$L_f=18.3$ dB,软隔墙的损耗 $L_{w1}=3.4$ dB,硬隔墙的损耗 $L_{w2}=6.9$ dB,$b=0.46$。

此外,本章参考文献[19]通过实地测量给出了三种典型场景(地下停车场、大型商场和小区住宅楼)下的校正后经验参数,如下。

① 地下停车场传播模型

$$PL = 12.2 + 20.8\log d + 20\log f + \sum_{i=1}^{I} N_F^i L_F^i + \sum_{j=1}^{J} N_w^j L_w^j - 27.56$$

② 大型商场传播模型

$$PL = 15.67 + 18.67\log d + 20\log f + \sum_{i=1}^{I} N_F^i L_F^i + \sum_{j=1}^{J} N_W^j L_W^j - 27.56$$

③ 小区住宅楼传播模型

$$PL = 37 + 20\log d + 20\log f + \sum_{i=1}^{I} N_F^i L_F^i + \sum_{j=1}^{J} N_W^j L_W^j - 27.56$$

（4）ITU-R P.1238 模型

国际电信联盟无线电管理部门(ITU-R)在本章参考文献[20]中提出了一种"位置通用模型"，该模型只需要少量路径或位置相关信息。在该模型中，室内传播损耗可以用平均路径损耗和相关的阴影衰落来表征。同时，该模型考虑了信号穿过多层楼板的损耗，以便用于分析楼层之间频率复用的特性。

下面给出的路径损耗系数包含穿过墙以及越过/穿过障碍物传输的影响，还包括建筑物单一层内可能遇到的其他损耗机理的影响。与位置通用模型不同，位置专用模型中有明确的分量表示每堵墙可引起的损耗，而不是将这些因素的作用包含在路径损耗系数中。位置通用模型基本公式如下：

$$L = 20\log_{10} f + N\log_{10} d + L_f(n) - 28, \quad d > 1\ \text{m}$$

其中，L 为传播路径损耗，单位为 dB；N 为路径损耗系数；f 为工作频率，单位为 MHz；d 为发送端和接收端之间的距离，单位为 m；L_f 为层间穿透损耗，单位为 dB；n 发送端和接收端之间的层数（$n \geq 1$）。这是一个简化的室内传播模型，因为它没有考虑传播路径的具体信息。

表 2.15 和表 2.16 给出了一些基于测量结果得到的典型参数。

表 2.15　用于室内传输损耗计算的路径损耗系数 N[20]

频率	居民楼	办公室	商业楼
900 MHz	—	33	20
1.2～1.3 GHz		32	22
1.8～2 GHz	28	30	22
2.4 GHz	28	30	—
3.5 GHz	—	27	
4 GHz		28	22
5.2 GHz	30(公寓)(2) 28(别墅)	31	—
5.8 GHz		24	
60 GHz(1)	—	22	17
70 GHz(1)	—	22	

注：(1) 60 GHz 和 70 GHz 的数值是假设在单一房间或空间内的传输，不包括任何穿过墙传输的损耗。距离大于 100 m 时，60 GHz 附近的大气吸收效应明显，它可能影响频率复用距离（见 ITU-R P.676 建议书）。

(2) 公寓：供若干家庭使用的单层或双层住所。一般情况下，多数房间隔离墙为水泥墙。

别墅：供一个家庭使用的单层或双层住所。一般情况下，房间隔离墙为木质墙。

表 2.16　用于室内传输损耗计算的穿透 $n(n \geqslant 1)$ 层楼板时的楼板穿透损耗因子 L_f[20]　　　**dB**

频率	居民楼	办公室	商业楼
900 MHz	—	9(1层) 19(2层) 24(3层)	—
1.8～2 GHz	$4n$	$15+4(n-1)$	$6+3(n-1)$
2.4 GHz	10(1)（公寓） 5（别墅）	14	—
3.5 GHz	—	18(1层) 26(2层)	—
5.2 GHz	13(1)（公寓） 7(2)（别墅）	16(1层)	—
5.8 GHz	—	22(1层) 28(2层)	—

注:(1) 用水泥墙;(2)木质墙。

　　表 2.15 只列出了居民楼在部分频带上的功率损耗系数,在没有给出功率损耗系数的频带上,可以使用办公室楼场景下给出的数值。

　　此外,穿过多层楼板时所预期的隔离可能有一个极限值。信号可能会找到其他的外部传播路径来连接链路,该外部传播路径的总传输损耗小于穿过多层楼板的穿透损耗。当不存在外部路径时,在 5.2 GHz 频率上的测试结果表明,在正常入射角下,典型的钢筋混凝土楼板和吊顶的伪天花板一起引入的平均附加损耗为 20 dB,其标准差为 1.5 dB。室内灯具使平均损耗增加到 30 dB,其标准差为 3 dB;楼板下的通风管道使平均损耗增加到 36 dB,其标准差为 5 dB。在如射线跟踪那样的位置专用的模型中,应该使用上述测量值,而表中 L_f 值不再适用。

　　室内阴影衰落呈正态分布。表 2.17 给出了阴影衰落的标准差值。

表 2.17　用于室内传输损耗计算的阴影衰落统计的标准差[20]　　　**dB**

频率/GHz	居民楼	办公室	商业楼
1.8～2	8	10	10
3.5	—	8	—
5.2	—	12	—
5.8	—	17	—

　　虽然 ITU-R 进行的大量测试由于测试条件不同而不能直接比较,并且给出的结果也只是部分频率测量结果,但是基于这些测量结果,仍可得到以下通用结论[20]。

　　① 具有视距(LOS)分量的路径是以自由空间损耗为主的,而且路径损耗系数约为 20。

　　② 大型开放式房间的路径损耗系数约为 20。这可能是由于在房间的大部分区域内都有较强的 LOS 分量。这种类型场景包括位于大型零售商场、运动场、开放式的工厂和办公楼中的房间。

　　③ 走廊的路径损耗比自由空间损耗小,典型的路径损耗系数约为 18。具有长的直线形过

道的杂货铺的路径损耗也呈现出走廊路径损耗特征。

④ 在障碍物周围和穿过墙的传播将要引入相当大的损耗。在典型的环境下,可能会使路径损耗系数增加到 40 左右。典型场景包括封闭式的办公楼中各个房间之间的信号传播。

⑤ 对于长的无阻挡路径,可能出现第一菲涅耳区的转折点。在这个转折点上,路径损耗系数可能会从 20 左右变化到 40 左右。

⑥ 办公室环境中,路径损耗系数随频率增加而降低的现象并不适用于所有场景。一方面,随着频率的增加,穿透障碍物(如墙、家具)的损耗增加了,并且绕射信号对接收功率的影响比较小;另一方面,频率越高,第一菲涅耳区转折点离发射点间距离越大,传播损耗越小。实际的路径损耗是上述两个机理相互作用的结果。

（5）双斜率模型

双斜率模型是指考虑了双径模式的传播模型[21]。这里,双径指直射路径和地面反射路径,如图 2.14 所示。

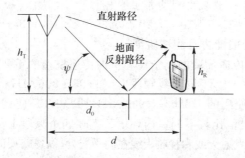

图 2.14　双径模式示意图

根据无线传播理论,当移动台与基站间的距离小于 $d_0=4h_T h_R/\lambda$ 时,随着距离的增加接收点的场强值呈现周期性变化,并且随着自由空间波场强的降低而降低;当距离大于 d_0 时,随着距离的增加,接收点的场强不再出现周期性变化,且其衰减速度高于自由空间波场强的衰减速度。距离 $d_0=4h_T h_R/\lambda$ 称为双径模式的临界距离。

以双径传播为基础,双斜率传播模型根据临界距离 d_0 把传播路径划分为两个截然不同的区域,通过不同的斜率表示在两个区域中路径损耗不同的变化速度,其公式如下:

$$L(d) = \begin{cases} L_0 + 10n_1 \log(d/d_0), & d \leqslant d_0 \\ L_0 + 10n_2 \log(d/d_0), & d > d_0 \end{cases}$$

其中,d 为发射点到接收点的距离,单位为 m;d_0 为临界距离,单位为 m;L_0 为临界点的路径损耗,单位为 dB;n_1 和 n_2 分别为临界距离内外的距离衰减因子,也即双斜率模型中的两个斜率。

理论上,双斜线模型中距离衰减因子 $n_1=2$,$n_2=4$;在市区微蜂窝小区的测试场景中,1 800 MHz 和 1 900 MHz 测试结果表明距离衰减因子的值分别为 $n_1=2.0\sim2.3$,$n_2=3.3\sim13.3$。

为了更好地理解上述模型在计算路径损耗中的应用,以衰减因子模型为例说明具体的计算过程。

例 2.3　假设发射机与接收机之间的距离为 30 m,并且发射机和接收机之间间隔 3 层,中间间隔了 2 个混凝土地板,如图 2.15 所示。如果设定参考距离为 1 m,且在参考距离处的路径损耗为 31.5 dB,试求发射机和接收机间的路径损耗。

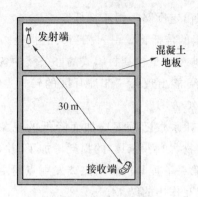

图 2.15　收发信机位置示意图

由于发射机与接收机之间间隔 3 层,由表 2.13 可知,不同楼层间的路径损耗因子 $n_{MF} =$ 5.22;由于室内隔断材料选择混凝土地板,由表 2.14 可知,单层隔断造成的损耗为 13 dB;由衰减因子模型,可得发射机与接收机之间的路径损耗为

$$PL = 31.5 + 10 \times 5.22 \times \log 30 + 2 \times 13 = 134.6 \text{ dB}$$

2. 典型频段的室内传播能力及测试验证

前面章节分析了室内传播环境的复杂性和室内传播模型的重要性。本节是对在不同的室内环境(如办公区和居民区)中,不同无线频段上(如 698～806 MHz、GSM1800 使用的 1 700～1 800 MHz、TD-SCDMA 使用的 1 880～1 920 MHz、TD-LTE 使用的 2 300～2 400 MHz)多次测试得到的数据进行分析,比较不同室内环境下上述四个频段上的室内传播能力。

室内传播测试过程中,发射天线和接收天线在同一层,可以忽略层间穿透损耗。发送端和接收端之间的距离 d 的变化范围从 1～15 m。利用矢量网络分析仪扫描 F 频段(1 880～1 920 MHz)和 E 频段(2 300～2 400 MHz)的频率间隔为 1 MHz。测试时,发送天线的高度为 2.6 m,接收天线的高度为 1.6 m。将多次测试的实测数据取均值后,按照 ITU-R P.1238-7 建议模型进行拟合计算出 F 频段和 E 频段上的路径损耗系数和标准偏差,并和自由空间传播模型系数进行比较,结果如表 2.18 所示。

表 2.18　不同无线频段的室内传播损耗及标准偏差比较

测试场景	测试频段	传播损耗系数 $N(a)$	截距 b	标准偏差 σ/dB	$N(a)$（自由空间）	B（自由空间）
办公室	698～806 MHz	21	34	5.4	20	29.35
	1 700～1 800 MHz	18	37	4.6	20	37.31
	1 880～1 920 MHz	16	37	4.3	20	38.03
	2 300～2 400 MHz	13	42	4.8	20	39.87
会议室	1 700～1 800 MHz	16	37	4.5	20	37.31
	1 880～1 920 MHz	15	33	6.5	20	38.03
	2 300～2 400 MHz	12	39	5.3	20	39.87
室内走廊	1 700～1 800 MHz	15	36	5	20	37.31
	1 880～1 920 MHz	12	40	5.8	20	38.03
	2 300～2 400 MHz	13	38	5.3	20	39.87

以上测试结果表明,在视距情况下,室内无线传播损耗接近于自由空间传播损耗,有的测试场景下,不同无线频段的室内传播损耗甚至比自由空间传播损耗还小,这主要是因为在室内传输时"房间增益"(Room Gain)的作用。

房间增益指当收、发天线在同一室内,即视距情况下,短距离内路径损耗比自由空间损耗还小的现象[22]。如图 2.16 和图 2.17 测量结果所示,当收、发信机距离较小时,自由空间损耗外的额外损耗为负值。产生房间增益的主要原因为室内为富散射环境,多个射线合并后,使路径损耗小于自由空间损耗。在长距离传输情况下,房间增益作用比较小。

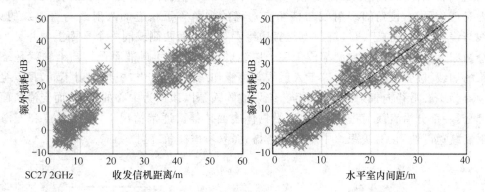

图 2.16　额外损耗(路径损耗与自由空间损耗差值)与收发信机距离和水平室内间距的关系

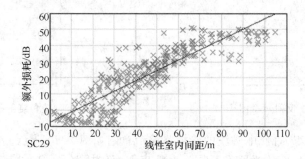

图 2.17　额外损耗(路径损耗与自由空间损耗差值)与线性室内间距的关系

2.2.4　室内电磁传播的确定性模型

目前室内信道预测常用的确定性模型主要有射线跟踪(Ray Tracing,TR)和时域有限差分(Finite-Difference Time-Domain,FDTD)两种方法。

1. 射线跟踪法

射线跟踪[23]方法是在接收点将发射点信号经过信道后的所有可辨认的射线进行合并,合并过程是基于几何光学(Geometrical Optics,GO)原理、几何绕射理论(Geometric Theory of Diffraction,GTD)和一致性绕射理论(Uniform Theorty of Diffraction,UTD)模拟射线传播路径来确定每条射线经过反射、折线或绕射后射线的幅度、相位和延迟,并计算所有射线的相干合成场强。由射线跟踪的原理可知,该方法对于建筑物室内布局、天线位置、高度等工程参数密切相关,复杂度也要远远大于经验模型。

射线跟踪方法的核心是对电磁波传播过程中射线的路径进行跟踪。在电磁波的传播与散射问题中,当满足"高频率"或是"短波长"的条件时,即当媒质特性、散射体含量等在一个波长的距离上变化十分缓慢时,电磁波的传播和散射具有"局部"特性,即在一个给定观察点领域内的场不需要由整个初始表面上的场分布来求取,而只需要由该表面上某一有限部分的场来求解。对于这种高频场的问题,便可以借助几何光学的分析方法来处理电磁波的传播与散射。基于几何光学,城市小区中主要的射线传播机制有以下几种:直射、反射、透射和绕射(边缘绕射、尖顶绕射和表面绕射)。下面分别给出这几种射线机制的求迹方法[23]。

所谓直射,一般指两点间的直线路径。在射线传播过程中,如果遇到光滑表面的阻挡,则会发射射线反射。反射射线的轨迹要求满足入射角等于反射角,如图 2.18 所示,$\theta_1 = \theta_2$。

当电磁波在传播过程中遇到棱角、顶点和光滑曲面时就会发生绕射现象,如图 2.19 所示。由绕射场理论可知,棱角的绕射线与棱角直边缘的夹角等于相应的入射线与直边缘的夹角。入射线与绕射线分别位于通过绕射点与直边缘垂直的平面两侧或同一个平面上。并且一条入射线会激起无穷条绕射线,它们都位于一个以绕射点为顶点的圆锥面上。圆锥轴就是绕射点处边缘的切线,圆锥的半顶角就等于入射线与边缘切线的夹角。与棱角绕射不同,顶点绕射一般以顶点为中心沿径向辐射到任意方向,绕射波阵面是以顶点为中心的球面;而光滑曲面绕射有两部分:一部分沿直线前进,另一部分沿物体表面传播。通常情况下,由于顶点和光滑表面的绕射衰减速度快,在射线跟踪中一般不考虑,而只考虑棱角绕射。

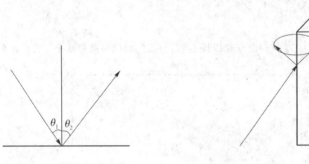

图 2.18　反射示意图　　　　　　　图 2.19　棱角绕射示意图

以城市微蜂窝环境为例,电磁波的传播路径示意图如图 2.20 所示。在图 2.20 中,Ray0、Ray1 和 Ray2 为水平切面传播路径;Ray5 为垂直切面传播路径;Ray3 和 Ray4 为全 3D 方向传播路径。其中,水平切面和垂直切面传播路径都为二维传播模型。

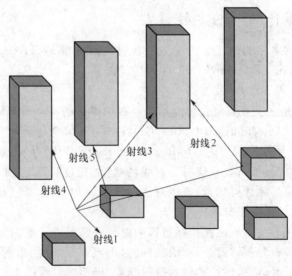

图 2.20　电磁波传播路径示意图

　　射线跟踪常用的方法有射线发射法、射线管发射法、镜像法和 SBR/镜像法。射线跟踪模型的精度影响因素可分为内部因素和外部因素两种[24]。其中,内部因素主要有计算射线时所采用的发射、衍射和散射算法,它们直接影响信号路径损耗计算的结果;外部因素主要有地图精度、建筑物介电系数和建筑物导电系数等。地图的分辨率越高越好,一般要求分辨率 5 m以上;建筑物的介电系数代表了电介质的极化程度,介电系数越大,对电荷的束缚能力越强,典型值为 5;建筑物导电系数代表了电介质的导电能力,导电常数越大,对电荷的吸收能力越强,典型值为 0.000 1。

　　考虑到射线跟踪法精度与复杂度之间的关系[24],在近距离场强预测中,二维射线跟踪算法起主导作用,而在远距离的场强预测中,三维射线跟踪算法对预测的准确性起到很大作用。

　　本章参考文献[25]利用射线跟踪法,根据建筑物体对电磁波反射和透射的特点,分析了电磁波从室外进入室内传播的路径损耗,并进行了测试。在测试中,建筑物为混凝土结构,墙壁厚度为 20~40 cm,墙上有门窗,测量频率为 1 700 MHz,测试结果如图 2.21 所示。

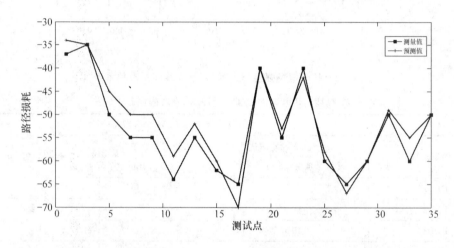

图 2.21　基于射线跟踪法的室外到室内路径损耗预测值和测量值对比[25]

　　本章参考文献[26]利用射线跟踪法分析了铁路隧道中电磁波的传播损耗。假设铁路隧道宽为 13 m,高为 8 m,载波频率为 2 GHz,发射天线和接收天线高都为 2 m,隧道由混凝土建造。由射线跟踪法计算得出的接收电场强度与发射、接收天线间距离的关系如图 2.22 所示。

　　由图 2.22 可知,曲线 a 为总的接收电场幅度,光滑曲线 b 为直达波的场强。在 0~50 m距离范围内,中值电场下降快;而在 50~500 m 的距离内衰减下降变得缓慢起来。该电场强度的变化趋势与隧道中电磁波传播特性一致。

　　本章参考文献[27]介绍了一种基于改进的射线跟踪法的室内无线网络规划工具(iBuild-Net)。这种改进的射线跟踪法的基本思想是射线从一个固定的发射源点发出,并以固定的角度增量向自由空间各个方向发射出一定的射线,跟踪每条射线的传播路径,并跟踪射线遇到障碍物时产生的反射、衍射、透射的射线传播路径。迭代跟踪反射、衍射、透射直到射线场强足够小或者达到最大的迭代次数。根据菲涅尔等式和几何衍射理论,确定反射、衍射和透射损耗,确定每条射线的场强,最后相干叠加多条射线在空间中产生的场强。表 2.19 给出了该工具基于射线跟踪方法的场强仿真值与测试值之间的误差。

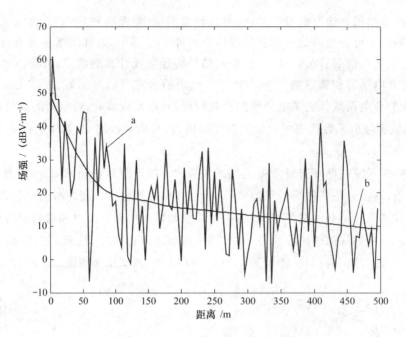

图 2.22 接收电场强度与发射、接收天线间距离关系[26]

表 2.19 iBuildNet 仿真值与测试值之间误差[27]

测试项目	某大楼 16 层的 WLAN 覆盖分析		
测试点	Nework Sumbier 实测值 （信号强度）/dBm	iBuildNet 仿真值 （信号强度）/dBm	误差值/dB
F16-1	−70	−72.6	2.6
F16-2	−54	−51.5	2.5
F16-3	−40	−43.8	3.8
F16-4	−56	−53.1	2.9
F16-5	−59	−54.4	4.6
F16-6	−89	−87.1	−1.9
F16-7	−54	−48	−6
F16-8	−56	−54.3	−1.7
F16-9	−41	−35.6	−5.4
F16-10	−36	−40.3	4.3
F16-11	−40	−35	−5
F16-12	−48	−44	−4
F16-13	−44	−40.6	−3.4

2. 时域有限差分法

时域有限差分方法是利用有限差分式来代替时域麦克斯韦旋度方程中对时间和空间的微分式，得到关于场分量的有限差分式。时域有限差分法将所求解的空间划分为一定数量的网格，如图 2.23 所示，在每个网格上对麦克斯韦方程进行在空间和时间上的离散化处理。这种网格的特点是电场和磁场分量在空间的取值点被交叉地放置，使得在每个坐标平面上每个电场的周围由磁场分量环绕,同时磁场分量的四周由电场分量环绕。

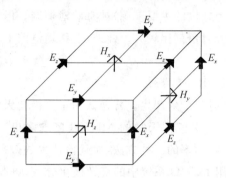

图 2.23　时域有限差分方法中电磁场分量的分布

从差分格式可看出,在任意时间步上空间网格任意点的电场值取决于三个因素:该点在上一时间步的电场值;与该电场正交平面上临近点上一时间步上的磁场值;媒质的电参数和磁参数。这种方法可在计算机的存储空间中模拟电磁波传播及其与散射体的相互作用。时域差分方法的也具有其自身的优点:

(1) 计算精度高。由于时域有限差分计算的分量中包含了电磁场所有的分量,如散射场、反射场、绕射场等,精度较高。

(2) 适用范围广。计算过程中直接使用介质分布参数,可以精确模拟介质的非均匀性、异向性、色散性等特性。

但该方法与射线跟踪方法类似,同样需要大量的计算资源,所分析区域尺寸的大小直接影响计算时间的多少。

2.2.5　室内电磁传播的影响因素

在室内环境中,发射机和接收机之间不仅存在直接路径,而且也存在反射和衍射路径。正如菲涅耳反射公式所表示的那样,建筑材料的反射特性取决于极化、入射角和材料的复介电常数。多径分量到达角的分布取决于天线的射束宽度、建筑物的结构以及发射机和接收机的位置。因此,室内电磁传播的影响因素如下:极化和天线辐射图,发射机和接收机的位置,建筑物的材料、布局和家具的影响,以及物体在房间中的移动等[20]。

1. 极化影响[20]

(1) 时延扩展

一般情况下,在视距(LOS)信道中,与全向天线相比,定向天线减小了均方根时延扩展,而且圆极化的均方根时延扩展比线极化小。因此,在这种情况下,定向圆极化天线是减小时延扩展的有效手段。

极化之所以会对时延扩展产生影响,主要是由于当圆极化信号以小于布鲁斯特角的入射角入射到反射表面时,被反射的圆极化信号的左、右旋方向会发生反转。每次反射时圆极化信号的极化方向发生反转,意味着经过一次反射以后到达的多径分量与视距分量的极化正交,这样它抵消了大部分的多径干扰。这一效应与频率无关,与理论分析一致,并且已由频率1.3~60 GHz范围内的室内传播实验所证实,同时适用于室内和室外环境。因为现有建筑材料的布

鲁斯特角都大于 $45°$,在大多数室内环境下,不管房间的内部结构和使用的材料如何,由单次反射引起的多径干扰(即多径分量的主要来源)被有效地抑制。但是,可能有例外的环境条件,如长走廊环境,很多路径的入射角都比较大。此外,在移动链路上使用圆极化天线也可以减少均方根时延扩展的变化。

（2）交叉极化鉴别比（XPR）

交叉极化信号分量由反射和衍射产生。普遍认为正交极化天线间的衰落具有极低的相关系数。极化分集技术和带有正交极化天线的 MIMO（多进多出）系统正是利用了这个特点。使用极化分集技术是改善接收功率的一种方法,而且该技术的效果在很大程度上取决于 XPR特征。此外,通过适当地使用 MIMO 系统中的交叉极化分量,可改善信道容量。因此,通过有效地使用无线系统中的交叉极化波的信息,可改善通信质量。各种环境中 XPR 中值和平均值的测量结果示于表 2.20。

表 2.20　XPR 值的实例[20]

频率 /GHz	环境	天线配置	XPR /dB	备注
5.2	办公室	测试场景 1	—	测量
		测试场景 2	6.39(中值) 6.55(平均值)	
		测试场景 3	4.74(中值) 4.38(平均值)	
	会议室	测试场景 1	8.36(中值) 7.83(平均值)	
		测试场景 2	6.68(中值) 6.33(平均值)	
		测试场景 3	—	

注:测试场景 1:发射和接收天线被置于高过障碍物的位置。

测试场景 2:发射天线被置于高过障碍物的位置,而接收天线被置于与障碍物基本平行的位置。

测试场景 3:发射和接收天线均被置于与障碍物平行的位置。

2. 天线辐射图影响

由于多径传播分量与到达角分布有关,使用定向天线后,相当于使用空间滤波滤掉了天线射束宽度以外的那些分量,从而可以减小时延扩展。用一副全向发射天线和四副不同类型的接收天线（全向、宽射束、标准喇叭和窄射束天线）正对着发射天线,在 60 GHz 完成的室内传播测量和射束跟踪仿真结果表明,窄波束天线时对时延分量的抑制更有效。表 2.21 给出了一个天线方向性与静态的均方根时延扩展之间的依从关系的实例。表中列出的数据是在一个空的办公室内在 60 GHz 时由射线跟踪仿真得到的 90% 不被超过的均方根时延扩展值。需要指出的是均方根时延扩展的减少不一定总是有利的,因为有些传输方案可能需要利用多径效应,而均方根时延扩展的减少可能失去固有的频率分集效果。

表 2.21　60 GHz 天线方向性与静态均方根时延扩展的依从关系的实例[20]

发射天线 射束带宽/(°)	静态均方根 时延扩展(90%)/ns	房间尺寸 /m	备注
全向	17	13.5×7.8	射线跟踪
60	16	空办公室	
10	5		
5	1		
全向	22	13.0×8.6	射线跟踪
60	21	空办公室	无损耗
10	10		
5	6		

3. 发射机和接收机位置影响

关于发射机和接收机安放位置对室内传播特性影响的试验和理论研究相对较少。但是，通常建议基站应尽可能放得高，靠近房间的天花板，以尽可能达到视距路径的要求。在手持终端情况下，用户终端的位置自然将与使用者的运动有关，而不取决于系统设计的限制。但是，对非手持式终端而言，建议天线要足够高，以尽可能保证与基站处于视距路径条件下。基站位置的选择也与系统配置的各个方面(如空间分集、区域配置等)有很大关系。

4. 建筑物材料、布局和家具影响

室内传播特性受建筑材料反射和透射特性影响。这些材料的反射特性和传输特性取决于材料的复介电常数。位置专用传播预测模型可能需要有关建筑材料的复介电常数和建筑结构的资料作为基本输入数据。

表 2.22 中列出了典型的建筑材料的复介电常数的数据，它们是在 1,57.5,70,78.5 和 95.9 GHz 频率上实验测得的。这些介电常数的数值表明各种材料的介电常数相互之间的差别相当大。在 60~100 GHz 频率范围内，除了地板的复介电常数变化了 10% 以外，其他材料的介电常数与频率几乎没有关系。

表 2.22　内部结构材料的复介电常数[20]

材料	频率				
	1 GHz	57.5 GHz	70 GHz	78.5 GHz	95.9 GHz
混凝土	7−j0.85	6.5−j0.43	—	—	6.2−j0.34
轻混凝土	2−j0.5	—	—	—	—
地板 (合成树脂)	—	3.91−j0.33	—	3.64−j0.37	3.16−j0.39
糊墙纸板	—	2.25−j0.03	2.43−j0.04	2.37−j0.1	2.25−j0.06
天花板 (矿物绝缘纤维)	1.2−j0.01	1.59−j0.01	—	1.56−j0.02	1.56−j0.04
玻璃	6.76−j0.09	6.76−j0.16	6.76−j0.17	6.76−j0.18	6.76−j0.19
玻璃纤维	1.2−j0.1				

5. 物体在房间中移动的影响

人和物体在房间内移动会引起室内传播特性随时间变化。但是,与数据速率相比,这一变化速度是很慢的,所以可以把它按实际上非时变的随机变量来处理。除了天线附近或直接路径上有人的情况以外,在办公室和其他地点以及建筑物周围的人的移动对传播特性的影响可以忽略不计。

在链路和终端都固定不动的情况下得到的测试结果表明衰落很频繁(统计结果是非常不稳定的),这或者是由于在给定的链路周围区域内多径信号的扰动所造成的,或者是由于人们穿过该链路而出现的阴影效应所造成的。

在 1.7 GHz 上进行的测量结果表明,一个人移动进入视距信号的路径中时,接收到的功率电平会下降 6~8 dB,并且 Nakagami-Rice 分布的 K 值大大减小。非视距链路情况下,人们在天线附近移动对信道没有任何显著的影响。

在手持终端的情况下,使用者的头部和身体附近对接收信号电平有影响。在 900 MHz 频率上,用偶极子天线进行的测量结果表明,与天线离开身体几个波长时的接收信号场强相比较,当终端位于腰部附近时,接收信号强度减小 4~7 dB;当终端对着使用者的头部时,接收信号强度下降 1~2 dB。

当天线高度低于 1 m 时,例如,典型的桌上型计算机和便携式计算机应用场合下,人们移动到用户终端附近可能会阻挡视距路径。对这样的数据应用场合,衰落的深度和持续时间都是很重要的。在室内办公室大厅环境中 37 GHz 上的测量结果表明,经常能观测到 10~15 dB 的衰落。在人们以随机方式连续穿过视距路径时,由于身体遮挡引起的这些衰落的持续时间符合对数正态分布,平均值和标准差与衰落深度有关。在上述测量期间,当衰落深度为 10 dB 时,平均持续时间为 0.11 s,其标准差为 0.47 s;当衰落深度为 15 dB 时,平均持续时间为 0.05 s,其标准差为 0.15 s。

在 70 Hz 频率上的测量中假设人的平均步行速度为 0.74 m/s,方向是随机的,人类身体的厚度为 0.3 m。测量结果表明,对应于衰落深度为 10 dB、20 dB 和 30 dB 时,由人体遮挡引起的平均衰落持续时间分别为 0.52 s、0.25 s 和 0.09 s。

此外,在办公室环境中由人体移动在 1 小时内引起的身体遮挡的平均次数由下式得出:

$$\overline{N}=260\times D_{\mathrm{P}}$$

其中,$D_{\mathrm{P}}(0.05\leqslant D_{\mathrm{P}}\leqslant 0.08)$ 是房间中每平方米的人数。因此,每小时总的衰落持续时间由下式给出:

$$T=\overline{T_{\mathrm{S}}}\times\overline{N}$$

其中,$\overline{T_{\mathrm{S}}}$ 是衰落的平均持续时间。

在展览大厅中的通道上每小时身体遮挡的出现次数为 180~280,而 D_{P} 是 0.09~0.13。

在地下商业街中路径损耗与距离的关系受人类身体遮挡所影响。地下商业街中的路径损耗由下式给出,公式中的参数在表 2.23 中给出。

$$L(x)=-10\alpha(1.4-\log_{10}f-\log_{10}x)+\delta x+C$$

其中,f 为频率,单位为 MHz;x 为距离,单位为 m。

非视距情况下的参数在 5 GHz 频带上得到验证。视距情况下的参数可用于频率范围 2~20 GHz。距离 x 的范围为 10~200 m。

地下商业街的环境是一个梯形商业街,它由直的走廊组成,有玻璃或混凝土墙面。主走廊宽 6 m,高 3 m,长 190 m。典型的人体高度 170 cm,肩宽 45 cm。在冷清的时段(清晨、商店关门时)

和顾客拥挤的时段(午餐时间或高峰时间)行人的密度分别为 0.008 人/m² 和 0.1 人/m² 左右。

表 2.23　在 Yaesu 地下商业街中典型的路径损耗函数的参数[20]

时段	LOS			NLOS		
	C/dB	α	δ/m^{-1}	C/dB	α	δ/m^{-1}
商店关门时	2.0	0	−5	3.4	0	−45
高峰时	2.0	0.065	−5	3.4	0.065	−45

2.2.6　室内信号向室外的电磁传播

以上重点介绍了室外到室内电磁传播模型和室内电磁传播模型。然而,随着人们对移动通信的需求越来越高,室内容量需求越来越大。除了室内分布式天线系统等传统室内覆盖方法外,运营商也倾向于使用一些低功率节点,如 Femtocell 等,为室内用户提供更好的服务。随着室内低功率节点越来越多,室内节点对室外用户的干扰成为网络规划和优化中不可忽视的因素。为了评估室内节点对室外用户的干扰,室内到室外的电磁传播模型的研究就显得至关重要。

相对于室外到室内的电磁传播模型,室内到室外的电磁传播模型研究相对较少,并且多数是基于测量的经验模型。本节重点介绍 WINNER 推荐的室内到室外电磁传播模型。WIN-NER 计划始于 2004 年,是无线世界创新联盟(Wireless World Initiative,WWI)下的一个项目,目标是研发出"无处不在的网络"。WINNER 项目共持续 6 年,分为 3 个阶段:第一个阶段建立满足不同情景模式需求的系统概念;第二个阶段对系统进行论证和优化;第三个阶段实际验证所推荐的系统。WINNER 项目下共有 7 个工作组,工作组一负责用户情景模式;工作组二负责无线接口;工作组三负责无线网络概念;工作组四负责合作无线接入系统;工作组五负责信道模型;工作组六负责频谱和共存;工作组七负责系统工程。

WINNER 室内到室外信道模型[33]中,假设室外接收机天线高度为 1~2 m,室内发射机天线高度为(2~2.5 m＋楼层高度)。通过测量得到的室内到室外信道模型可表示为

$$PL = PL_b + PL_{tw} + PL_{in}$$

$$\begin{cases} PL_b = PL_{B1}(d_{out} + d_{in}) \\ PL_{tw} = 14 + 15\,(1 - \cos\theta)^2 \\ PL_{in} = 0.5 d_{in} \end{cases}$$

其中,3 m＜$d_{out} + d_{in}$＜1 000 m,d_{out} 是室外接收机与离室内发射机最近的墙的距离,d_{in} 是墙与室内发射机之间的距离,θ 是室外传播路径与墙的夹角。PL_{B1} 可表示为

$$PL_{B1} = 40.0\log d + 9.45 - 17.3\log h_{BS} - 17.3\log h_{MS} + 2.7\log(f_c/5.0)$$

其中,$h_{BS} = 10$ m,$h_{MS} = 1.5$ m,10 m＜d_1＜5 km,10 m＜d_2＜2 km,2 GHz＜f_c＜6 GHz。

除了 WINNER 推荐的室内到室外传播模型外,本章参考文献[34]给出了基于 Cost-231 的模型,该模型是一种修正的室内到室外传播模型,适用于 GSM900、GSM1800 和 CDMA-2100 系统。本章参考文献[35]基于实际测量给出了 0.9~3.5 GHz 范围内适用于住宅区的室内到室外电磁传播模型。

2.2.7　特定空间的电磁传播

特定空间指电波传播的非自由空间,如隧道、地下通道、地铁、矿井等传播空间。在这些空间中的电波传播特性与自由空间不同:第一,特定空间内隧道、墙壁具有较强的吸收衰减和多径效应,电波传播损耗大;第二,特定空间中有很多弯曲,直射波传播困难。由于这些特点,电磁波在特定空间中的传播距离较短,容易形成覆盖盲区。接下来,重点讨论隧道内的电波传播特点,其他特定空间中的电磁波传播与隧道电磁传播特点类似。

相对于电磁波信号来说,隧道一般可被看作是尺寸较大的理想波导。由波导理论可知,只有当电磁波工作频率高于波导截止频率时,电磁波才能在波导中进行传播。目前,公共移动通信系统的工作频率在几百兆赫兹至几个吉赫兹,远远高于隧道的截止频率(通常为几十兆赫兹),因而电磁波在隧道中的传播为多模传播,并且每个模式的损耗与其阶数平方成正比。也正是因为电磁波的多模传播,隧道内电磁波传播一般可分为两个区域:近场区域和远场区域。在近场区域,模式数量在理论上有无穷多,传播方式与自由空间传播类似;而在远区场,高阶模式的电波衰减较严重,电磁波以主模的形式传播,与波导中传播方式类似。隧道内信号传播示意图如图 2.24 所示[36]。

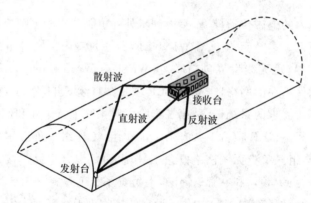

图 2.24　隧道内信号传播示意图

根据菲涅尔区域理论,电磁波在隧道中传播时有近区和远区两个传播区域。电磁波在近区为多模传播;而在远区,波的传播方式主要是稳定的引导传播。此时,隧道传播模型可表示为

$$L=\begin{cases} 32.5+20\log f+20\log d, & d\leqslant d_0 \\ 20\log f+n\log d-A, & d>d_0 \end{cases}$$

其中,f 为频率,单位为 MHz;d 为传播距离;n 为距离因子;A 为常数项,可通过模型校正来获得特定场景下的 n 和 A;d_0 为近区和远区的转折点,并且 d_0 可表示为

$$d_0=\max\left(\frac{h^2}{\lambda}, \frac{w^2}{\lambda}\right)$$

其中,h 为隧道高度;w 为隧道宽度;λ 为电磁波波长。

图 2.25 给出了电磁波频率为 450 MHz,隧道长度为 500 m,宽为 6.3 m,高为 3.4 m,隧道壁相对介电常数为 5 时,电磁波在隧道内传播时场强分布情况[37]。由图 2.25 可知,近区场和远区场的分界点在 60 m 左右。在分界点之前,电磁波衰减较快;而在分界点之后,电磁波随

传播距离的衰减明显放缓。

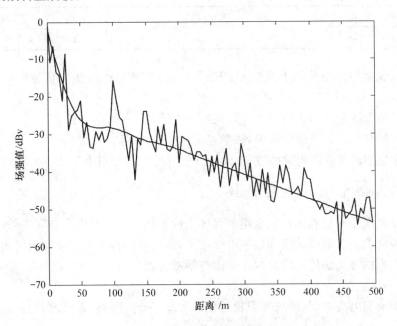

图 2.25　450 MHz 电磁波在隧道传播时场强分布[37]

　　为了分析电磁波频率，以及隧道尺寸对隧道中电磁波传播的影响，本章参考文献[38]通过数值仿真分析了频率和隧道尺寸对隧道中电磁波衰减率的影响。

　　由图 2.26 可知，当电磁波工作频率在 1 GHz 以下时，隧道横截面尺寸越大，衰减率越小，这主要是因为尺寸越大，波长相对于隧道越小，电磁波的传播空间越宽阔，衰减率越小。此外，电磁波工作频率越大，衰减率也越小。当工作频率高于 1 GHz 时，测量得到的隧道电磁传播衰减率与频率的关系如表 2.24 所示。

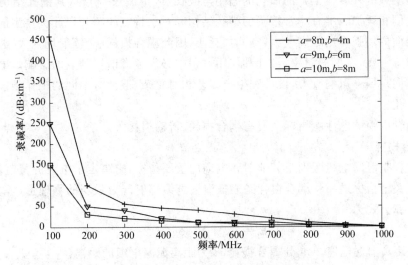

图 2.26　电磁波衰减率与频率的关系[38]

表 2.24　衰减率与频率的关系[39]

频率/MHz	40	60	150	470	900	1 700	4 000
衰减率/(dB·km^{-1})	301	217	113	9.8	2	1.6	0.7

本章参考文献[40]则分析了宽带 UHF 无线电波在隧道中传播时信道时延方面的特性,得到以下结论:

(1) 隧道中无线电波的传播信道有较宽的相干带宽。

(2) 均方根时延扩展与频率有关,频率越高,均方根时延扩展越大。

(3) 对于空隧道和有障碍物的隧道,其均方根时延扩展分别小于 25 ns 和 103 ns。

2.2.8　沿泄漏电缆的电磁传播

泄漏同轴电缆是一种利用同轴电缆外导体上的开缝向外辐射电磁波而与外部空间进行无线通信的导波装置。因能够传输和辐射电磁能量,而具有传输线和连续型天线的双重作用,主要应用于无线电信号无法传播或只限于密闭空间的无线电通信场合,以解决无线通信中的盲区问题[41]。

在常用的泄漏电缆中,漏缆按场强辐射模式大致可分为两类:表面波(耦合)型漏缆和辐射型漏缆。

表面波(耦合)型漏缆的外导体上开的槽孔的间距远小于工作波长。电磁场通过小孔衍射,激发电缆外导体外部电磁场,因而外导体的外表有电流,于是存在电磁辐射。电磁能量以同心圆的方式扩散在电缆周围,无方向性。表面波型漏缆径向的场强作用距离较短,空间损耗大,因此耦合损耗大,辐射场强小、波动大。但使用频带宽,无谐振频率,设计和使用过程中不必考虑谐振点的影响。由于场强辐射无方向性的特点,开槽的方向不影响接收场强的大小,生产工艺简单,施工过程相对容易。

辐射型漏缆的外导体上开的槽孔的间距与波长(或半波长)相当,其槽孔结构使得在槽孔处信号产生同相叠加。唯有非常精确的槽孔结构和对于特定的窄频段才会产生同相叠加。辐射型漏缆径向的场强作用距离较大,空间损耗小,因此耦合损耗小,辐射场强大、波动小。但使用频带相对窄一些,有谐振频率,设计和使用过程中必须考虑谐振频点的影响。电缆敷设过程中槽孔的方向对场强影响较大,设计和生产工艺相对复杂,但针对不同的工作频段可以进行适当的场强优化。

泄漏同轴电缆的电性能指标主要有耦合损耗、传输损耗等。

1. 耦合损耗

耦合损耗是泄漏电缆区别于其他射频电缆的重要指标,它决定了电波的覆盖范围,是泄漏电缆设计的关键指标之一。耦合损耗是表征泄漏电缆辐射能力强弱的物理量。耦合损耗与距离关系的计算公式为

$$L_c = L_{2m} + 10 \log(d/2)$$

其中,L_{2m} 是距离泄漏电缆 2 m 处耦合损耗,d 为距离泄漏电缆的距离。

假设泄漏电缆工作频率为 700 MHz 是 2 m 处的耦合损耗为 70 dB,耦合损耗与距离的关系如表 2.25 所示。

表 2.25　耦合损耗与距离的关系

距离/m	2	3	4	25	35
耦合损耗/dB	70	71.76	73	80.97	82.43

　　耦合损耗由槽孔辐射损耗和空间传播损耗两部分组成,而与信号在漏缆中的传输距离无关。槽孔辐射损耗取决于漏缆的槽孔结构和传输频率;空间传播损耗则与漏缆周边环境的影响有关,槽孔泄漏出来的射频能量,并未被接收天线所全部接收,其中大部分在空间传播中损耗掉了。耦合损耗常用值是 95%,即耦合损耗的测量数据 95% 小于该值。

　　由于耦合损耗与漏缆的开缝角度 α、缝隙周期 p 和频率 f 有关。本章参考文献[42]分别对这几种影响因素进行了分析。

　　图 2.27 中,从上而下的三条曲线分别对应 $\alpha=30°$、$60°$、$90°$ 的情况,可以看出,耦合损耗沿电缆轴向呈周期性变化,而且缝隙角度越大,耦合损耗越小。

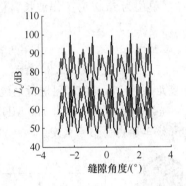

图 2.27　耦合损耗与缝隙角度的关系

　　图 2.28 中,$f=900\ \text{MHz}$,$\alpha=90°$,可以看出,缝隙周期越小,耦合损耗越小,而且周期性越明显。

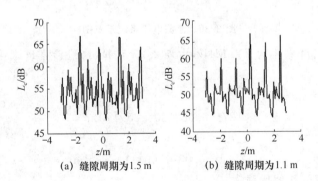

(a)　缝隙周期为1.5 m　　　　　　　(b)　缝隙周期为1.1 m

图 2.28　耦合损耗与缝隙周期的关系

　　图 2.29 中,$\alpha=90°$,$P=1.2\ \text{m}$。由图可知,频率越高,耦合损耗越小,而且各周期内耦合损耗的波动较小,这也是漏缆通常使用在高频段的主要原因。

2. 传输损耗

　　传输损耗主要由两部分构成:一是电缆固有损耗,用 L_0 表示;另外一个是信号在传输过程中向外辐射能量造成的损耗,用单位长度损耗的分贝数 L_r 表示。通常情况下,辐射引起的损耗 L_r 与耦合损耗存在以下关系:

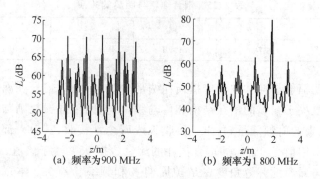

(a) 频率为900 MHz　　　(b) 频率为1 800 MHz

图 2.29　耦合损耗与频率的关系

$$L_c = 53.2 - 10\log\left(\frac{\lambda}{d}\right)^2 - 10\log L_r$$

其中，d 为天线与电缆之间的距离，单位为 m；λ 为工作波长。泄漏电缆总传输损耗为

$$L = L_0 + L_r$$

其中，L_0 可由同轴电缆的计算公式求得。

例 2.4　假设地铁采用泄漏电缆进行覆盖，如图 2.30 所示。泄漏电缆长度为 500 m，信源发送功率为 27 dBm，信源距泄漏电缆距离为 20 m，信源到泄漏电缆之间馈缆的损耗为 8 dB/100 m，泄漏电缆传输损耗为 3 dB/100 m，泄漏电缆工作频率为 700 MHz，人体损耗为 5 dB，车厢损耗为 10 dB，试求距离泄漏电缆末端 2 m 处车厢内的信号强度。

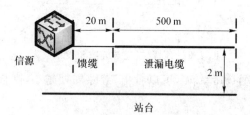

图 2.30　泄漏电缆系统示意图

由于泄漏电缆工作频率为 700 MHz，由表 2.25 可知，离泄漏电缆末端 2m 处耦合损耗为 70 dB。

泄漏电缆馈入点功率为

$$27 - 0.08 \times 20 = 25.4 \text{ dBm}$$

泄漏电缆末端的功率为

$$25.4 - 0.03 \times 500 = 10.4 \text{ dBm}$$

泄漏电缆末端 2m 处的场强为

$$10.4 - 70 = -59.6 \text{ dBm}$$

当考虑人体损耗和铁皮车厢损耗时，车厢内接收到的信号强度为 −74.6 dBm。

2.3　室内可见光通信

室内可见光通信（Visible Light Communication，VLC）指利用发光二极管把传输的数据加载到光载波信号上，利用高速明暗闪烁信号将信号发送出去，并在接收端利用光电转换器将接收信号解调恢复的技术。由于人的肉眼很难观察到灯光的快速明暗变化,室内可见光通信并不影响灯光照明效果。虽然可见光通信也属于无线通信范畴,但相比于传统无线射频通信技术,可见光通信具有以下优点:

(1) 频谱不需要授权,且干扰较小。蜂窝通信所用的频谱是需要授权的。目前在 3 GHz 以下移动通信可用频谱已非常稀缺。而对于 3 GHz 以下非授权频谱,无线通信技术已有很多,如蓝牙、WiFi 等,该段频谱容易受到外部设备(如微波炉等)干扰。而可见光通信不需要进行频谱申请,同时由于可见光频段较高,在可见光频段的设备相对较少,外部干扰较小。

(2) 发射功率限制小。考虑到射频信号对人体有危害,传统无线射频通信一般需要限制自身的发射功率,系统性能受到影响。而可见光通信使用自然光,一般情况下不需要限制发射功率。

(3) 设备部署简单。只要有 LED 照明装置的场合,都可以部署可见光通信设备,部署成本低。

由于可见光通信的众多优点,室内可见光通信在近几年得到众多研究机构的重视,并取得了重要的成果。2008 年,太阳诱电株式会社演示了最大速率 100 Mbit/s 的可见光通信系统。2010 年,西门子公司研发出最大速率超过 500 Mbit/s 的可见光通信系统。目前,世界上也成立了很多可见光通信标准化组织,如 2009 年在日本成立的 ICSA 等。中国近几年也加大了对可见光通信研究的投入,国内多所大学 2006 年左右开始可见光通信技术研究,目前在光无线接入、光无线收发信机方面已取得多项重要成果。

可见光通信也可被称为 LIFI(Light-Fidelity)。实验室环境下,LIFI 可达到 500 Mbit/s 的数据传输速率。

同时,室内可见光通信的应用场景非常广泛,如图 2.31 所示。2010 年上海世博会已展出的室内 LED 在家庭物联网中扮演了重要角色。此外室内光通信在航空机舱内通信、超市消费监控、展会讲解等应用场景均有发展前景。

图 2.31　室内光通信的应用

本章参考文献

[1]　李景春,黄标,黄嘉,等. 电磁频谱工程[M]. 北京:人民邮电出版社,2008.

[2]　ITU-R M.207. 为确定用于 IMT-2000 和 IMT-Advanced 未来发展的地面部分频谱的技术和操作资料(中文版)[R]. (2006-8-20)[2014-9-20]. http://www.docin.com/p-484843484.html.

[3]　上海市无线电协会. 移动通信多系统室内综合覆盖[M]. 上海:上海科学技术出版

社，2007.

[4]　Faisal Ahmad Kakar，Murad Khalid，Faizan A. Suri. Eenhanced outdoor to indoor coverage estimation in microcells[C]. Loughborough，UK：Loughborough Antenna & Propogation Conference，2008.

[5]　Rose D M，Kurner T. Outdoor to Indoor Propagati on Accurate Measuring and Modelling of Indoor Environments At 900 and 1800 MHz[C]. Rome：6th European Conference on Antennas and Propogation (EUCAP)，2011.

[6]　陆健贤，叶银法，卢斌，等. 移动通信分布式系统原理与工程实际[M] 北京：机械工业出版社，2008.

[7]　Stavros Stavrou. Outdoor to Indoor Propagation for Future and Current Mobile Communication Systems [D]. Surrey：University of Surrey，2001.

[8]　3GPP TR25. 952. TDD Base Station Classification Release 2000[S]. 3GPP RAN2. 3GPP Organisational Partners' Publications Offices，2001：15-24.

[9]　黄海艺，区细成. 室外信号的室内传播特性探讨[J]. 广东通信技，2010，30(9)：5-10.

[10]　Cichon D J，Kurner T. Propagation prediction models[J]. COST 231 Final Rep，1995 (4)：17-21.

[11]　Kakar F，Sani K A，Elahi F. Essential factors influencing building penetration loss [C]//Communication Technology，2008. ICCT 2008. 11th IEEE International Conference on. IEEE，2008：1-4.

[12]　Kakar F A，Khalid M，Suri F A. Enhanced outdoor-to-indoor coverage estimation in microcells[C]//Antennas and Propagation Conference，2008. LAPC 2008. Loughborough. IEEE，2008：421-424.

[13]　Ferreira L，Kuipers M，Rodrigues C，et al. Characterisation of Signal Penetration into Buildings for GSM and UMTS[C]//Wireless Communication Systems，2006. ISWCS'06. 3rd International Symposium on. IEEE，2006：63-67.

[14]　De Toledo A F，Turkmani A M D. Propagation into and within buildings at 900，1800 and 2300 MHz[C]//Vehicular Technology Conference，1992，IEEE 42nd. IEEE，1992：633-636.

[15]　Aguirre S，Loew L H，Lo Y. Radio propagation into buildings at 912，1920，and 5990 MHz using microcells [C]//Universal Personal Communications，1994. Record.，1994 Third Annual International Conference on. IEEE，1994：129-134.

[16]　Okamoto H，Kitao K，Ichitsubo S. Outdoor-to-indoor propagation loss prediction in 800-MHz to 8-GHz band for an urban area[J]. Vehicular Technology，IEEE Transactions on，2009，58(3)：1059-1067.

[17]　吴晓升. GSM 网城区深度覆盖的研究[J]. 移动通信，2008，32(5)：60-63.

[18]　Rappaport T S. Wireless communications：principles and practice[M]. New Jersey：prentice hall PTR，2002.

[19]　梁慧. 无线室内覆盖系统自动设计研究[D]. 武汉：华中科技大学，2011.

[20]　P Series Radiowave propagation. Propagation data and prediction methods for the planning of indoor radiocommunication systems and radio local area networks in the frequency range 900 MHz to 100 GHz[EB/OL]. (2012-2-10)[2014-9-20]. http://

www. itu. int/dms_pubrec/itu-r/rec/p/R-REC-P. 1238-7-201202-I!! PDF-E. pdf.

[21] 韦再雪，张涛，杨大成. 一种无线网络规划中的双斜率传播模型校正算法[J]. 电子与信息学报，2007，29(10)：2414-2417.

[22] ITU-R. 3K/163-E. Discussion paper concerning path-loss models involving the indoor/outdoor interface[S]. 2001：22-26.

[23] 周昪雯. 基于射线跟踪法的电波传播预测[D]. 哈尔滨：哈尔滨工业大学，2006.

[24] 黄海艺，吕春霞. 射线跟踪模型及应用实例[J]. 现代电信科技，2010 (11)：43-47.

[25] 季忠，黎滨洪. 用射线跟踪法对室外至室内的电波传播进行预测[J]. 通信学报，2001，22(3)：114-119.

[26] 皮立儒. 铁路隧道覆盖解决方案研究 [D]. 北京：北京邮电大学，2010.

[27] 赖智华，秦春霞，刘大扬，等. 基于 RANPLAN iBuildNet 的射线跟踪算法原理及实现[J]. 电信技术，2011 (10)：85-89.

[28] Hashemi H. Impulse response modeling of indoor radio propagation channels[J]. Selected Areas in Communications，IEEE Journal on，1993，11(7)：967-978.

[29] Erceg V，et al. TGn channel models[S]. Tech Rep IEEE 802. 11-03/940r，IEEE，2004，1.

[30] ITU-R Recommendation M1225. Guidelines for evaluation of radio transmission technologies for IMT-2000[S]. 2000：14-20.

[31] Saleh A A M，Valenzuela R A. A statistical model for indoor multipath propagation [J]. Selected Areas in Communications，IEEE Journal on，1987，5(2)：128-137.

[32] 高林毅. 室内宽带无线信道测量与建模技术研究[D]. 北京：北京交通大学，2011.

[33] Kyösti P，Meinilä J，Hentilä L，et al. WINNER II channel models[J]. WINER II Public Deliverable，2007：42-44.

[34] Celik S，Yoruk Y E，Bitirgan M，et al. Indoor to outdoor propagation model improvement for GSM900/GSM1800/CDMA-2100[C]//General Assembly and Scientific Symposium，2011 XXXth URSI，IEEE，2011：1-4.

[35] Valcarce A，Zhang J. Empirical indoor-to-outdoor propagation model for residential areas at 0. 9 – 3. 5 GHz[J]. Antennas and Wireless Propagation Letters，IEEE，2010，9：682-685.

[36] 余晨辉. 高速铁路隧道无线传播损耗模型校正[J]. 移动通信，2008，31(12)：73-76.

[37] 马晨，马福昌. 限定空间无线传播损耗模型的研究[J]. 电子测量技术，2009 (1)：5-7.

[38] 武桦. 隧道中电波传播特性[D]. 北京：北京交通大学，2006.

[39] Dudley D G. Propagation in a rectangular tunnel with two lossy walls[C]//Antennas and Propagation Society International Symposium，2004. IEEE. IEEE，2004，3：2967-2970.

[40] 张跃平，张文梅. 宽带 UHF 无线电波在隧道中的传播停产信道的特性[J]. 通信学报，1998，19(8)：61-66.

[41] 赵瑞静，徐翠，袁卫文，等. 漏泄同轴电缆耦合损耗分析方法研究[C].//中国通信学会2010 年光缆电缆学术年会论文集. 北京：中国通信学会通信线路委员会，2010：7.

[42] 张昕，郭黎利，杨晓冬，等. 泄漏同轴电缆耦合损耗影响因素[J]. 哈尔滨工业大学学报，2009 (12)：236-238，262.

［43］　郁道银，谈恒英. 工程光学［M］. 1 版. 北京：机械工业出版社，1999.

［44］　Azzam N，Aly M H，AboulSeoud A K. Bandwidth and power efficiency of various PPM schemes for indoor wireless optical communications［C］//Radio Science Conference，2009. NRSC 2009. National. IEEE，2009：1-11.

［45］　Sugiyama H，Nosu K. MPPM：a method for improving the band-utilization efficiency in optical PPM［J］. Lightwave Technology，Journal of，1989，7(3)：465-472.

［46］　Wang J，Xu Z，Hu W. Improved DPPM modulation for optical wireless communications［C］//Asia-Pacific Optical and Wireless Communications. International Society for Optics and Photonics，2004：483-490.

［47］　Kahn J M，Barry J R. Wireless infrared communications［J］. Proceedings of the IEEE，1997，85(2)：265-298.

［48］　Perez-Vega C，Higuera J M L. A simple and efficient model for indoor path-loss prediction［J］. Measurement science and technology，1997，8(10)：1166.

［49］　金伟. 室内可见光通信系统信道研究［D］. 南京：南京邮电大学，2011.

［50］　谭家杰. 室内 LED 可见光 MIMO 通信研究［D］. 武汉：华中科技大学，2011.

第3章　无线通信技术体制

3.1　无线通信组网基础技术

3.1.1　小区与大区

无线通信网络按区域覆盖方式的不同,可以分为大区制和小区制两类。

1. 大区制

大区制是指在一个较大的服务区域内,只设置一个基站,该基站的覆盖半径可达到 30~50 km,并且负责覆盖区域内用户之间通信的联络与控制。由于单个基站需要覆盖一个城市或更大范围,基站天线需要几十至百余米,基站发射机的发射功率可达 200 W 左右。在覆盖区域内的用户可以是车载台,也可以是手持终端,这些用户可以与基站通信,也可以直接通信或者通过基站进行转接通信。一般情况下,一个基站有一个或数个无线电信道,可服务用户数为几十至几百个。

大区制网络结构的特点是结构简单,投资少,不需要网络交换设备,但网络可容纳用户数有限,当网络用户数急剧增加时,系统扩容难度较大。因此,大区制通信网络更适合某个业务量不大的区域内,比如专用通信等。

随着社会发展以及人们生活水平的提高,使用移动通信进行日常沟通、交流的人越来越多,大区制的网络已不能满足人们对通信的需求。20 世纪 70 年代,美国贝尔实验室提出了蜂窝网概念,即通常所说的小区制。

2. 小区制

小区制是将整个服务区域划分为很多的小区,在每个小区中都会设立一个基站负责该小区内用户与基站,用户与本小区用户,用户与其他小区用户的通信。相比于大区制网络结构,由于小区制网络由有多个基站组成,并且不同基站服务的用户也需要通信,因此在小区制网络结构中设立了移动交换中心,以协调基站之间的通信和对系统进行集中控制。

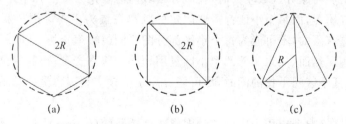

图 3.1　多边形覆盖区域面积对比

小区制的网络拓扑结构主要有带状和面状两种。其中,带状覆盖区域主要用于对铁路沿线、高速公路等带状区域的网络覆盖。而面状覆盖区域最为常见,可为用户提供无缝覆盖,是地面移动通信系统采用的主要形式。在小区制研究初期,小区覆盖形状的研究十分重要。通常情况下,全向天线在水平方向的辐射图为以辐射源为中心的圆形,为了实现网络的无缝覆盖,不同基站上挂载的天线覆盖圆形需要重叠,那么采用什么样的多边形覆盖结构才能使重叠覆盖区域最小呢? 如图 3.2 所示,在天线辐射圆形面积确定的情况下(圆半径为 R),三角形、正方形以及正六边形覆盖区域面积分别为 $\frac{3\sqrt{3}}{4}R^2$ 、 $2R^2$ 和 $\frac{3\sqrt{3}}{2}R^2$,正六边形覆盖区域面积最大,最接近于圆形面积,并且不同覆盖区重叠面积最小,因此最终选择了正六边形为移动通信小区覆盖形状。由于正六边形与蜂窝形状极为相似,因此移动通信中的小区制网络也可被称为蜂窝网。

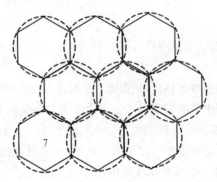

图 3.2　蜂窝网络结构

由于小区制网络结构可灵活地根据网络容量需求改变某个区域内小区的数量、覆盖半径等,所以小区制网络结构可有效地解决大区制中系统容量需求与系统能力之间的矛盾。但由于小区制网络中每个小区都要设立一个基站,并且还需要设立控制基站进行协同的移动管理中心,所以小区制网络结构复杂,设备投资较多。此外,由于移动通信系统要求无缝覆盖,当用户从一个基站的服务区移动到另外一个基站的服务区时,多个小区的基站要协同进行越区切换等操作。在这个过程中,需要涉及基站对用户所在区域的位置登记,基站之间和基站与移动交换中心之间控制信令交互等复杂过程,对基站、网络相关设备的电路设计、控制等要求要远远高于大区制。

除了在设备功能、网络结构方面的特殊要求外,小区制对网络组网技术方面也提出了新的挑战。当移动通信所需服务区域较大时,在服务区域内需要几万甚至几十万、上百万个小区才能完成网络的无缝覆盖,而每个小区都需要固定的频率资源为本小区用户服务。但移动通信可用的频率资源是有限的,不可能为每个小区都分配不同的频率资源,此时就需要对频率在不同空间内进行复用。然而,如果相邻两个小区复用相同的频率资源,小区重叠处就会有严重的干扰,如何能在降低小区间干扰的同时,尽可能提高系统频谱利用率是蜂窝系统组网需要解决的关键问题之一。

目前,大区制网络典型应用为中国移动多媒体广播系统(China Mobile Multimedia Broadcasting,CMMB)和集群通信系统等。集群通信系统的应用场景主要是公安、港口等需要无线指挥调度的场合。而经常使用的 GSM、TD-SCDMA 则是蜂窝网络,或者小区制网络。

3.1.2　双工技术

　　根据数据在线路上的传送方式,数据通信可以分为单工通信、半双工通信和全双工通信。单工通信指数据传输是单向的,通信双方中一方固定为发射端,另一方固定为接收端。半双工通信指数据传输可以双向,但不能同时进行,即一方在发送数据的同时不能接收另一方的数据,半双工通信典型应用为对讲机。全双工通信指数据传输是双向的,并且收发可同时进行。目前,大多数移动通信系统都采用半双工或者全双工的通信方式,常用的双工方式主要有:频分双工(Frequency Division Duplex,FDD),时分双工(Time Division Duplex,TDD)和频分半双工(Half-duplex FDD)。这三种双工技术的区别如图 3.3 所示。

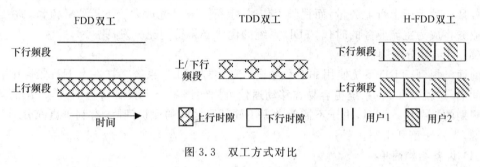

图 3.3　双工方式对比

1. FDD 双工方式

　　FDD 双工方式指上下行链路在不同频带上同时进行信号的传输。为了区分上下行信号,上下行链路需要使用不同的频段,并且两个频段之间需要有足够的保护间隔,以防止由于频谱泄漏造成上下行链路的互干扰。FDD 系统的优点是上下行同时传输,上下行信号间的反馈时延较小,在链路功率控制、自适应调度、信道状态信息反馈时延等方面具有较大优势。但 FDD 系统需要成对的频谱,且上下行频段之间需要保护间隔,如图 3.4 所示,对频谱规划有一定要求。此外,由于上下行信道不相关,下行信道质量只能通过用户测量、量化后反馈给发射端,这就为系统带来了较大的反馈开销,并且链路性能还受限于反馈时延以及量化误差等因素。特别是在多天线系统中,下行预编码矩阵的选取、信道秩的获得都与信道状态信息有关,当天线数目较多时,信道反馈开销,信道时延以及量化误差对链路性能的影响是非常严重的。

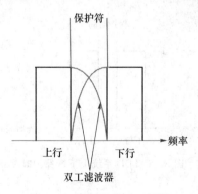

图 3.4　FDD 系统双工间隔

2. TDD 双工方式

　　TDD 双工方式指在相同的频带上,通过不同的时隙来区分上下行链路信号。相对于FDD 系统需要成对频谱的要求,TDD 系统可以在非成对频谱上,利用天线开关对发送/接收信号进行区别。概括地说,TDD 系统的技术优势主要体现在以下几个方面。

（1）可利用信道互易性减小系统复杂度

由于 TDD 系统上下行使用相同频段，上下行信道衰落情况相似，因此可通过上行信道测量得到下行信道质量，这就可以大大减小反馈开销，并减轻反馈时延，量化误差对链路性能的影响。特别地，TDD 系统的信道互易性对于多输入多输出系统的应用具有重要价值。

（2）非对称业务支持能力强

TDD 系统的特点之一是把一个无线帧内的不同时隙划分为上下行时隙，并分别用于上下行链路传输。通过不同的上下行时隙配比，TDD 系统可灵活用于非对称业务的传输。而随着社会进步，传统的话音这种上下行对称业务在移动通信业务中所占比重越来越低，取而代之的是移动互联网等数据业务，而数据业务的主要特点是上下行数据量非对称，如 FTP 下载时，下行业务量远远大于上行业务量；而视频上传时，上行业务量远远大于下行业务流量。在这种非对称业务将成为主流业务的时代，TDD 系统的优势必将得到充分发挥。

（3）可灵活分配频段

前面已提到，TDD 系统使用非对称频谱，不需要与 FDD 系统一样在上下行频段中间设置保护间隔，这就使 TDD 系统更容易在移动通信可用频谱集合中找到合适的频谱，从而降低了频谱规划的复杂度。同时，由于不需要考虑不同频段之间的保护间隔，有利于更充分地利用频谱资源，提高频谱利用率。

（4）设备结构简单

由于 TDD 系统使用收发天线开关来区分上下行信号，不需要 FDD 系统中的双工隔离器，便于设备集成化和小型化。同时，由于 TDD 系统收发链路不同时，也就使收发电路可共用一些模块，节省了开支，降低了系统复杂度。

虽然 TDD 系统有众多优势，但它本身也存在一些缺点，主要有：

（1）网络覆盖距离和移动速度受限

虽然 TDD 系统不需要双工隔离器，但为了避免上下行转化时发生交叉时隙干扰，在由下行发射转换到上行时，需要上下行保护时隙对接收信号进行保护，如图 3.5 所示。该保护时隙的长度决定了 TDD 系统小区覆盖半径的大小，如果信号从基站到小区边缘处的时间超出了保护时隙，有可能造成严重的信号干扰。此外，如果用户移动速度过快，将造成时隙间信道波动较大，对 TDD 系统链路性能也会造成较大影响。

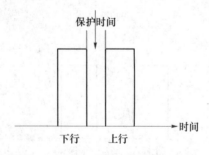

图 3.5　TDD 系统上下行保护时隙

（2）间歇性发射，干扰较大

TDD 系统为上下行间歇性发射，发射信号类似于脉冲，这种脉冲功率较大，容易造成对其他用户信号的干扰。同时，间歇性发射对器件要求也比较高，它要求射频器件在极短时间内完成信号发射以及静默等操作。

（3）同步要求高

TDD 系统使用不同时隙区分上下行，如果系统同步不好，造成相邻小区内两个基站的发送时隙不一致,一个基站在发送信号的同时,另外一个基站服务的用户正处在接收时隙,就会引起较严重的干扰,对系统性能影响较大。

3. H-FDD 双工方式

H-FDD 是在 FDD 双工方式基础上演变而来的,LTE 系统曾考虑这种双工方式。在 H-FDD双工方式中,基站仍采用 FDD 双工方式工作,使用不同的频带同时进行上下行链路传输,终端也仍在成对的频谱上进行信号的发送和接收,但终端的信号收发不同时进行,即在某个时刻终端只发送或接收信号,类似于 TDD 的工作方式。采用 H-FDD 的主要优点之一是可降低终端的研发成本。因为终端不需要同时收发信号,因此终端不需要安装双工隔离器,并且某些器件可以供上下行链路共用,降低终端设计复杂度。其次,某些业务的速率要求比较低,但使用该业务的用户很多,如数据采集等,当采用 H-FDD 双工方式时,可增加同时服务用户数(一些用户在下行频段接收下行数据,另外一些用户在对称的频段上传输上行数据),还可以有效减少用户终端的功耗,增长用户终端的使用时间。最后,H-FDD 双工方式的使用有利于利用现有不满足双工保护间隔的零散频段,提高系统利用率,扩大系统的使用范围。

目前,2G 系统中的 IS-95,3G 系统中的 WCDMA、cdma2000 和 FDD-LTE 都采用了 FDD 方案。2G 系统中的 PHS,3G 系统中的 TD-SCDMA 都使用了 TDD 方案。

3.1.3　复用技术

复用技术指将多路信号源通过有效组合,在一个公共信道上进行传输的技术。复用技术可有效地增加系统吞吐量,提高信道的传输效率。目前,常用的复用技术有频分复用、时分复用、空分复用、码分复用、波分复用。每种复用技术具体的含义如下所示。

1. 频分复用

频分复用(Frequency Division Multiplexing,FDM)指使用不同的频率在同一信道内传输多路信号的方法。传统的频分复用技术中,子频带之间互不重叠,同时为了避免由于射频器件不理想引起的邻频泄漏导致子频带之间的干扰,子频带之间需要有足够的保护间隔,这就有可能提高设备复杂度或者降低频谱效率,如图 3.6(a)所示。

为了进一步提升频谱效率,满足下一代移动通信系统高速传输的需求,正交频分复用(Orthogonal Frequency Division Multiplexing,OFDM)技术得到大家的关注。正交频分复用技术利用正交的子载波将高速串行数据转化为低速并行数据流在同一信道内同时传输,如图 3.6(b)所示。由于 OFDM 采用正交子载波,不同子频带之间有一部分可以重叠,不需要在子频带之间设置保护频带,大大提高了频谱利用率。

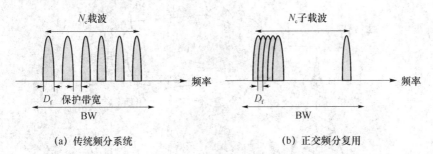

图 3.6　频分复用系统

除了上述信号级别的频率复用外,由于蜂窝网络中基站发送的信号在空中传播时需要克服路径损耗对信号的衰减作用。随着传播距离的增大,信号的衰减程度也越来越大,该信号对其他小区的干扰也就越小。因此,蜂窝网络也常利用这种空间上的频率复用技术来提升系统容量,如图3.7所示。目前,常用的频率复用因子为1、3、4、7等。其中频率复用因子为1表示相邻小区使用相同的频率,这种情况下邻区干扰最为严重;频率复用因子为3表示相邻3个小区使用正交的频率,可有效降低相邻小区之间的干扰。

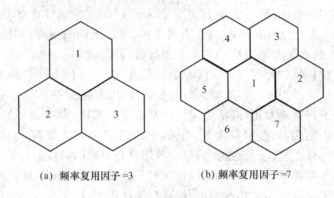

(a) 频率复用因子=3　　　　(b) 频率复用因子=7

图3.7　小区间频率复用

2. 时分复用

时分复用(Time Division Multiplexing,TDM)指使用不同的时间间隔交替发送信号的技术。在不同时间间隔内发送的信号在时间上互不重叠,而它们都使用相同的频带,在频谱上是重合的。一般情况下,时分复用技术可以分为两类:固定时分复用和统计时分复用。固定时分复用是指每一路信号占用固定的传输时隙;统计时分复用指动态地为每一路信号分配可以占用的时隙。但无论哪种时分复用技术,对同步的要求都非常高。只有保证了信号帧的完全同步,才能在接下来的每个时隙中准确地对不同路的复用信号进行检测。

3. 空分复用

空分复用(Space Division Multiplexing,SDM)指在空间上对不同路信号进行区分的技术(如图3.8所示)。由于无线信道是开放式的,这种空间上的区分可以是物理空间上的区分(例如,利用不同的波束传输不同的数据流),也可以是信号空间上的区分(例如,利用信号处理技术将利用相同时频资源传输的信号进行区分)。与频分复用和时分复用受限于可用频率及时间不同,空分复用主要受限于天线数目、信道条件、数字信号处理技术及其硬件能力等因素。随着移动通信系统及数字信号处理技术的发展,空分复用已成为提升系统容量的重要途径之一。例如,LTE系统中采用单码字复用、双码字复用传输等。

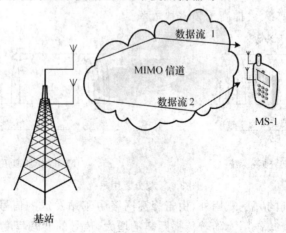

图3.8　空分复用

4. 码分复用

码分复用(Code Division Multiplexing,CDM)指利用不同的编码来区分不同信号的技术。在数字信号处理领域,有些数字序列的自相关函数为冲激函数,而它与其他序列的互相关函数为 0,这就使利用不同的随机序列代表不同的信号成为可能。码分复用也正是利用了随机序列的这一特点对多路信号进行复用,从而提升系统容量。码分复用系统中,同时传输多路信号的能力主要受限于符合条件的码序列的数量,目前常用的序列主要有 m 序列、walsh 序列等。虽然码分复用技术有众多优点,但完全正交的码序列较少,因此只能使用准正交码序列,此时就会带来系统自干扰,降低系统容量。

5. 波分复用

波分复用(Wave Division Multiplexing,WDM)指将不同波长的光信号复用在同一根光纤中进行传输的技术。由于光的波长和频率具有对应关系,因此波分复用也是光频率复用。目前,波分复用主要有 3 种形式:1 310 nm 和 1 550 nm 波长的波分复用、粗波分复用和密集波分复用。其中,粗波分复用可复用的波长数量一般为 4 或 8,最多为 16。而密集波分复用最多可以承载 160 个波长。

目前,码分复用技术已被广泛应用于 3G 移动通信系统中,主要有 WCDMA、cdma2000 和 TD-SCDMA。2G 中 GSM 系统主要采用了时分复用和频分复用技术。4G 中的 LTE 主要采用了 OFDM 和空分复用技术。

3.1.4　多址技术

多址技术指多个用户同时使用一个公共信道发送/接收信号的技术,相当于为每个用户分配一个虚拟的地址。多址技术与复用技术是相关联的,它主要指把复用的数据流分配给不同的用户,主要在多点通信中使用。目前,常用的多址技术主要有频分多址、时分多址、码分多址、空分多址。下面分别对这些常用的多址技术进行介绍。

1. 频分多址

频分多址(Frequency Division Multiple Access,FDMA)指为不同用户分配不同的信道,并且信道在频率上是正交的,如图 3.9 所示。信道一旦分配给用户,在用户所发起的业务结束前,都不会释放该信道。信道被分配给某个用户后,基站/用户一直在该信道上连续地发送或接收信号,即使在某个时间段用户没有数据发送,该信道也不能被其他用户占用。在第一代移动通信系统中,美国采用的增强移动电话系统(Advanced Mobile Phone System,AMPS)就是基于 FDMA 的系统。在该系统中,每个 FDMA 信道带宽为 30 kHz,系统可同时服务用户数受系统可用的总带宽限制。

2. 时分多址

时分多址(Time Division Multiple Access,TDMA)把同一个频段上的时间轴上分为多个时隙,并把多个时隙分配给多个用户,每个时隙只能用于一个用户的发送或接收如图 3.10 所示。TDMA 一般以数据突发的形式发送数据,即在一个时隙上发送数据后,要等若干个时隙后再发送另外的数据,发送信号是不连续的。因此,TDMA 一般应用在数字通信中,而不能像 FDMA 那样可用于模拟信号的传输。在第二代移动通信系统中,GSM 综合利用了 FDMA 和 TDMA 方式,把可用带宽首先分为若干个带宽为 200 kHz 的子信道,在每个子信道上利用 TDMA 将一个无线帧划分为 8 个接入时隙,因此一个无线帧内可同时在一个子信道上接入 8 个用户。

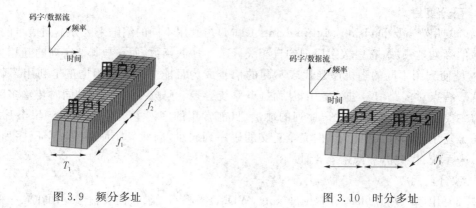

图 3.9　频分多址　　　　　　　　　　图 3.10　时分多址

3. 码分多址

码分多址(Code Division Multiple Access,CDMA)利用不同的扩频信号将不同用户的窄带信号扩展更宽的频带,利用伪随机序列的相关性来区分用户如图 3.11 所示。此时,多个用户可使用相同的时频资源。与 TDMA/FDMA 系统不同的是,受序列不能完全正交的影响,CDMA 容易引起系统的自干扰,从而影响系统容量。在第二代移动通信系统中的 IS-95 中,以及第三代移动通信系统中,CDMA 都作为一种重要的多址接入技术被使用,为系统提供了很好的抗干扰和保密特性。

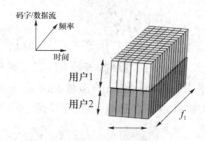

图 3.11　码分/空分多址

4. 空分多址

空分多址(Space Division Multiple Access,SDMA)指通过相互独立的波束在相同的时频资源上同时为多个用户提供服务,如图 3.11 所示。由于 SDMA 主要与信道条件、天线数目等因素有关,而与时间、频率这些资源无关,当天线数目无穷多、信道条件足够好的条件下,理论上 SDMA 可同时服务无穷多的用户,因此受到了第三代特别是第四代移动通信系统的关注。在第三代移动通信中,TD-SCDMA 利用智能天线和 SDMA 可大大提高小区边缘区域的信号强度,提升覆盖质量。而在第四代移动通信系统中,SDMA 被作为一种提升系统容量的重要方法得到了大家的关注,如多用户 MIMO、双流波束赋形等。

至此,虽然分别介绍了 4 种多址技术,但很多情况下这 4 种多址接入技术是可以混合使用的。如前面已经介绍的 GSM 系统使用了 TDMA 和 FDMA,LTE 系统则主要使用了 OFD-MA、TDMA、SDMA 三种,在一些特殊信道的设计上也使用了 CDMA。

上面介绍的多址技术一般应用于网络具有基站或中央控制器这种集中式节点的场景,在这种场景下,基站或中央控制器可以为用户分配对应的信道。但对于一些分布式的分组数据网络,由于没有中央处理器或者进行集中分配的难度较大时,需要在上述多址接入的基础上引入自组织的介入机制,从而形成一些新的多址接入方法,如载波检测多址接入(Carrier Sense Multiple Access,CSMA)。CSMA 指在接入信道前,需要首先对信道进行监听,当检测到某个信道处于空闲状态时,用户便可接入,而具体的信道可以是以时分复用的,也可以频分复用或者其他复用技术。这种随机多址接入技术的优点是使信道资源得到充分利用,尽量避免用户不发送数据而长时间占用信道的情况发生。但这种随机多址接入方式也可能造成某些用户长时间不能接入信道,导致用户服务质量下降。因此,随机多址接入技术常应用于以分组数据为主的网络,如无线局域网、传感器网络等。

3.2 GSM 系统基本原理

3.2.1 GSM 系统网络结构

GSM 蜂窝移动通信系统主要是由交换网络子系统(SS)、无线基站子系统(BSS)、移动台(MS)和操作维护子系统(OMC)四大子系统设备组成。GSM 系统的主要接口包括 A 接口、Abis 接口和 Um 接口(空中接口),如图 3.12 所示。GSM 规范对系统的各个接口都有明确的规定,各接口都是开放式接口。

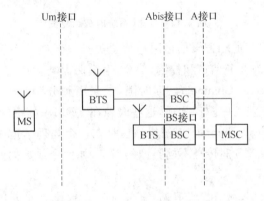

图 3.12　GSM 系统的主要接口

(1) A 接口。A 接口是 BSC 与 MSC 之间的通信接口,MSC 通过该接口连接 MS。A 接口的功能包括移动台管理、基站管理、移动性管理以及呼叫管理等。

(2) Abis 接口。Abis 接口是同属基站子系统 BSS 的两个功能实体基站控制器 BSC 和基站收发信机 BTS 之间的通信接口。此接口支持所有向用户提供的服务,并支持对 BTS 无线设备的控制和无线频率的分配。

(3) Um 接口。Um 接口(空中接口)是移动终端 UE 与基站收发信机 BTS 之间的通信接口,用于移动台与 GSM 系统的固定部分之间的互通。空中接口实现的功能包括无线资源管理、移动性管理、接续管理等。

3.2.2 GSM 帧结构和信道

GSM 占用的无线频谱被划分成多个带宽相对较窄而中心频点不同的射频信道,每个射频信道占用的带宽为 200 kHz。GSM 系统在物理信道上最基本的传输单位是突发脉冲序列 Burst,简称突发序列,它是由调制位组成的脉冲串。突发脉冲序列的持续时间和占用的无线频谱带宽都是受限的。在 GSM 系统中,每段突发脉冲序列的中心频率位于系统频带上 200 kHz 的间隔内,并且以 15/26 ms 为时间周期,这段时间间隔被称为时隙。使用一个给定的信道就意味着在特定的时间和频率即时隙上传送突发脉冲序列。每一频点(频率或称为载频 TRX)可分成 8 个时隙(TS0-7),每一时隙对应一个信道,因此一个载频最多可有 8 个移动客户同时使用。

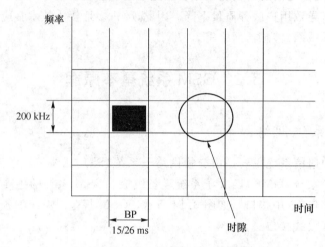

图 3.13　GSM 系统时隙示意图

GSM 系统中有物理信道和逻辑信道两种信道类型。无线子系统的物理信道支撑着逻辑信道。逻辑信道又可分为业务信道和控制(信令)信道两大类。

(1) 物理信道(Physical Channel)。即时隙,是采用频分和时分复用的组合,它由在基站 BS 和移动台 MS 之间连接的时隙流构成,这些时隙在 TDMA 帧中的位置从帧到帧是不变的。

(2) 逻辑信道(Logical Channel)。逻辑信道是在一个物理信道中作时间复用的。不同的逻辑信道用于在 BTS 和 MS 间传送不同类型的信息,如信令或数据业务。

1. 业务信道

业务信道 TCH 用于承载语音或数据,它又可分为全速率业务信道 TCH/F 和半速率业务信道 TCH/H,两者的总速率分别为 22.8 kbit/s 和 11.4 kbit/s。半速率信道只使用全速率信道所用时隙的一半,因此一个载频可提供 8 个全速率或 16 个半速率业务信道(或两者的组合)并包括各自所带的随路控制信道。

(1) 话音业务信道

载有编码话音的业务信道也分为全速率话音业务信道和半速率话音业务信道。全速率话音编码的话音帧长为 20 ms,每帧含 260 bit,因此提供的净速率为 13 kbit/s。

(2) 数据业务信道

通过不同的速率适配、信道编码和交织,在 GSM 全速率或半速率信道可以支持到最高 9.6 kbit/s的数据业务。用于不同用户数据速率的业务信道具体如下:

① TCH/F9.6。9.6 kbit/s 全速率数据业务信道。

② TCH/F4.8。4.8 kbit/s 全速率数据业务信道。

③ TCH/H4.8。4.8 kbit/s 半速率数据业务信道。

④ TCH/F2.4。小于或等于 2.4 kbit/s 全速率数据业务信道。

⑤ TCH/H2.4。小于或等于 2.4 kbit/s 半速率数据业务信道。

在 GSM 系统中,为了提高系统效率,还引入了 TCH/8 信道,它的速率很低,相当于 TCH/F 的 1/8,仅用于信令和短消息传输。

2. 控制信道

控制信道 CCH 用于传送信令或同步数据。它又可分为广播信道 BCCH、公共控制信道 CCCH 和专用控制信道 DCCH。

(1) 广播信道

广播信道仅作为单向下行信道使用,其携带信息的目标为小区内的所有手机。它分为如下三种信道:

① 频率校正信道 FCCH。载有供移动台校正频率所用的信息。

② 同步信道 SCH。载有供移动台帧同步和基站收发信机识别的信息。该信道包含下面两个编码参数:

- 基站识别码 BSIC。它占有 6 个比特(信道编码之前),其中 3 个比特为 0~7 范围的 PLMN 色码,另 3 个比特为 0~7 范围的基站色码 BCC。
- 简化的 TDMA 帧号 RFN。它占有 19 个比特。

③ 广播控制信道 BCCH。负责发送移动台在空闲模式下需要从网络获得的大量控制信息,这些消息被称为系统消息 SI。BCCH 所载的主要参数如下:

- CCCH 公共控制信道号码以及 CCCH 是否与 SDCCH(独立专用控制信道)相组合。
- 为接入准许信息所预约的各 CCCH 上的区块 block 号码。
- 向同样寻呼组的移动台传送寻呼信息之间的 51TDMA 复合帧号码。

(2) 公共控制信道

公共控制信道面向小区内所有移动台发送,它分为下述三种信道:

① 寻呼信道 PCH。这是一个下行信道,用于寻呼被叫的移动台。

② 随机接入信道 RACH。这是一个上行信道,用于移动台随机提出入网申请,即请求分配一个 SDCCH。

③ 允许接入信道 AGCH。这是一个下行信道,用于基站对移动台的入网请求做出应答,即分配一个 SDCCH 或直接分配一个 TCH。

(3) 专用控制信道

由基站分配给特定的移动台,进行移动台与基站之间的信号传输。它主要有如下几种:

① 独立专用控制信道 SDCCH。用于传送信道分配等信号。它可分为独立专用控制信道 SDCCH/8 与 CCCH 相组合的独立专用控制信道 SDCCH/4。

② 慢速随路控制信道 SACCH。它与业务信道 TCH 或 SDCCH 联用,在传送用户信息期间传递无线传输的测量报告和第一层报头消息(包括 TA 值和功控等级)。该信道包含下述几种:

- SACCH/TF。TCH/F 随路控制信道。
- SACCH/TH。TCH/H 随路控制信道。
- SACCH/C4。SDCCH/4 随路控制信道。
- SACCH/C8。SDCCII/8 随路控制信道。

③ 快速随路控制信道 FACCH。与业务信道 TCH 联用,携带与 SDCCH 同样的信号,但只在未分配 SDCCH 时才分配 FACCH,通过从业务信道借取的帧来实现接续,传送诸如越区切换等指令信息。FACCH 可分为如下几种:

- FACCH/F。TCH/F 随路控制信道。
- FACCH/H。TCH/H 随路控制信道。

3.3　TD-SCDMA 系统基本原理

TD-SCDMA(时分复用-同步码分多址接入)的双工方式采用了 TDD 时分双工模式,在相同的频带内在时域上划分不同的时隙分配给上、下行进行双工通信,可以方便地实现上/下行链路间的灵活切换。例如,根据不同的业务对上、下行资源需求的不同来确定上/下行链路间的时隙分配转换点,进而实现高效率地承载所有 3G 对称和非对称业务。与 FDD 模式相比,TD-SCDMA 可以运行在不成对的射频频谱上,因此在当前复杂的频谱分配情况下具有非常大的优势。

3.3.1　TD-SCDMA 网络结构

UTRAN(UMTS 陆地无线接入网— UMTS Terrestrial Radio Access Network)是 TD-SCDMA 网络中的无线接入网部分,其结构如图 3.14 所示。UTRAN 由多个无线网络子系统(RNS)组成,每一个 RNS 包括一个 RNC 及一个或多个 Node B,Node B 和 RNC 之间通过 Iub 接口进行通信。RNC 与 RNC 之间通过 Iur 接口相连(由于 TD-SCDMA 系统使用硬切换,所以 RNC 之间的 Iur 接口通常不实现)。Node B 通过空中接口连接终端 UE,RNC 通过 Iu-CS 接口连接 CN 的电路域并通过 Iu-PS 接口连接 CN 的分组域。对系统来说,RNS 将负责控制所属各小区的资源。

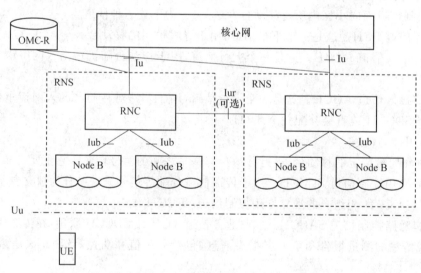

图 3.14　TD-SCDMA 网络结构示意

无线网络控制器 RNC(Radio Network Controller)主要负责接入网无线资源的管理,包括接纳控制、功率控制、负载控制、切换和包调度等方面。通过 RRC(无线资源管理)协议执行的相应进程来完成这些功能。

Iu 接口是连接 UTRAN 和 CN 之间的接口,它将系统分成专用于无线通信的 UTRAN 和负责处理交换、路由和业务控制的核心网 CN 两部分。Iu 接口同 GSM 的 A 接口一样也是一个开放接口,从功能上看,Iu 接口主要负责传递非接入层的控制消息、用户信息、广播信息及控制 Iu 接口上的数据传递等。其主要功能如下:RAB 管理功能、无线资源管理功能、连接管理功能、用户平面管理功能、移动性管理、安全功能。

Iub 接口是 RNC 和 Node B 之间的接口,用来传输 RNC 和 Node B 之间的信令及无线接口的数据。它的协议栈可分为三层,即无线网络层、传输网络层和物理层。

Iub 接口主要完成以下功能:管理 Iub 接口的传输资源、Node B 逻辑 O&M 操作、传输 O&M 信令、系统信息管理、专用信道控制、公共信道控制、定时和同步管理。

3.3.2 TD-SCDMA 帧结构与物理信道

1. TD-SCDMA 帧结构

TD-SCDMA 的物理信道采用四层结构:系统帧号、无线帧、子帧和时隙/码。时隙用于在时域和码域上区分不同用户信号,具有 TDMA 的特性,无线帧以及时隙都可以灵活组合。而多个载波可以承载不同的用户或业务。单个载波的物理信道信号格式如图 3.15 所示。

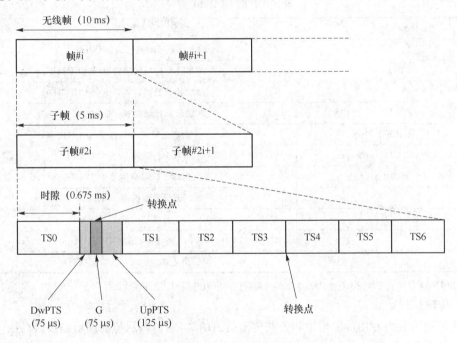

图 3.15 TD-SCDMA 物理信道帧结构

TD-SCDMA 中一个物理信道的基本形式就是一个突发(Burst),通常一个突发会在指定的一系列无线帧中的某一个固定时隙发射。突发既可以在所有指定的帧集合里发射,也可以只在指定帧集合里的子集内发射。一个突发由数据部分、中间码部分和保护间隔组成。突发的持续时间是一个时隙。发射机可以同时发射几个突发,在这种情况下,几个突发的数据部分必须使用不同 OVSF 的信道码,但应使用相同的扰码。中间码部分必须使用同一个基本中间码,但可使用不同中间码偏移(Midamble Shift)。突发的数据部分由信道码和扰码共同扩频,一个符号包含的码片数称为扩频因子(SF)。信道码是一个 OVSF 码,OVSF 信道码的扩频因子可以取 1,2,4,8 或 16。上行为了避免过大的峰均比值(PAR),采用变扩频因子。下行只采用扩频因子 1 或 16。

因此在 TD-SCDMA 系统中物理信道是由频率、时隙、信道码和无线帧的分配来确定的。

扰码及基本训练序列由小区的广播信道下发。物理信道建立时既可以设定时长也可以不设定时长,承载业务完毕后取消该物理信道分配。

2. TD-SCDMA 信道

由于各种第三代移动通信系统的差别主要体现在无线接口的物理层,本章主要介绍 TD-SCDMA 技术的物理层。物理层通过提供传输信道的形式为高层(MAC 层)提供服务。通常传输信道分成两类:专用信道和公共信道。公共信道通常是指此类信道上的信息是发送给小区内所有用户或一组用户的,但是在某一时刻,该信道上的信息也可以针对单一用户,这时需要用 UE ID 识别特定用户的信息。专用信道是指此类信道上的信息在某一时刻只发送给单一的用户,在一段时间内只有特定的用户/业务使用该信道,因此命名为专用信道。终端/用户是通过专用信道本身来识别的。

系统中的传输信道与物理信道映射关系如表 3.1 所示。传输信道作为物理层向高层提供服务,描述的是信息如何在空中接口上传输的。

表 3.1 TD-SCDMA 信道

传输信道	物理信道
DCH	专用物理信道(DPCH)
BCH	基本公共控制物理信道(P-CCPCH)
PCH	辅助公共控制物理信道(S-CCPCH)
FACH	辅助公共控制物理信道(S-CCPCH)
RACH	物理随机接入信道(PRACH)
USCH	物理上行共享信道(PUSCH)
DSCH	物理下行共享信道(PDSCH)
	下行导频信道(DwPCH)
	上行导频信道(UpPCH)
	寻呼指示信道(PICH)
	快速物理接入信道(FPACH)

注:表中 DwPCH、UpPCH、PICH、FPACH 这几个物理信道没有与其对应的传输信道。

(1)传输信道

传输信道可分为专用传输信道和公共传输信道两类,它负责承担物理层提供给高层的服务。

① 专用传输信道

专用传输信道(DCH)是一个用于在 UTRAN 和终端之间承载的用户或控制信息的上行或下行传输信道。

② 公共传输信道

公共传输信道分为下述 6 种类型:

· 广播信道(BCH)。该类传输信道是一个下行传输信道,用于广播系统和小区的特有信息。

· 寻呼信道(PCH)。该类传输信道是一个下行传输信道,用于当系统不知道移动台所在的小区位置时,承载发向移动台的控制信息。

· 前向接入信道(FACH)。该类传输信道是一个下行传输信道,用于当系统知道移动台所在的小区位置时,承载发向移动台的控制信息。FACH 也可以承载一些短的用户信息数据包。

· 随机接入信道(RACH)。该类传输信道是一个上行传输信道,用于承载来自移动台的控制信息。RACH 也可以承载一些短的用户信息数据包。

- 上行共享信道（USCH）。该类传输信道是一种被多个 UE 共享的上行传输信道，用于承载专用控制数据或业务数据。
- 下行共享信道（DSCH）。该类传输信道是一种被多个 UE 共享的下行传输信道，用于承载专用控制数据或业务数据。

（2）物理信道

物理信道分为专用物理信道（DPCH）和公共物理信道（CPCH）两大类。

① 专用物理信道

专用物理信道（DPCH）：专用传输信道中的 DCH 映射到专用物理信道 DPCH。

② 公共物理信道

公共物理信道也分为以下几种：

- 主公共控制物理信道（P-CCPCH）。传输信道 BCH 在物理层映射到 P-CCPCH。在 TD-SCDMA 中，P-CCPCH 的位置（时隙/码）是固定的（Ts0）。P-CCPCH 采用固定扩频因子 SF＝16，总是采用 TS♯0 的信道化码 $C_{Q=16}^{(k=1)}$ 和 $C_{Q=16}^{(k=2)}$。P-CCPCH 需要覆盖整个区域，不进行波束赋形。
- 辅助公共控制物理信道（S-CCPCH）。PCH 和 FACH 可以映射到一个或多个辅助公共控制物理信道（S-CCPCH），这种方法使 PCH 和 FACH 的数量可以满足不同的需要。S-CCPCH 采用固定扩频因子 SF＝16，S-CCPCH 的配置即所使用的码和时隙在小区系统信息中广播。
- 物理随机接入信道（PRACH）。RACH 映射到一个或多个物理随机接入信道，可以根据运营者的需要，灵活确定 RACH 容量。其配置（使用的时隙和码道）通过小区系统信息广播。
- TD-SCDMA 系统中有两个物理同步信道，即 TD-SCDMA 系统中每个子帧中的 DwPCH 和 UpPCH。DwPCH 用于下行同步而 UpPCH 用于上行同步。
- 快速物理接入信道（Fast Physical Access CHannel，FPACH）。这个物理信道是 TD-SCDMA 系统所独有的，它作为对 UE 发出的 UpPTS 信号的应答，用于支持建立上行同步。NodeB 使用 FPACH 传送对检测到的 UE 的上行同步信号的应答。FPACH 上的内容包括定时调整、功率调整等。FPACH 使用扩频因子 SF＝16，其配置（使用的时隙和码道）通过小区系统信息广播。
- 物理上行共享信道（PUSCH）。用户物理层的特有参数，如功率控制、定时提前及方向性天线设置等，都可以从相关信道（FACH 或 DCH）中得到。
- 物理下行共享信道（PDSCH）。用户物理层的特有参数，如功率、控制、定时提前及方向性天线设置等，都可以从相关信道（FACH 或 DCH）中得到。
- 寻呼指示信道（PICH）。寻呼指示信道用来承载寻呼指示信息。PICH 的配置在小区系统信息中广播。

对支持多频点的小区，P-CCPCH 、S-CCPCH、DwPCH、PRACH 和 PICH 只在主载频上进行发送。

FPACH、UpPCH 在辅载频上可以有条件使用，条件之一为 UE 在切换时可以在辅载频上使用对应信道。

3.4　WCDMA 系统基本原理

在 3GPP 中,WCDMA 被称作 UTRA(Universal Terrestrial Radio Access,通用地面无线接入),并且 WCDMA 这个概念涵盖了 FDD 频分双工和 TDD 时分双工两种操作模式。

3.4.1　WCDMA 网络结构

WCDMA 网络结构源于 GSM 系统,从 GSM/GPRS 的核心网逐步演进和过渡,通过与 GSM 相同的网元与 PSTN、因特网等其他类型的网络相连;而 WCDMA 的无线接入网由于采用了众多新的无线技术则完全不同于 GSM 网络。WCDMA 网络结构由三部分组成:CN(核心网)、UTRAN(无线接入网)和 UE(用户设备),如图 3.16 所示。

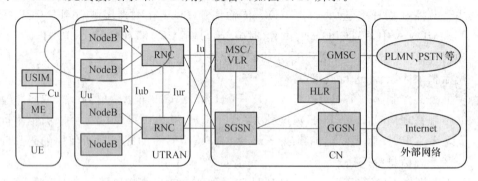

图 3.16　WCDMA 网络结构

WCDMA 网络中开放的接口主要有:

(1) Cu 接口。用户设备 UE 内 USIM 智能卡与终端 ME 间的电子接口,它遵循智能卡的标准格式。

(2) Uu 接口。UTRAN 与 UE 之间的空中接口,是 UMTS 最重要的开放接口。可以实现不同厂商的 UE 与 Node B 的互联。其功能包括广播、寻呼以及 RRC 连接的处理、切换和功率控制的判决执行、无线资源的管理和控制信息、基带和射频处理信息。

(3) Iu 接口。UTRAN 与 CN 之间的接口,进一步可以分为 Iu-CS 和 Iu-PS 两类,类似于 GSM 中的 A 接口(CS 域)和 Gb 接口(PS 域)。Iu 接口是一个开放的、标准的接口,可实现多厂商的设备兼容,Iu 接口支持建立、维护和释放无线接入承载的程序,可以完成系统内切换、系统间切换和 SRNS 重定位程序,支持小区广播业务等。

(4) Iur 接口。连接不同 RNC 之间的接口,允许不同厂商的 RNC 之间进行切换。

(5) Iub 接口。连接 NodeB 和 RNC 的接口。Iub 接口负责进行传输资源的管理、Node B 资源配置和性能的管理、特定的运营维护信息的传送、系统信息管理、公共信道和专用信道的流量管理以及定时同步管理等功能。

UTRAN 由多个负责控制所属各小区的资源的无线网络子系统(RNS)组成,每个 RNS 包括一个无线网络控制器(RNC)和一个或多个 Node B,每个 Node B 包括一个或多个小区。在 RNS 内部,Node B 和 RNC 之间通过 Iub 接口相连。RNC 与 RNC 之间通过 Iur 接口(可选)相连,RNC 分别通过 Iu-CS 和 Iu-PS 接口与 CN 的电路域和分组域相连。

3.4.2　WCDMA 信道

物理层通过传输信道的形式为高层(MAC 层)提供服务。通常传输信道分成两类:专用信道和公共信道,通过专用信道来识别终端或用户。WCDMA 系统传输信道至物理信道的映射关系如表 3.2 所示。

表 3.2　WCDMA 信道

传输信道	物理信道
DCH	专用物理数据信道(DPDCH); 专用物理控制信道(DPCCH)
RACH	物理随机接入信道(PRACH)
CPCH	物理公共分组信道(PCPCH); 公共导频信道(CPICH)
BCH	基本公共控制物理信道(P-CCPCH)
FACH、PCH	辅助公共控制物理信道(S-CCPCH)
DSCH	物理下行共享信道(PDSCH); 同步信道(SCH); 捕获指示信道(AICH); 接入前缀捕获指示信道(AP-AICH); 寻呼指示信道(PICH); CPCH 状态指示信道(CSICH); Collision-Detection/Channel-Assignment Indicator CHannel(CD/CA-ICH); Channel-Assignment Indication CHannel(CA-ICH)

其中对于 SCH、CPICH、AICH、PICH、AP-AICH、CSICH、CD/CA-ICH 和 CA-ICH 不承载任何传输信道的数据传输,只作为物理层的控制使用。

WCDMA 系统的一个物理信道定义为一个码(或多个码),而一个 10ms 的无线帧被分成 15 个时隙(在码片速率 3.84 Mchip/s 时为 2 560 chip/s)

1. 上行专用物理信道

WCDMA 有两种上行专用物理信道,上行专用物理数据信道(上行 DPDCH)和上行专用物理控制信道(上行 DPCCH)。DPDCH 和 DPCCH 在每个无线帧内是 I/Q 码复用的。

上行 DPDCH 用于传输专用传输信道(DCH)。在每个无线链路中可以有 0 个、1 个或几个上行 DPDCH。

上行 DPCCH 用于传输层 1 产生的控制信息。层 1 的控制信息包括支持信道估计以进行相干检测的已知导频比特、发射功率控制指令(TPC)、反馈信息(FBI)和一个可选的传输格式组合指示(TFCI)。TFCI 将复用在上行 DPDCH 上的不同传输信道的瞬时参数通知给接收机,并与同一帧中要发射的数据相对应起来。在每个层 1 连接中有且仅有一个上行 DPCCH。

2. 上行公共物理信道

物理随机接入信道(PRACH)用来传输 RACH。随机接入信道的传输是基于带有快速捕获指示的时隙 ALOHA 方式。UE 可以在一个预先定义的时间偏置开始传输,表示为接入时隙。每两帧有 15 个接入时隙,间隔为 5 120 码片。当前小区中哪个接入时隙可用,是由高层信息给出的。

3. 下行专用物理信道

在一个下行 DPCH 内，专用数据在层 2 以及更高层产生，即专用传输信道（DCH），是与层 1 产生的控制信息（包括已知的导频比特，TPC 指令和一个可选的 TFCI）以时间复用的方式进行传输发射的。

4. 下行公共物理信道

（1）公共导频信道（CPICH）

CPICH 为固定速率（30 kbit/s，SF＝256）的下行物理信道，用于传送预定义的比特/符号序列。

在小区的任意一个下行信道上使用发射分集（开环或闭环）时，两个天线使用相同的信道化码和扰码来发射 CPICH。在这种情况下，对天线 1 和天线 2 来说，预定义的符号序列是不同的。

CPICH 又分为基本公共导频信道（P-CPICH）和辅助公共导频信道（S-CPICH），它们的用途不同，区别仅限于物理特性。P-CPICH 为如下信道提供相位参考：SCH、基本 CCPCH、AICH、PICH、AP-AICH、CD/CA-ICH、CSICH 和传送 PCH 的辅助 CCPCH。S-CPICH 信道可以作为只传送 FACH 的 S-CCPCH 信道和/或下行 DPCH 的相位基准。如果是这种情况，高层将通过信令通知 UE。

（2）基本公共控制物理信道（P-CCPCH）

基本 CCPCH 为一个固定速率（30 kbit/s，SF＝256）的下行物理信道，用于传输 BCH。与下行 PDPCH 的帧结构的不同之处在于没有 TPC 指令，没有 TFCI，也没有导频比特。在每个时隙的前 256 chips 内，P-CCPCH 不发射。在这段时间内，将发射同步信道。

（3）辅助公共控制物理信道（S-CCPCH）

P-CCPCH 用于传送 FACH 和 PCH。

（4）同步信道（SCH）

SCH 是一个用于小区搜索的下行链路信号。SCH 包括两个子信道：基本同步信道（P-SCH）和辅助同步信道（S-SCH）。

（5）物理下行共享信道（PDSCH）

PDSCH 用于传送下行共享信道（DSCH）。一个 PDSCH 对应于一个 PDSCH 根信道码或下面的一个信道码。PDSCH 的分配是在一个无线帧内，基于一个单独的 UE。在一个无线帧内，UTRAN 可以在相同的 PDSCH 根信道码下，基于码复用，给不同的 UE 分配不同的 PDSCH。在同一个无线帧中，具有相同扩频因子的多个并行的 PDSCH，可以被分配给一个单独的 UE。这是多码传输的一个特例。在相同的 PDSCH 根信道码下的所有的 PDSCH 都是帧同步的。在不同的无线帧中，分配给同一个 UE 的 PDSCH 可以有不同的扩频因子。

3.5　cdma2000 1x 系统基本原理

码分多址技术（Code Division Multiple Access，CDMA）采用直接序列 DS（Direct Sequence）扩频。传输信息时所用的信号带宽比传送此信息所需的最小带宽要宽得多，展宽频带是用独立于传输数据的码来完成的，接收端用同步的码来解扩并恢复数据。

cdma2000 技术是第三代移动通信系统 IMT-2000 系统的一种模式，是从 20 世纪 90 年代首次商用的采用 CDMA 技术的 IS-95 系统演进而来的一种第三代移动通信技术。1x 习惯上指使用一对 1.25 MHz 无线电信道的 cdma2000 无线技术。

3.5.1 cdma2000 1x 网络结构

cdma2000 1x 网络的主要节点包括 BTS、BSC 和 PDSN 等,如图 3.17 所示。

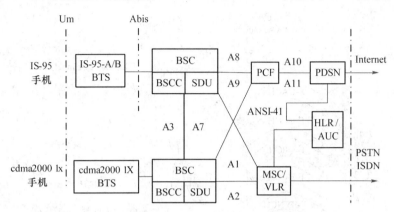

图 3.17 cdma2000 1x 系统的网络结构

其中无线系统(BSS)是设于某一地点、服务于一个或几个蜂窝小区的全部无线设备及无线信道控制设备的总称。无线系统由基站控制器(BSC)、分组控制单元(PCF)和基站收发信机(BTS)共同组成,BTS 主要负责收发空中接口的无线帧;BSC 主要负责对其管辖的多个 BTS 进行管理,并将话音和数据分别转发给 MSC 和 PCF。BSC 可对多个 BTS 进行控制。PCF 为分组控制单元,主要负责与分组数据业务有关的无线资源的控制,它是 cdma2000 系统中为了支持分组数据而新增加的部分,因此,也可以看作分组域的一个组成部分。但大多数设备厂商在进行产品研发的时候经常将其与 BSC 集成在一起。

核心网侧 PDSN 为分组数据服务器,PDSN 节点为 cdma2000 1x 接入 Internet 的接口模块,PCF 和 PDSN 通过支持移动 IP 的 A10、A11 接口互连,可以支持分组数据业务传输。而以 MSC/VLR 为核心的网络部分,支持语音和增强的电路交换型数据业务。

3.5.2 cdma2000 1x 物理信道

cdma20001x 从传输方向上把信道分为前向信道和反向信道两大类。从物理信道是针对多个移动台还是针对某个特定移动台来分,又可分为公共信道(Common Channel)和专用信道(Dedicated Channel)两大类,如图 3.18 所示。

(1) 前向公共信道

前向公共信道由以下信道组成:前向导频信道(F-PICH)、前向发送分集导频信道(F-TD-PICH)、前向辅助导频信道(F-APICH)、前向辅助发射分集导频信道(F-ATDPICH)、前向同步信道(F-SYNCH)、前向寻呼信道(F-PCH)、前向快速寻呼信道(F-QPCH)、前向广播控制信道(F-BCCH)、前向公共控制信道(F-CCCH)、前向公共分配信道(F-CACH)和前向公共功率控制信道(F-CPCCH)。

(2) 前向专用信道

前向专用信道由以下信道组成:前向专用控制信道(F-DCCH)、前向基本信道(F-FCH)、前向辅助信道(F-SCH)和前向辅助编码信道(F-SCCH)。

(3) 反向公共信道

反向公共信道由以下信道组成:反向导频信道(R-PICH)、反向接入信道(R-ACH)、反向增强接入信道(R-EACH)和反向公共控制信道(R-CCCH)。

（4）反向专用信道

反向专用信道由以下信道组成：反向专用控制信道（R-DCCH）、反向基本信道（R-FCH）、反向辅助信道（R-SCH）和反向辅助编码信道（R-SCCH）。

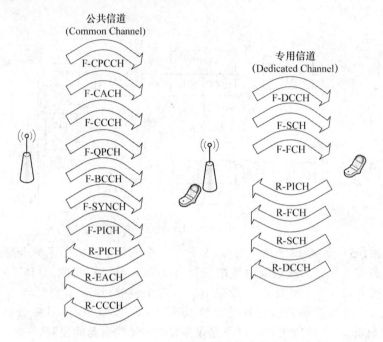

图 3.18　cdma2000 1x 系统中物理信道的分类和名称

3.6　cdma2000 1x EV-DO 系统基本原理

EV-DO 源于美国高通公司的高数据速率（HDR）技术，是在 cdma2000 1x 基础上发展而来的一种 3G 技术。EV（EVolution）表示它是 cdma2000 1x 的演进版本；DO（Data Optimization）表示该技术是专门为数据业务而优化设计的。EV-DO 在 2001 年被 ITU-R 吸纳为 IMT-2000 3G 技术标准之一。目前，EV-DO 已经发展了多个版本，其中 Rel.0 已经在全球范围内成功地实现了商用，Rev.A 在 Rel.0 的基础上进行了技术更新和升级，其在技术层面上也已经相当成熟，是下一步运营商进行 CDMA 无线网络升级的主要目标网络。

cdma2000 1x 完全兼容前一代 IS-95 的系统功能，EV-DO 则利用独立的载波提供高速分组数据业务，它可以单独组网，也可以与 cdma2000 1x 网络混合组网以弥补后者在高速分组数据业务提供能力上的不足。

3.6.1　cdma2000 1x EV-DO 网络结构

由于 cdma2000 1x EV-DO 技术仅支持数据业务，所以其网络结构比较简单。cdma2000 1x EV-DO 采用基于 IP 网的结构，不需要原有基于 ANSI-41 的核心网结构。

EV-DO 网络由分组核心网（Packet Core Network，PCN）、无线接入网（Radio Access Network，RAN）和接入终端（Access Terminal，AT）三部分组成。分组核心网通过 Pi 接口与外部 IP 网络相连；无线接入网通过 A 接口与分组核心网相连；接入终端通过空中接口或 Um 接口与无线接入网相连（图 3.19）。

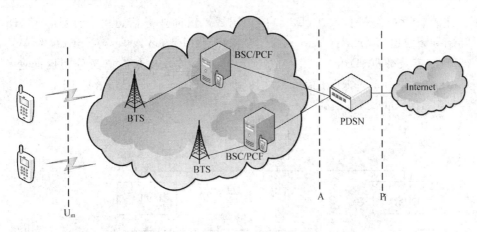

图 3.19　EV-DO 网络结构

3.6.2　EV-DO 物理信道

EV-DO 可与 cdma2000 1x 使用相同的频段和载波带宽(但在混合组网时各自使用不同的频点号),也可以工作在 ITU 规定的其他频段上,包括 2GHz 核心频段。另外,EV-DO 系统的码片速率、带宽、发射功率及基带成形滤波器系数等与 cdma2000 1x 一致。因此,EV-DO 系统的射频可以与 cdma2000 1x 兼容。

1. 前向信道

为了有效地支持数据业务,1X/EV-DO 系统的前向信道放弃了码分方式,而采用了时分方式。

从信道结构来看,前向链路由导频(Pilot)信道、媒体接入控制(MAC)信道、业务信道(TCH)与控制信道(CCH)组成。媒体接入控制信道又分为反向活动(Reverse Activity,RA)子信道、反向功率控制(Reverse Power Control,RPC)子信道、数据速率控制锁定(DRCLock)子信道和自动重传(ARQ)子信道(图 3.20)。

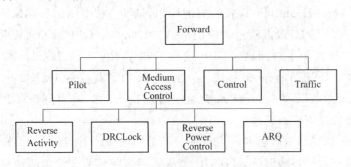

图 3.20　前向信道结构

导频信道主要用于系统捕获及导频信道质量测量;MAC 信道中的反向活动子信道 RAB 子信道用于指示接入终端(AT)增加或降低传输速率;RPC 子信道则负责对反向链路进行功率控制,调整 AT 的功率;数据速率控制锁定子信道用于传送系统是否正确接收 DRC 信道的指示信息,自动重传子信道用于支持反向物理信道的混合自动重传(HARQ);控制信道用于传送系统控制消息;业务信道则用于传送物理层数据分组。控制信道 CCH 主要负责向 AT 发送一些控制消息,诸如 TCA 消息、速率极值消息等,其功能类似于 cdma2000 1x 中的寻呼信道。

2. 反向信道

如图 3.21 所示,EV-DO 反向信道包括接入(Access)信道和反向业务(Traffic)信道。接入信道由导频(Pilot)信道和数据(Data)信道组成。反向业务信道由主导频信道(Primary Pilot)、辅助导频信道(Auxiliary Pilot)、媒体接入控制(Medium Access Control,MAC)信道、应答(ACK)信道及数据(Data)信道组成。其中,媒体接入控制信道又分为反向速率指示(Reverse Rate Indicator ,RRI)子信道、数据速率控制(Data Rate Control,DRC)子信道和数据资源控制(Data Source Control ,DSC)子信道。

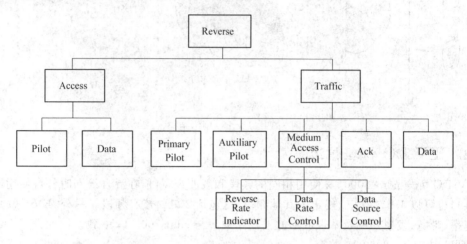

图 3.21　反向信道结构

接入信道用于传送基站对终端的捕获信息以完成 AT 的接入。其导频部分用于反向链路的相干解调和定时同步,以便于系统捕获接入终端;数据部分携带基站对终端的捕获信息。

3.7　LTE 系统基本原理

LTE(Long Term Evolution)即长期演进计划,是 3GPP 提出的长期演进的技术标准,它可看成是 3GPP 所研究 4G 及其演进系统的基础。2008 年,3GPP 发布了 LTE 的第一个版本 3GPP Release8。随后几年时间内,3GPP 陆续发布了 Release9、Release10 增强版本,其中 Release10 也被称为 LTE-Advanced 系统,是 3GPP 向 ITU 提交的 IMT-Advanced 候选技术。2010 年,ITU 正式将 LTE-Advanced 系统确定为 4G 标准之一。目前,3GPP 正在积极研究 Release12 的标准修订工作。

LTE 作为 4G 系统的基础版本,与 3G 系统有着明显的区别。首先,LTE 系统采用了扁平化网络结构,可节省网络传输时延;其次,LTE 从标准制定初期就包含两种双工方式(FDD 和 TDD),并且两种双工方式在高层协议方面融合度较高,特殊场景下还可使用混合频分双工(H-FDD);最后,LTE 采用了多种关键技术来大幅提升系统频谱利用率和吞吐量,如正交频分复用(Orthogonal Frequence Division Multiplexing,OFDM)、多入多出(Multiple Input Multiple Output,MIMO)、高阶调制、干扰抑制、自适应调制编码等。

3.7.1　LTE 网络结构

为了减少 LTE 网络中数据传输的时延(控制面时延和用户面时延),提高用户对服务的满意程度,LTE 接入网采用了扁平化的网络结构(图 3.22)。所谓扁平化,主要是指减少了信息在传输过程中需要经过的逻辑节点数目,并建立了同级节点之间信息交互的通道。与 3G 系统相比,LTE 系统抛弃了 3G 网络中的无线网络控制器(Radio Network Controller,RNC),而在 eNB 间直接建立了信息通道。

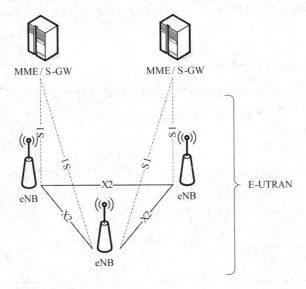

图 3.22　LTE 网络结构

接入网 E-UTRAN 部分只由增强型节点基站 eNB 构成,eNB 之间通过 X2 接口连接。演进型核心网(Evolved Packet Core Network,EPC)部分由 MME/S-GW 构成,其中 MME 为移动性管理实体,S-GW 为服务网关。接入网中的 eNB 和核心网中的 MME/S-GW 通过 S1 接口连接。

由于 LTE 网络中不包含 3G 网络中的 RNC,RNC 中的一些无线资源管理功能则需下放到 eNB 中进行处理,eNB 的功能得到增强。核心网和接入网的具体功能划分如图 3.23 所示。

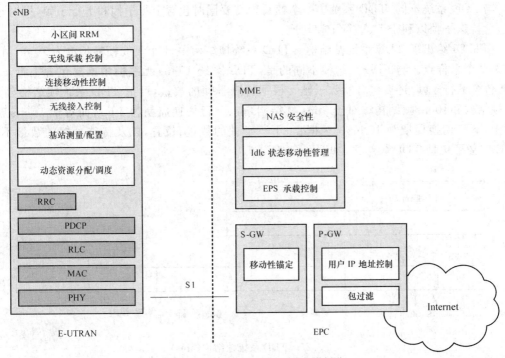

图 3.23　核心网和接入网功能划分

由接入网和核心网功能划分可知,接入网中的 eNB 将承担大部分无线资源管理功能,如小区间无线资源管理、无线承载控制、连接移动性控制、无线接入控制、基站测量配置和动态资源分配调度等;核心网中的 MME 则主要承担 NAS 安全性、Idle 状态移动性管理、EPS 承载控制等任务。

3.7.2　LTE 帧结构和物理信道

与 3G 系统中同时具有电路域和分组域不同,LTE 系统中只有分组域传输,因此 LTE 系统没有设定专用物理信道,而只有共享信道,所有用户的数据都在同一共享信道上传输,提高了 LTE 无线资源利用率。

1. LTE 帧结构

由于 LTE 系统具有两种双工方式,因此 LTE 也具有两种类型帧结构,类型 1 适用于 FDD 系统,类型 2 适用于 TDD 系统。

FDD 系统可使用的帧结构如图 3.24 所示。

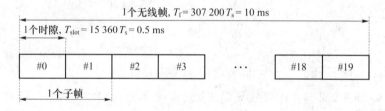

图 3.24　FDD 系统帧结构

在图 3.24 中,一个 FDD 系统帧帧长为 10 ms,包含 307 200 个采样点。一个帧长内包含 20 个子帧,每个子帧长度为 1 ms。每个子帧由 2 个时隙组成,每个时隙为 0.5 ms,包含 15 360 个采样点。

与 FDD 系统不同,TDD 系统中一个帧长内需要同时包含上行子帧和下行子帧,同时还需要包含特殊子帧以利于上、下行子帧切换。

图 3.25 给出了 TDD 系统帧结构。TDD 系统帧结构中,1 个无线帧帧长也为 10 ms,包含 307 200 个采样点。与 FDD 系统帧不同的是,TDD 系统 10 ms 无线帧中既要包含上行子帧,也要包含下行子帧,还要包含特殊子帧。根据特殊子帧的数量,可把 TDD 系统帧结构分为 5 ms 帧结构和 10 ms 帧结构。对于 5 ms 帧结构,上、下行切换周期为 5 ms;而对于 10 ms 帧结构,上、下行切换周期为 10 ms。根据上、下行子帧的数量、位置,以及特殊子帧的数量不同,LTE 定义了 7 种 TDD 帧结构(如图 3.26 所示)。

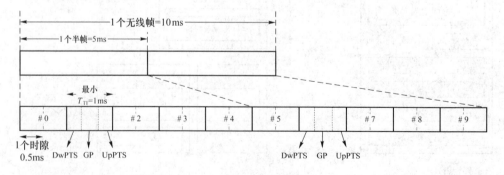

图 3.25　TDD 系统帧结构(5ms)

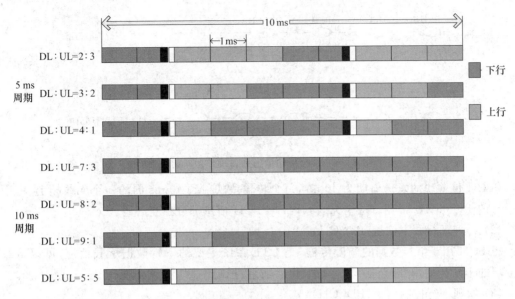

图 3.26　TDD 帧结构配置

此外,TDD 帧结构中的特殊子帧由 DwPTS、GP、UpPTS 组成,GP 为上下行保护间隔。3 个特殊时隙的长度是可调的,但总长度为 1 ms。LTE 定了 9 种特殊时隙配置,如表 3.3 所示。

表 3.3　DwPTS/GP/UpPTS

配置编号	常规 CP		扩展 CP	
	DwPTS	UpPTS	DwPTS	UpPTS
0	6 592T_s		7 680T_s	
1	19 760T_s		20 480T_s	2 560T_s
2	21 952T_s	2 192T_s	23 040T_s	
3	24 144T_s		25 600T_s	
4	26 336T_s		7 680T_s	
5	65 92T_s		20 480T_s	5 120T_s
6	19 760T_s		23 040T_s	
7	21 952T_s	5 120T_s	—	—
8	24 144T_s		—	—

2. LTE 物理信道

LTE 物理信道分为上行物理信道和下行物理信道。下行物理信道共有 6 种,分别是物理广播信道(PBCH)、物理下行共享信道(PDSCH)、物理多播信道(PMCH)、物理下行控制信道(PDCCH)、物理控制格式指示信道(PCFICH)和物理 HARQ 指示信道(PHICH)。下行传输信道与物理信道的映射关系如图 3.27 所示。

每个下行物理信道的功能和特点如下:

(1) 物理广播信道(PBCH)

PBCH 用于广播小区基本的物理层配置信息。LTE 系统的广播信息分为主信息块(MIB)和系统信息块(SIB),其中 MIB 包含了接入 LTE 系统所需要的最基本信息,在 PBCH 上传输,SIB 信息在下行共享信道 PDSCH 上传输。

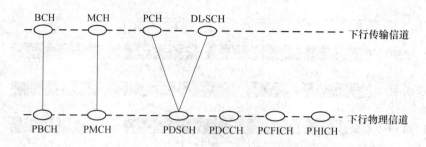

图 3.27　下行传输信道和物理信道映射关系

PBCH 传输块的发送周期为 40 ms,每个传输块映射到 40 ms 内的 4 个无线帧上,占用频带中心的 1.08 MHz 带宽。每个无线帧内的 PBCH 信息都可独立解码。

（2）物理下行共享信道（PDSCH）

PDSCH 用于下行数据的调度传输,是 LTE 系统主要的下行数据承载信道,可以承载来自上层的不同传输内容,包括寻呼信息、广播信息、控制信息和业务数据等。

（3）物理下行控制信道（PDCCH）

PDCCH 用于传输上、下行调度信息（资源调度信息、MCS 指示信息、HARQ 进程号等）、上行功率控制信息,是下行物理层控制信息的主要承载信道。

与 PDSCH 中资源调度的最小单元物理资源块（PRB）不同,PDCCH 的物理资源以控制信道资源单元（CCE）为单位,1 个 CCE 占用 36 个资源粒子（4 个资源粒子组,每个资源粒子组含有 9 个资源粒子）。1 个 PDCCH 信道可占用 1、2、4、8 个 CCE。此外,PDCCH 只能在一个子帧的前 3 个 OFDM 符号上传输。

（4）物理 HARQ 指示信道（PHICH）

PHICH 用于传输对上行数据传输的 HARQ ACK/NACK 反馈信息。PHICH 与对应的上行数据传输 PUSCH 直接有固定的定时关系。

PHICH 的传输以 PHICH 组的形式进行,1 个 PHICH 组包含 12 个调制符号（3 个 REG）,组内以正交扩频结合 I/Q 两路复用 8 个 PHICH 信道。每个子帧内包含的 PHICH 信道组的数目在 PBCH 的 MIB 信息中指示。PHICH 信息同样只能在 1 个子帧的前 3 个 OFDM 符号内传输。

（5）物理控制格式指示信道（PCFICH）

PCFICH 用于指示物理层控制信道的格式。LTE 系统中物理层控制信道在每个子帧的前几个 OFDM 符号上传输可根据系统负载的情况变化,数值可能是 1、2 或 3。PCFICH 信道正是对该数值进行指示。

PCFICH 在每个子帧的第一个 OFDM 符号行发送,占用 16 个资源粒子。

（6）物理多播信道（PMCH）

PMCH 用于承载系统内的多播和广播业务,主要在多播/广播单频网（MBSFN）中使用。PMCH 所使用的物理资源与 PDSCH 相同,但需要与 PDSCH 中的单播业务采用时分方式复用。

上行物理信道共有 3 种,分别是物理随机接入信道（PRACH）、物理上行共享信道（PUSCH）、物理上行控制信道（PUCCH）。上行传输信道与物理信道的映射关系如图 3.28 所示。

每个上行物理信道的功能和特点如下:

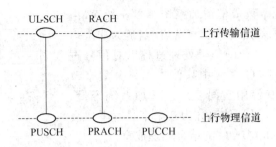

图 3.28　上行传输信道与物理信道映射关系

① 物理随机接入信道(PRACH)

PRACH 用于发送随机接入信号,发起随机接入过程。该信道的帧结构与其他物理信道略不同,每个接入子帧由循环前缀 CP、序列和保护时间 GT 组成。

PRACH 在时间/频率上的位置、可用序列等信息以系统信息广播的方式发送。FDD 系统中每个子帧最多传送一个 PRACH 信道,没有频分;而 TDD 系统在一个子帧中可有多个频分的 PRACH 信道。每个 PRACH 占用信道的宽度为 1.08MHz。

② 物理上行共享信道(PUSCH)

PUSCH 用于承载上行用户数据,是 LTE 系统主要的上行数据承载信道,可承载来自上层的不同传输内容,如控制信息和用户业务信息等。

③ 物理上行控制信道(PUCCH)

PUCCH 用于传输物理层上行控制信息,可能承载的控制信息包括上行调度请求、对下行数据的 ACK/NACK 信息、信道状态信息 CSI 反馈等。

PUCCH 在时频资源上占用一个 PRB 对的物理资源,采用时隙跳频的方式,在上行频带的两端进行传输,上行频带的中间部分传输 PUSCH。但同一用户的 PUSCH 和 PUCCH 不能同时发送。

LTE 作为 4G 移动通信系统的基础版本,其相对于 3G 系统在许多技术指标方面都有了较大的进步。LTE 可达到的技术指标如表 3.4 所示。

表 3.4　LTE 网络性能指标

指标名称	指标数值
峰值吞吐量	20 MHz 系统带宽下,上行 50 Mbit/s(2 ×1 天线),下行 100 Mbit/s(2 ×2 天线)
峰值频谱利用率	下行 5 bit/$(s \cdot Hz^{-1})$,上行 2.5 bit/$(s \cdot Hz^{-1})$
延迟	控制面延迟(从空闲到激活)小于 100 ms,单向用户延迟在小 IP 分组条件下小于 5 ms
控制面容量	每小区 5 MHz 带宽下最少支持 200 用户
覆盖	支持最大覆盖范围 100 km,支持大规模组网和热点覆盖
移动性	最高支持 500 km/h 移动速度,在 120 km/h 速度下保持较高性能
业务类型	会话类(VoIP)、流媒体类(Video Streaming)、背景类(FTP)、交互类(HTTP)

由 LTE 网络性能指标可知,LTE 系统中多项指标已远远超出 3G 系统,特别是在峰值频谱利用率方面,LTE 下行频谱效率是 Release6 HSDPA 的 3～4 倍,上行频谱效率是 Release6 HSUPA 的 2～3 倍。

多入多出(Multiple Input Multiple Output,MIMO)系统是指在发送端和接收端同时具有多根天线的系统(图 3.29)。MIMO 可有效地增加信号强度或者增加系统吞吐量。理论上,

MIMO 系统可根据天线个数成倍增加系统容量。然而,由于 MIMO 系统一般要求信道为平坦衰落,当信道为非平坦衰落时,接收端需要进行复杂的信号处理过程以对信号进行恢复,复杂度较高,2G/3G 系统中只使用天线分集来改善接收信号强度,而没有使用空间复用来增加系统容量。而 LTE 系统中的 OFDM 可把信道分为若干个具有平坦衰落的子载波,使 OFDM 和 MIMO 的结合顺理成章。

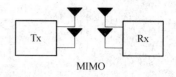

图 3.29　MIMO 系统示意图

MIMO 的工作模式有多种:空间分集、空间复用、多用户 MIMO、波束赋形等。空间分集主要利用分集增益来对抗多径衰落,提高信号接收质量;空间复用则利用复用增益提高数据传输速率;多用户 MIMO 则利用与空间复用类似的原理增加系统容量;波束赋形利用阵列增益增加用户接收信号强度。LTE 系统定义了多种 MIMO 工作模式,并且不同工作模式之间可以切换,以适应不同的工作场景。LTE Release9 中定义的 MIMO 工作模式如表 3.5 所示。

表 3.5　MIMO 工作模式(Release9)

传输模式	传输方案	传输模式	传输方案
模式 1	单天线(天线端口 0)	模式 5	多用户 MIMO 或者分集
模式 2	分集	模式 6	单层(1 个数据流)闭环空分复用或者分集
模式 3	大时延 CDD(开环空分复用)或者分集	模式 7	单流波束赋形(端口 5)
模式 4	闭环空分复用或者分集	模式 8	双流波束赋形(端口 7 和 8)

3.7.3　LTE 系统的吞吐量分析

1. 吞吐量相关指标定义

吞吐量定义:单位时间内下载或者上传的数据量。

吞吐量公式:吞吐量＝∑下载或者上传数据量/统计时长。

吞吐量主要通过如下指标衡量,不同指标的观测方法一致,测试场景选择和限制条件有所不同:

(1) 单用户峰值吞吐量

单用户峰值吞吐量以近点静止测试,信道条件满足达到 MCS 最高阶以及 IBLER 为 0,进行 UDP/TCP 灌包,使用 RLC 层平均吞吐量进行评价。

(2) 单用户平均吞吐量

单用户平均吞吐量以移动测试(DT)时,进行 UDP/TCP 灌包,使用 RLC 层平均吞吐量进行评价。移动区域包含近点、中点、远点区域,移动速度最好 30km/h 以内。

(3) 单用户边缘吞吐量

单用户边缘吞吐量是指移动测试,进行 UDP/TCP 灌包,对 RLC 吞吐量进行地理平均,以两种定义分别记录边缘吞吐量。

- 以 CDF 曲线(吞吐量/信干噪比)5% 的点为边缘吞吐量,此一般使用在连续覆盖下路测场景。
- 以 PL 为 120 定义为小区边缘,此时的吞吐量为边缘吞吐量;此处只定义 RSRP 边缘覆盖的场景,假定此时的干扰接近白噪声,此种场景类似于单小区测试。

(4) 小区峰值吞吐量

小区峰值吞吐量测试时,用户均在近点,信道质量满足达到最高阶 MCS,BLER 为 0,采用

UDP/TCP 灌包;通过小区级 RLC 平均吞吐量观测。

（5）小区平均吞吐量

小区平均吞吐量测试时,用户分布一般类似 1:2:1 分布(备注:用户分布根据运营商要求而不同),即近点 1UE、中点 2UE、远点 1UE,其中近点、中点、远点定义为 RSRP－85 dBm、－95 dBm、－105 dBm。

2. 各层开销分析

从协议栈的不同层上进行定义,相应就体现了不同层的吞吐量,从高层到底层主要的有:应用层速率、IP 层速率、PDCP 层速率、RLC 层速率、MAC 层速率和物理层速率。高层速率和底层速率之间,主要差别在于头开销和重传的差异,比如说 TCP 层的重传数据不会体现在应用层吞吐量上,但是会体现在底层的如物理层吞吐量上。用户面的协议栈参考如图 3.30 所示。

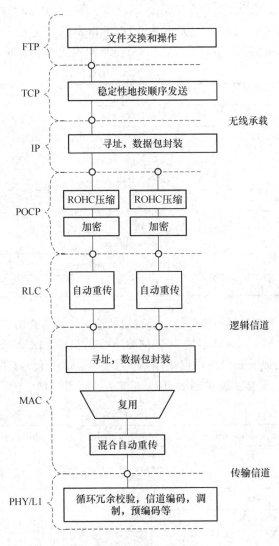

图 3.30　上行用户面协议栈

上层的数据到了底层之后,都会进行一层封装,从而增加了头开销,而在本层增加的头开销到了更底层的时候就又体现为数据量,应该计算入该层的吞吐量中,其各层吞吐量中包含的开销如图 3.31 所示。

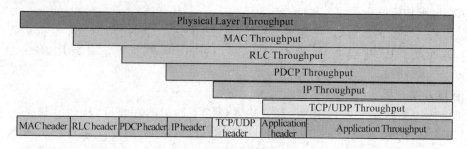

图 3.31　各层吞吐量示意图

　　显然,头开销的比特数相对固定,头开销的比例和应用层的数据包大小相关的,应用层包字节越大,则头开销比例越小(暂不详细分析 RLC 层、MAC 层都可能存在的分片和级联)。另外,在 LTE 中,MAC 层的传输块的大小是由 MCS 以及所分配的 RB 个数决定的,其变化的范围非常大,参考 TS 36.213 Table 7.1.7.2.1-1。不同模式下的吞吐量如表 3.6 所示。

表 3.6　不同模式下的吞吐量

	AM	UM
Application package size	X	X
TCP header size	20	20
IP header size	20	20
IP package Size	X+40	X+40
PDCP header size	2	2 or 1
RLC header size	2 or more	1 or 2 or more
MAC header size	2 or 3 or more	2 or 3 or more
L1 package size	X+46 (X+47 or more)	X+45 (X+47 or more)
Overhead　(1 − app/L1)	= 1− X/(X+46)	= 1− X/(X+45)

　　表 3.7 给出了当各个协议层的包都是一一对应的情况下的头开销估计,即一个 RLC SDU 对应一个 RLC PDU,一个 MAC SDU 对应一个 MAC PDU,另外 PDCP/RLC/MAC 的头部都为 2 个字节时的开销计算,可以看到当应用层采用最大字节 1 460 的包时,协议栈的开销在 3.05%。当然在峰值测试时,RLC 层会做级联,多个 RLC 包映射为一个 MAC 包,开销有所降低。

表 3.7　LTE 系统的开销估计

App package size	IP package size	Protocol Overhead	Efficiency	L1 throughput
60	100	43.40%	56.60%	106
160	200	22.33%	77.67%	206
360	400	11.33%	88.67%	406
560	600	7.59%	92.41%	606
960	1 000	4.57%	95.43%	1 006
1 460	1 500	3.05%	96.95%	1 506

3. LTE 峰值吞吐量

无论 TD-LTE 或 FDD LTE 系统,峰值吞吐量均与终端等级、系统带宽等多种因素有关,如表 3.8 所示。

表 3.8 TD-LTE 与 FDD LTE 系统的峰值吞吐量对比

频谱范围	制式	网络配置参数	网络最大能力	等级 3 终端最大能力	等级 4 终端最大能力	等级 5 终端最大能力
频谱 20 MHz	FDD LIE	10 MHz×2(双流)	约 75 Mbit/s	约 75 Mbit/s	约 75 Mbit/s	约 75 Mbit/s
	TD-LTE (20 MHz)	时隙配置:2:2/10:2:2(双流)	约 80 Mbit/s	约 60 Mbit/s	约 80 Mbit/s	约 80 Mbit/s
		时隙配置:3:1/10:2:2(双流)	约 110 Mbit/s	约 80 Mbit/s	约 110 Mbit/s	约 110 Mbit/s
		时隙配置:3:1/3:9:2(双流)	约 90 Mbit/s	约 60 Mbit/s	约 90 Mbit/s	约 90 Mbit/s
频谱大于 20 MHz	FDD LTE	15 MHz×2(双流)	约 110 Mbit/s	约 100 Mbit/s	约 110 Mbit/s	约 110 Mbit/s
		20 MHz×2(双流)	约 150 Mbit/s	约 100 Mbit/s	约 150 Mbit/s	约 150 Mbit/s
	TD-LTE (40 MHz)	时隙配置:3:1/10:2:2(双流)	约 220 Mbit/s	约 80 Mbit/s	约 110 Mbit/s	约 220 Mbit/s
		时隙配置:2:2/10:2:2(双流)	约 160 Mbit/s	约 60 Mbit/s	约 80 Mbit/s	约 160 Mbit/s

3.8 WLAN 基本原理

WLAN 即无线局域网,是应用广泛的无线数据通信技术。其发展基于 1997 年 6 月制订的第一个 WLAN 标准 IEEE802.11 开始,到 1999 年 8 月,IEEE 推出了新的高速标准 802.11b 和 802.11a 进入快速发展。IEEE802.11b 在 2.4 GHz 频段提供最高 11 Mbit/s 的速率;IEEE802.11a 则在 5.8 GHz 频段提供 54 Mbit/s 的数据传输速率。2003 年 IEEE 又批准了 802.11g,用以兼容 802.11b 和 802.11a。IEEE802.11 在技术上的突破及 WLAN 产品成本的大幅下降,使得无线局域网在宽带无线接入中得到了广泛的应用。

3.8.1 WLAN 的网络结构

WLAN 标准支持基于 AP(无线接入点)和基于 P2P 点对点的两种网络结构。

基于 AP 的网络结构中所有工作站都直接与 AP 无线连接,由 AP 承担无线通信的管理及与有线网络连接的工作,是理想的低功耗工作方式。可以通过放置多个 AP 来扩展无线覆盖范围,并允许便携机在不同 AP 之间漫游。目前实际应用的 WLAN 建网方案中,一般均采用这种结构,如图 3.32 所示。

基于 P2P(Peer to Peer)点对点的网络结构,用于连接 PC 或 Pocket PC,允许各台计算机在无线网络所覆盖的范围内移动并自动建立点到点的连接,如图 3.33 所示。

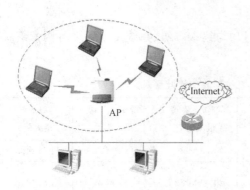

图 3.32　基于 AP 的 WLAN 网络结构

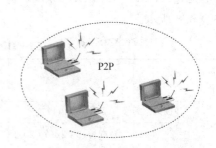

图 3.33　基于 P2P 的 WLAN 网络结构

3.8.2　WLAN 技术原理与参数

WLAN 网络由无线网卡、接入控制器设备（Access Controller，AC）、无线接入点（Access Point，AP）、计算机和有关设备组成。其中无线网卡主要包括网卡（NIC）单元、扩频通信机和天线三个组成功能块。NIC 单元属于数据链路层，由它负责建立主机与物理层之间的连接。扩频通信机与物理层建立了对应关系，实现无线电信号的接收与发射。

WLAN 的工作方式与在 IEEE802.3 标准中定义的有线局域网 LAN 的载体监听多路访问/冲突检测（CSMA/CD）工作方式相似。当计算机要接收信息时，扩频通信机通过网络天线接收信息，并对该信息进行处理，判断是否要发给 NIC 单元，如是则将信息帧上交给 NIC 单元，否则丢弃。如果扩频通信机发现接收到的信息有错，则通过天线发送给对方一个出错信息，通知发送端重新发送此信息帧。当计算机要发送信息时，主机先将待发送的信息传送给 NIC 单元，由 NIC 单元首先监测信道是否空闲，若空闲立即发送，否则暂不发送，并继续监测。

WLAN 标准的工作频段有两个，分别是 2.4 GHz 频段和 5.8 GHz 频段。

- 2.4 GHz 频段频率范围为 2.400～2.483 5 GHz，共 83.5 MHz 带宽，IEEE 802.11b/g 标准工作在此频段。划分为 14 个子信道，每个子信道带宽为 20 MHz，其中互不干扰的频点只有 3 个，一般选择 1、6、11 三个互不干扰的频点。
- 5.8 GHz 频段频率范围为 5.725～5.850 GHz，共 125 MHz 带宽（5.8 GHz 频段只有部分终端能够支持），IEEE 802.11a 标准工作在此频段。共 26 个信道号，可用的有 5 个，一般选择 149、153、157、161、165 这 5 个互不干扰的频点。

802.11 系列中几种不同标准的参数情况如表 3.9 所示。

表 3.9　802.11 系列中几种不同标准的参数情况

标准系列	802.11a	802.11b	802.11g	802.11n
通过时间	1999 年	1999 年	2003 年	2009 年
频段/GHz	5.8	2.4	2.4	2.4/5.8
空口速度/(Mbit·s⁻¹)	54	11	54	目前可达到 300
应用速率/(Mbit·s⁻¹)	约 20	约 6	约 20	
信道带宽/(Mbit·s⁻¹)	20	22	22	20/40
兼容性	802.11a 与 802.11b/g 不兼容		向后兼容 802.11b	向后兼容 802.11a/b/g
覆盖范围	较小	较大	较大	较大

3.9　CMMB 基本原理

CMMB(China Mobile Multimedia Broadcasting,中国移动多媒体广播)是我国 2006 年自主研发的多媒体广播技术及标准,适用于 30～3 000 MHz 频率范围内的广播业务频率。CMMB 是通过卫星或地面无线设备发射电视、广播、数据信息等多媒体信号的广播系统,可以实现全国漫游,实现随时随地提供广播影视节目和信息服务。CMMB 主要面向手机、PDA 等小屏幕便携手持终端以及车载电视等终端提供广播电视等服务。

3.9.1　CMMB 网络结构

针对我国幅员辽阔及东部地区城市密集、用户众多、业务需求多样化的国情,CMMB 采用"天地一体、星网结合"的技术体系实现了全程全网的无缝覆盖。CMMB 系统主要由 CMMB 卫星、S 波段网络和地面协同覆盖网络(包括 CMMB 室内覆盖系统)实现移动多媒体广播信号覆盖。其中 S 波段广播信道用于多媒体信号的直接广播,上行采用 Ku 波段,下行采用 S 波段。增补分发信道采用 S 波段地面增补网,对卫星覆盖阴影区信号转发覆盖,上行、下行均采用 Ku 波段。为使城市人口密集区域有效覆盖移动多媒体广播信号,CMMB 系统采用 U 波段地面无线发射点构建城市 U 波段地面覆盖网络。同时,在实现广播方式开展移动多媒体业务的基础上,利用地面双向网络逐步开展双向交互业务。

为了将 CMMB 信号引入建筑物遮挡严重、衰落很大的室内,需要建设 CMMB 室内覆盖系统。CMMB 室内覆盖系统框图如图 3.34 所示,由源信号接收、室内有线分配系统和室内增补覆盖信号发射等部分组成。

图 3.34　CMMB 室内覆盖系统框图

源信号可以是通过室外天线无线接收的 CMMB 信号或者是通过有线电视网络传输的 CMMB 信号,室内增补覆盖信号可以通过室内全向/定向天线发射或者通过泄漏电缆进行覆盖。根据系统源信号接收方式以及室内覆盖信号发射方式不同,CMMB 室内覆盖系统分为有线接收无线增补覆盖方式、无线接收无线增补覆盖方式和有线或无线接收泄漏电缆覆盖方式。

3.9.2　CMMB 信道

CMMB 广播信道物理层以物理层逻辑信道的形式,向上层业务提供传输速率可配置的传输通道,同时提供一路或多路独立的广播信道。物理层逻辑信道支持多种编码和调制方式,可满足不同业务、不同传输环境对信号质量的要求。广播信道物理层支持单频网和多频网两种组网模式,可根据应用业务的特性和组网环境选择不同的传输模式和参数。物理层支持多业务的混合模式,以达到业务特性与传输模式的匹配,实现业务运营的灵活性和经济性。

CMMB 信道标准采用基于时隙的物理帧结构进行设计,每个 CMMB 传输帧长度为 1s,划分为 40 个时隙,每个时隙具有相同的结构,包括信标和 53 个 OFDM 符号。在开展业务时,每个广播业务可占用一个或多个时隙,终端可以只激活当前业务使用的时隙,从而实现节电设计。

OFDM(Orthogonal Frequency Division Multiplexing,正交频分复用)是 CMMB 系统的关键技术之一。实际上 OFDM 是多载波调制 MCM (Multi-Carrier Modulation)的一种。其主要思想是:将信道分成若干正交子信道,将高速数据信号转换成并行的低速子数据流,调制到在每个子信道上进行传输。正交信号可以通过在接收端采用相关技术来分开,这样可以减少子信道之间的相互干扰 ICI。每个子信道上的信号带宽小于信道的相关带宽,因此每个子信道上的可以看成平坦性衰落,从而可以消除符号间干扰。而且由于每个子信道的带宽仅仅是原信道带宽的一小部分,信道均衡变得相对容易。在向 B3G/4G 演进的过程中,OFDM 是关键的技术之一,可以结合分集、时空编码、干扰和信道间干扰抑制以及智能天线技术,最大限度地提高系统性能。

3.10 CATV 基本原理

CATV(有线电视传输网络)主要由放大器、分配器、分支器、用户盒以及同轴电缆组成,其主干电缆一般采用 SYKV-75-9 或 SYKV-75-12,入户电缆一般采用 SYKV-75-5,其阻抗为 75 Ω,其无源分配网络传输频率一般可覆盖范围为 50~1 000 MHz(可更换频段范围为 50~2 500 MHz 的分配器及分支器)。CATV 频率分布如表 3.10 所示,CATV 网络架构如图 3.35 所示。

表 3.10 CATV 频率分布

波段	频率范围/MHz	电视频道
米波 L 段	48.5~92	1~5 频段
米波 H 段	88~108	调频广播
米波	167~223	6~12 频段
分米波 U 段	470~566	13~24 频段
分米波 U 段	606~958	25~68 频段

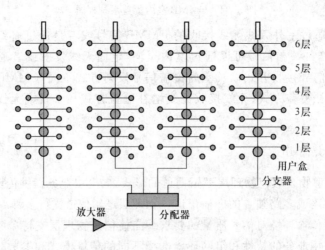

图 3.35 CATV 网络架构

有线电视的频率分配范围为 48.5~958 MHz,中间可利用的较宽的频段只有 566~606 MHz。目前大部分地区 CATV 网络的频率为 650 MHz,最高的也只有 750 MHz。

本章参考文献

［1］　李世鹤. TD-SCDMA－第三代移动通信系统标准［M］. 北京：人民邮电出版社，2003.

［2］　张威. GSM 网络优化－原理与工程［M］. 北京：人民邮电出版社，2003.

［3］　孙儒石，丁怀元，穆万里，等. GSM 数字移动通信工程［M］. 北京：人民邮电出版社，2002.

［4］　秦癸龙，张红，唐月，等. 移动多媒体广播室内覆盖系统实施指南［M］. 北京：国家广播电影电视总局，2008.

［5］　常永宇，桑林，张欣. CDMA 2000-1X 网络技术［M］. 北京：电子工业出版社，2005.

［6］　陆健贤，叶银法，卢斌，等. 移动通信分布式系统原理与工程实际［M］北京：机械工业出版社，2008.

［7］　李佳俊，文博，许国平. FDD LTE 系统容量研究［J］. 邮电设计技术，2013，3：8.

第4章 无线通信中的噪声与干扰

外界通过静电感应、电磁耦合或直连等方式进入一个信道中的非需要信号能量,可统称之为干扰。广义的干扰也包括噪声。干扰和噪声的区别在于:干扰的来源是可知的,因而可解决或避免;噪声的来源是不可知的、随机分布的[1],因而不可避免。干扰和噪声是影响通信性能指标的重要因素。接收机能否正常工作,不仅取决于输入信号的大小,而且取决于噪声和干扰的大小。

目前无线通信收到的干扰日趋严重,一方面是由于无线通信系统业务的需求量持续上升,另一方面是由于使用射频的通信制式和工业设备数目也大大增加。在室内分布系统中,噪声与干扰主要涉及有源设备的热噪声、杂散干扰、阻塞干扰、互调干扰和多系统干扰等。

4.1 无线通信中的噪声

4.1.1 噪声的分类

噪声可分为内部噪声和外部噪声两大类。

1. 内部噪声

内部噪声是通信设备(主要是接收机)本身固有的,主要来源于电阻的热噪声、电子器件的散弹噪声等。热噪声(又称为基准噪声、基础噪声、本底噪声)由粒子热运动产生,是由于自由电子在电阻一类导体中由于热能引起的布朗运动会产生一个交流电流成分。散弹噪声则是由散弹噪声是由真空电子管和半导体器件中电子发射的不均匀性引起的,肖特基(Schottky)于1918年证明散弹噪声具有白噪声性质。

内部噪声中热噪声是业界尤为关注的概念。电磁波产生的热噪声(又称为基准噪声或基础噪声)可以由下式计算得到:

$$N_0 = kT_0B_N \quad (实数形态) \tag{4.1}$$

或

$$N_0 = 10\log(kT_0B_N) \quad (对数形态) \tag{4.2}$$

其中,k 为玻尔兹曼常数,其值为 $k=1.38\times10^{-23}$ J/K;T_0 为绝对温度,常温下取值为 $T_0=290$ K;B_N 为信号带宽,单位为 Hz;kT_0 通常又称为热噪声密度。

因此,热噪声功率又可表述为

$$N_0 = 10\log(kT_0) + 10\log B_N \tag{4.3}$$

将常量代入公式可以简化为

$$N_0 = -174 + 10\log B_N \tag{4.4}$$

例 4.1　试求常见无线通信系统的热噪声功率。

解:(1) GSM、DCS1800 系统,工作信道带宽为 200 kHz,因此 GSM、DCS1800 系统工作信道带宽内总的热噪声功率为

$$N_0 = -174 + 10 \times \log(200 \times 10^3) = -121 \text{ dBm}$$

(2) CDMA 系统工作信道带宽为 1.23 MHz,因此 CDMA 系统工作信道带宽内总的热噪声功率为

$$N_0 = -174 + 10 \times \log(1.23 \times 10^6) = -113 \text{ dBm}$$

(3) WCDMA 系统工作信道带宽为 5 MHz,因此 WCDMA 系统工作信道带宽内总的热噪声功率为

$$N_0 = -174 + 10 \times \log(5 \times 10^6) = -108 \text{ dBm}$$

(4) WLAN 系统工作信道带宽为 22 MHz,因此 WLAN 系统工作信道带宽内总的热噪声功率为

$$N_0 = -174 + 10 \times \log(22 \times 10^6) = -101 \text{ dBm}$$

(5) TD-SCDMA 系统工作信道带宽为 1.6 MHz,因此 WLAN 系统工作信道带宽内总的热噪声功率为

$$N_0 = -174 + 10 \times \log(1.6 \times 10^6) = -112 \text{ dBm}$$

(6) LTE 系统常用工作信道带宽为 20 MHz,因此 LTE 系统工作信道带宽内总的热噪声功率为

$$N_0 = -174 + 10 \times \log(20 \times 10^6) = -101 \text{ dBm}$$

相对于热噪声,底噪是室内分布系统工程实践中更为常用的概念,底噪和热噪声的关系为

$$P_n = N_0 + \text{NF} \tag{4.5}$$

其中,NF 为噪声系数,详见 4.1.2 节描述。

需要注意的是,工程中所用的"底噪"通常泛指总接收功率或者单位频谱上的总接收功率,并不严格过滤系统有用接收信号。其中,基站侧测量到的上行底噪则是一个更为重要的指标。上行底噪过高会造成手机难以接入、掉话率高、小区切入成功率低、小区上行质差切换比例大等问题。而底噪过高是现网较多的一个障碍现象,对网络质量存在着一定的影响。安装 RRU、干放、直放站等一般会导致基站底噪抬升;基站系统本身内部器件和天馈线系统接口施工质量不好也会导致底噪抬升。现网大量使用干放器件等有源设备,这导致了基站底噪的抬升。

经验表明:在同样场景下话务量高比话务量低的情况下,上行底噪平均高于约 5~10 dB,如果没有功率控制的功能,高话务更容易产生系统干扰,从而抬升底噪。

此外,GSM900 系统在站点密集区的上行底噪高于站点稀疏区的底噪。初步分析为:站点密集区内,网络结构复杂,干扰较多,底噪抬升幅度高。从而也验证了干扰是影响底噪高低的关键因素之一。

图 4.1 显示了某大型城市中一栋典型高层办公楼中不同楼层测量到的下行底噪强度,该楼已布有室分系统,且同时使用了 GSM900 和 DCS1800 频点。

图 4.1 中 GSM900 系统的底噪强度使用了 935.6、936.4、937.4、938.0、940.0、943.6、944.8、948.4、949.4、952.2 MHz 共 10 个频点的下行接收电平均值,DCS1800 系统的下行底噪 1 808.4、1 812.2、1 815.6、1 818.0、1 811.4、1 806.2 MHz 共 6 个频点的下行接收电平均值。从图 4.1 可以看出,在同一频点上,中高层楼宇的下行底噪强度要远高于底层。这是在做室分

系统设计及优化时需要特别注意的一个经验。

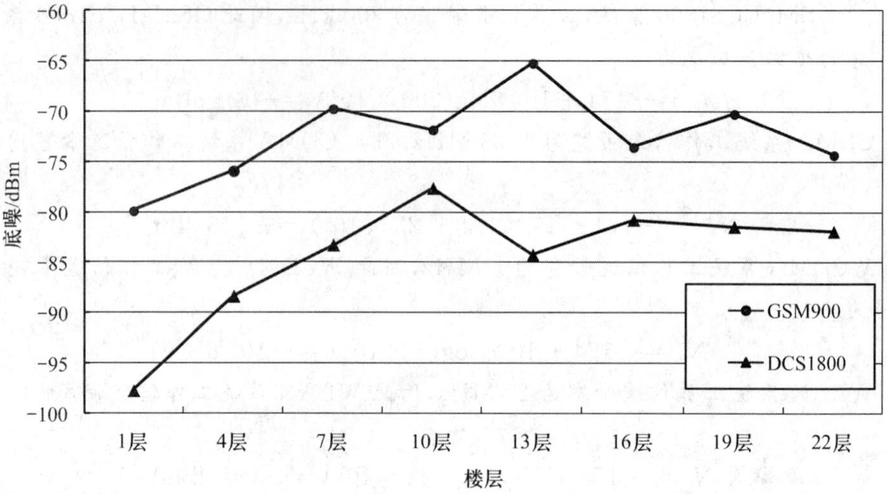

图 4.1　同一办公楼(有室分系统)不同楼层的底噪

2. 外部噪声

外部噪声可分为自然噪声和人为噪声两类。

(1) 自然噪声。指自然界存在的各种电磁波源。主要包括:天电噪声、宇宙噪声、大气噪声、太阳射电噪声和热噪声等。一般情况下,自然噪声远低于接收机固有噪声。

(2) 人为噪声。指各种工业和非工业电磁辐射引入的噪声,主要包括:汽车点火系统火花产生的噪声,电力机车或无轨电车等受电弓接触处火花产生的噪声,微波炉、高频焊接机、高频热合机等高频设备产生的噪声,电站、电动工具、刮脸刀、红灯广告等电动机、发电机和断续接触器械产生的噪声,高压输配电线及输电配电所的电晕放电产生的噪声,地下铁道运输车辆运行而产生的点火噪声。在城市中,人为噪声的主要来源是汽车点火系统产生的电磁辐射。

对自然噪声和人为噪声的频谱分布情况的分析表明:在超短波段,特别在大城市中心,人为噪声电平已经大大超过自然噪声的电平,成为主要制约实际可用灵敏度的因素,外部人为噪声电平大致随频率升高而呈对数线性下降趋势。

3. 不同噪声的经验关系

美国 ITT(国际电话电报公司)公布的经验数据如图 4.2 所示[2]。图 4.2 中将噪声分为 6 种:① 大气噪声;② 太阳噪声;③ 银河噪声;④ 郊区人为噪声;⑤ 市区人为噪声;⑥ 典型接收机的内部噪声。其中,前 5 种均为外部噪声。有时将太阳噪声和银河噪声统称为宇宙噪声。大气噪声和宇宙噪声属自然噪声。在无线通信系统的工作频段上,大气噪声、太阳噪声和银河噪声的强度要小于接收机内部的噪声强度,而人为噪声,尤其是市区人为噪声,是 2 GHz 以下频段的主要噪声干扰源。

图 4.2 中,纵坐标用等效噪声系数 F_a 或噪声温度 T_a 表示。F_a 是以超过基准噪声功率 $N_0(=kT_0B_N)$ 的分贝数来表示,即

$$F_a = 10 \lg \frac{kT_aB_N}{kT_0B_N} = 10 \lg \frac{T_a}{T_0} \tag{4.6}$$

其中,k 为玻尔兹曼常数(1.38×10^{-23} J/K),T_0 为参考绝对温度(290K),B_N 为接收机有效噪声带宽(它近似等于接收机的中频带宽)。

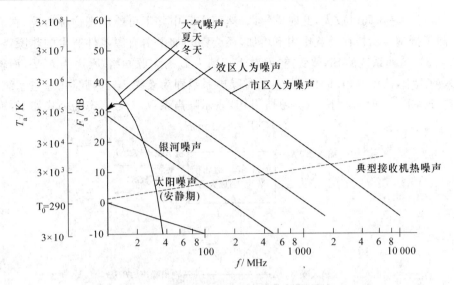

图 4.2　各种噪声功率与频率的关系[2]

由式(4.6)可知,等效噪声系数 F_a 与噪声温度 T_a 相对应。例如,$T_a = T_0 = 290\text{K}$,$F_a = 0$ dB;若 $F_a = 10\text{dB}$,则 $T_a = 10T_0 = 2\,900\text{K}$,等等。

在 $30 \sim 1\,000\,\text{MHz}$ 频率范围内,大气噪声和太阳噪声(非活动期)很小,可忽略不计;在 $100\,\text{MHz}$ 以上时,银河噪声低于典型接收机的内部噪声(主要是热噪声),也可忽略不计。因而,除海上、航空及农村移动通信外,在城市移动通信中不必考虑宇宙噪声。

例 4.2　已知市区移动台的工作频率为 $450\,\text{MHz}$,接收机的噪声带宽为 16kHz,试求人为噪声功率的大小。

解：基准噪声功率

$$N_0 = 10\lg(kT_0B_N)$$
$$= 10\lg(1.38 \times 10^{-23} \times 290 \times 16 \times 10^3)$$
$$= -162\ \text{dBW}$$

由图 4.2 查得市区人为噪声功率比 N_0 高 25 dB,所以实际人为噪声功率 N 为

$$N = -162 + 25 = -137\ \text{dBW}$$

4.1.2　噪声系数

信噪比(Signal to Noise Ratio,SNR)是衡量一个信号质量优劣的指标,信噪比越大,信号质量越好。信噪比是在指定频带内,同一端口信号功率 P_s 和噪声功率 P_n 的比值,即:

$$S/N = \frac{P_s}{P_n} \tag{4.7}$$

当用分贝表示信噪比时,有

$$S/N = 10\lg\frac{P_s}{P_n} \tag{4.8}$$

噪声系数(Noise Figure,NF)的定义为

$$\text{NF} = \frac{\text{SNR}_{\text{input}}}{\text{SNR}_{\text{out}}} \quad (\text{实数形态}) \tag{4.9}$$

噪声系数表征了通过系统后信噪比的恶化程度,理想情况是系统没有附加额外的噪声,只

是将输入信号和噪声同时放大,此时 $F=1$。然而实际中并不可能出现这种情况,在有源网络中,噪声除了同信号一样在增益作用下增加,还会额外加上由有源器件产生的热噪声、散粒噪声等(图 4.3),这使系统的 SNR 变差;而对于衰减为 L 的无源网络,噪声为 kTB,而输出信号变为输入的 $1/L$,按照式(4.8)的定义,此时噪声系数即为衰减 L。因此,在通过系统后,SNR 将会变差,$F>1$。一般情况下,业界习惯用 dB 表示噪声系数,对数形态的公式如下:

$$NF = 10 \log F \tag{4.10}$$

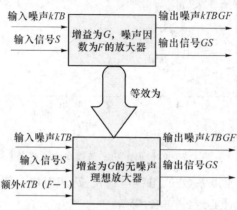

图 4.3 放大器信号与噪声放大示意

对于一个可以分成几级串接起来的系统,其整体的噪声系数 NF,可以由各级的增益和噪声系数计算出来。级联系统总的噪声系数可以使用如下弗利斯(Friss)公式计算:

$$NF_{总} = NF_1 + \frac{NF_2 - 1}{G_1} + \cdots + \frac{NF_n - 1}{G_1 \cdot G_2 \cdot \cdots \cdot G_n - 1} \tag{4.11}$$

其中,NF 为噪声系数,G 为增益,注意均用实数形式的功率比表示。

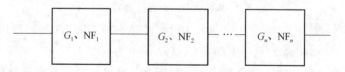

图 4.4 多级放大器串联组成

由于第一级的噪声会经过每一级的放大,所以影响整体的噪声系数 NF 最显著。第二级则不必经过第一级的放大,影响次之,越到后级,其影响程度越不显著。

例 4.3 已知室分系统网络结构如图 45 所示。其中,干放的噪声系数 $NF_1 = 4$ dB(对应实数值为 2.5),增益 $G_1 = 28$ dB(对应实数值为 631),直放站噪声系数 $NF_3 = 5$ dB(对应实数值为 3.16);直放站至干放输入端路径损耗为 30 dB(对应实数值为 1 000)。计算该系统上行总的噪声系数。

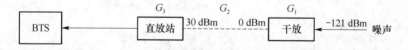

图 4.5 干放与直放站串联时的上行噪声系数

解:此处需将干放和直放站之间的线缆视作一级设备,其增益 G_2 为 -30 dB(1.0×10^{-3}),引入的噪声系数等同于路径损耗,即 $NF_2 = 30$ dB。

则总噪声系数:

$$NF_t = NF_1 + (NF_2 - 1)/G_1 + (NF_3 - 1)/(G_1 \times G_2) \quad （注意：应使用实数值参与计算）$$
$$= 2.5 + (1\,000 - 1)/631 + (3.16 - 1)/(631 \times 1.0 \times 10^{-3})$$
$$= 4.1(10 \log 4.1 = 6.1 \text{ dB})$$

4.1.3　接收机灵敏度

灵敏度是衡量接收机在一定条件下能够接收小信号的能力，它和诸多因素有关。例如，在不同的误码率、信纳比、信噪比等条件及不同的接收环境（静态、多径信道模型）情况下灵敏度概念和数值可能各不相同。

静态参考灵敏度是指接收机在静态理想传播环境（相当于有用信号直接输入接收机，没有任何外界干扰）下，错误比特率小于某一规定值时接收机可以接收最小有用信号的能力。它是各种传播条件中最高的灵敏度，也就是说在任何情况下的接收机灵敏度数值都不可能超过静态参考灵敏度。通常所讲的基站灵敏度一般是指它的静态参考灵敏度。

在扩频数字通信接收机中，链路的度量参数 E_b/N_o（每比特能量与噪声功率谱密度的比值）与达到某预期接收机灵敏度所需的射频信号功率值的关系是从标准噪声系数 F 的定义中推导出来的。CDMA、WCDMA 蜂窝系统接收机及其他扩频系统的射频工程师可以利用推导出的接收机灵敏度方程进行设计，对于任意给定的输入信号电平，设计人员通过权衡扩频链路的预算即可确定接收机参数。

下面，从噪声系数 F 推导 E_b/N_o 关系。

根据定义，F 是设备（单级设备、多级设备或者整个接收机）输入端的信噪比与这个设备输出端的信噪比的比值（如图 4.6 所示）。因为噪声在不同的时间点以不可预见的方式变化，所以用均方信号与均方噪声之比表示信噪比（SNR）。

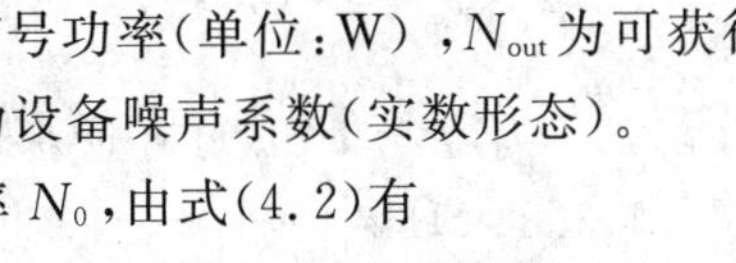

$$S_{in}, N_{in} \quad \boxed{\text{DUT}} \quad S_{out}, N_{out}$$

设备增益 G
设备噪声系数 F

图 4.6　器件的输入输出关系

图 4.6 中，S_{in} 为可获得的输入信号功率（单位：W），N_{in} 为可获得的输入热噪声功率（单位：W），S_{out} 为可获得的输出信号功率（单位：W），N_{out} 为可获得的输出噪声功率（单位：W），G 为设备增益（实数形态），F 为设备噪声系数（实数形态）。

N_{in} 即上文中的热噪声功率 N_0，由式（4.2）有

$$N_{in} = N_0 = kT_0 B_N \tag{4.12}$$

参照式（4.7），噪声系数的定义可重写如下：

$$F = (S_{in}/N_{in})/(S_{out}/N_{out}) = (S_{in}/N_{in}) \times (N_{out}/S_{out}) \tag{4.13}$$

那么，用输入噪声 N_{in} 表示 N_{out}：

$$N_{out} = (F \times N_{in} \times S_{out})/S_{in} \tag{4.14}$$

其中，
$$S_{out} = G \times S_{in}$$

于是，得到：

$$N_{out} = F \times N_{in} \times G \tag{4.15}$$

调制信号的平均功率定义为 $S = E_b/T$，其中，E_b 为比特持续时间内的能量，单位为 W/s，T 是以秒为单位的比特持续时间。

用户数据速率(单位为 Hz)如下:

$$R_{\text{bit}} = 1/T \tag{4.16}$$

于是,

$$S_{\text{in}} = E_{\text{b}} \times R_{\text{bit}} \tag{4.17}$$

根据上述方程,以 E_{b}/N_0 表示的设备输出端信噪比为

$$
\begin{aligned}
S_{\text{out}}/N_{\text{out}} &= S_{\text{in}}/(N_{\text{in}} \times F) \\
&= (E_{\text{b}} \times R_{\text{bit}})/(kT_0 B_{\text{N}} \times F) \\
&= (E_{\text{b}}/kT_0 F) \times (R_{\text{bit}}/B_{\text{N}})
\end{aligned} \tag{4.18}
$$

其中,$kT_0 F$ 表示 1 bit 持续时间内的噪声功率(N_0)。

因此,有

$$S_{\text{out}}/N_{\text{out}} = E_{\text{b}}/N_0 \times R_{\text{bit}}/B_{\text{N}} \tag{4.19}$$

在射频频带内,B_{N} 等于扩频系统的码片速率 W,因此,处理增益($\text{PG} = W/R_{\text{bit}}$)可以定义为

$$\text{PG} = B_{\text{N}}/R_{\text{bit}} \tag{4.20}$$

所以,$R_{\text{bit}}/B_{\text{N}} = 1/\text{PG}$,由此得输出信噪比:

$$S_{\text{out}}/N_{\text{out}} = E_{\text{b}}/N_0 \times 1/\text{PG} \tag{4.21}$$

因此,可以得到接收机灵敏度方程。对于给定的输入信号电平,为了确定 SNR,用噪声系数方程表示 S_{in}:

$$F = (S_{\text{in}}/N_{\text{in}}) \times (N_{\text{out}}/S_{\text{out}}) \tag{4.22}$$

$$S_{\text{in}} = F \times N_{\text{in}} \times (S_{\text{out}}/N_{\text{out}}) \tag{4.23}$$

S_{in} 又可以表示为(实数形态)

$$S_{\text{in}} = F \times kTB_{\text{N}} \times E_{\text{b}}/N_0 \times 1/\text{PG} \tag{4.24}$$

由此得出下面的接收机灵敏度方程(对数形态):

$$S_{\text{in}}(\text{dBm}) = \text{NF (dB)} + kTB_{\text{N}}(\text{dBm}) + E_{\text{b}}/N_0(\text{dB}) - \text{PG (dB)} \tag{4.25}$$

以上推导针对的是 CDMA 扩频系统,对于没有扩频的系统($W = R_{\text{bit}}$),E_{b}/N_0 在数值上等于 SNR。

例 4.4　扩频 WCDMA 蜂窝系统基站接收机灵敏度计算。已知条件如下:

(1) 对于速率为 12.2 kbit/s、功率为 -121 dBm 的数字语音信号,最大规定输入信号电平必须满足系统的最小规定灵敏度。

(2) 对于 QPSK 调制信号,在 E_{b}/N_0 值为 5 dB 时可以获得规定的误码率 BER (0.1%)。

(3) 射频带宽等于码片速率,即 3.84 MHz。

求:满足最小规定灵敏度的最大接收机噪声系数(表示为 NF_{max})。

解:

$$
\begin{aligned}
kTB_{\text{N}}(\log) &= 10 \times \log(1.381 \times 10^{-23} \text{ W}/(\text{Hz} \cdot \text{K}^{-1}) \times 290 \text{ K} \times 3.84 \text{ MHz} \times 1\,000 \text{ mW/W}) \\
&= -108.13 \text{ dBm}
\end{aligned}
$$

规定的用户数据速率 R_{bit} 等于 12.2 kbit/s,可以得到处理增益(PG)为

$$\text{PG} = W_{\text{chip}}/R_{\text{bit}} = 314.75(\text{实数})\text{或 } 25 \text{ dB}(\text{对数})$$

将这些值代入并利用等式:

$$S_{\text{out}}/N_{\text{out}} = E_{\text{b}}/N_0 \times 1/\text{PG}$$

得到输出信噪比为

$$5 \text{ dB} - 25 \text{ dB} = -20 \text{ dB}$$

基于上述接收机灵敏度方程和图 4.7,可以按照如下 4 个步骤来获得 $\text{NF}_{\max}$。

(1) 对于 WCDMA 系统,在预期的灵敏度下最大规定射频输入信号为 -121 dBm。

(2) 减去 5 dB 的 E_b/N_0 值,得到在用户频带内允许的最大噪声电平为 -126 dBm(12.2 kHz)。

(3) 加上 25 dB 的处理增益,得到在射频载波带宽内的最大允许噪声电平为 -101 dBm。

(4) 从射频输入噪声中减去最大允许噪声电平得到 $\text{NF}_{\max} = 7.1$ dB。

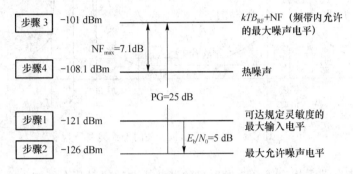

图 4.7　器件的输入、输出关系

例 4.5　GSM 蜂窝系统基站接收机灵敏度计算。

解:GSM 系统的载波带宽:$B_N = 2 \times 10^5$ Hz。GSM 系统的 E_b/N_0 取决于业务所采用的调制方式和解调算法,语音业务一般对应的理论需求值为 9 dB,部分设备厂家可以做到 7 dB。GSM 基站的上行噪声系数假设为 5 dB,则 GSM 基站的静态参考灵敏度可以计算如下:

$$
\begin{aligned}
S_{\text{in}}(\text{dBm}) &= \text{NF}(\text{dB}) + kTB_N(\text{dBm}) + E_b/N_0(\text{dB}) - \text{PG}(\text{dB}) \\
&= 5 \text{ dB} + (-121 \text{ dBm}) + 7 \text{ dB} - 0 \text{ dB} \\
&= -109 \text{ dBm}
\end{aligned}
$$

静态参考灵敏度是在静态传播情况下测得的数值,是衡量接收机性能好坏的一个重要指标。但在实际工作中,由于接收机所处的环境非常复杂,移动通信信道不可能是一个静态信道,有用信号不可能无衰减、无干扰地通过空间介质到达接收机。事实上,它是一个多径衰落信道,发射的信号要经过直射、发射、散射等多条传播路径才能到达接收端,而且随着移动台的移动,各条传播路径上的信号幅度、时延及相位随时随地地发生变化,因而接收信号的电平是起伏和不稳定的,这些多径信号相互叠加形成衰落;另外除有用信号能进入接收机外,干扰信号(如同频、邻频干扰信号)也会进入接收机,造成对有用信号的干扰。所有这些不利因素都会降低接收机的接收效果,为了改善接收机在多径、频率干扰传播环境的接收能力,使它能达到静态信道下的接收效果,在移动通信系统中采取了许多措施,如分集接收、基带跳频、射频跳频、均衡算法等。这一系列措施都是为了保证基站接收机在复杂的多径、频率干扰环境里灵敏度仍能接近或达到静态参考灵敏度的数值。

4.2　无线通信中的干扰

4.2.1　与收/发信机性能指标有关的干扰

无线通信系统中,接收机除了接收本系统内的发射机发射信号外,也同时受到其他系统发射机的影响,其他系统发射机对于本系统接收机就成为干扰源。图 4.8 列出了与收/发信机性能密切相关的一系列干扰概念。

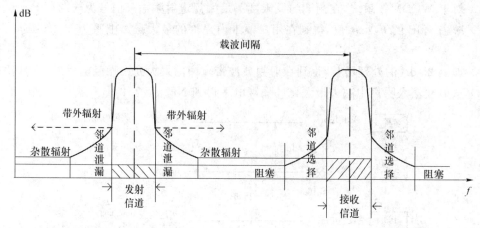

图 4.8 与收/发信机有关的干扰类型

1. 杂散干扰

杂散干扰是指杂散干扰干扰系统发射机的谐波或杂散辐射落在了被干扰系统接收机的通带内而造成的一种干扰。杂散干扰造成被干扰系统接收机底噪的抬升,从而导致了接收灵敏度的降低。

杂散辐射(Spurious Emissions)是杂散干扰的一个重要指标。杂散辐射是在必要带宽外某个或某些频率上的发射,包括谐波发射、寄生发射、互调产物以及变频产物,但不包括带外发射。一般来说,落在中心频率两侧且在必要带宽±250%倍处或以外的发射都认为是杂散辐射。3GPP 的有关标准和我国的国家标准中都对基站和终端发射机的杂散特性(即杂散辐射值)进行了严格的限制。发射机杂散辐射值过大,通常是由于倍频次数多、倍频器输出回路的选择性差、倍频器之间的屏蔽隔离不良等因素造成的。

相邻频道泄漏比(Adjacent Channel Leakage Ratio,ACLR)的定义是主信道的发射功率与测得的相邻射频信道功率之比,主要是体现发射机对干扰的抑制能力。

多系统共用室内覆盖系统时,一方面,由于不同系统的下行功率在同一点基本相当,且下行功率远远高于上行功率,由于衰减的作用,终端接收到的杂散干扰信号强度远远低于下行信号强度,因此将不会对系统的下行造成干扰;另一方面,由于上行信号功率弱,杂散信号经过衰减后与相邻频率的上行信号强度差距不大,可能会对上行造成很强的杂散干扰。

系统间的干扰严重程度取决于两个系统工作频段的间隔和收/发信机空间隔离等因素。

(1) 干扰分析方法

干扰分析方法是针对某一特定场景(干扰与被干扰系统),计算并求解干扰评估方程,如下:

$$P_{\text{spu}}(f) - \text{MCL}(f) \leqslant \text{SI}(f) \qquad (4.26)$$

其中,f 为考虑的干扰频率,$P_{\text{spu}}(f)$ 为发射机在频率 f 上的杂散发射功率,$\text{MCL}(f)$ 为在频率 f 上发射机和接收机之间的最小耦合损耗(隔离度),$\text{SI}(f)$ 为接收机在频率 f 上可接受的最大允许干扰电平。

(2) 被干扰系统最大允许干扰电平计算

当干扰系统杂散信号落入被干扰系统接收带内,与接收系统底噪叠加,接收系统底噪被抬升。被干扰系统底噪为 P_n（单位为 dBm），杂散信号电平为 P_{spu}，且杂散信号 P_{spu} 比系统底噪 P_n 低 u，即 $P_{spu}＝P_n－u$，u 又称为干扰保护比。

与杂散干扰叠加后底噪抬升为

$$N_t = 10 \times \log(10^{P_n/10} + 10^{P_{spu}/10}) \tag{4.27}$$

因此，系统热噪声的增加量（Noise Over Thermal），即底噪抬升可以表示为

$$ROT = N_t - N_0 = 10 \times \log(1 + 10^{-u/10}) \tag{4.28}$$

接收机灵敏度 S_i 是接收机可以接收到的并仍能正常工作的最低信号强度，灵敏度与接收机底噪直接相关。因此当杂散干扰导致接收机底噪抬升，接收灵敏度也随之恶化。底噪抬升/灵敏度恶化与干扰保护比 u 的关系如表 4.1 所示。

当干扰信号与底噪相同时，接收灵敏度恶化 3 dB；干扰保护比越大，干扰信号比接收系统底噪越低，干扰信号对接收系统的影响越小；当干扰保护比大于 10 dB 时，杂散干扰对灵敏度的影响小于 0.4 dB。一般情况下选择允许底噪和灵敏度恶化 0.8 dB，此时的干扰保护比为 7 dB，即要求干扰系统电平到达被干扰系统接收端需比被干扰系统基站原底噪小 7 dB。ROT 底噪抬升与干扰保护比的关系如表 4.1 所示。

表 4.1　干扰保护比与接收灵敏度恶化的关系

干扰保护比(u)	20	16	12	10	9	7	6	3	0
被干扰系统噪底电平的增量(ROT)	0.04	0.1	0.27	0.4	0.5	0.8	0.97	1.76	3
接收灵敏度恶化	0.04	0.1	0.27	0.4	0.5	0.8	0.97	1.76	3

根据干扰保护比，可以计算接收系统最大允许干扰电平 $S_i = P_n - u = P_0 + N_f - u$。表 4.2 列出常见无线通信系统最大允许干扰电平。

表 4.2　移动通信系统干扰容限

干扰容限参数	被干扰系统								
	CDMA	GSM	DCS	PHS	WCDMAA	WLAN	TD-SCDMA	TD-LTE	FDD LTE
系统热噪声(P_0)	-113 dBm	-121 dBm	-121 dBm	-119 dBm	-108 dBm	-101 dBm	-112 dBm	-101 dB	-101 dB
噪声系数(N_f)	5 dB	5 dB	5 dB	5 dB	5 dB	5 dB	5 dB	5 dB	5 dB
干扰保护(u)	7 dB	7 dB	7 dB	7 dB	7 dB	7 dB	7 dB	7 dB	7 dB
最大允许干扰电平(S_i)	-115 dBm	-123 dBm	-123 dBm	-121 dBm	-110 dBm	-103 dBm	-114 dBm	-103 dBm	-103 dBm

注：TD-LTE 和 FDD LTE 均采用 20 MHz 带宽。

（3）发射系统带外杂散干扰电平计算

杂散干扰就是一个系统的发射频段外的杂散发射落入到了另一个系统的接收频段内而可能造成的干扰。要计算这种干扰的大小，首先要了解发射系统带外杂散指标，ETSI（GSM）、3GPP2（CDMA）、3GPP（WCDMA）规定了这种电平的大小（各种通信系统基站的杂散指标请参见本书附录）。

工作在不同频段的系统间的杂散辐射，是由于发射机和接收机的非完美性造成的（图 4.8），杂散辐射是发射机设备性能中的一项重要指标，不同制式的基站设备杂散指标要求参见本书附录。杂散辐射指标一般是针对不同测量带宽的，量纲为 dBm/××kHz（绝对量）或 dBc/××kHz（相对于有用信号的相对量），当被干扰系统的工作带宽与测量带宽不同时需要进行带宽转换，转

换方法如下：

$$P_{spu} = P_{spd} + 10 \log \left(\frac{BandWidth\_Rx}{BandWidth\_Measure} \right) \quad (4.29)$$

其中，P_{spu} 为被干扰系统内的杂散信号功率，P_{spd} 为干扰系统在被干扰系统工作频段上的杂散干扰电平，$BandWidth\_Rx$ 为被干扰接收机工作带宽，$BandWidth\_Measure$ 为测量带宽。

例 4.6 举例说明接收系统杂散干扰电平计算。

解：（1）GSM 系统落到 WCDMA 系统杂散干扰电平

WCDMA 的接收 RX 工作频率范围为 1 920～1 980 MHz，根据附录中相应系统的杂散指标要求，GSM 落到此频段的杂散干扰指标 $P_{spd} = -30$ dBm/3 MHz，将之转化为 WCDMA 带宽内杂散干扰电平 $P_{spu} = -30$ dBm $+ 10 \times \log \left(\frac{3.83}{3} \right) = -29$ dBm。

（2）CDMA 系统落到 GSM 系统杂散干扰电平

GSM 的接收 RX 工作频率范围为 880～915 MHz，根据附录中相应系统的杂散指标要求，CDMA 落到此频段的杂散干扰指标 $P_{spd} = -67$ dBm/100 kHz，将之转化为 WCDMA 带宽内杂散干扰电平 $P_{spu} = -67$ dBm $+ 10 \times \log \left(\frac{200}{100} \right) = -64$ dBm。各发射系统落到接收频带杂散干扰电平如表 4.3 所示。

表 4.3　各系统杂散辐射指标　　　　　　　　　　　　　　　dBm

干扰系统	被干扰系统						
	CDMA (1.23 MHz)	GSM (200kHz)	DCS (200kHz)	WCDMA (3.84 MHz)	WLAN (22 MHz)	TD-LTE (20 MHz)	FDD LTE (20 MHz)
CDMA	—	≤-28	≤-28	≤-25	≤-25	≤-22	≤-22
GSM	≤-64	—	≤-90	≤-95	≤-33	≤-28	≤-28
DCS	≤-44	≤-42	—	≤-95	≤-37	≤-28	≤-28
WCDMA	≤-30	≤-29	≤-29	—	≤-24	≤-39	≤-75
WLAN	≤-23	≤-21	≤-21	≤-17	—	≤-17	≤-17
TD-LTE(20 MHz)	≤-12	≤-20	≤-20	≤-7	≤0.42	—	≤0
FDD LTE(20 MHz)	≤-12	≤-20	≤-20	≤-7	≤0.42	≤0	—

注：TD-LTE 采用 E 频段（2 300～2 400 MHz），FDD LTE 采用 2.1 GHz 频段，均采用 20 M 载波带宽组网。

（4）杂散隔离度计算

通过干扰分析，可以计算出将干扰对系统的影响降低到适当的程度所需要的隔离度，即不明显降低受干扰接收机的灵敏度时的干扰水平。发射机杂散对接收机的干扰计算杂散所需要的隔离度为

$$MCL \geqslant P_{spu} - S_i \quad (4.30)$$

其中，MCL 为干扰/被干扰系统最低隔离度要求，P_{spu} 是发射信号落到被干扰系统接收带内杂散干扰电平，S_i 为被干扰系统最大允许干扰电平。

例 4.7 举例说明接收系统杂散干扰电平计算。

解：① WCDMA 对 GSM 系统隔离度

GSM 系统为干扰系统，WCDMA 系统为被干扰系统，根据上面计算结果，$P_{spu} = -29$ dBm，$S_i = -110$ dBm，隔离度 MCL $\geqslant -29 - (-110) = 81$ dB。

② GSM 对 CDMA 系统隔离度

CDMA 系统为干扰系统,GSM 系统为被干扰系统,根据上面计算结果,$P_{spu}=-64$ dBm,$S_i=-123$ dBm,隔离度 MCL$\geqslant-64-(-123)=59$ dB。

基于表 4.2 和表 4.3,可以得到各发射系统杂散干扰隔离度如表 4.4 所示。

表 4.4　杂散干扰隔离度　　　　　　　　　　　　　　　　dB

干扰系统	被干扰系统							
	GSM900	DCS1800	CDMA	WCDMA	TD-SCDMA①	TD-LTE②	FDD LTE②	WLAN
GSM900	—	82	87	81	82	81	27	82
DCS1800	33	—	87	81	82	81	27	82
CDMA	59	79	—	80	80	80	27	81
WCDMA	28	28	90		64	44	29	86
TD-SCDMA	28	28	90	30	—	39	29	86
TD-LTE	28	28	28	20	31¹	—	29	86
FDD LTE	29	29	29	29	29	29		28
WLAN	90	86	90	86	86	86	86	—

注:① TD-SCDMA 采用 A 频段(2 010～2 015 MHz),如采用 F 频段,则所需隔离度为 50 dB;② TD-LTE 采用 E 频段(2 300～2 400 MHz),FDD LTE 采用 2.1 GHz 频段,均采用 20M 载波宽组网。

随着移动通信不断发展,考虑多系统共站以及共站共享的要求,基站杂散辐射的协议要求也不断升级,因此,对于具体共站共享进行集约化建设的通信系统,要根据实际应用确定系统杂散干扰指标,不能简单地照搬硬套。

此外,以上的计算都是按照规范的要求进行。事实上,实际设备的性能均高于规范要求,在杂散辐射指标上实际设备均有较大的余量(定义该余量为 M ,M 的典型值为 10 dB)。因此在考虑合路/共址的工程时应依据设备的实际情况设置隔离度(MCL$-M$),而不需要完全按照协议要求的情况来考虑系统间的隔离度。另外,不同厂家、不同类型的基站的实际杂散指标可能不一样,应该以厂家给出的指标或实际测试为准。

2. 阻塞干扰

阻塞干扰是指接收机在接收弱有用信号时,受到接收频率两旁、高频回路带内一个强干扰信号的干扰,其害处是将被干扰系统的接收机推向饱和而阻碍通信(如图 4.8 所示)。

阻塞特性体现了接收机在非相邻频带和非带内频率上存在一个干扰信号时,在指定频率上接收需要信号的能力,亦即接收机抑制非邻和非带内干扰信号的能力。

接收机邻道选择性(Adjacent Channel Selection,ACS)的定义是发射功率与相邻信道(或者被干扰频带)上测得的功率之比,是指接收机抑制邻道干扰的能力,它主要由接收中频滤波器的阻带衰减特性决定。

衡量系统抗阻塞干扰的能力可以使用阻塞干扰容限和阻塞干扰隔离度两项指标分析。

(1)阻塞干扰容限

阻塞干扰容限的定义是:假设有用信号的中心频率为 f_s,干扰信号的中心频率为 f_I,两者的频差 $f_\Delta=|f_s-f_I|$,在此条件下,当调整干扰电平使得接收机有用信号的信纳比(SINAD)下降 3 dB 时,干扰信号功率与有用信号的比值。

常见的无线通信系统的阻塞干扰容限如表 4.5 所示。

表 4.5　各系统阻塞容限指标

系统制式	干扰信号中心频率/MHz	阻塞容限/dBm	系统制式	干扰信号中心频率/MHz	阻塞容限/dBm
GSM900	1～915	−13	TD-SCDMA	921～960；1 805～1 880	16
	980～12 750	8		2 110～2 170	−40
DCS1800	0.1～1 690；1 805～12 750	0		1 980～1 990；2 045～12 750 及 1～1 880 的其他频段	−15
CDMA	1～980	−41	TD-LTE	869～894；921～960；1 805～1 880；2 010～2 025；2 110～20 170	16
	981～12 750	−16			
WCDMA	1 920～1 980；1 900～1 920	−40			
	921～960；1 805～1 880	16		2 280～2 420	−43
	1～1 900 的其他频段；2 000～12 750	−15		1～2 280 及 2 280～12 750 的其他频段	−15

（2）阻塞干扰隔离度

系统间的阻塞干扰隔离度的计算公式为

$$\mathrm{MCL} \geqslant P_t - S_b \tag{4.31}$$

其中，P_t 为干扰系统的最大发射功率，S_b 为系统干扰阻塞容限（阻塞干扰抑制电平）。

经计算得到各系统阻塞干扰的隔离度如表 4.6 所示。工程中实际分析不同系统间应保证的隔离度时，一般取表 4.4 和表 4.6 中的最大值。

表 4.6　阻塞干扰隔离度　　　　　　　　　　　　　　　　　　　　　　　　　　dB

干扰系统	被干扰系统							
	GSM900	DCS1800	CDMA	WCDMA	TD-SCDMA	TD-LTE	FDD LTE	WLAN
GSM900	—	49	90	33	33	33	31	49
DCS1800	41	—	65	33	33	33	31	49
CDMA	62	49	—	64	64	33	31	49
WCDMA	41	49	65	—	89	33	31	49
TD-SCDMA	38	46	63	61		30	30	46
TD-LTE	35	43	60	58	58	—	31	43
FDD LTE	38/30	46/30	31	31	30	31		43
WLAN	12	20	36	35	4	35	4	—

例 4.8　示意 CDMA 系统对 GSM 系统之间的干扰。

解：图 4.9 给出了 CDMA 对 GSM 系统造成的杂散干扰和阻塞干扰,这也是在室内分布系统中经常遇到的两种干扰类型。

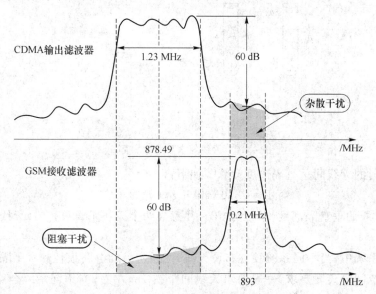

图 4.9　杂散干扰与阻塞干扰

例 4.9　分析 TD-LTE 室分系统 eNodeB(E 频段)对 WLAN AP 的干扰。

解：假设 27 dBm 的 WLAN AP 的阻塞指标为 −20 dBm@50 M、−40 dBm@30 M,而 LTE 基站的最大发射功率为 46 dBm,那么 LTE 基站不对 WLAN AP 产生阻塞干扰所需要的隔离度为

$$MCL=46-(-40)=86 \text{ dB}$$

86 dB 的隔离度很难通过空间隔离的方式来达到,因此,一般使用隔离度指标较好的合路器将 TD-LTE 和 WLAN 合路后共用室内分布系统,必须分立布放时则需要在 TD-LTE 信源端和 WLAN AP 端各自增加滤波器。

3. 空间隔离度计算

系统间隔离度是指从干扰发射机到被干扰接收机的总损耗,包括发射机和接收机的有效天线增益、传播损耗、馈线损耗和滤波性能等。工程上,综合考虑上述杂散干扰和阻塞干扰的影响,一般要求的最小隔离度取杂散隔离度和阻塞隔离度中的最大值。

$$MCL=\max(MCL_E,MCL_B) \tag{4.32}$$

其中,MCL_E,MCL_B 分别为杂散隔离度和阻塞隔离度。

天线间的空间隔离度可以通过天线水平部署和垂直部署两种方式实现(如图 4.10 所示)。

系统共存时的天线间水平隔离度计算式如下:

$$I_h=22.0+20\log_{10}(d/\lambda)-(G_t+G_r)+(SL_t+SL_r)+C \tag{4.33}$$

其中,I_h 为两天线的水平隔离度(单位为 dB),d 为两天线水平距离(单位为 m),λ 为两天线工作波长(单位为 m),G_t、G_r 分别为施主和重发天线的增益(单位为 dB),SL_t、SL_r 分别为发射天线和接收在信号辐射方向上相对于最大增益的附件损失(单位为 dB),对于无线直放站,SL_t、SL_r 可以认为是施主天线和重发天线的天线的前后比,C 为阻挡物体损耗。

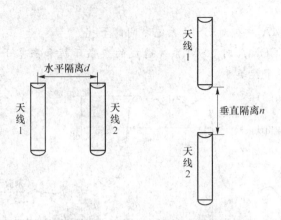

图 4.10　天线间水平与垂直隔离

系统共存时的天线间垂直隔离度计算式如下：

$$I_v = 28.0 + 40 \log_{10}(d/\lambda) + C \tag{4.34}$$

其中，I_v 为两天线的垂直隔离度（单位为 dB），注意当两个天线垂直放置时，天线增益通常忽略不计。

室内分布系统中，当不同系统独立布设天线时，通常借助链路损耗和水平隔离产生的空间损耗来保证系统间隔离度要求，一般要求天线间距在 1m 左右；当不同系统合路建设时，可以通过提高合路器的隔离度或使用多系统接入平台（POI，详见本书第 10 章）来满足系统间隔离度要求。

例 4.10　假设 FDD LTE 系统部署在 2.1 GHz 上，WLAN 系统工作在第一频点，两系统在室内各自独立布放，所采用天线的增益均假定为 3 dB，且天线视距可见。图 4.11 为实际部署的示意，表 4.7 为 WLAN 系统频率与波长对应关系。试求两系统天线间的最小水平距离。

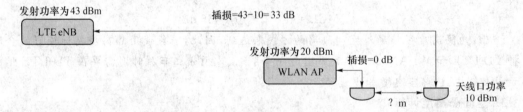

图 4.11　直放站干扰的频谱特征

表 4.7　2.4 GHz 无线网络频率及波长对应关系

2.4 GHz 频段	频率/GHz	波长/mm
B/G Chn1　1	2.412	124.292 1
B/G Chn1　2	2.417	124.034 9
B/G Chn1　3	2.422	123.778 9
B/G Chn1　4	2.427	123.523 9
B/G Chn1　5	2.432	123.269 9
B/G Chn1　6	2.437	123.017 0
B/G Chn1　7	2.442	122.765 1
B/G Chn1　8	2.447	122.514 3

2.4 GHz 频段	频率/GHz	波长/mm
B/G Chn1　9	2.452	122.264 5
B/G Chn1　10	2.457	122.015 7
B/G Chn1　11	2.462	121.767 9
B/G Chn1　12	2.467	121.521 1
B/G Chn1　13	2.472	121.275 3
B/G Chn1　14	2.484	120.689 4

解：查表 4.4 和表 4.6 可知，两系统间需要的总体隔离度为 86 dB，其中馈缆损耗可以抵消 33 dB，因此，水平隔离度还需要 53 dB。

由式（4.33）可以反算出

$$d = \lambda 10^{[I_h - 22.0 + (G_t + G_r)]/20} = 7 \text{ m}$$

空间隔离度的概念还经常用在无线直放站工程中，具体案例参见本书第 6 章。

4.2.2　系统组网中出现的射频干扰

1. 同频干扰

同频干扰指所有落在接收机通带范围内的与有用信号频率相同的无用信号的干扰。蜂窝系统中的同频干扰来源于频率复用。为了减少同频干扰，必须使服务区内的同频小区在物理空间上隔开一定的距离。

在无线通信系统中，频率资源是稀有资源，为提高系统容量，必须对频率进行复用。对于一定的频率资源，频率复用越紧密，网络容量越大，复用距离越小，干扰就越大。由于部分相邻小区采用了相同或相近的频率，或频率间隔不足，小区会出现更强的干扰。因此，实践中为了尽量降低室分系统中的同频干扰，室分系统往往采用与室外宏站不同的一组频点。

例 4.11　某 GSM 系统小区出现较严重的上行干扰情况，其中部分时隙出现连续 5 级的上行干扰（表 4.8）。关闭该小区跳频，并对齐频点后，发现干扰主要集中在第 19 号频点上，上行干扰情况主要由于该频点受到干扰引起，更换该频点后，上行干扰情况消失（表 4.9）。

表 4.8　优化前不同时段干扰带分布情况的关系

干扰带样本数	1 级	2 级	3 级	4 级	5 级	1 级干扰带占比
统计时段 1	8 166	636	489	478	561	79.05%
统计时段 2	8 819	808	478	539	617	78.31%
统计时段 3	8 395	1 126	719	441	383	75.88%
统计时段 4	6 801	860	615	549	541	72.61%

表 4.9　优化后干扰带分布情况的关系

干扰带样本数	1 级	2 级	3 级	4 级	5 级	1 级干扰带占比
统计时段 1	10 847	16	1	0	0	99.84%
统计时段 2	10 223	105	11	1	0	98.87%
统计时段 3	10 659	48	0	0	0	99.55%
统计时段 4	9 048	55	1	0	0	99.38%

在 GSM 系统和 CDMA 系统中,目前仍大量存在着直放站。直放站主要是做深度覆盖时采取的增强信号的方式,它主要是接收相邻基站小区的信号放大后发射出来。因为它发射出来的信号与它的信号源小区的工作频率完全一样,因此,如果直放站的质量不好或直放站的增益太大都会对信号源小区造成干扰。

对于出现上行高干扰的 GSM 室分小区,可通过网管系统检查小区是否存在有直放站使用其作为信源。确定了有直放站后,可以尝试短时关闭直放站,检测小区的上行干扰带是否有改善,如果有改善就可以确定是直放站造成的干扰。

例 4.12　某 GSM 室分小区存在严重上行干扰(表 4.10)。小区 F52ZNN3 于 6 月 1 日出现干扰,干扰级别在 4、5 级,较为严重,由于该小区带有直放站,故怀疑该干扰由直放站问题引起。通知直放站监控关掉直放站后,该小区的 4、5 级干扰基本上都消失了,因此可以判定是直放站的问题造成了干扰(表 4.11)。

表 4.10　优化前干扰带分布情况的关系

项目	级数					1 级干扰带占比
	1 级	2 级	3 级	4 级	5 级	
干扰带样本数	99 948	44 467	37 971	33 889	12 981	43.60%

表 4.11　优化后干扰带分布情况的关系

项目	级数					1 级干扰带占比
	1 级	2 级	3 级	4 级	5 级	
干扰带样本数	270 530	20 257	14 914	7 798	1 984	85.75%

直放站干扰一般是由于直放站上行增益设置不当,造成直放站所在小区 GSM 上行频段内的底噪抬升。用频谱仪测试时,可以观察到上行频段底噪整体抬升。

2. 邻道干扰

邻道干扰(或邻频干扰)是指来自邻近或相邻频道间的干扰。在多波段的移动通信系统中,有众多的基站和移动台同时工作,某些移动台或基站可能同时工作于相邻或相近的频道。

如果发射机的带外特性不理想,其频带外的寄生辐射就可能落入正在使用的相邻或相近频道内,对这一频道信号的正常接收造成影响(如图 4.12 所示)。

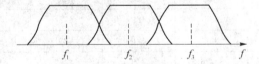

图 4.12　发射机的带外特性不理想

如果接收机的选择特性不够理想,对相邻频道的信号抑制不够,则邻近频道的信号就会和有用信号一起进入接收机产生干扰,如图 4.13 所示。

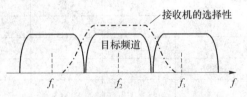

图 4.13　接收机的选择特性不理想

　　网中存在的邻道干扰,按其干扰信号频谱中心是否落入有用信号通带之内,又可分为"带内"、"带外"干扰两类。影响最大的是有用信号和无用信号频谱大致重合的带内干扰。带外干扰往往是因发射机邻信道辐射或邻信道信号过强致使其拖尾部分侵入本信道而造成[1]。

　　工程中减少邻道干扰的措施主要有:①严格限制调制信号的带宽;②提高发射机的带外抑制度;③提高接收机的选择性;④网络设计考虑。

　　例 4.13　cdma800M 系统与 GSM900M 系统邻频共存时,容易出现 cdma 基站对 GSM 基站上行信道的干扰。通信协议对 CDMA 发射机发射下行信号有频谱模版要求,但 CDMA 下行信号也可能因为系统性能恶化而产生发射频谱展宽的情况,因此从 CDMA 基站发射的下行信号拖尾落入 GSM 上行频段后将对 GSM 上行造成同频干扰。

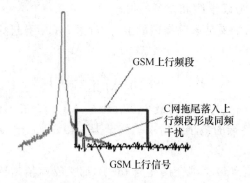

图 4.14　CDMA 系统对 GSM 系统的拖尾干扰

　　工程中,CDMA 拖尾干扰可以通过上行频点扫描来判断(图 4.15)。如果上行频点扫描的结果在低端频点的底噪明显较高,且随频点配置升高逐渐降低,则可以判断为存在 CDMA 拖尾干扰。由于是同频干扰,GSM 侧无法抑制,只能通过 CDMA 发射机增加带外抑制或整改 CDMA 基站性能来解决。

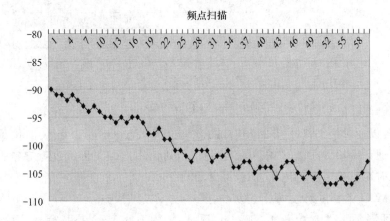

图 4.15　GSM 系统的上行频点底噪扫描示例

3. 近端对远端的干扰(远近效应)

　　远近效应指由于信号传输距离不同而产生的干扰。远近效应是 CDMA 系统内的主要干扰,是影响 CDMA 系统性能、系统容量的关键因素。如果同一小区内存在相近或相邻频道,也会出现远近效应。可以采用如下措施来减小远近效应:①相邻或相近的频道不在同一小区使用；②采用功率控制技术，使所有移动台发射的信号在到达基站时的功率大致相同。

在室内分布系统中，与远近效应较为相关的概念是最小耦合损耗（Minimum Coupling Loss，MCL）。在用户向天线方向移动的过程中，由于功率控制而使手机的发射功率越来越小，如果这个时候用户的发射功率已经达到最低而用户还是离天线越来越近，那么就会对其他手机造成干扰，使其他手机不得不抬高发射功率，从而导致整个室内系统的噪声抬高。MCL可认为是手机在位于离天线最近时候的路径损耗，具体包括如下两部分：

MCL＝手机到天线的自由空间损耗＋天线到基站接收机的天馈系统损耗

其中，手机到天线的最小空间损耗，通常取 1 m 的空间损耗为 38.4 dB；天馈系统损耗主要包括馈线传输损耗、器件分配损耗等。由手机最小发射功率所引起的噪声取决于 UE 和基站之间的最小路径损耗，因此应当考虑馈线和设备的损耗。

由于 MCL 引入的干扰主要是系统噪声的上升，对于 MCL 引起的系统噪声上升可以用以下公式进行计算：

$$NR = 10 \log \left(1 + \frac{P_{Tx,min}}{MCL \cdot N_0}\right) \tag{4.35}$$

其中，NR 为噪声上升量，$P_{Tx,min}$ 为终端的最小发射功率，MCL 为最小耦合损耗，N_0 为热噪声。

TD-SCDMA 系统中，终端的最小发射功率假设为 −49 dBm，则最小耦合损耗与噪声上升的关系曲线如图 4.16 所示。

从图 4.16 中可以看出，当最小耦合损耗为 45 dB，那么噪声抬高约 15 dB，这意味着基站端所需要的功率升高 15 dB（覆盖受影响）；当 MCL 高于 65 dB，由移动台最小发射功率所引起的噪声电平的抬高将不构成问题。

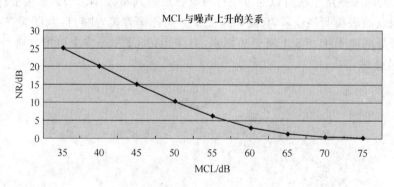

图 4.16　TD-SCDMA 系统 MCL 和噪声的关系

实践中，可以通过详细规划减少 MCL 的影响。例如在选择天线安装的位置时应尽量将天线安装于距通话手机大于 1 m 的位置，避免由于通话用户距离天线过近导致手机发射功率到达基站过大时对基站造成的阻塞。

例 4.14　MCL 对室内天线口功率的影响。考虑到基站噪声系数，如 WCDMA 基站底噪为 −105.1 dBm，UE 的最小发射功率为 −50 dBm，因此，当 MCL 小于 55.1 dB 时，由于快速功率控制机制已经无法让 UE 降低功率，这时 UE 开展业务时将抬高基站的底噪，以降低基站的灵敏度。

在 WCDMA 系统中，一般取 MCL≥65 dB（UE 为 −50 dBm 发射时，到达基站的底噪 −115 dBm），基站的灵敏度下降≤0.4 dB。当 UE 离天线口为 1 m 时，假设基站发射导频功率为 33 dBm，则室内天线口发射功率必须满足以下要求：MCL＝38.4＋（33－天线口功率）≥65 dB；因此，天线口功率≤6.4 dBm。

4. 互调干扰

互调(InterModulation,IM)是指当两个或多个频率信号经过具有非线性特征的器件时产生的与原信号有和差关系的射频信号,又称互调产物、交调或交调产物。为了提升系统容量,通信系统中同时采用多个载波(频点)的现象非常普遍,而且载波功率也有逐渐加大的趋势;考虑到实际电路通常都具备非线性特点,互调及互调干扰成为常见现象,在蜂窝移动通信系统、微波通信系统、集群移动通信系统、卫星通信系统、舰船通信系统等系统、民航通信系统、有线电视系统等系统中都有发现并引起广泛注意。

互调一般分成有源互调和无源互调两种。鉴于所产生互调产物的严重程度,传统上人们主要关注有源互调,但随着更大功率发射机的应用和接收机灵敏度的不断提高,无源互调产生的系统干扰日益严重,因此越来越被运营商、系统制造商和器件制造商所关注。本章参考文献[5]对比了有源互调和无源互调的特征。

有源互调具有如下特点:①有源电路的非线性相对固定,不随时间而变化;②分析理论相对成熟;指标明确,规范均能给出明确指标要求;③传输方向相对稳定;④可通过增加带通/带阻滤波器或改善滤波器性能加以抑制,高阶互调干扰几近忽略。

无源互调具有如下特点:①随功率而变,美国安费诺公司的实验证实,输入功率每增大1 dBm,PIM 产生电平变化约 3 dBm;②随时间而变,材料表面氧化、连接处接触压力、电缆弯曲程度等均会随时间发生改变,进而影响非线性程度;③研究理论滞后,仿真研究手段未有实质突破,离工程化尚有相当距离;④产生环节多,传输方向非单一,难以抑制;⑤存在高阶互调。

(1) 互调干扰的基础理论

当两个或多个频率信号(记为 $f_1,f_2,\cdots,f_n$,也称作基波、基频)经过非线性电路(如天线、耦合器等)时,将互相调制,在输出信号中出现这些基波通过线性组合而产生的一系列混合产物,这些混合产物在频率上的表达式为

$$k_1 f_1 + k_2 f_2 + \cdots + k_n f_n \tag{4.36}$$

其中,k_1,k_2,$\cdots$,k_n 为任意整数值,这些频率的信号就称为互调产物或互调产物(InterModulation Product,IMP),而 $|k|_1 + |k_2| + \cdots + |k_n|$ 即互调产物的阶数,如图 4.17 所示。如果互调产物正好落在接收机工作信道带宽内,则会构成对接收机的干扰,即互调干扰,简称互调。

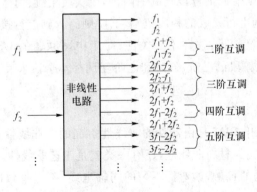

图 4.17　两个基频的互调产物示意

互调又分为正向互调(Forward IM)和反向互调(Reverse IM)两种方式。其中正向互调又称为传输互调(Transfer IM),反向互调又称为反射互调(Reflection IM)。一般认为正向互调产物的强度与反向互调产物的强度近似。然而,鉴于正向互调产物到达终端时往往还需经

历传输链路损耗和空间路程损耗,其强度一般较低故而构不成严重影响;反过来,靠近基站端器件或设备所激发出的反向互调产物,由于其到达基站时损耗较小,通常就容易直接干扰到基站性能,所以工程中更为关注器件或设备的反向互调性能。

结合本书第 2 章中介绍的两种双工方式,即时分双工(TDD)和频分双工(FDD),可以知道:对于 FDD 系统,任一时刻上,基站都在使用不同的频点发信和收信,因而容易受到反射互调的影响;对于 TDD 系统,在严格同步的情况下,任一时刻上,基站同时只处在发信或收信的一种状态,因而在发信状态下产生的反射互调不会影响到基站在收信时段上的性能。

一般地,每一对互调产物中的加号项(如 f_0+f_1、$2f_0+f_1$)通常超出工作带宽,只有减号项(如 $2f_0-f_1$、$3f_0-2f_1$)才可能落在工作带宽附近;并且对于偶数阶的互调产物,其减号项(如 f_0-f_1、$2f_0-2f_1$)接近直流项,通常也位于工作带宽之外。因此,业界主要关注奇数阶减号项互调。此外,阶数越高的互调产物其信号强度也就越低(图 4.18),业界习惯使用低阶互调(如三阶互调、五阶互调和七阶互调)来衡量器件的互调性能。

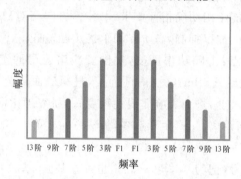

图 4.18　载波信号及无源互调干扰频谱分布

工程中还应注意区分两个概念,即"击中(hit)"和"有效击中(effective hit)"。击中关注的是互调产物落入上行频带的情况,即"击中"现象,并没有特别强调互调产物与同时使用的上行频点重合,即"有效击中"现象,因而此处的干扰并不必然生成。

按照上述概念进行分析,可以得知:对于中国移动的 GSM900 系统,三阶并不落入上行接收范围内,而五阶和七阶则落入上行接收范围内,形成实质干扰;对于中国移动的 DCS1800 系统,三阶、五阶都不落入到上行接收的频段范围,七阶则落入到上行接收的频段范围,形成实质干扰,但由于七阶通常强度较低,往往不予关注;对于中国联通的 GSM900、DCS1800 系统和WCDMA 系统,下行发射频段的三阶、五阶和七阶互调都不会落入其上行接收频点(详见本章下文分析)。

(2)互调的影响因素

本章参考文献[5]指出:PIM 是由器件的非线性引起的。非线性有 3 种可能的主要模式,一类为接触非线性,另一类为材料非线性,还有一类就是工艺非线性。接触非线性表示任何具有非线性电流与电压行为的接触,如弯折不匀的同轴电缆、不尽平整的波导法兰盘、松动的调谐螺丝、松动的铆接、氧化和腐蚀的接触等;材料非线性指具有固有非线性电特性的材料,如铁磁材料和碳纤维等;后者指因加工工艺引起的电传输非线性。

通过对天线的互调干扰的测试过程和测试结果的分析,本章参考文献[9]认为减小天线在大功率下呈现的非线性以降低互调干扰,在天线及馈电的电缆上应该不使用非线性材料,如铁、镍等；天线的金属与金属的连接应防止松滑，尽量少使用螺纹连接，如果条件允许，最好焊接；由于所测试的天线为同轴电缆馈电，同轴电缆的弯曲程度应该尽量低，以免在电缆的连接处造成较大的应力，形成互调干扰产生的隐患。

（3）互调的强度特性

业界通常使用"互调抑制能力（或互调抑制）"这一指标来表征器件或设备的互调性能，互调抑制能力又有绝对值和相对值两种表达方式：前者是指以 dBm 为单位的互调的绝对值大小，后者指互调值与其中一个载频的比值（这是因为无源器件的互调失真与载频功率的大小有关），用 dBc 来表示。

典型的无源互调指标表示方法源自国际电工委员会（IEC）的规定，是在两个 43 dBm 的载频功率同时作用到被测器件时，产生 -97 dBm（绝对值）的三阶无源互调，此时用相对值表示则为 -140 dBc@2×43 dBm。

本章参考文献[8]论证了互调产物渐近下降的特点，即一般认为高阶互调产物的强度低于低阶互调；但互调产物的强度预测至今仍是一个学术难题，尤其对于无源互调。该参考文献提出了利用较为容易测量的低阶互调产物来预测高阶互调的方法，并给出了一组验证数据，如表 4.12 所示。业界也有常见结论认为，五阶互调一般比三阶互调低 20 dB 左右，七阶互调比五阶互调低约 15 dB，因此习惯使用低阶互调（如三阶互调、五阶互调和七阶互调）来衡量器件的互调性能。

表 4.12　预测结果与实测结果的比较　　　　　　　　　　　　　　　　dBm

输入信号功率	PIM3 功率（实测）	PIM5 功率（实测）	PIM5 功率（预测）
46	-95	-138	-135.0
50	-85	-119	-115.7
53	-77	-106	-102.0
56	-70	-95	-90.6

在工程实践中，天线的三阶互调产物一般要求不超过 -107 dBm，也即 -150 dBc@2×43 dBm。定向耦合器、功率分配器、双工器、连接器和电缆组件等无源器件的其互调产物通常在 $-120\sim-100$ dBm，也即 $-163\sim-143$ dBc@2×43 dBm；而某些器件的互调产物更大，如铁氧体器件的互调产物可达 -60 dBc 甚至更大。目前同类产品的互调测量上限是 -65 dBm，也即 -108 dBc@2×43 dBm。对于后一类器件，可以采用通用的频谱分析仪测量，其测量范围至少可以达到 $-150\sim30$ dBm。

室分系统中干放和直放站等有源设备或器件的互调指标要求分别如表 4.13 和表 4.14 所示。

表 4.13　干放的互调要求

功率等级	带内互调	带外互调
$\leqslant30$ dBm	$\leqslant-45$ dBc/3 kHz	9 kHz$\sim$1 GHz/100 kHz$\leqslant-36$ dBm 1$\sim$12.75 GHz/1 MHz $\leqslant-30$ dBm
>30 dBm	$\leqslant-36$ dBc/3 kHz	9 kHz$\sim$1 GHz/100 kHz$\leqslant-36$ dBm 1$\sim$12.75 GHz/1 MHz $\leqslant-30$ dBm

表 4.14 直放站的互调衰减指标

	功率等级	带内互调	带外互调
具有宽带功能	≤17 dBm	≤−36 dBm 或≤−60 dBc/3 kHz	9 kHz～1 GHz/100 kHz≤−36 dBm
			1～12.75 GHz/1 MHz≤−30 dBm
	>17 dBm	≤−45 dBc/3 kHz	9 kHz～1 GHz/100 kHz≤−36 dBm
			1～12.75 GHz/1 MHz≤−30 dBm
具有选频功能	独立功放	≤−36 dBm 或≤−66 dBc/3 kHz	9 kHz～1 GHz/100 kHz≤−36 dBm
			1～12.75 GHz/1 MHz≤−30 dBm
	共用功放	≤−45 dBc/3 kHz	9 kHz～1 GHz/100 kHz≤−36 dBm
			1～12.75 GHz/1 MHz≤−30 dBm

（4）TDD 通信系统（器件）无源互调测量

传统无源互调测试都是基于 FDD 系统。以 EGSM 系统为例，TX：925～960 MHz，RX：880～915 MHz。收（RX）、发（TX）频率分离是 FDD 系统的特点。GSM 无源互调测量无源是固定 TX 频段范围内两单载波（如 F1：930 MHz，F2：960 MHz），测量落到接收 RX 频段范围内无源互调电平（PIM3：900 MHz）。对于 TDD 系统，理论上不存在无源互调干扰，这是由于发射和接收不同步，当发射时不接收，接收时不发射，因此当发射时产生的无源互调电平不会落到接收。因此从互调干扰角度，TDD 系统无源器件不需要测量无源互调。

无源互调影响因素很多，主要因素有设计、材料、工艺等，在所有电性能指标中，无源互调指标最能直观反映产品工艺材料性能好坏。虽然从干扰角度 TDD 系统不需要定义或测量无源互调，但是从材料和工艺质量保证角度，非常有必要规定无源互调指标。中国移动最新 TD-LTE 系统双极化天线明确规定对 F 频段（1 880～1 920 MHz）、A 频段（2 010～2 025 MHz）和 D 频段（2 500～2 690 MHz）进行无源互调测量。

无源互调测量的原理需要双工器将发射（两载波）和接收（无源互调产物）分开，而 TDD 系统发射和接收同频，因此 TDD 系统无源互调测量面临的第一个问题是如何定义互调测量 TX/RX 频段。FDD 系统高发低收原则（TX 频段一般在高端，RX 频段一般在低端），结合收发抑制要求，目前行业通用 TDD 无源互调测量系统频率如表 4.15 所示。

表 4.15 TDD 常用频段无线互调测量系统频率

TDD 频段	频率范围/MHz	TX 频段/MHz	RX 频率/MHz
F	1 880～1 920	1 900～1 920	1 880～1 885
A	2 010～2 025	2 017.5/2 025①	2 010
D	2 500～2 690	2 620～2 690	2 500～2 580

注：①A 频段由于频率范围太窄，两载频只能为固定点频。

TD-LTE 是目前最为典型、也是最有发展前景的 TDD 系统，如图 4.19 所示。TD-LTE 系统一般采取 8 通道 MIMO 技术，该系统的无源器件亦为 8 通道（或为 8 端口），这给无源互调测量带来第二个问题如何提升测试效率，一般 TD-LTE 智能天线需要测量 24 次（8 端口×3 频段），互调测量最耗时的环节在于测试电缆与天线接口的配合，这导致每副天线测量时间高达半个小时以上，为最大程度提升效率，一般采用开关矩阵箱将互调测试仪与被测天线相连接，通过开关矩阵箱和软件配合，可以一次连接完成所有测试。

注意该矩阵箱能够成功应用的关键核心是低互调大功率开关，目前市场上最先进单刀双掷、单刀六掷的互调开关互调可以达到−160 dBc@2×43 dBm。而且 TD－LTE 智能天线的

无源互调一般为 $-80\sim-90$ dBm@2×43 dBm,开关互调电平远低于被测天线的互调电平,这也保证了天线互调测量精度。

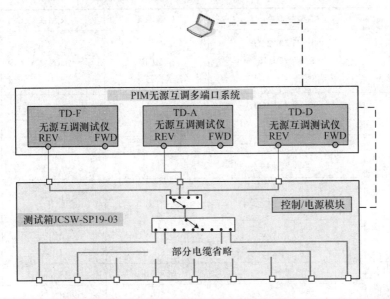

图 4.19　TD-LTE 智能天线无源互调测试

（5）室分系统中互调干扰应用分析

现网的室内分布系统多是在小功率传输模型下的组网应用模型,随着现网微蜂窝信源发射功率的加大和多网共存的趋势发展,应用在信源前端的器件承受功率越来越大,产生的互调干扰也就越发明显。同时考虑到在话务量高峰时期,载波发射数量更加之多,发射功率也更大,由于互调导致的干扰问题更加严重。在现网测试时,载频配置越高,互调信号越多,甚至导致出现所谓"群互调（即多载波情况下增大了互调产物有效击中上行频点的概率）",底噪提升也更为之明显。

① 室内分布系统的互调干扰特点

a. 无源器件对室分上行干扰的影响主要是功率容限和互调抑制,跟载波配置和发射功率密切相关,载波数越多,发射功率越大,互调产物就越多,互调干扰就越大。

b. 天馈系统互调值与无源器件的互调值存在差异,系统互调值比无源器件互调值大很多,更换部分前级无源器件改善效果不明显。

c. 多系统合路时,室内覆盖系统的系统互调干扰更为重要。不能以单个器件的互调值来衡量判断室分系统的互调干扰,要整体考虑系统的互调干扰。

② 室内覆盖系统降低互调干扰的建议

a. 提高器件性能要求降低互调干扰

器件性能是网络质量的基础,室分无源器件性能典型问题包括两类:一类是器件故障;另外一类是器件关键指标恶化,尤其是无源互调指标。器件性能下降比较隐蔽,一直以来都难以有效进行监控和评估,因此使用高性能无源器件并保证器件性能是控制干扰的有效切入点。

对于室分有源设备后面几级的无源器件功分/耦合器及电桥,互调要求为 -150 dBc@43 dBm(表 4.16)。另外考虑未来系统兼容升级需要及室分系统替换复杂性和困难性,建议功分器、耦合器等宽频带器件的工作频宽从 800～2 500 MHz 拓宽为 700～2 700 MHz。

表 4.16 室内分布高品质无源器件性能要求

器件名称	型号规格	互调要求	接头	备注
耦合器	700～2 700 MHz 5/6/7/10/15 /20/30/40/50 dB	−150 dBc	DIN/N	
功分器	700～2 700 MHz 2/3/4/功分	−150 dBc	DIN/N	
移动 GSM 滤波器	890～909/ 935～954	−150 dBc	DIN	
3 dB 电桥	700～2 700	−150 dBc	DIN/N	2 进 2 出/ 2 进 1 出
多频合路器		−150 dBc	DIN	
连接器		−150 dBc	DIN	有力矩要求
连接器		−150 dBc	N	有力矩要求
100W 负载		−150 dBc	DIN/N	

室分系统是典型的分支结构,越靠近信源,功率越高,越远离信源,功率越低。而无源互调干扰与功率直接相关,如果由于种种限制(经济或者场地)导致不能对所有室分无源器件进行替换,至少要保证对靠近信源处无源器件进行优化。

目前 GSM 网络承载很高的话务量,一般室内覆盖都采用多载波的频点配置,这样多个互调信号会叠加覆盖整个接收带。N 路具有一定峰均比的信号叠加(平均功率 P_a,峰值功率 P_p),遵循以下原则:平均功率直接线性相加叠加等于 nP_a,而峰值功率按照平方率叠加即 $n^2 P_a$。很多室内覆盖网络都可以观察到这种现象,当逐步增加载频数时,其接收带内低噪会明显提升。图 4.20 为用频谱仪实测互调干扰的一个频谱波形,可以看到接收带内底噪整个都被抬了起来,而且越靠近发射频带,低噪抬得越高,即呈现出"左低右高"的特征。

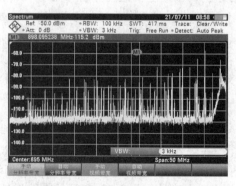

图 4.20 互调干扰导致接收带内底噪抬升

b. 工程施工规范化

施工过程中,主要存在两类典型的工程质量问题。

第一类典型问题是接头制作质量差。相当一部分高干扰的室分站点,究其原因是是由于接头工艺粗糙引发了互调干扰。比较常见的现象有接头制作松动导致接触不良、接头内导体过长、接头内外导体连接(俗称皮包芯)、接头内导体未磨平和跳线过度弯曲等。特别是接头内导体未磨平这种情况,需要引起特别重视,指的是线缆内导体被斜口钳剪断,但未被打磨,从而使线缆的线性度变差,引起互调干扰。

　　图 4.21(a)中展示了未磨平的接头,可以看到内导体边缘极不平整,中心有一明显一字小突起,为斜口钳剪切所致。图 4.21(b)为某站点发现的问题接头,可以看到为跳线内心顶端有一尖形突起,显然是由于跳线内芯保留过长,接头制作时又用力旋转,内芯与接头摩擦所致。

(a) 未磨平的问题接头　　　　　　　　　　　　(b) 内芯过长的问题接头

图 4.21　未磨平的问题接头和内芯过长的问题接头

图 4.22 所示为过度弯曲的跳线,跳线过度弯曲也会造成互调干扰。

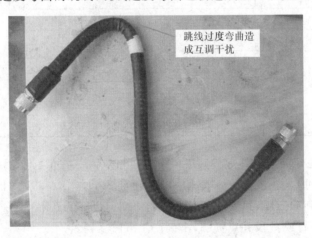

跳线过度弯曲造成互调干扰

图 4.22　跳线过度弯曲

　　第二类典型问题是制作接头时没有使用力矩扳手(如图 4.23 所示)。未拧紧的接头会加重器件的接触非线性,从而导致高的互调干扰。现网中也有很多高互调是由于接头没有拧紧产生的,而且此类问题接头也往往能够通过驻波比测试。此处需要简单辨析一下互调与驻波比两个指标。驻波比指标与接头是否拧紧关系不大,只要内外导体接触上,即使不紧密,测试结果也基本正确。目前室分站点工程验收基本只测量驻波比,为方便调整替换,工程施工中很大接头都是用手拧紧,这样操作导致驻波比测试通过,而设计互调指标存在很大问题。另外,接头用大力钳等工具拧得过紧时也有问题。用力过大导致内导体损害或者产生碎屑,也会严重影响互调性能。规范操作是要求所有接头都是六角形的,按照接头类型使用合适的力矩拧紧接头。建议7/16接头使用17.5N力矩扳手,N形接头使用5N力矩扳手。

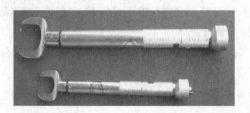

图4.23　力矩扳手

c. 频点规划规避互调干扰

中国移动GSM网络/DCS网络互调干扰计算如表4.17所示。对于移动GSM900系统的19M频点,其三阶互调干扰不落入自身上行接收带内,但是五阶互调干扰会落到自身上行接收带内,因此,排查互调问题时必须考虑五阶互调影响。对于中国移动的DCS1800系统,只有七、九阶互调会落入接收带内,但一般情况下七阶互调和九阶互调的干扰电平较弱,可以忽略不计。

表 4.17 中国移动 GSM/DCS 系统互调干扰分析

网络系统	下行		接收		结论
中国移动 GSM900	935	954	890	909	
	IM3		916	973	存在互调干扰
	IM5		897	992	
	IM7		878	1 011	七阶、九阶互调较弱
	IM9		859	1 030	
中国移动 DCS1800	1 805	1 830	1 710	1 735	
	IM3		1 780	1 855	互调干扰未落入上行
	IM5		1 755	1 880	
	IM7		1 730	1 905	七阶、九阶互调较弱
	IM9		1 705	1 930	

当室分系统无法对问题器件进行升级替换时,可以考虑通过频点规划来规避五阶互调干扰。通过理论试算可以总结出"4-8-7"的原则,可将移动GSM 900M的19M频段分为A(4M)、B(8M)和C(7M)三段,只要注意以下使用原则即可降低五阶互调产生概率:

• 单独使用A、B或C段频点资源,不会产生五阶互调。
• B段与C段可组合使用,不会产生五阶互调。
• A段与B段可组合使用,不会产生五阶互调。
• A段与C段组合使用时,产生反射互调的概率较大。

可规避五阶互调的GSM900M(19M)频段使用方法如表4.18所示。

表 4.18　可规避五阶互调的 GSM900M(19M) 频段使用方法

类别	A 段(4M)	B 段(8M)	C 段(7M)
频点范围	1~20	21~64	65~94
频率范围/MHz	935.2~939	941~947.8	948~953.8

（6）国内运营商共建共享时的互调干扰分析

① 系统内互调干扰场景分析

a. 中国移动通信系统互调干扰计算

中国移动目前在网使用的通信系统有 GSM900、DCS1800、TD-F/A/E/D 与 WLAN 等系统，各系统产生的互调信号落入上行频段的对应如表 4.19 所示。

用于 TDD 系统的 F 频段、A 频段、D 频段与 E 频段产生的三阶、五阶和七阶均落入系统频段范围，但由于 TDD 系统下行与上行时隙间有保护间隔，不会对系统造成干扰。WLAN 也是 TDD 系统，虽然其三阶、五阶和七阶互调均落入系统频段范围内，也不会对本系统造成干扰。而对于采用 FDD 的 GSM900 和 DCS1800 系统，下行的五阶和七阶互调会落入本系统的上行接收频段，从而产生对自系统接收的干扰。

表 4.19　中国移动系统内互调干扰分析

系统	三阶互调/MHz	五阶互调/MHz	七阶互调/MHz
GSM900	916～973 ○	897～992 ●	878～1 011 ●
DCS1800	1 780～1 855 ○	1 755～1 880 ○	1 730～1 905 ●
DCS1800(扩展)	1 828～1 894 ○	1 806～1 916 ○	1 784～1 938 ○
TD-F	1 840～1 960 ●	1 800～2 000 ●	1 760～2 040 ●
TD-A	1 995～2 040 ●	1 980～2 055 ●	1 965～2 070 ●
TD-E	2 270～2 420 ●	2 220～2 470 ●	2 170～2 520 ●
TD-D	2 520～2 670 ●	2 470～2 720 ●	2 420～2 770 ●
WLAN	2 316.5～2 567 ●	2 233～2 650.5 ●	2 149.5～2 734 ●

注：○ 不落入系统 RX 频段，● 落入系统 RX 频段，下文中类似标注含义相同；TD-F 为 1 880～1 920 MHz，TD-A 为 2 010～2 025 MHz，TD-E 为 2 320～2 370 MHz，TD-D 为 2 570～2 620 MHz。

b. 中国联通通信系统互调干扰计算

中国联通目前在网使用的移动通信系统有 GSM900、DCS1800、WCDMA 与 WLAN。

经过频段内三阶、五阶和七阶互调分析，联通 GSM900、DCS1800 和 WCDMA 系统下行发射频段的三阶、五阶和七阶互调都不会落入其上行接收频点，因此，不会存在本系统内的互调干扰影响。与 4.1 节的分析相同，WLAN 的三阶、五阶和七阶互调均不会对本系统造成干扰。

c. 中国电信通信系统互调干扰计算

中国电信目前在网使用的移动通信系统有 cdma800、cdma2000 与 WLAN。经过分析，电信 cdma800 和 cdma2000 下行发射的三阶、五阶和七阶互调都不会落入其上行接收频段内，不会对本系统产生干扰。WLAN 的互调也不会影响 WLAN 系统的工作。

② 共建共享系统间互调干扰场景分析

a. GSM900 共建共享互调干扰计算

中国移动的 GSM900 和铁路的 GSM-R 专网合路/邻站建设时，三阶互调产生的频段是落在铁路的 GSM-R 专网的下行频段，并没有落入对应的上行接收频段内，对信源接收机不产生干扰，但会对列车台接收机的通信频点产生同邻频干扰影响，严重时会造成通信中断。

表 4.20　中国移动 GSM900 与其他系统合路互调干扰分析

合路系统	GSM900 移动＋cdma800 电信		
互调频率	三阶互调/MHz	五阶互调/MHz	七阶互调/MHz
被干扰系统	786～1 038	702～1 122	608～1 206
GSM900 移动	●	●	●
cdma800 电信	●	●	●
合路系统	GSM900 移动＋GSM900 联通		
互调频率	三阶互调/MHz	五阶互调/MHz	七阶互调/MHz
被干扰系统	910～985	885～1 010	860～1 035
GSM900 移动	●	●	●
GSM900 联通	●	●	●
合路系统	GSM900 移动＋GSM-R 专网		
互调频率	三阶互调/MHz	五阶互调/MHz	七阶互调/MHz
被干扰系统	906～978	882～1 002	858～1 026
GSM900 移动	●	●	●
GSM-R 专网	○	●	●

b. DCS1800 共建共享互调干扰计算

针对中国移动的 DCS1800、F 频段的 TD 系统、中国联通的 DCS1800 进行共建时,不同系统间的三阶、五阶和七阶互调干扰进行分析计算可以看出,中国移动的 DCS1800 网络与其他两个系统进行共建时,相互间可能面临三阶、五阶和七阶互调干扰的影响。中国移动的 DC1800 扩展频段的使用,会对合路/邻站建设的 F 频段 TD 系统造成较大的影响。

表 4.21　中国移动 DCS1800 与其他系统共建互调干扰分析

合路系统	DCS1800 移动＋DCS1800 联通		
互调频率	三阶互调/MHz	五阶互调/MHz	七阶互调/MHz
被干扰系统	1 760～1 820 1 850～1 895	1 715～1 810 1 860～1 940	1 670～1 800 1 870～1 985
DCS1800 移动	○	●	●
DCS1800 联通	○	●	●
合路系统	DCS1800 移动＋F 频段移动 TD 系统		
互调频率	三阶互调/MHz	五阶互调/MHz	七阶互调/MHz
被干扰系统	1 690～2 035	1 575～2 150	1 660～2 265
DCS1800 移动	●	●	●
TD-F 移动	●	●	●
合路系统	DCS1800 移动(扩展)＋F 频段移动 TD 系统		
互调频率	三阶互调/MHz	五阶互调/MHz	七阶互调/MHz
被干扰系统	1 780～1 990	1 710～2 060	1 640～2 130
DCS1800 移动(扩展)		●	●
TD-F 移动	●	●	●

c. 3G 共建共享互调干扰计算

对中国移动的 A 频段的 TD-SCDMA 系统、中国联通的 WCDMA 系统、中国电信的 cdma2000 和 cdma800 相互之间的互调干扰进行了分析,共包括 A 频段 TD-SCDMA 与 WCDMA、A 频段 TD-SCDMA 与 cdma800、A 频段 TD-SCDMA 与 cdma2000、WCDMA 与 cdma800、WCDMA 与 cdma2000 共 5 种组合。

分析发现,除 A 频段 TD-SCDMA 与 cdma2000 系统频段之间存在互调干扰外,其他系统间都不会存在互调干扰。A 频段 TD-SCDMA 与 cdma2000 系统频段之间的互调干扰主要包括 cdma2000 的五阶和七阶互调对 A 频段 TD-SCDMA 产生干扰,A 频段 TD-SCDMA 的三阶、五阶和七阶互调会落入 cdma2000 频段内,可能对 cdma2000 产生互调干扰。

d. 2G 和 3G\LTE 共建共享时互调干扰

在 2G、3G 与 LTE 进行合路建设时,两个合路系统的互调可能会落入其他系统的工作频段,从而对异系统产生干扰。本节考虑了目前国内的 2G 移动通信系统,包括 GSM900、DCS1800 及 cdma800 与 3G、4G 移动通信系统进行合路,以及 3G 及 4G 系统合路时的互调干扰频段进行分析,指出了不同系统合路后可能影响的其他移动通信系统。从分析结果可以看出,GSM900 与 A 频段 TD 或 WCDMA 的七阶互调、GSM900 与 E 频段或 D 频段 TD 系统的五阶互调会落入 5.8 GHz 的 WLAN 频段,对 WLAN 产生一定的干扰。另外 E 频段 WLAN 与 A 频段 TD-SCDMA 的三阶互调会落入 DCS1800 的上行频段,当 WLAN 使用 2 350～2 370 MHz频段时,互调干扰可避免,WLAN 使用 2 320～2 350 MHz 频段时会产生对 DCS1800 上行的互调干扰。DCS1800 与 WCDMA 或 A 频段、F 频段、E 频段的 TD 系统的互调会对2.4 GHz频段的 WLAN、GSM900 或 F 频段的 TD 系统产生互调干扰,具体干扰类型与被干扰系统如表 4.22 所示。

表 4.22　2G 与 3G、LTE 系统互调干扰分析

分类	合路系统	二阶互调/MHz	三阶互调/MHz	五阶互调/MHz	七阶互调/MHz
GSM900 与 3G/4G	GSM900	1 056～1 090	3 060～3 115	4 110～4 205	5 160～6 195
	TD-A				WLAN 5.8G●
	GSM900	1 170～1 210	3 300～3 355	4 470～4 565	5 640～5 775
	WCDMA				WLAN 5.8G●
	GSM900	920～985	2 800～2 950	3 720～3 890	4 640～4 875
	TD-F				
	GSM900	1 360～1 435	3 680～3 805	5 040～5 240	6 400～6 675
	TD-E			WLAN 5.8G●	
	GSM900	1 610～1 685	4 190～4 295	5 805～5 975	7 420～7 655
	TD-D			WLAN 5.8G●	

续 表

分类	合路系统	二阶互调/MHz	三阶互调/MHz	五阶互调/MHz	七阶互调/MHz
DCS1800 与 3G/4G	DCS1800	160~228	2 170~2 245 1 585~1 690	2 330~2 465 1 365~1 530 / WLAN 2.4G●	2 490~2 685 1 145~1 370
	TD-A				
	DCS1800	280~340	2 410~2 485 1 465~1 570 / WLAN 2.4G●	2 690~2 825 1 125~1 290	2 970~3 165 785~1 010 / GSM900●
	WCDMA				
	DCS1800	30~115	1 910~2 035 1 690~1 820 / TD-F●	1 940~2 150 1 575~1 790	1 970~2 265 1 460~1 760
	TD-F				
	DCS1800	470~565	2 790~2 935 1 240~1 380	3 260~3 500 675~910 / GSM900●	3 730~4 065 110~440
	TD-E				
	DCS1800	720~816	3 300~3 425 995~1 125	4 025~4 235 185~400	4 750~5 045
	TD-D				
cdma800 与 3G/4G	cdma800	1 130~1 145	3 140~3 180	4 270~4 335	5 400~5 490
	TD-A				
	cdma800	1 250~1 275	3 380~3 420	4 630~4 695	5 880~5 970
	WCDMA				
	cdma800	1 000~1 050	2 880~2 970	3 880~4 020	4 880~5 070
	TD-F				
	cdma800	1 440~1 500	3 760~3 870	5 200~5 370	6 640~6 870
	TD-E				
	cdma800	1 690~1 750	4 260~4 370	5 950~6 120	7 640~7 870
	TD-D				
3G 与 4G	WCDMA	210~265	2 340~2 410 1 615~1 710 / WLAN 2.4G●	2 550~2 675 1 350~1 500 / TD-D●	2 760~2 940 1 085~1 290
	TD-F				
	WCDMA	175~240	2 495~2 610 1 890~1 970 / TD-F●	2 670~2 850 1 650~1 795	2 845~3 090 1 410~1 620
	TD-E				
	WCDMA	425~490	2 995~3 110 1 640~1 720 / DCS1800●	3 420~3 600 1 150~1 295	3 845~4 090 660~870 / cdma800●
	TD-D				
	TD-A	275~390	1 620~1 750 / DCS1800●	1 230~1 475 2 850~3 180	840~1 200 3 125~3 570
	TD-E				

注:TD-F 为 1 880~1 920 MHz;TD-A 为 2 010~2 025 MHz;TD-E 为 2 320~2 370 MHz;TD-D 为 2 570~2 620 MHz。

本章参考文献

[1]　田翠云,赵荣黎,蒋忠涌. 移动通信系统[M]. 北京:人民邮电出版社,1990.

[2]　李建东,郭梯云,邬国扬. 移动通信[M]. 4 版. 西安:西安电子科技大学出版社,2006.

[3]　魏红. 移动通信技术[M]. 2 版.北京:人民邮电出版社,2009.

[4]　苏华鸿,孙孺石,王秉钧,等. 蜂窝移动通信射频工程[M]. 北京:人民邮电出版社,2007.

[5]　罗一锋. 舰船通信系统的无源互调研究[J]. 现代电子技术,2010,33(23):39-44.

[6]　赖幸君.非线性放大引发无线电干扰的原理及评测[J]. 中国无线电,2006(9):39-42.

[7]　张世全. 微波与射频频段无源互调干扰研究[D]. 西安:西安电子科技大学,2004.

[8]　张世全,傅德民. 幂级数法对无源交调幅度和功率的预测[J]. 西安电子科技大学学报,2002,29(3):404-407.

[9]　陈立甲,林澍,杨彩田,等. 天线三阶互调干扰的分析与测量[C]. 2009 年全国天线年会论文集(下),2009.

[10]　吴欣欣.同轴电缆中三阶互调的产生及其测量[J]. 有线电视技术,2009,16(008):25-28.

[11]　朱辉. 无源互调测量及解决方案[J]. 电信技术,2007(9):118-121.

[12]　赵培,张阳. 移动通信系统中互调的产生机制与干扰排查[C]. 2011 全国无线及移动通信学术大会论文集,2011.

[13]　张需溥,黄逊清. 室内分布系统无源互调干扰问题排查与整治[J]. 移动通信,2011,35(12):20-25.

[14]　张需溥,赵培. 无源互调对室内分布系统覆盖范围影响分析[J]. 电信工程技术与标准化,2013(5):61-64.

[15]　黄景民,梁童,曾二刚,等. 国内移动通信系统共建共享时的互调干扰分析[J]. 电信工程技术与标准化,2013,26(9):48-53.

第5章 信源设备

5.1 概 述

无线通信室内覆盖系统主要由两部分组成:信源和室内信号分布系统(图5.1)。

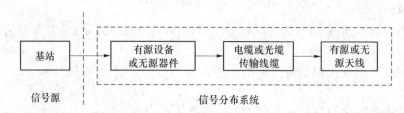

图5.1 室内分布系统组成示意

严格意义上的信源仅指能产生完整的基带信号与射频信号的设备,如一体式基站(宏基站等)、分布式基站、小基站(微基站、家庭基站等)、中继站等,其信号用来被传输、中继再生、分配并辐射出来用于覆盖;室内信号分布系统则由有源器件、无源器件、天线、缆线等分配信号的器件设备组成。本章主要介绍室分系统中的信源设备,直放站设备的相关介绍参见第6章。

需要指出的是,业界对于基站设备的分类并无统一规定。根据3GPP无线网络基站设备分类标准和科学计数法的命名原则,也可将基站设备分为四大类:宏基站(Macro site)设备、微基站(Micro site)设备、皮基站(Pico site)设备和飞基站(Femto site)设备。此种分类方法下,不同站型基站的差异主要在于单载波发射功率:宏基站的单载波发射功率在12.6 W以上,微基站的单载波发射功率在500 mW~12.6 W之间,皮基站的单载波发射功率在100~500 mW之间,飞基站的单载波发射功率在100 mW以下。

5.2 一体式基站

移动通信的基站子系统由多个基站收发信台(BTS)和基站控制器(BSC)组成。基站控制器是基站子系统的控制部分,承担各种接口的管理、无线资源的管理和无线参数的管理。基站收发信台是基站子系统的无线部分,由基站控制器控制,完成基站控制器与无线信道之间的转换,实现基站收发信台与移动台之间通过空中接口的无线传输和相关的控制。一体式基站系统架构如图5.2所示。

一体式基站根据覆盖范围及容量的不同可分为宏基站(Macrocell)、微蜂窝(Microcell)和一体化微站三种,广泛应用于室内外区域的信号覆盖。

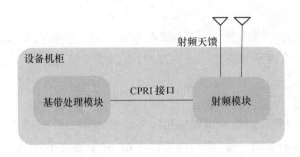

图 5.2 一体式基站系统架构

5.2.1 宏基站

宏基站是无线网覆盖最主要的设备,有覆盖面积大、承载话务量多等特点,一个站可以覆盖数百米到几十千米距离。对于一些大型楼宇或者话务量比较大的区域,可以采用宏蜂窝做信源进行覆盖。

宏基站工作原理是:在下行方向,基站通过专用接口接收来自基站控制器的基带信号,对基带信号进行编码、调制等处理,再把基带信号变射频信号,经过功率放大器、射频前端和天线发射出去;在上行方向,基站通过天馈和射频前端接收移动台的无线信号,经过低噪声放大器放大,进行下变频,再对信号进行解码、解调,最后通过专用接口传送到基站控制器。

如图 5.3 所示,宏基站主要由基带子系统、射频子系统、电源子系统和天馈子系统四部分。宏基站主要负责提供与移动台的接口及无线链路,由 BSC 控制并服务于某小区的无线收发设备,完成信道转接、与移动台间无线传输及相关控制。

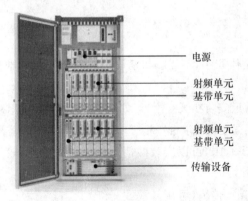

图 5.3 宏基站设备组成示意图

1. 主要特点

宏基站的主要特点是容量大,需要机房,可靠性较好,维护方便。

(1)覆盖能力:比较强,使用的场合较多;馈线长度大于 70 m 时,馈线损耗较大,对覆盖有一定的影响。

(2)容量:根据配置的载频数,支持的用户数可以变化;宏基站可以支持的容量比其他类型基站大。

(3)组网要求:2 Mbit/s 传输(可用微波或光纤)。

(4)缺点:设备价格较贵,需要机房,施工安装较麻烦,不易搬迁,灵活性差。

2. 应用场景

（1）广域覆盖：城区广域范围的覆盖；郊区、农村、乡镇、公路的覆盖。

（2）深度覆盖：城区内话务密集区域的覆盖，室内覆盖信源。

5.2.2　微蜂窝

微蜂窝（Microcell）是在宏蜂窝根据应用需要而进行的一种变形，微基站可以看成是微型化的基站，工作原理和宏基站一样，也可以提供容量，只是容量小些，设备体积也小。它的发射功率较小，一般在 W 级；覆盖半径大约为 100 m～1 km。

对于此类设备，部分通信系统设备制造商在产品出厂时就往往冠以"微蜂窝"、"Micro"等字样；相对于下文即将介绍的"一体化微站"，二者区分仅在于是否内置天线。微蜂窝设备外观如图 5.4 所示。

图 5.4　微蜂窝外观图

1. 主要特点

微蜂窝的主要特点是体积小，不需要机房，安装方便；不同功能的单板一般集成在设备上，维护起来不太方便。

（1）覆盖能力：可以就近安装在天线附近，如塔顶和房顶，直接用跳线将发射信号连接到天线端，馈缆短，损耗小；可以根据覆盖需求选择相应功放的微基站，其覆盖范围不一定比宏基站小。

（2）容量：微基站体积有限，可以安装的信道板数量有限，一般只能支持一个载频，能提供的容量较小。

（3）组网要求：2 Mbit/s 传输（可用微波或光纤）。

（4）缺点：室外条件恶劣，可靠性不如基站，维护不太方便。

2. 应用场景

（1）广域覆盖：采用大功率微蜂窝覆盖农村、乡镇、公路等容量需求较小的广域覆盖。

（2）深度覆盖：城区小片盲区的覆盖，室内覆盖系统信源。

5.2.3　一体化微站

一体化微基站通常具有高度的集成性，指将模块化的基带、射频、传输、天线、供电和安装件等部件高度集成在一个小盒子中的设备类型；发射功率比微蜂窝要大，比宏基站要小；其体积可以降到 6 升以下，直接放置于户外使用；通常还能够接入 xDLS、xPON 和微波等各种回传场景，既支持包括有线和无线等多种接入方式,也支持以太网级联的单点接入回传汇聚场景。目前已有多家通信系统设备制造商推出了一体化微站产品[3]。相对于上文的微蜂窝,此处的一体化微站主要强调了天线、传输等模块也内置在设备中。图 5.5 所示为两种典型一体化微站。

图 5.5　两种典型一体化微站[4,5]

1. 主要特点

一体化微站的主要特点是:一方面,体积小、重量轻,可以在不同的场景下灵活安装在墙壁、路灯杆等不同的建筑物上,满足快速灵活部署;另一方面,功率较高、能耗小,可以实现低成本部署。

2. 应用场景

一体化微站可灵活地用于多种场景下室内覆盖和盲区覆盖。例如,在居民区、城中村这类难以获取站址的区域,可利用一体化微站零站址安装的特点,隐蔽部署在灯杆、墙壁或者伪装体中,进行室外覆盖室内,同时兼顾小区室外覆盖;对于体育场、体育馆、会议中心、商场、礼堂等这类视野开阔且遮挡较少的大中型建筑,可直接部署一体化微站进行覆盖;对于已经部署室分系统的中小型楼宇,利用一体化微站支持外接天线的特点,可将一体化微站作为信号源接入室分系统,机体可挂墙安装或者放入天花板中,无须机房资源。这些灵活的场景化解决方案,使得一体化微站已经成为解决室内覆盖和深度覆盖的一个重要的手段。

5.3　分布式基站

分布式基站的核心特点就是把传统宏基站的基带处理单元(Base Band Unit,BBU)和射频拉远单元(Remote Radio Unit,RRU)分离,二者通过光纤相连,如图 5.6 所示。

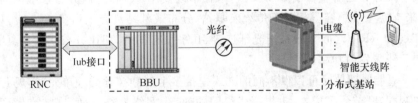

图 5.6　分布式基站系统组成

5.3.1　系统原理

BBU 主要由传输子系统、控制子系统和接口模块三部分组成。传输子系统提供 BBU 与 BSC/RNC 之间的物理接口,完成 BBU 与 BSC/RNC 的信息交互,传输子系统还提供 BBU 与 LMT 之间连接的通道,即操作维护接口;控制子系统集中管理整个基站系统(BTS),包括操作维护和信令处理,并提供系统时钟;接口模块中,每个 BBU OBSAI 接口采用多个 SFP 光接口/电接口,接收 RRU 送来的上行数据,并向 RRU 发送下行数据。

而 RRU 主要由控制接口单元、数字中频处理单元、射频处理单元、天馈单元等组成,实现既定信号空中接口的射频信号的转换。

BBU 和 RRU 结构如图 5.7 所示。

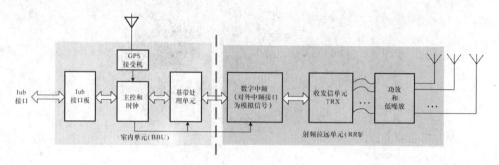

图 5.7　BBU 和 RRU 结构示意

分布式基站的 BBU 与 RRU 之间的接口主要采用两种开放式接口标准:分离无线设备和无线设备控制部分的 CPRI 接口(Common Public Radio Interface)标准,还有基带处理、射频、网络传输和控制层面都分离的 OBSAI(Open Base Station Architecture Initiative) 接口标准。CPRI 接口实现相对容易,支持厂商以爱立信、华为、西门子、Nortel、NEC 等为代表。OBSAI 接口研发有一定难度,标准完善相对复杂,诺基亚、三星、中兴、阿尔卡特、烽火、首信等基站设备商参加了该组织,天线、器件厂家多有加盟,也颇受 WiMAX 等宽带无线接入阵营成员青睐。

分布式基站 BBU 和 RRU 可支持星型组网、链型组网、星链混合组网和环型组网。

在链型组网情况下,部分厂家设备支持小区合并技术,级联的几个 RRU 可以配置成一个小区,不同扇区的天线收发同一小区的信号,通过软件配置灵活地调整 RRU 与小区的对应关系,扩容和网络调整时不需要做任何硬件调整。高速公路、铁路覆盖,多 RRU 属于一个小区,避免小区间切换频繁容易掉话。室内覆盖,避免了终端在室内移动时频繁切换的问题,并且由于小区数少,容易进行网络优化和管理维护。

5.3.2　主要特点

分布式基站方案的容量配置非常灵活,可在不改变 RRU 和室内分布系统的前提下,通过配置 BBU 来支持系统扩容。相对于传统宏基站,分布式基站具有下列特点:

(1) BBU 和 RRU 之间一般采用光纤连接,几乎没有损耗,相比分布式基站具有更高的接收灵敏度和天线端发射功率。

(2) 一个基带处理单元可以以不同的方式连接多个射频拉远处理单元,实现 RRU 之间的资源调度和调配,既节省了成本,也提高了组网的效率,网络升级方便;基带容量可实现共享,甚至集中化配置,扩容能力强,便于开展基带池资源配置。

(3) BBU 无须机房独立空间,RRU 可以直接安装于靠近天线位置的金属桅杆或墙面上,具有体积小、重量轻、安装简单方便的特点;提高了站址资源的有效利用率,基站建设工程实施便利,降低了建设维护成本。

(4) 降低了厂家研发成本。分布式基站内部 Ir 接口的标准化,使得众多第三方模块厂家可以同基站的数字接口互联,不但可以降低研发成本,同时也可以实现多个厂家设备的互通互联,既提高了通用性和灵活性,又降低了运营商的采购和组网成本。

（5）整机功耗低，配套电源和蓄电池成本大大降低。

例 5.1　某款典型分布式 GSM 基站的相关参数如下：载频最大配置 O8；超过 8 载频的配置，同一地点需要安装 2 个 RRU，2 个 RRU 之间使用光纤连接，然后利用电桥合路输出；载频数和 RRU 数量的组合是：O6 * 12，O8 * 9，O9 * 8，O10 * 6；单功放，功放 80 W；每个 RRU 可以单独调整输出功率；每个光口能连 6 个 RRU；单 CPRI 口支持的最大 TRX 数是 40。其他参数如表 5.1 所示。

表 5.1　某款典型 GSM 基站的相关参数

容量	单 RRU3926 最大支持 S8 配置
体积、重量 （高×宽×深）	400 mm×240 mm×164 mm；15 kg
供电方式	BBU：−48 V DC/＋24 V DC RRU：−48 V DC/220 V AC
典型功耗	180 W
机顶总功率	80 W×1
传输	BBU：8 E1/T1；2 * FE(1 光口＋1 电口)；6 CPRI 接口
接收灵敏度	−113.7 dBm
安装	RRU：室外抱杆、挂墙安装 BBU：室内机柜安装

5.3.3　应用场景

分布式基站已成为 2G、3G 和 4G 体制中的主流站型，应用场景广泛、组网方式灵活，在现网多种场景下均可采用。主要应用场景如下：

（1）CBD/密集城区。CBD/密集城区传播环境复杂、高端用户集中、话务密度高、对网络质量要求更高。多载波分布式基站应用于密集城区，可以解决站址难寻、机房空间不足，或者机房位置不理想问题；多载波分布式基站容量与宏基站相当。通过立体组网，采用分布式基站建设室外上层网；利用室内分布系统解决办公楼、宾馆、商场等的室内覆盖问题。随着经济的发展，发达城市中热点话务区不断出现，而分布式基站体积小，容量大，安装方便灵活，支持 RRU 多级级联，可有效解决深度覆盖问题。

（2）室内覆盖。在新建及改造的室内覆盖系统中，应尽可能采用分布式基站作为信号源，以降低系统噪声，减小布线施工难度，提升覆盖质量。

（3）交通干道。包括高速公路、高速铁路、铁路、国道、隧道等，这些场景需要尽可能实现连续的广覆盖。可将 BBU 放置于室内机房内，RRU 单元通过光纤拉远，直接安装于合适的地方，采用高功率设置，实现单基站完成干道的大范围覆盖。规模较小的公铁路覆盖中，采用"RRU＋功分器"模式，将单个小区分成两个方向用两副定向天线进行覆盖。RRU 级联链型组网，通过 RRU 光纤拉远技术，代替传统直放站应用，具有覆盖强、信号质量好的优势，并可结合 RRU 共小区技术，将地理位置不同的 RRU 设置为完全相同的小区，列车穿过不同位置区域不发生切换，大大减少切换次数，降低掉话率，保证高铁覆盖网络质量。共小区无须专门设置重叠覆盖区域，可以提高覆盖效率。主要采用双密度 RRU，以 S2/2 或 S2/2/2 站型为主。

　　(4) 乡村覆盖。在进行农村地区覆盖时,可充分利用分布式基站拉远覆盖的特点,减少新建站址,利用多个拉远的 RRU,满足不同村庄的话务需求,实现低成本快速建网。

5.3.4　三层架构分布式基站

　　相对于上文介绍的由 BBU 和 RRU 两种网元组成的分布式基站,近年来通信设备厂家推出了一种称为"三层架构分布式基站"的设备,主要用于解决复杂场景下的室内覆盖,华为公司的 Lampsite 就是其中一种典型方案,业界也称之为分布式微站、PicoRRU。

　　在 2013 年移动世界大会(Mobile World Congress)上,华为公司发布了 Lampsite。该方案本质上是一种三层架构的分布式基站,具备高效部署、大容量、多频多模和运维可视化等优点[5]。三层架构分布式基站组网示意如图 5.8 所示。三层架构分布式基站 PRRU 设备如图 5.9 所示。

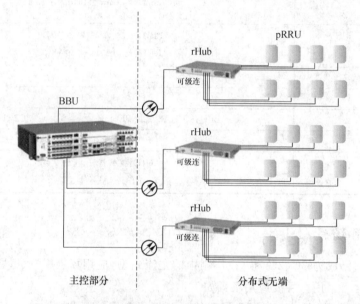

图 5.8　三层架构分布式基站组网示意[5]

图 5.9　三层架构分布式基站 pRRU 设备示意

　　Lampsite 解决方案主要由 BBU、RemoteHUB(rHUB)和 PicoRRU(pRRU)三个网元即三层架构组成。其中,BBU 具有基带资源共享功能,仅通过一根光纤就能承载多个小区,最大可节省87%的光纤资源;rHUB 完成多个 pRRU 的数据汇聚及 POE 供电,rHUB 通常支持 4 级级联,单级支持 6~8 个 pRRU;pRRU 实现射频信号处理并内置小天线,支持多频多模,可同时承载 LTE

TDD/LTE FDD/UMTS/GSM 等多个制式,且外观小巧精致,安装便捷,可部署多制式的室内网络。pRRU 通常支持单路 100 mW 的发射能力,拉远距离一般不超过 100 m。

　　BBU 和 rHUB 之间以光纤相连,rHUB 和 pRRU 之间以光纤或网线相连,每个 rHUB 又可以星型拓扑方式连接多个 pRRU。楼内部署采用 POE 供电,有效降低了施工难度和部署成本。

　　Lampsite 解决方案采用光纤和网线替代了原有的馈线、功分器、耦合器,采用 pRRU 替代了原有的吸顶天线,部署方便,中间无任何射频损耗,容量可以获得很大提升。

　　Lampsite 解决方案还具备清晰高效的扩容能力。在网络建设初期,通过 pRRU 聚合可减小小区边缘面积,降低干扰。当网络负载较高时,通过小区分裂特性将小区分成多个小区后,再采用自适应单频点组网(Adaptive SFN)技术,实现干扰与容量的平衡,升级软件就能提升网络容量。

　　Lampsite 解决方案中,pRRU 支持多频多模,可同时承载 LTE TDD、LTE FDD、UMTS、GSM 等多个制式。相比传统室分系统,它无须改动中间馈线,只需在末梢向积木一样插入相应射频模块,就可以支持 GSM、UMTS、LTE 网络制式的平滑演进。此外,Lampsite 解决方案可通过小区分裂等特性实现软件扩容。

　　对 LTE 系统,相对于传统的双路同轴电缆分布系统,三层架构分布式基站工程实施的难度较小,同时更容易控制两路室分天线的功率平衡度,还可以将话务统计的粒度精细到天线级别,该种设备亦可以做到与室外宏网共网管。

　　此外,由于三层架构分布式基站的主要应用场景是解决室内覆盖,且基本可以通过光纤实现拓扑连接,因此,有别于第 6 章将要介绍的"射频接入型光纤分布系统",业界也称之为"基带接入型光纤分布系统"。

5.4　小　基　站

　　随着智能终端的普及以及流量资费的闲时套餐促销,使得数据业务爆炸式增长。传统 2G/3G 无线接入容量极限逐渐显现;蜂窝网络部署密集,网络干扰环境影响网络性能;频谱资源日趋紧张,高频段建网导致深度覆盖难度增加,从而提升网络建设成本;鉴于基站选址和工程施工越来越难,施工成本越来越高,基站设备的小型化、低功耗、可控性和智能化已成为主流趋势。行业内不约而同地推出了一系列小型化基站设备和技术。常规意义上的小型基站包括毫微微小区(Femtocell 或 Femto,即家庭基站)、微微小区(Picocell)、微小区(Microcell)和纳米小区(Nanocell),这些技术统称为小基站(Small Cell);广义的小基站甚至也可以涵盖上文提及的一体化微站、三层架构分布式基站以及下文将要提及的中继站(Relay)。各种不同形态的小基站的共性在于:放宽了传统宏基站的射频指标,并适当降低了发射功率,但在产品集成度上均有不同程度的提升。

　　家庭基站是小基站中较为典型的设备形态。本节将主要以家庭基站为背景介绍小基站的系统架构和应用场景。家庭基站放置在家庭、中小企业等室内环境中的无线接入设备,集成了 Node B 的功能和 RNC 的主要功能,设备发射功率小(最大功率 200 mW)、体积小,工作于授权频段,覆盖半径一般为 5~20 m,借助于固定宽带接入作为其回程网络。家庭基站作为一种新兴的热点技术,被业界认为是解决室内弱覆盖的手段之一,也是固定网络与移动网络融合的一种方式。

5.4.1　系统原理

　　家庭基站系统原理图如图 5.10 所示。家庭基站无线网主要包括家庭基站(HomeNodeB,

HNB)、家庭基站网关（HNB GW）等设备实体。HNB GW 通过标准 Iu 接口与核心网相连，HNB 与 HNB GW 之间通过新定义的 Iuh 接口相连。HNB 具备原来的 NodeB 功能和 RNC 的大部分功能，HNB、HNB GW 还支持一些由于家庭基站特性所引入的 HNB 注册、UE 注册等新功能。HNB 管理系统（HMS）具有 HNB 位置验证、HNB GW 发现、HNB 参数配置等管理功能。

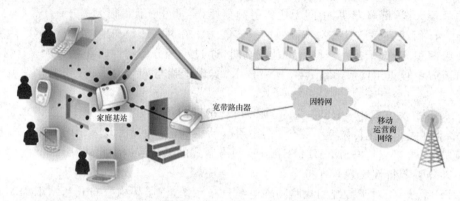

图 5.10　家庭基站系统原理图

HNB 为终端设备，为覆盖场景内的标准手机终端提供无线信号覆盖，HNB 不仅具有标准 NodeB 的功能，还集成了无线网络控制器（RNC）的无线资源管理功能。HNB GW（HomeNo-deB GateWay）安装在运营商网络一侧，汇聚来自众多 HNB 的业务，通过标准的 lu-CS 和 lu-PS 接口回传到无线核心网。标准规定 HNB 和 HNB GW 之间采用 lu-h 接口。

家庭基站使用 IP 协议，可通过用户已有的 ADSL、LAN 等宽带电路连接，远端由专用网关实现从 IP 网到移动网的连接。设备大小与 ADSL 调制解调器相似，具有安装方便、自动配置、自动规划、即插即用等特点，支持 GSM、CDMA、WCDMA、TD-SCDMA、EVDO 等各种网络制式。典型家庭基站设备如图 5.11 所示。

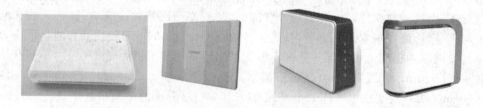

图 5.11　典型家庭基站设备

5.4.2　主要特点

相对于传统的一体式基站和分布式基站，家庭基站等小基站设备主要具有如下特点：

（1）宽带接入。家庭基站是基于 IP 协议的，采用扁平化的基站架构，可以通过现有的 DSL、cable 或光纤等宽带手段接入移动运营商的网络。

（2）低功率。发射功率为 10～100 mW，与 WiFi 接入点类似。一般支持 1 个载波，覆盖半径为 10～200 m，支持 4～8 个活动用户，允许的最大用户运动速度为 10 km/h。

（3）基于蜂窝移动网络标准。可以基于任何移动蜂窝通信技术，包括现有的 3G 标准及即将成熟的 UMB、LTE，与运营商的其他移动基站同制式、同频段，因此手机等移动终端可以通用。

（4）支持多种标准化协议。支持连接运营商核心网的多种接口。

（5）即插即用。用户可以自行安装家庭基站终端，只需要运营商进行激活。

（6）低成本。结构简单，与传统基站相比，价格低廉，用户可以自己购买。

通常，家庭基站在组网过程中需要注意如下技术点：

（1）邻区配置。在无线网络拓扑结构发生改变时，如新基站加入/拆除或者基站故障无法工作等，基站需要能自动维护与周围基站间的邻区关系，这对于小区间切换、负载均衡、干扰协调等都有重要意义。

（2）PCI 配置。物理小区标识是无线网络配置的一个基本参数，用于区别不同小区的无线信号。然而可用的物理小区标识的数量是有限的，因而必然出现物理小区标识重用的情况。在一个新基站部署过程中，需要通过物理小区标识自动配置能力，为基站控制的每个小区分配一个物理小区标识，确保在相关小区覆盖范围内，没有相同的物理小区标识，且邻近小区采用的物理小区标识各不相同。

（3）CSG 管理。3GPP 在 R8 还引入了闭合用户群（CSG）的概念实现接入控制。CSG 指是允许接入一个或多个特定小区的一群签约用户，不同于宏蜂窝小区可允许所有合法签约用户（包括漫游用户）的接入，用户在接入 CSG 小区时是受限的。同一用户可属于多个 CSG，每个 CSG 由一个 CSG-ID 标识，UE 维护一张它所属 CSG 的 CSG-ID 列表（允许接入的 CSG-ID 列表，除此之外的 CSG 小区该用户将无法接入）。每个 CSG 小区广播一个 CSG-ID，这个 CSG-ID 所标识的闭合用户群的成员可以接入该小区。

（4）回传方式。因为家庭基站是完全通过 IP 网络实现与核心网的连接，因此如何保证业务的 QoS 服务等级，特别是语音业务的 QoS 要求非常关键，于是对于 IP 传输网络需要有一定的性能要求，如对满足语音业务、满足视频电话及 PS384K 业务在时延、抖动、丢包率、带宽等方面的指标均有最低要求。

5.4.3　应用场景

家庭基站可以用于有宽带但不能按照传统方式进行分布系统建设的场景。适用于小型及微型场景，如写字楼的中小型企业、独立小楼宇的企业、营业厅、餐馆、咖啡厅、茶馆、娱乐休闲中心和酒店。对于住宅小区适用于室外信号无法覆盖的多层别墅室内和连排别墅户内信号较差的区域。各类信源的比较如表 5.2 所示。

表 5.2　各类信源的比较

类别	一体式基站（宏基站/微蜂窝）	分布式基站	家庭基站或 Nanocell
体积	大/中	较小	小
功率/dBm	43/33	47	23
覆盖半径/km	1～5/0.1～1	1～5	0.1
容量	大/中	较大	小
传输线缆	同轴电缆	光纤	网线
整机功耗/W	3 000/250	300	10
安装要求	宏蜂窝需要机房，微蜂窝挂墙安装	挂墙或者抱杆安装	挂墙或者放装，即插即用
应用场景	城区内话务密集区域的覆盖，郊区、农村、乡镇、公路的广域覆盖	楼宇中或密集区	企业、家庭

需要注意的是,家庭基站(含下文将要介绍的 Nanocell)当前还不支持多台设备的小区合并功能,对于大型区域需要多小区密集组网时,小区边缘吞吐率受同频干扰影响会有一定程度下降。

此外,家庭基站(含下文将要介绍的 Nanocell)使用不同运营商或其他厂家互联网传输时,可能出现带宽不足、时延大的情况。因此应关注传输带宽与空口速率是否匹配,尽量满足传输时延业务要求。

5.4.4　Nanocell

Nanocell 是中国移动联合产业界从未来移动宽带网络发展角度提出的一种新型方法,它集成了 Small Cell 及电信级 WLAN 的移动接入产品形态及其系统方案。

在 2012 年 8 月份的第六届移动互联网国际研讨会上,中国移动首次发布"Nanocell 白皮书"[6],Nanocell 被定义如下:一种集成 Small Cell 与 WLAN 的产品形态。Nanocell 的产品形态如图 5.12 所示。

图 5.12　Nanocell 产品形态[9,10]

1. Nanocell 主要特性[6]

(1) 同时支持蜂窝网络及 WLAN 的覆盖。通过技术方案,降低蜂窝系统与 WLAN 之间的干扰,保证两者之间的覆盖及容量。

(2) 可以部署在企业、热点与家庭场景。Nanocell 既可以由运营商部署并维护,也可以由普通用户部署,并通过回传由运营商自动完成配置及维护工作。

(3) 支持低成本 IP 回传链路传输。支持通过运营商自有的低成本 IP 化宽带回传网络(如 xPON)或者有合作协议的第三方网络实现数据的回传。

(4) 支持 SON 功能。基站可自启动,小区参数自配置;邻区可自配置、自优化(如自动添加、删除、调整邻区);支持移动性优化;小区可自报警和自治愈。

(5) 支持较低的建设成本与维护成本。支持基于 SoC 芯片架构的 Small Cell 与 WLAN AP 功能的融合;分阶段支持核心网的融合演进;有标准统一的网管系统。

(6) 支持完善可信的安全能力。具有可靠安全机制保证接入和业务安全,通过证书实现身份认证,具备可信环境,保证设备、信令和数据传输安全。

2. Nanocell 网络架构

Nanocell 系统主要由 Nanocell、Nanocell 网关、Nanocell 网管、Nanocell AAA、接入控制器 AC 等网元组成(如图 5.13 所示)。其中,Nanocell 基站可以是 GSM、TD-SCDMA、TD-LTE任何一种制式的单模设备,也可以是多种制式组合的多模设备;Nanocell 网关提供核心网和基站的接口以及提供 IPSec 的安全通道功能;Nanocell 网管对 Nanocell 网关和 Nanocell 网关进行监控、管理、指标统计等;Nanocell AAA 对 Nanocell 接入网关进行鉴权;接入控制器 AC 提供 Nanocell 的 IP 地址分配和 WLAN 模块的接入控制。

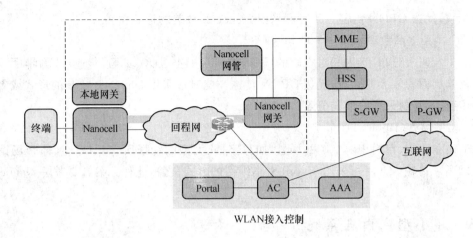

图 5.13 Nanocell 系统架构

当不启用 WLAN 功能时,Nanocell 将作为普通小基站使用。其系统架构在 LTE 网络中遵循 3GPP 的 HeNB(LTE Femto)的架构。

3. Nanocell 应用条件(以 LTE Nanocell 为例)

(1)覆盖能力

在独立离散型建筑和开阔型建筑中,单台企业级 250 mW 的 Nanocell 的覆盖半径约为 18m,在密集型建筑中,上述设备的覆盖能力约为 10m。

(2)回传要求

Nanocell 可采用 PTN 传输,也可以采用 GPON 传输。Nanocell 回传接口为网口,仅支持网线连接,在 PTN 传输时,有可能提供的端口为光口,此时需要光电转换模块或光接口交换机进行转接。

(3)同步要求

Nanocell 需要时间同步,一般采用的同步方案包括空口同步和 GPS 同步。空口同步需要能侦听到宏网信号强度大于等于 -100 dBm(对于 TD-LTE),GPS 同步则需要单独外拉 GPS 天线,与 4G 宏网的同步方式相同。

(4)邻区配置

Nanocell 可利用 SON 功能进行自动邻区配置,可自动添加 LTE 邻区,以实现向宏重选和切换,而由宏重选和切换需要宏网添加 Nanocell 为邻区,建议将 Nanocell 设置为较高的优先级,并将重选和切换的门限降低,以便 UE 更顺利地进入到 Nanocell 覆盖区。

Nanocell 支持配置 2G、3G 邻区,用于指示 UE 在 CSFB 时尽快找到服务小区,添加的 2G、3G 邻区只需要保证频点正确即可,其他小区参数无影响;由 2G、3G 返回到 Nanocell,则根据宏网返回策略在 2G 或 3G 小区中添加 Nanocell 小区为重定向小区或切换重选邻区。

4. Nanocell 应用场景

Nanocell 分为家庭级和企业级,家庭级功率小、容量小,用于家庭场景,企业级容量大,功率相对家庭级也大,主要用于企业场景。根据不同的应用场景,Nanocell 的覆盖方案也有差异。

(1)小型独立离散型场景(1 200 m² 以下)覆盖

对于建筑离散分布、室内相对空旷的场景,如单层的办公区、卖场、营业厅、咖啡厅、酒吧、网吧等区域,优选 GPON 传输。此时可采用 Nanocell 放装的形式覆盖。

（2）中型独立离散型场景（5 000 m² 以下）

对于建筑离散分布、室内相对空旷的场景,如多层的办公区、卖场、营业厅、咖啡厅、酒吧、网吧或者单层面积较大的区域,优选 GPON 传输。此时可采用 Nanocell 放装的形式或者一个 Nanocell 带 3～6 副天线的形式覆盖。

（3）大型场景（10 000 m² 以上）

对于独立建筑、室内相对空旷的场景,如写字楼、大型购物场所、交通枢纽、体育场馆等区域,优选 PTN 传输。此时可采用 Nacell 密集组网的方式覆盖,此种方案需要考虑 Nanocell 之间的干扰协调。

5.4.5　超小型室内点系统

2013 年 9 月 25 日,爱立信在美国首发了其新型室内覆盖解决方案"Radio Dot（无线点）"系统,其点系统非常小巧,可提供灵活的安装方式。设备仅重 300 g,引入革命性天线元件,亦即"点",为用户提供前所未有的移动宽带体验。因其尺寸小巧、可扩展并具有可靠的演进路径,爱立信点系统将满足大中型室内地点不同用户的需求,帮助运营商提供完整的室内解决方案[11,12]。爱立信点系统产品如图 5.14 所示。

图 5.14　爱立信点系统产品[11]

这些点通过标准局域网（LAN）电缆（5/6/7 类）连接和供电,连接至射频单元,射频单元则与基站链路连接。爱立信点系统充分利用了爱立信宏基站业界领先的特性,部署和升级非常简单,可满足不断扩大的网络容量和覆盖要求。无论走到哪里,用户都能获得一致的体验,实现室内与室外网络同步发展。爱立信点系统还可以与爱立信的运营商级 WiFi 产品系列集成,可支持实时流量调节等多种特性,确保用户在 WiFi 和 3GPP 网络中都能获得最佳的体验。

点系统具备不受频率影响的架构,最具成本效益,可以覆盖 600～800 m² 的范围。速度方面,蜂窝数据传输速度可达 150 Mbit/s,足以支持 4G LTE 网络,爱立信希望成为大多数建筑物实现应用覆盖的唯一标配。

5.5　中　继　站

为了应对各种复杂的无线传播环境,3GPP 在版本 10 中对中继（Relay）进行了标准化。如图 5.15 所示,通过在宏基站和用户终端之间加入一个中继节点,宏基站和终端之间的直传链路被分为两段:宏基站与中继之间的链路称为回传链路（Un）,中继与终端之间的链路称为接入链路(Uu)。通过对中继节点进行合理的部署,拆分后的两段链路都能具有比直传链路更短的传播距离,同时传播路线中的遮挡物也能减少,使得拆分后的两段链路都具有比直传链路更好的无线传播条件和更高的传输能力。

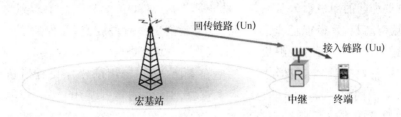

图 5.15　中继站位置示意[14]

中继的主要作用是扩大小区的覆盖面积或是在覆盖范围不变的情况下提高小区的容量,同时节约建网成本。根据所具备的通信协议中不同层级的功能,中继可以分成如下三类[16]:

(1) 层一中继。该类中继仅起到放大信号和继续向前传输数据的作用,将基站(或用户)发送来的数据经放大后转发给用户(或基站)。层一中继的优点是引入的时延低,并且在用户端可以简单地将中继数据和基站数据进行合并;层一中继的缺点是不仅会放大噪声和干扰信号,而且对发射侧和接收侧之间的隔离要求高。熟悉直放站的读者很快就能意识到层一中继实际上相当于 2G 和 3G 系统中的直放站。

(2) 层二中继。该类中继兼具无线通信协议结构中第二层(MAC 层、RLC 层)功能,可以完成调度、复用、解复用及优先级处理。层二中继还可以依据小区干扰和负载情况等信息与基站协调,以便更好地分配无线资源。在将收到的信号解析后,层二中继能够根据中继和用户间的信道情况重新选择编码方案以提高信道的准确性,这相当于没有放大噪声和干扰信号。同时,此种中继的引入等效缩短了手机和基站之间的距离,从而可以获得更高的信号质量,也节约了手机的电池消耗量。但是,由于层二中继需要对数据进行解码,所以会产生更大的时延;同时,该类中继对基站和中继之间链路的准确性要求较高。

(3) 层三中继。该类中继比层二中继包含了更多的功能,可以执行部分或全部协议结构中第三层功能(RRC),从而降低 RRC 连接设置的时延,对数据进行快速路由和移动性管理。层三中继的引入将使切换场景更加复杂,如增加了基站和中继的切换、中继和中继的切换,因此层三中继还将具备测量功能,用于切换时的判决。层三中继的功能实际上已经和基站相差无几,因此造价更高。

此外,根据回传链路和接入链路所使用的频点是否相同,中继还可以分为带内中继或同频点中继(Inband Relay)和带外中继或异频点中继(Outband Relay)[15],前者指回传链路和接入链路以时分复用的方式在相同的频点上传输,后者指二者在不同的频带内或同一频带内的不同频点上,即移频方式。

中继部署时必须升级施主宏站及核心网,应用于尚未升级的区域时,存在需要临时升级施主宏站及核心网的问题,因此施工周期较长。中继基站当前仅支持 4G 网络,无法同时解决2G、3G 的网络覆盖和容量需求。工程应用时,中继必须和施主宏基站保持同一厂家,如本地网厂家无法提供 Relay 设备则无法使用。

在密集城市,由于高楼等建筑物的阻挡,很多区域处于基站的覆盖阴影区,信号质量差。引入中继站可以有效地减少城市中常见的阴影覆盖区域和死区;引入中继还可以减小蜂窝网络中节点的发射功率,有效降低小区间干扰,优化网络容量;在城市局部热点小区,通过部署中继站可以将热点小区的用户引入负载较轻的相邻小区,使得负载在网络中得到均衡。在偏远郊区,由于传输距离远,路径损耗非常大,另外 LTE 的工作频段较高,又导致了无线传播条件的进一步恶化。引入中继可有效解决偏远郊区光纤资源匮乏和覆盖问题。

未来网络中的高数据速率业务主要发生在室内,而高密度的楼宇设计所造成的阴影衰落以及墙壁所造成的室内穿透损都会为高数据速率的室内覆盖提出挑战,中继无线回传可作为解决室内覆盖的有效手段。中继站点还可以用于高速移动的交通工具(如公共汽车、轻轨机车、高铁等)上,为本地的高速移动用户进行服务,从而提高用户吞吐量,减少切换开销。

目前中继站仍处于验证测试阶段,国内鲜有使用。以下参照公开文献给出中继的一个应用示例[15,17]:2012 年 11 月,爱立信与中国移动合作开展了 TD-LTE 中继大规模外场测试项目,重点测试了 TD-LTE 中继在多小区干扰环境中的性能。在图 5.16 所示的测试环境中,施主宏基站 8 天线部署于 9 层写字楼的顶端,距离测试楼宇约 500 m,测试楼宇为一栋 8 层玻璃幕墙写字楼,与施主宏基站之间有一层 6 层高的公寓楼遮挡,造成施主宏基站和测试楼宇之间为非直视径传输,因此未部署中继站时测试楼宇内呈现出弱覆盖特征。

图 5.16　中继测试深圳外场环境配置[15]

中继样机系统测试参数配置如表 5.3 所示。室外中继覆盖室内场景如图 5.17 所示,带内中继的天线部署在测试楼宇前道路旁的立杆上,与目标测试楼宇的直线距离约 30 m。中继天线高约 6 m,采用两套双极化定向天线,其中一套用作无线回传,朝向施主宏基站;另外一套用于中继接入链路覆盖,大致对准测试楼宇的中层(3 层)。该种双极化天线在垂直面的方向图类似全向天线,适合本场景下的室外覆盖室内特点。测试过程中,室外施主宏基站周围的相邻小区开启 70% 下行模拟加载。

表 5.3　中继外场测试参数配置[15]

系统参数	参数配置	
	旋主宏基站	中继
发射功率	40 W	5 W
站高	30 m	6 m
下倾角	10°物理倾角,4°电调倾角	N/A
天线类型	8 天线端口,海天, 90°半功率带宽(HPBW)	2 天线端口,Kathrein 80010677, 90°HPBW,交叉极化
载波频率	2.6 GHz	
带宽	20 MHz	
上下行配比	2∶2(DSUUDDSUUD)	
测试终端	Aeroflex TM500	

图 5.17　室外中继覆盖室内场景[17]

通过对 TD-LTE 中继的外场测试发现[17]:中继能够实现室内各楼层的覆盖增强,提高宏小区边缘弱覆盖区域的吞吐量,使部分宏基站弱覆盖区域的峰值吞吐量达到上行 8 Mbit/s,下行 16.5 Mbit/s,并可提供相对宏基站的额外覆盖延伸,且终端能够以较高的切换成功率在宏基站-中继-相邻宏基站之间进行切换。

5.6　LTE-Hi 设备

LTE-Hi 是小基站(Small Cell)的增强版本,一般认为其中的“Hi”具有四个含义,即更高的性能、更高的效率、更高的频段和更大的容量。LTE-Hi 主要针对热点和室内应用场景研究,目标是应用高频段,实现更高性能、更低成本的室内及热点部署。

LTE-Hi 技术的主要特点如下[18]:

（1）超高速率。充分利用高频段、中短覆盖距离、大带宽、低移动性、富散射环境等部署特点，改进无线技术的传输性能，支持更好的干扰管理，降低系统设计开销，实现不低于802.11ac/ad的系统峰值速率和频谱效率，如 3 Gbit/s。

（2）超低成本。①考虑到室内和家庭应用，LTE-Hi 接入设备的体积和功耗接近 WiFi，具有较低的制造成本、较小的体积；②由于未来 LTE-Hi 节点数量众多，而普通家庭用户并不具备维护设备的能力，LTE-Hi 节点进一步简化安装和配置过程、降低运营和维护的复杂度与成本。

（3）可管可控。①支持网管特性的增强以及在任何回传条件下对网络设备的可管可控；②支持针对终端行为和终端业务的可管可控。

（4）后向兼容。设计上维持现有 LTE/SAE 设计，使现有版本 LTE 终端能够接入到新系统当中。

（5）网络组网。支持运营商部署及用户部署两种场景。在两种部署场景下，LTE-Hi 均需要接入核心网，并能够实现独立组网、数据连接、移动性管理以及干扰协调等功能。未来 LTE-Hi 组网架构应尽可能降低对现有 LTE 网络架构的影响，避免引入额外的复杂度及开销。

5.7　WLAN 设备

5.7.1　系统原理

WLAN 是指以无线信道作传输媒介的计算机局域网，是计算机网络与无线通信技术相结合的产物，它以无线多址信道作为传输媒介，提供传统有线局域网的功能，能够使用户真正实现随时、随地、随意的宽带网络接入。

无线局域网（WLAN）技术的成长始于 20 世纪 80 年代中期，它是由美国联邦通信委员会（FCC）为工业、科研和医学（ISM）频段的公共应用提供授权而产生的。这项政策使各大公司和终端用户不需要获得 FCC 许可证，就可以应用无线产品，从而促进了 WLAN 技术的发展和应用。

与有线局域网通过铜线或光纤等导体传输不同的是，无线局域网使用电磁频谱来传递信息。同无线广播和电视类似，无线局域网使用频道（Airwave）发送信息。传输可以通过使用无线微波或红外线实现，但要求所使用的有效频率且发送功率电平标准，在政府机构允许的范围之内。

WLAN 无线上网功能是通过 AP 发射无线信号实现用户的无线上网。普通 AP 没有路由功能，它只能起到一个网关的作用把有线网络和无线网络简单的连接起来，简单地从外形上看，这些 AP 上面没有有线交换机，而 Wireless Router（无线路由器）是带有路由器的，它相当于有线网络中的交换机，并且带有支持虚拟拨号类型网络的 PPPoE 功能，可以直接存储用户名和密码，能够直接和 xDAL Modem 或者需要虚拟拨号的网络，在网络管理能力上无线路由器也要好于普通 AP。不过 AP 和 Wireless AP Router 一般都统称 AP。

5.7.2 WLAN AP 及 AC 设备

1. 大功率 WLAN AP 射频特征

（1）发射功率

① 用于室内放装模式时，其等效全向辐射功率（EIRP）应能够达到 20 dBm。

② 用于室内分布系统时，其 EIRP 应能够达到 20 dBm，AP 天线接口处的最大输出功率应能够达到 27 dBm。

③ 用于室外覆盖时，其 EIRP 应能够达到 27 dBm。

④ 对于 11n 设备，在满足上述要求的前提下，其每根天线接口处的最大输出功率应不大于 27 dBm。

⑤ 发射功率的精度要求。在所有速率等级和调制方式下，射频口标称发射功率精度均应满足如下要求：

• 正常条件下（−10～40℃），AP 设备发射功率精度：标称值±1.5 dBm。

• 极端条件下（小于−10℃，或大于 40℃），AP 设备发射功率精度：标称值±2 dBm。

（2）发射功率动态范围

① 支持至少 100％、50％、25％、12.5％ 四级功率可调，调整步长为 3 dB。

② 可选支持 1 dB 或其他步长调整。

③ 对于扇区化系统，每个扇区的发射功率应可单独控制。

④ 各功率等级均须满足本规范所规定的发射功率精度要求。

（3）频率容限

对于工作于 802.11a/b/g/n 等模式的所有 AP 设备，其频率容限为±20ppm。

（4）误差向量幅度（EVM）

AP 设备各种速率下的调制精度应满足表 5.4 中的要求。

表 5.4 各种速率下的调制精度要求

802.11b	EVM 要求/dB	802.11a/g 数据速率 /(Mbit·s^{-1})	EVM 要求/dB	802.11n 数据速率 （MCS）	EVM 要求/dB
所有数据速率	≤0.35	6	−5	0/8	−5
		9	−8	1/9	−10
		12	−10	2/10	−13
		18	−13	3/11	−16
		24	−16	4/12	−19
		36	−19	5/13	−22
		48	−22	6/14	−25
		54	−25	7/15	−28

（5）占用带宽

① 对于支持 802.11b，其单信道占用带宽应小于或者等于 22 MHz。

② 对于支持 802.11a/g 的 AP 设备，其单信道占用带宽应小于或者等于 20 MHz。

③ 对于支持 802.11n 的 AP 设备，HT20 时，其单信道占用带宽应小于或者等于 20 MHz；HT40 时，其单信道占用带宽应小于或者等于 40 MHz。

④ 802.11b 设备 99％功率所占用带宽应小于或者等于 18 MHz；802.11a/g 设备 99％功

率所占用带宽应小于或者等于 16.6 MHz;802.11n 设备,HT20 时,其 99%功率所占用带宽应小于或者等于 17.9 MHz;HT40 时,其 99%功率所占用带宽应小于或者等于 36 MHz。

（6）杂散发射

① 对于工作于 2.4 GHz 频段内的 AP 设备,其杂散发射功率电平限值（杂散发射功率电平/测试参考带宽 BW$_r$)在一般频段应符合表 5.5 规定,在特殊频段应符合表 5.6 要求。

表 5.5　参考带宽（BWr）内的杂散发射功率电平限值（一般频段要求）

工作频率	电平限值
30～1 000 MHz	≤−36 dBm/100 kHz
2.4～2.483 5 GHz	≤−33 dBm/100 kHz
3.4～3.53 GHz	≤−40 dBm/1 MHz
5.725～5.85 GHz	≤−40 dBm/1 MHz
1～12.75 GHz 其他频段	≤−30 dBm/1 MHz

表 5.6　参考带宽（BWr）内的杂散发射功率电平限值（特殊频段要求）

工作频率	电平限值
885～909/930～954 MHz	≤−61 dBm/100 kHz
1 710～1 735/1 805～1830 MHz	≤−61 dBm/100 kHz
1 880～1 920 MHz(F 频段)	≤−61 dBm/100 kHz
2 010～2 025 MHz(A 频段)	≤−61 dBm/100 kHz
2 320～2 370 MHz(E 频段)	≤−61 dBm/100 kHz
2 570～2 620 MHz(D 频段)	≤−61 dBm/100 kHz

② 对于工作于 5 GHz 频段内的 AP 设备,其杂散发射功率电平限值（杂散发射功率电平/测试参考带宽 BW$_r$)在一般频段应符合表 5.7 规定,在特殊频段应符合表 5.8 要求。

表 5.7　参考带宽（BWr）内的杂散发射功率电平限值（一般频段要求）

工作频率	电平限值
30～1 000 MHz	≤−36 dBm/100 kHz
2.4～2.483 5 GHz	≤−40 dBm/100 kHz
3.4～3.53 GHz	≤−40 dBm/1 MHz
5.725～5.85 GHz	≤−33 dBm/1 MHz
1～40 GHz 其他频段	≤−30 dBm/1 MHz

表 5.8　参考带宽（BWr）内的杂散发射功率电平限值（特殊频段要求）

工作频率	电平限值
885～909/930～954 MHz	≤−61 dBm/100 kHz
1 710～1 735/1 805～1 830 MHz	≤−61 dBm/100 kHz
1 880～1 920 MHz(F 频段)	≤−61 dBm/100 kHz
2 010～2 025 MHz(A 频段)	≤−61 dBm/100 kHz
2 320～2 370 MHz(E 频段)	≤−61 dBm/100 kHz
2 570～2 620 MHz(D 频段)	≤−61 dBm/100 kHz

2. MIMO WLAN AP 射频特征

采用 MIMO 技术和智能天线技术的 IEEE 802.11n 作为一个新标准,与以前的 802.11 协议相比,有很多优势:

(1) IEEE 802.11n 有较高的传输速率,数据传输速率达 100 Mbit/s 以上,使无线局域网在平滑地和有线网络结合过程中能全面提升网络吞吐量。

(2) IEEE 802.11n 标准使无线局域网的产品可以使用双频方式工作,在 2.4 GHz 和 5 GHz 两个频段上都将使用 MIMO OFDM 调制技术提高数据传输速率。

(3) IEEE 802.11n 的传输距离更远,易与无线广域网融合。

3. AC 的一般指标

(1) 接入控制要求

DHCP 的处理性能:

① 单设备/板卡本地地址池数量要求不小于 128 个;

② 单设备/板卡本地地址池分配的地址总数量不小于 20K。

WEBPortal 认证和 EAP-SIM/AKA 认证的性能:

① 单设备/板卡 Web Portal/EAP-SIM 新增用户数不小于 20 个/s;

② 计费要求指标:基于时长的计费误差不大于 1 min;

③ 基于流量的计费误差不大于 1%,且最大不超过 1 MB。

(2) 无线控制要求

① AC 应支持并发用户数不小于 20×AC 最大支持的 AP 数;

② AC 设备支持的 MAC 地址数量不小于 64×AC 最大支持的 AP 数;

③ AC 设备应支持 ACL 数目不小于 20×AC 最大支持的 AP 数;

④ 为保证大规模运营的性能要求,AC 设备必须支持在 ACL 满配情况下转发性能应不低于单条 ACL 下转发性能的 90%,MAC 地址表满配情况下转发性能应不低于单个 MAC 地址下转发性能的 90%;

⑤ AC 转发时延小于 5μs。

5.7.3 胖 AP 和瘦 AP

根据 AP 的功能特性可以将 AP 分为两种:胖 AP 和瘦 AP。

1. 胖 AP

胖 AP 能独立管理,相当于无线路由器,除无线接入功能外,一般具备 WAN、LAN 两个接口,多支持 DHCP 服务器、DNS 和 MAC 地址克隆,以及 VPN 接入、防火墙等安全功能。胖 AP 具有以下特点:

(1) 需要每台 AP 单独进行配置,无法进行集中配置,管理和维护比较复杂;

(2) 支持二层漫游;

(3) 不支持信道自动调整和发射功率自动调整;

(4) 集安全、认证等功能于一体,支持能力较弱,扩展能力不强;

(5) 漫游切换时存在很大的时延。

对于大规模无线部署,如大型企业网无线应用、行业无线应用以及运营级无线网络,胖

AP 则无法支撑如此大规模部署。

2. 瘦 AP

瘦 AP 是相对胖 AP 来讲的，它是一个只有加密、射频功能的 AP，功能单一，不能独立工作。整个瘦 AP 方案由无线交换机和瘦 AP 在有线网的基础上构成。

瘦 AP 上"零配置"，所有配置都集中到无线交换机上。更加便于集中管理，并由此具有三层漫游、基于用户下发权限等胖 AP 不具备的功能，人工管理维护的工作量大大地减少，降低了维护难度。

胖 AP 与瘦 AP 的比较如表 5.9 所示。

表 5.9　胖 AP 与瘦 AP 比较

	胖 AP 方案	瘦 AP 方案
技术模式	传统主流	新生方式，增强管理
安全性	传统加密、认证方式，普通安全性	增加射频环境监控，基于用户位置安全策略，高安全性
网络管理	对每 AP 下发配置文件	无线控制器上配置好文件，AP 本身零配置，维护简单
用户管理	类似有线，根据 AP 接入的有线端口区分权限	无线专门虚拟专用组方式，根据用户名区分权限，使用灵活
WLAN 组网规模	L2 漫游，适合小规模组网	L2、L3 漫游，拓扑无关性，适合大规模组网
增值业务能力	实现简单数据接入	可扩展语音等丰富业务

5.7.4　应用场景

WLAN 热点覆盖的建设方案主要有室内独立放装、室内分布系统合路、室外独立放装、室外分布系统合路、Mesh 组网等，具体分类如图 5.18 所示。

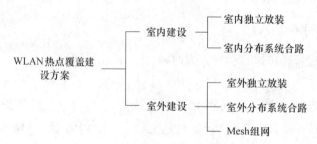

图 5.18　WLAN 主要建设方案分类

5.8　信源设备的工程应用技术

无线 Mesh 网是一种非常适合于覆盖大面积开放区域（包括室外和室内）的无线区域网络解决方案，它将传统 WLAN 中的无线"热点"扩展为真正大面积覆盖的无线"热区"。

5.8.1 室分系统的信源功率

1. GSM 信源功率配置

在 2G 室内分布系统中,信源输出功率与采用的设备有关,目前 2G 室内分布使用的微蜂窝信源主设备主要有爱立信 2111、2308 及华为的 3002E 或 3006C,其信源设备端口功率分布为:2111(43 dBm)、2308(34 dBm)、3002E(43 dBm)、3006C(46 dBm)。

以某 GSM 系统设备厂家典型分布式基站(RRU)的单功放输出功率为 80 W,每功放最大支持 8 载波。室分设计时可以参照表 5.10 来规划信源功率。

表 5.10 GSM 典型分布式基站(RR)的载波数与输出功率对应关系

GSM 载波数	GSM 每载波输出功率/W	GSM 每载波输出功率/dBm
1	80	49
2	40	46
3	27	44
4	20	43
5	16	42
6	12	41
7	10	40
8	7	38

2. 3G 信源功率配置

对于 TD-SCDMA 室分系统,应使用 PCCPCH 信道功率进行分布系统功率预算,由于室内没有采用智能天线赋形增益,为业务信道覆盖受限系统。设计时需注意不同型号的 RRU 发射功率并不相同。业界当前 TD-SCDMA 系统 RRU 设备的单通道发射功率一般为 2 W、12 W、16 W 和 20 W。以单通道 2 W 发射功率的 RRU 为例:为保证公共信道和上下行各业务平衡,室内分布系统设计时按照 PCCPCH 信道功率(双码道)为 32 dBm 取定。

对于 WCDMA 室分系统,导频(PCPICH)功率一般占到基站载波功率的 10%~30%,不宜太大,否则会影响到业务信道可用功率;也不宜太小,否则会导致覆盖不足,造成用户接收信号弱。以单通道 20 W 发射功率的 RRU 为例,RRU 总发射功率是 43 dBm,但导频功率一般只是总功率的 10%,即 33 dBm。

3. LTE 信源功率配置

LTE 室分系统主要采用双通道 RRU,各系统厂家 RRU 的每通道功率一般不小于 20 W。

同样地,在讨论 LTE 系统信源功率时,应当注意区分载波(最大发射)功率和导频(实指参考信号 RS)(最大发射)功率,二者之间具备如下对应关系:

$$导频(RS)功率 = 通道功率 - 10\log(1\,200) = 通道功率 - 31$$

TD-LTE 典型分布式基站的功率规格与导频功率对应关系如表 5.11 所示。

表 5.11　LTE 典型分布式基站的功率规格与导频功率对应关系

型号	AF 频段		E 频段	
	通道功率规格/W	导频功率/dBm	功率规格/W	导频功率/dBm
A	20	12.218 49	20	12.218 49
B	30	13.979 4	50	16.197 89

4. WLAN 信源功率配置

WLAN 室内放装型 AP 一般最大发射功率 100 mW,即 20 dBm,而合路型 AP 最大发射功率一般为 500 mW,即 27 dBm。因此室内分布型 AP 功率配置按 27 dBm 进行考虑。

5.8.2　分布式基站与 GRRU 比较分析

数字光纤射频拉远(GSM Digital Remote RF Units,GRRU)是采用软件无线电技术,将 GSM Um 口信号数字化,通过光纤传送到远端,利用远端射频单元再生、放大,实现基站信号拉远的无线网络覆盖设备,近年来以其独特的优势在 GSM 室内分布系统中得到了大量应用。但随着 GSM 分布式形态基站的不断普及,GRRU 设备的应用在不断收缩,但仍可在不少场景下发挥作用,本节将两种设备简要对比如下。

1. 设备原理与兼容性对比

GRRU 近端负责从基站引入下行射频信号,并将射频信号转成中频,由数字处理单元调制为零频基带信号,最后转换成光信号输出;远端则接收光信号转为基带信号并由数字处理单元将其解调为数字中频信号,通过数字处理单元处理后放大输出。信号类型采用基带(Um 口基带信号)。

分布式基站采用光纤将基站中的射频模块拉到远端射频单元,基带信号下行经变频、滤波,经过射频滤波、经线性功率放大器后通过发送滤波传至天馈。上行将收到的移动终端上行信号进滤波、低噪声放大、进一步的射频小信号放大滤波和下变频,然后完成模数转换和数字中频处理等。信号类型采用基带(Ir 口基带信号)。

设备原理与兼容性对比如表 5.12 所示。

表 5.12　分布式基站与 GRRU 设备原理及兼容性对比

类别	GRRU	分布式基站
信令处理	不支持	支持
同步模块	支持	支持
光口协议	CPRI	CPRI
功放技术	MCPA、DPD、Doherty 数字化技术	具备 MCPA、DPD、Doherty 中的部分数字化技术
时延	存在两次变频过程,时延较大	直接传送基带信号,时延不明显
量化噪声	采用 ADC 和 DAC,此过程会引入更多的量化噪声	只在 RRU 端进行 D/A 转换
兼容性	GRRU 设备可以接入任何厂家的主设备,不存在兼容性问题	每个厂家分布式基站 BBU 与 RRU 之间协议规范不一样,因此不同厂家的 BBU 与其他厂家的 RRU 是不能兼容使用

2. 组网能力对比

(1) GRRU 与分布式基站主要有星型、菊花链、环型、旁路或多种方式混合等组网方式,组网方式灵活。GRRU 可承载的载波数量较大,但不能增加容量。

(2) 分布式基站具备增加独立载波的能力,且机柜至少可安放 5 或 6 个 BBU,扩容较为简便。

3. 应用场景对比

(1) 街道站、楼面站、边际站覆盖。由于业主的阻挠,造成征地困难,需要采用小型化的拉远设备替代基站进行覆盖。分布式基站和 GRRU 都可应用。

(2) 高铁覆盖专网。共小区覆盖可减少切换频次,减少掉话,提升用户感知。分布式基站和 GRRU 级联均受限制。

(3) 载波调度系统。大型楼宇覆盖需要较多的覆盖远端,利用潮汐话务互补的方式进行载波池调度覆盖,以提高载波利用率,减少频率使用频次(提高频率复用率,减少干扰),并提高容灾应急能力。分布式基站通过调配 license,在 RRU 载波数最大容量下的软容量的调度。GRRU 可以在相同的载波容量在不同的设备之间实现调度。

5.8.3　LTE 信源设备的演进与升级[19,20]

随着 LTE 网络大规模建设的启动,如何将现有 3G 设备向 LTE 平滑演进,保护既有投资,减少重复施工,成为未来 LTE 发展需要重点考虑的问题之一。本节主要依据本章参考文献[19]、参考文献[20],以 TD-SCDMA 为例,分析 3G 设备向 LTE 演进中的信源设备升级问题与解决方案,其他制式的演示基本可以参照。

1. 共 BBU 技术方案分析[19,20]

目前 TD-SCDMA 向 TD-LTE 演进中的共 BBU 方案主要有 3 种:共机架、扩展框支持和双模 BBU。以下将分别对其介绍并提出使用建议。

(1) 共机架方案。共用机架,无须设备改造,其实施受限于机架剩余空间。该方案相当于完全新增了一套 BBU 设备,仅电源可以共用。因此,其费用较高,成本节约不大。

(2) 扩展框支持方案。该方案是通过增加一个 LTE 机框处理基带,与 TD-SCDMA BBU 通过外部线缆连接,共用传输板卡。该方案需对 TD-SCDMA 设备进行软件升级,部分已具备 GE 传输接口的 TD 设备无须硬件升级。对现网 TD-SCDMA BBU 改动相对较小。但是同样其需要重新增加 TD-LTE BBU 设备,从成本节约的角度上来看亦不是最佳方案。

(3) 双模 BBU 方案。即采用 TD-LTE 与 TD-SCDMA 双模 BBU,仅基带在不同板卡上处理,主控、传输、机框、背板等完全共用。该方案能够共享大部分已有资源,节约成本较大。但其需对现有 TD-SCDMA BBU 设备的机框和背板进行升级改造,提高处理能力。需升级硬件平台,改动较大,但技术上不存在难度。

通过以上分析,建议在 BBU 平滑演进上可采用以下方案:在建网初期,可通过增加 LTE 基带处理板卡,共用传输、背板、机框等以快速进行 TD-LTE 建设。到后期规模较大且设备成熟度更高时可通过将 TD-SCDMA 关键板卡直接软件升级为 TD-LTE 工作模式进行。

2. 共 RRU 技术方案分析[19,20]

(1) TD-SCDMA 与 TD-LTE 工作于同频段

TD-SCDMA 与 TD-LTE 可以同频段(如 A 频段和 E 频段),占用不同的频率资源,即邻频共存。此时可以共用 RRU 设备。但是，此时共 RRU 受限于如下 3 个条件：

① 带宽。受限于器件带宽能力，共 RRU 最多支持 30 MHz 带宽。

② 时隙配比。共收发通道，要求 TD 与 LTE 时隙转换点一致，此时两系统间无须干扰隔离带宽。当 TD-SCDMA 使用 3∶3 时隙配比而 TD-LTE 使用 2∶2 时，可无频谱效率损失地进行邻频共存。而当 TD-SCDMA 使用 2∶4 时隙配比而 TD-LTE 使用 1∶3 时，则会带来 TD-LTE 频谱效率的损失。

③ 输出功率。需提升现有 TD-SCDMA 的 2 W 输出功率至 5 W 以上。

目前 TD-SCDMA 同 TD-LTE 邻频共存主要应用于室外 A 频段和室内 E 频段。以室外 A 频段为例，考虑到 PHS 干扰，可以采用 TD-LTE 使用 1 885～1 895 MHz，TD-SCMDA 使用 1 880～1 885 MHz 的方案。

（2）TD-SCDMA 与 TD-LTE 工作于不同频段

当 TD-SCDMA 与 TD-LTE 工作于不同频段时，由于 TD-LTE 所可使用的频段相邻较远，此时由于 RRU 中主要器件如 PA 等最大仅支持 30 MHz 带宽，因此受限于目前器件支持能力，无法实现 RRU 的共用。TD-SCDMA 与 TD-LTE 共用天线时需通过外接合路器来连接 RRU。

（3）RRU 产品支持情况

根据调研情况，目前 F 频段室外八通道 RRU 已支持共模和转模，信号带宽 30 Mbit/s，TD-L 和 TD-S 信号带宽可动态调整；输出功率＞9 W/通道，Ir 接口支持 6.144G×2 或 ×3。但是通过对中国移动 TD-SCDMA 集采设备分析可知，TD-SCDMA 三期工程只支持 1 880～1 900 频段，TD-SCDMA 四期支持 1 880～1 910 频段。因此，当 PHS 退网之后，亦无法完全利用已有设备进行平滑演进。

E 频段方面，室内单/双通道 RRU 已支持共模和转模，目前信号带宽 30 Mbit/s，推动厂商未来支持 40～50 Mbit/s，TD-L 和 TD-S 信号带宽可动态调整；输出功率 20～50 W/通道，视信号带宽而定，Ir 接口支持 4.915 2G×2。

（4）TD-LTE RRU 升级配置

对于工作在 E 频段上的 TD-SCDMA 室分系统，RRU 升级 TD-LTE 的配置如图 5.19 所示。

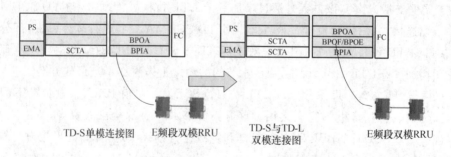

图 5.19　LTE 室内 E 频段 RRU 升级 TD-LTE 的配置[19]

3. 演进示例

本节给出一个实际场景下的 LTE 室分演进组网方案。该楼宇的设计要求相对复杂：为了演示需要，1～5 层需建设双路室分；6～15 层的流量需求不大，只需要建设单路室分。因此，采用单天馈方案与局部双天馈方案结合方式进行场景覆盖建设，该方案需要两套 BBU，单天馈主设备采用原有 BBU 及 RRU3151fae，然后通过合路器与其他系统共用原有一套单天馈系统;双天馈主设备采用新增 BBU 及新增 RRU3152e,LTE 双路中通过一路新建一套天馈系统,另一路通过合路器与其他系统共用原有一套天馈系统,应通过合理的设计确保两路分布系统的功率平衡误差不超过 3 dB。设计方案如图 5.20 所示。

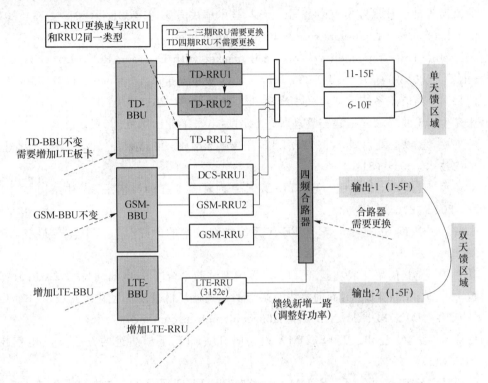

图 5.20 LTE 局部双天馈设计示意

本章参考文献

[1] 陆健贤,叶银法,卢斌,等. 移动通信分布系统原理与工程设计[M]. 北京:机械工业出版社,2008.

[2] 韦泽训,董莉,阳旭艳,等. GSM&WCDMA 基站管理与维护[M]. 北京:人民邮电出版社,2011.

[3] 中兴. 中兴边际网之产品篇——12W 一体化微基站[N/OL]. (2002-04-18)[2014-10-11] http://www.cnii.com.cn/20020808/ca80524.html.

[4]华为. AtomCell,创新的 Small Cell 解决方案[EB/OL]. (2014-5-20)[2014-9-28]. http://www.huawei.com/cn/video/hw-322136.html.

[5] 中兴. 一体化微站 ZXSDR BS8912[EB/OL]. (2014-5-19)[2014-9-28]. http://www.zte.com.cn/cn/products/wireless/lte/fdd_lte/201211/t20121120_370413.html.

[6] 华为. 华为发布创新 LampSite 解决方案,助力运营商提升室内覆盖[EB/OL]. (2012-2-27)[2014-9-28]. http://pr.huawei.com/cn/news/hw-204851-mwc.html.

[7] 中国移动. 中国移动 Nanocell 白皮书. 2012.12.

[8] 曹汐,杨宁,孙滔,等. Nanocell:TD-LTE 与 WLAN 的融合[J]. 电信科学,2013,29

（5）：73-76.

[9]　京信通信系统（广州）有限公司. 无线接入、优化等系统介绍[EB/OL]. （2013-5-19）[2014-9-28]. http://www. comba. com. cn/productindex. aspx? ID=11&PID=0.

[10]　北京傲天动联技术股份有限公司. 行业、技术解决方案[EB/OL]. （2013-4-19）[2014-9-28]. http://www. autelan. com/solution/index. html.

[11]　Ericsson. Ericsson redefines small cell market with Ericsson Radio Dot System[EB/OL].　（2013-9-25）[2014-9-28].　http://www. ericsson. com/news/1731153.

[12]　阿呆. 爱立信点系统重新定义小蜂窝[J]. 通讯世界，2013（10）：26-26.

[13]　张瑞生. 无线局域网搭建与管理[M]. 北京：电子工业出版社，2011.

[14]　甘剑松，王亥，刘光毅，等. TD-LTE 中继：标准化，测试床开发及外场技术试验[J]. 电信技术，2011（8）：36-39.

[15]　刘建军，沈晓冬，胡臻平，等. TD-LTE 室内覆盖增强的灵活手段：中继[J]. 电信科学，2013，29（5）：57-62.

[16]　郑毅，李中年，王亚峰，等. LTE-A 系统中继技术的研究[J]. 现代电信科技，2009，39（6）：45-49.

[17]　爱立信. 爱立信率先成功验证 TD-LTE 中继试验系统[J]. 电信网技术，2013，01：86.

[18]　杨宁，沈晓冬. LTE-Hi：面向室内及热点的超高速超低成本小型化蜂窝技术[EB/OL]. （2012-9-27）[2014-9-28]. http://labs. chinamobile. com/news/80649.

[19]　任毅，卢纪宇，王申. TD-SCDMA 设备向 TD-LTE 平滑演进的方法[J]. 电信技术，2011（12）：22-24.

[20]　任毅，卢纪宇，王申. TD-SCDMA 设备向 TD-LTE 平滑演进方法的研究[J]. 广西通信技术，2011（4）：21-23.

第6章 有源设备的性能指标与应用

6.1 概　　述

6.1.1 简述

直放站和干放是室内分布系统中的两种重要的有源设备,主要用来实现无线网络的深度覆盖和广度覆盖,这些有源设备曾经在各个运营商的各种通信系统中发挥重要作用。近年来,随着分布式基站的大量应用、小基站形态的不断完善以及基站成本的持续下降,直放站的应用场景有所减少,但是数字光纤直放站、射频接入型光纤分布系统等新产品的出现也在不断为直放站产业注入新的活力。

直放站的基本功能是一个射频信号功率增强器,在下行链路路径中,由施主天线从现有的覆盖区域中提取信号,通过带通滤波器对带通外的信号进行极好地隔离,将滤波的信号经功放放大后再次发射到待覆盖区域。在上行链接路径中,覆盖区域内的移动台手机的信号以同样的工作方式由上行放大链路处理后发射到相应基站,从而达到基站与手机的信号传递。典型直放站原理图如图 6.1 所示。

直放站主机一般由 2 个低噪放模块、1 个上行选频模块、1 个下行选频模块、2 个功放模块、2 个双工器、1 块监控主板、1 块监控接口板、1 个电源、1 个避雷器、1 个无线 Modem 等组成。

6.1.2 直放站的分类

直放站的分类有多种分类方法如下:

(1) 按传输信号分类。直放站可分为 GSM 直放站、CDMA 直放站、WCDMA 直放站、TD-SCDMA 直放站。

(2) 按安装场所分类。直放站可分为室外型机、室内型机。

(3) 按传输带宽分类。直放站可分为宽带直放站、选频直放站。

(4) 按传输方式分类。直放站可分为无线直放站、光纤传输直放站、移频传输直放站、微波拉远系统。

6.1.3 直放站的性能指标

直放站的主要性能指标如下:

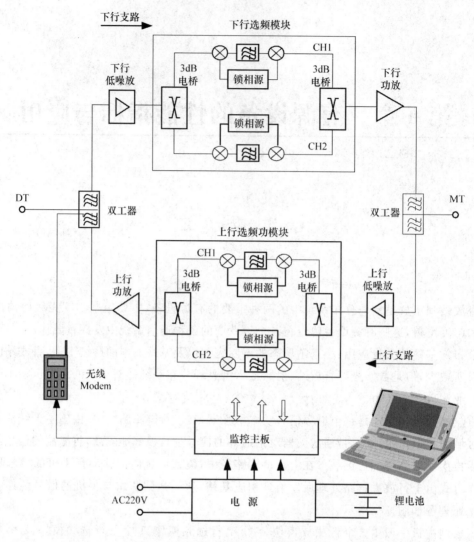

图 6.1 直放站原理图

（1）基本工作频带

GSM900 直放站的工作频带应满足上行：890～909 MHz，下行：935～954 MHz。

（2）带内平坦度

在直放站输入信号和增益保持不变的情况下，在直放站输出端测试在直放站有效工作带宽内的不同频率上最大和最小输出信号的差值（峰-峰值）。

（3）接收信号功率

测试现场直放站下行接收信号功率。测得的接收信号电平不能超过直放站允许的最大输入功率，并符合设计方案的要求或与竣工文件相符。

（4）输出信号功率

测试现场直放站下行的输出信号功率。测得的输出信号功率不能超过直放站的最大输出功率（ALC 用于调节功率），并符合设计方案的要求或与竣工文件相符。

（5）增益

测试现场直放站的实际上、下行增益（输出信号功率-输入信号功率），并与直放站标注的增益值比较是否一致，误差范围在±10%内。

（6）收发信隔离度

测试室外无线直放站收发信两端的隔离度。

（7）驻波比

分别在直放站的输入端和输出端测试其至施主天线和覆盖天线的驻波比。

（8）噪声系数

噪声系数是指被测直放站在工作频带范围内，正常工作时输入信噪比与输出信噪比的比，用 dB 表示。

（9）互调干扰

分别在直放站的输入端和输出端测试上、下行互调干扰产物（对于光纤直放站，分别在中继端机的输入端和覆盖端机的输出端测试上、下行互调干扰产物）。

（10）带外抑制度

测试直放站对工作带宽外所获得的信号的增益抑制程度。

（11）自动电平控制（ALC）范围

指当直放站工作于最大增益且输出为最大功率时，增加输入信号电平时，直放站对输出信号电平的控制能力。

（12）传输时延

传输时延是指被测直放站输出信号对输入信号的时间延迟。

（13）杂散发射

杂散发射是指除去工作载频以及与正常调制相关的边带以外的频率上的发射。

6.1.4　直放站行业标准

直放站的技术指标直接关系到直放站的应用效果，直放站的选型应满足国家相关技术要求。直放站相关行业技术标准文献如表 6.1 所示。

表 6.1　直放站行业标准文献

序号	文献号	文献名称
1	YD/T 1337-2005	900/1800 MHz TDMA 数字蜂窝移动通信网直放站技术要求和测试方法
2	YD/T 1596-2011	800 MHz/2 GHz CDMA 数字蜂窝移动通信网模拟直放站技术要求和测试方法
3	YD/T 1554-2007	2 GHz WCDMA 数字蜂窝移动通信网直放站技术要求和测试方法
4	YD/T 1711-2007	2 GHz TD-SCDMA 数字蜂窝移动通信网直放站技术要求和测试方法
5	YD/T 2355-2011	900/1 800 MHz TDMA 数字蜂窝移动通信网数字直放站技术要求和测试方法

随着移动网络覆盖的不断延伸和技术的发展，网络覆盖的方式多种多样，逐步诞生了数字直放站和微波拉远等新形态的产品。在直放站具体应用中，需要根据直放站产品的特点和网络的需求，不同的地理环境和网络特点，采用不同的直放站应用方式，满足各种场景和网络性能的建设要求。

6.2 典型有源设备

6.2.1 干线放大器

干线放大器是由下行功放、上行低噪放和带通滤波器等器件组成的工作在某一频段的简易双向放大产品,双向放大上、下行链路信号,主要用于补偿微蜂窝室内分布系统和无线接入室内分布系统主干电缆的信号损耗。

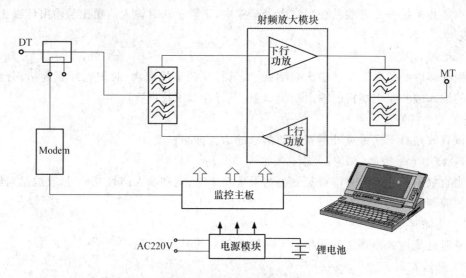

图 6.2　干线放大器原理图

1. 干线放大器的工作原理

如图 6.2 所示,由基站方向主干电缆耦合下来的下行信号进入设备 DT 端后,经双工器分离进入射频放大模块内部的下行功放进行功率放大,经过双工器滤波,最后由 MT 端口的用户天线(置于室内)进行室内覆盖。同样室内手机发射的上行信号,经 MT 端口的用户天线(置于室内)接收后,送至设备中,经双工器分离后进入射频放大模块内部的上行功放进行功率放大,经双工器滤波,最后由 DT 端传回基站。

2. 干线放大器典型产品技术指标

无线直放站为单一设备,主要技术指标如表 6.2 所示。

表 6.2　CDMA 干线放大器典型技术指标

工作频段	上行:825～835 MHz
	下行:870～880 MHz
最大增益	40 dB
增益可调范围	上、下行单独可调:0～20 dB 连续可调,1 dB 步进
ALC 功率	下行:27 dBm(0.5 W);30 dBm(1 W);33 dBm(2 W)
	上行:16 dBm
带内波动	≤2 dB
噪声系数	≤4 dB

续表

时延	$\leqslant 1\mu s$
驻波比	$\leqslant 1.4$
波形质量	>0.960
频率误差	$\leqslant \pm 5\times 10^{-8}$
本地监控	利用设备上的 RS-232 接口接至 PC
远程传输	利用内置 GSM Modem 或 CDMA Modem,监控数据传送采用"GSM 数传"或"CDMA/GSM 短信"方式
集中监控	总线式。利用设备上的 COMM 通信口将主、从站点连接
射频接头	N−K　　50Ω
工作电源	$155\sim 285VAC/50Hz\pm 10\%$
电源功耗	约 25 W(0.5 W 型);约 30 W(1 W 型);约 35 W(2 W 型)
外形尺寸(高×宽×深)	378mm×244mm×120mm
重量	约 11kg
工作温度	-20~+40℃
相对湿度	$\leqslant 85\%$
大气压力	86~106kPa
监控备用电池供电时间	约 6h

3. 干线放大器的特点

(1) 系统的噪声低、线性好、功率大。

(2) 系统采用模块化设计思路,产品可做到即插即用。

(3) 具有输入电平动态范围大,输出电平自动控制深、控点连续可调。

(4) 可提供灵活的组网方案。利用现有的大楼分布系统,施工和扩容非常方便。

(5) 有完善的监控、报警功能。具有 FSK 多机通信功能,实现一拖多链状或星状组。

(6) 对机房条件无严格限制,适合于盲点多、面积大的建筑物内部的无线网络覆盖。

(7) 费用低廉,维护方便。

4. 干线放大器应用

干线放大器在室内分布系统中作为网络分配电平损失后重新提升的有源设备,它可大幅度提高室外宏蜂窝基站或室内微蜂窝基站的信源利用率及负载能力,在大中规模的室内分布系统中得到广泛的应用。

干线放大器的使用原则如下:

(1) 在进行分布系统建设时应通过合理的系统设计,尽量减少干放的使用。

(2) 严禁干放串联使用。

(3) 干放使用时应根据设备特点和系统设计特点,作相应的功率预留,建议有 8 dB 左右的功率预留。

5. WLAN 干线放大器

在室内分布系统中,可以通过引入 WLAN 干放设备将 WLAN 信号放大,使 WLAN 信号源与其他系统信号源合路时进行功率匹配,满足多系统室内分布系统的有效覆盖。但干放引入的同时会引起噪声叠加,抬升 WLAN 系统噪声。在使用 WLAN 干放时,应注意以下问题:

（1）WLAN 干放不得级联使用，尽量减少每个 AP 所带干放的数量。

（2）共用室内分布系统时，需要根据其他系统的信号强度选择合适的 WLAN 干放，一般选择 0.5 W 或 1 W 干放。

（3）WLAN 干放的引入会带来上行噪声叠加，影响接收信噪比，从而引起调制方式的变化，影响用户接入速率。

（4）WLAN 干放一般应满足表 6.3 所示指标要求。

表 6.3　WLAN 干放指标要求

工作频段	2 400～2 500 MHz
增益	≤30 dB
工作带宽	100 MHz
带内平坦度	≤1.5 dB
增益	上行增益范围：15～30 dB；下行增益范围：15～30 dB
信号输入动态范围	下行：−10～20 dBm；上行：−97～0 dBm
输入端口驻波比	≤1.4
传输时延	≤5 μs
工作电源	180～260 VAC/(50±5) Hz
工作温度	−25～+55℃
相对湿度	0%～95%

6.2.2　模拟无线直放站

如图 6.3 所示，无线直放站实际上就是一个同频双向放大的中继站（Repeater），用以实现接收和转发来自基站和移动用户的信号。

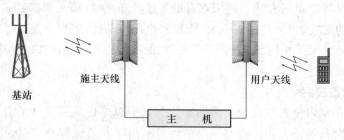

图 6.3　无线直放站覆盖系统示意图

1. 模拟无线直放站的工作原理

无线直放站主要由施主天线（对基站方向）、直放站主机和重发天线（对用户方向，也叫用户天线）3 个部分组成。施主天线的作用是沟通基站和直放站间的上、下链路，一般采用方向性强、增益高的定向天线。重发天线用于覆盖区的信号发射和接收，一般采用定向板状天线。

2. 模拟无线直放站典型产品

无线直放站为单一设备，典型技术指标如表 6.4 所示。

表 6.4　cdma800 无线直放站典型技术指标

工作频段	上行:825 MHz~835 MHz;下行:870 MHz~880 MHz
自动电平控制(ALC)	≤±2.0 dB
增益调节步长及误差	上、下行 0 dB~25 dB 独立可调,1 dB 步进
	误差:0 dB~20 dB≤±1 dB;大于 20 dB≤±1.5 dB
带内波动	≤3.0 dB
频率误差	±0.05ppm
时延	上行:<1.5μs;下行:<5.0μs
输入/输出电压驻波比	≤1.4
噪声系数	上行:≤5.0 dB(最大增益/最小增益); 下行:≤5.0 dB(最大增益);≤10.0 dB(最小增益)
波形质量因素	前向:>0.950,反向:>0.960

3. 模拟无线直放站组网方式

无线直放站典型组网方式如图 6.4 所示,下行方向施主天线定向接收基站信号,重发天线向覆盖区域辐射,对目标区域进行覆盖。

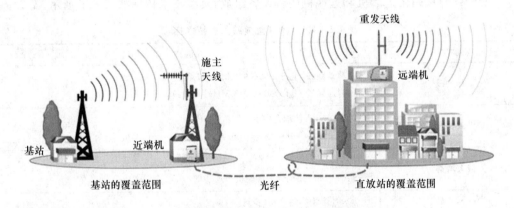

图 6.4　无线直放站覆盖组网示意图

4. 模拟无线直放站的特点

无线直放站具有设备价格低、配套要求低、建设周期短、使用灵活等特点。

5. 模拟无线直放站的应用

无线直放站是最经济快速的解决手段,其主要应用于室内覆盖、道路覆盖、隧道覆盖、偏远地区的乡镇覆盖或发达地区的村级覆盖、地形起伏遮挡区域及风景旅游区覆盖等场景。

6.2.3　模拟光纤直放站

光纤直放站是利用光纤具有损耗小、传输距离远的特点,将基站信号通过光纤传输至覆盖端,经远端天馈系统发射,完成对特定区域的信号覆盖;同时将手机信号通过光纤传输至中继端,经中继耦合系统馈入基站,完成对无线信号的双向传输。

1. 模拟光纤直放站的工作原理

光纤直放站的工作原理如图 6.5 所示。模拟光纤直放站由接入端(或中继端机、近端机)和覆盖端(或远端机)组成,由接入端引入基站信号,由覆盖端完成无线信号的覆盖。

从基站耦合的下行信号在接入端经过电/光转换,将其调制到光信号上,通过光纤传送到覆盖地点,覆盖端机经过光/电转换,从光信号上解调出射频信号,该信号经放大后,再通过功率放大,最后通过重发天线发射给移动台;上行链路是过程与上行相反。

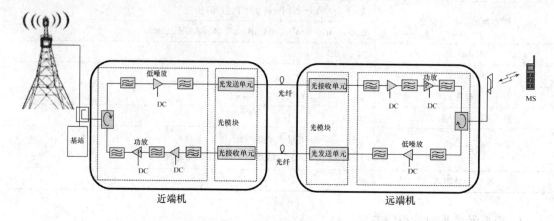

图 6.5　光纤直放站的原理图

2. 模拟光纤直放站典型产品

一套光纤直放站由近端机和远端机两台设备组成,典型技术指标如表 6.5 所示。

表 6.5　GSM 光纤直放站典型技术指标

功能项	功能描述
工作频段	GSM 移动频段,上行:885～909 MHz;下行:930～954 MHz GSM 联通频段,上行:909～915 MHz;下行:954～960 MHz
最大输出功率	上行:0 dBm(直接耦合中继端) 下行:37 dBm、40 dBm 或 43 dBm 或 45 dBm 可选(远端机)
最大增益	上行:60 dB 下行:60 dB(直接耦合中继端机＋远端机)
增益调节范围	0～30 dB 连续可调,1 dB 步进
ALC 功能	在最大功率处,输入再增加 10 dB,输出功率变化小于 1 dB
带内波动	≤ 3 dB
三阶交调	上行:≤ −36 dBm(最大输出功率时) 下行:≤ −36 dBc(10 W 型,30 W 型)
杂散发射	≤ −36 dBm　　9 kHz～1 GHz(偏离工作频带边缘 10 MHz 外) ≤ −30 dBm　　1～12.75 GHz
上行噪声系数	≤ 5 dB
时延	≤ 1.5 μs(直接耦合中继端机＋远端机)
操作维护功能	直放站提供近端和远端操作维护功能

3. 模拟光纤直放站组网方式

根据光纤传输网络的结构,直放站与基站的组网方式有如下几种:

(1) 单小区与多个光纤直放站的组网。通过光传输网络,将一个小区的信号传输到多个远端进行覆盖,可快速扩大覆盖范围。

（2）单基站与多个光纤直放站的组网。通过光传输网络,将一个基站的 1 或 2 个小区信号传输到多个远端进行覆盖,可提高基站设备的利用率。此种组网方式可用于有一定话务量区域的覆盖。

（3）光纤直放站作室内分布系统的信源。根据室内建筑结构、面积和室内话务量等情况,可选取光纤直放站作为室内分布系统的信源。

光纤直放站作室内分布系统的信源如图 6.6 所示。

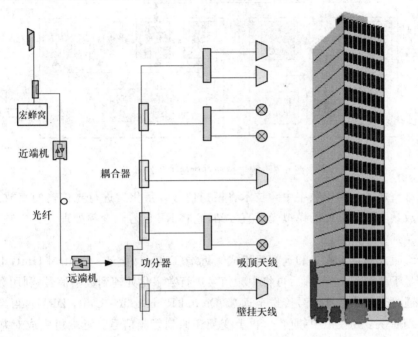

图 6.6　光纤直放站作室内分布系统的信源

4. 模拟光纤直放站的特点

光纤直放站与无线直放站的最大区别在于施主基站信号的传输方式上,光纤直放站具有以下特点:

（1）工作稳定,覆盖效果好。

（2）覆盖区天线可根据地形情况选择全向或定向天线。

（3）不存在无线直放站收发隔离问题,选址方便。

（4）可提高增益而不会自激,有利于加大下行信号发射功率。

（5）光纤中继端与近端机距离不超过 20 km,设备时延小,可以支持更远的覆盖距离。

（6）信号传输不受地理条件限制,特别适合边远城镇或地形复杂的山区。

5. 模拟光纤直放站的应用

由于光纤直放站传输距离长,适用于机场、车站、高速公路、旅游区、大型厂矿企业、大城市的卫星城、偏远的居民区、农村的乡镇等移动通信的盲区和阴影区,起到填补盲区、扩大基站的覆盖范围的作用。

6.2.4　数字光纤直放站

1. 数字光纤直放站的工作原理

数字光纤直放站的工作原理如图 6.7 所示。

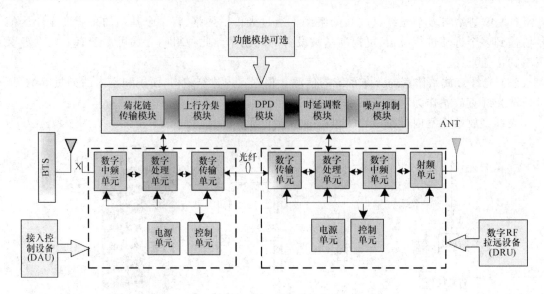

图 6.7　数字光纤直放站工作原理图

数字光纤直放站是利用数字中频技术将模拟信号数字化后进行光传输的直放站类设备。数字光纤直放站不同于以往的模拟光纤直放站,它将 RF 信号经变频处理变为中频数字信号,再通过光纤拉远进行传输。

数字光纤直放站由近端机和远端机组成。近端(Digital Access Control Unit,DAU)先将基站射频信号下变频到中频,然后再将中频信号进行数字化处理到数字信号,利用数字射频拉远传输系统通过光纤将数字信号传送至远端(Digital Remote RF Unit,DRU),再经过远端的数字信号处理后恢复到模拟中频信号,再上变频还原到射频信号。近端机完成对基站信号的获取和发送,远端机完成对移动终端机信号的获取和发送,近端机与远端机之间的接口为CPRI,数字传送采用以太网的标准光纤收发器[4]。

数字光纤直放站有如下关键技术。

(1)软件无线电技术

利用软件无线电的方法将 RF 信号数字化,在数字域内对信号进行处理,采用软件无线电技术,可极大地增加设备对信号的处理和控制能力,软件无线电技术使设备具备远程升级功能,提高了系统的灵活性和扩展性。

(2)数字基带滤波技术

数字基带滤波技术相对声表面滤波器带外抑制高,带内波动小,相位线性好,能降低系统干扰,支撑多载波和多系统组网。

(3)数字传输技术

数字传输误码率小于 10^{-12},传输误码率达到基站的标准,传输稳定性、可靠性高。数字传输技术实现信号远距离传输不失真变形。

2. 数字光纤直放站典型产品

一套光纤直放站由一台近端机和多台远端机等设备组成。现在网络中广泛应用的 GRRU(GSM Digital Remote RF Unit,GSM 数字光纤直放站)。GRRU 近端和远端之间的光纤传输的则是数字信号。因此,原来的光纤直放站,行业称它为模拟光纤直放站,而将 GSM 制式的数字光纤直放站称为 GRRU。某厂家 GSM 数字光纤直放站典型技术指标如表 6.6 所示。

表 6.6　GSM 数字光纤直放站典型技术指标

测试项目	测试条件	指标要求	单位
上行频段			
工作频段	移动频段	885～909	MHz
最多支持载波数		16	个
带内增益	移动 897 MHz	50±2	dB
带内波动	移动频段 885～909 MHz	≤3	dB
ALC 功率	中心频点,起控及深起控 10 dB 时	0±1	dBm
频率误差		≤|±45|	Hz
GMSK 调制精度	相位误差	≤6.1°	RMS
最大允许输入电平	非损坏	10	dBm
噪声系数	工作频带内(最大增益时)	≤5	dB
传输时延		≤14	μs
输入驻波比	工作频带内(最大增益时)	≤1.4	
下行频段			
工作频段	移动频段	930～954	MHz
最多支持载波数		16	个
带内增益	移动 942 MHz	50±2	dB
带内波动	移动频段 930～954 MHz	≤3	dB
ALC 功率	中心频点,起控及深起控 10 dB 时	48±1	dBm
频率误差		≤|±45|	Hz
GMSK 调制精度	相位误差	≤6.1°	RMS
输入驻波比	工作频带内(最大增益时)	≤1.5	
传输时延		≤14	μs
驻波比	接驻波比为 2.0 负载	2.0±0.2	
驻波比告警	接驻波比为 1.5 负载,设置门限为 2.0	不告警	

3. 数字光纤直放站组网方式

数字光纤直放站可采用星型、菊花链、环型、旁路或多种方式混合的组网方式,同时还可支持光纤、微波混合方式组网,组网方式灵活。

与传统的模拟光纤直放站相比,数字光纤直放站的输出功率更大(可达 60 W),噪声系数更低,传输距离更长,多远端覆盖时不干扰基站,组网更灵活,远端重叠覆盖区时延可调整等优势。

4. 数字光纤直放站的特点

数字光纤直放站利用光纤传输信号,其主要特点如下:

(1) 输出功率高。总功率输出可达到 60 W,达到宏站的覆盖效果。

(2) 采用数字光传输技术。信号不随光信号的衰减而衰减,网络设计更加灵活。

(3) 不会对信源基站造成上行干扰。

(4) 具有上行分集接收能力。从而改善上行信号质量,达到宏站的覆盖效果。

(5) 有自动时延调整功能。自动调整远端之间的时延差,避免时间色散问题。

(6) 节省光纤资源。一条光纤可以级联多个数字光纤远端机,菊花链组网大大节省了光纤资源。

(7) 近端机和远端机之间具有一点对多点的星型连接功能,DRU 之间具有点对点链状的菊花链组网功能。

(8) 安装方便。设备体积小,不需要机房和专业电网,可挂墙、挂杆安装,业主容易接受,建设速度快。

(9) 可靠性更高。数字光器件的可靠性比模拟光器件高,模拟光器件的 MTBF 更短,减少了维护费用。

5. 数字光纤直放站的应用

数字光纤直放站具有功率高、低噪声、传输距离长、组网灵活的特点,适用于机场、车站、公路和铁路、旅游区、企业、偏远的居民区、农村以及城市的室内覆盖等移动通信的盲区和阴影区,起填补盲区、延伸基站覆盖范围的作用[1],具体包括:

(1) 用于高铁光纤专网覆盖,解决信号弱、切换多、指标差的问题。

(2) 用于村通覆盖工程,解决因山体阻挡基站覆盖面积受限的问题。

(3) 高速公路等狭长区域覆盖,解决传输资源受限及多台远端覆盖相互干扰以及抬升基站底噪的问题。

(4) 用于会展中心、大学城或体育馆,实现载波资源灵活调度,有效抗击话务冲击。

(5) 用于基站扇区拉远,解决基站选址困难。

6.2.5　射频接入型光纤分布系统

1. 射频接入型光纤分布系统概述

在宽带接入建设中,基于 PON 技术的 FTTx 解决方案因具备多业务接入能力,有效整合了光纤和铜缆资源,成为目前接入层网络建设的主流解决方案,而运营商的 2G、3G、WiFi 在小区同时进行。由于深度覆盖不足,导致运作效率不高,这样从技术和管理上需要将现有有线、无线网络融合组网,满足全业务发展。射频接入型光纤分布系统〔部分制造商也称之为多业务分布系统(MDAS)或微功率分布系统〕就是在该背景下诞生,这是一种集 2G、3G、无线宽带等解决方案于一体的数字分布系统,可以有效解决无线网覆盖不足的问题。

射频接入型光纤分布系统是一种全新的依托于网线或光纤传输信号的、全业务、全覆盖的室内分布系统,能够实现快速建网,将运营商 2G、3G、WLAN、有线宽带等多种业务接入室内及用户家中,解决传统室分系统物业协调困难、深度覆盖不足、深耕行动难以实施、会增强室内话务吸收能力等问题,从而达到增强深度覆盖能力、提升网络质量、改善用户感知度的目的。

2. 射频接入型光纤分布系统原理

射频接入型光纤分布系统采用三层网络结构,即 MAU(接入控制单元)、MEU(近端扩展单元)和 MRU(远端射频单元)。MAU 从基站耦合 GSM、3G 和 4G 等蜂窝信号,将射频信号转换为数字信号,采用光纤传输方式将数字信号传递至 MEU;MEU 将数字信号与宽带或WLAN 电信号进行数字打包混传,由网线或光纤传输至 MRU;MRU 对混合数字信号进行处理,将蜂窝信号剥离,通过天线转发实现覆盖,并提供宽带或 WLAN AP 外接端口。系统应用如图 6.8 所示。

数字化的传输方式有效避免了模拟传输的链路损耗问题,有效保证了射频信号、宽带数据信号的质量。

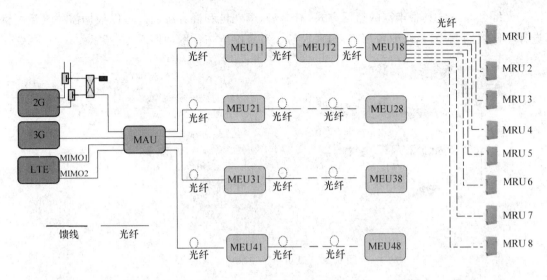

图 6.8　系统应用示意图

3. 射频接入型光纤分布系统典型产品

射频接入型光纤分布系统典型产品如图 6.9 所示。

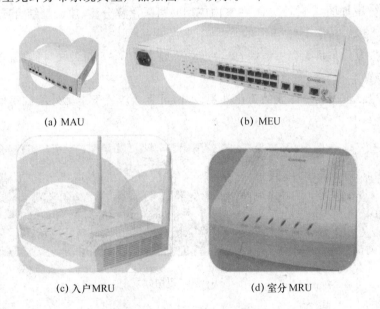

(a) MAU (b) MEU

(c) 入户MRU (d) 室分 MRU

图 6.9　微功率远端系统产品

4. 射频接入型光纤分布系统组网

光纤分布系统 MAU 通过光纤拉远到 MEU 中,这样就避免了覆盖区域内基站建设难的问题出现,近端扩展单元 MEU 支持多级级联。MEU 与 MRU 之间可用网线或光纤的方式传输,网线与光纤的实施难度比同轴电缆要小得多,尤其是网线,其弯曲度、重量、线径等都决定了其与同轴电缆相比的优越性。若站点已有 FTTB 或 FTTH 的传输资源,可以根据站点传输线缆是哪种类型来决定采用光纤还是网线的方式进行传输,灵活性很强。不同的组网混合方式能根据站点的实际情况灵活调整,在设计、建设中有较多的选择。

光纤分布系统具备丰富的组网方式,有星型、菊花链和混合组网。可以根据需要灵活配置选择不同组网方式,系统配置简单,实现容易。系统组网拓扑图如图 6.10 所示。

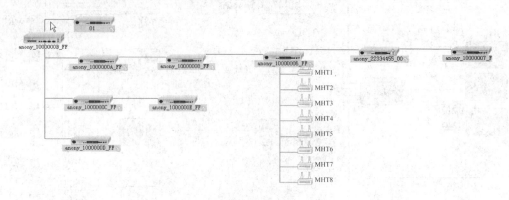

图 6.10　微功率远端系统组网图

光纤分布系统采用 CPRI 协议和以太网标准协议,以固定帧结构实现 LTE/电源共线传输,实现多系统多业务融合。

(1) 室内组网

室内组网方案如图 6.11 所示。在室内应用时可采用室分型、放装型结合或单种远端组网的方式。

- 室分型:为分布系统提供信源,单台远端一般支持 5~8 面天线,可放置于弱电井、天花板等位置。
- 室内放装型:天线一体化的美化外观设计,可直接放置于走廊外墙或房间内,用于精确覆盖方案中。

图 6.11　室内组网方案

(2) 室外组网

室外组网方案如图 6.12 所示。室外应用时一般采用带有天线一体化隐蔽外观的室外型远端,以"多天线小功率"为建设原则,形成锯齿状的交叉覆盖方式。

MRU隐蔽性较强

图 6.12　室外组网方案

（3）室内外协同组网

室内外协同组网方案如图 6.13 所示。在室内外协同组网时将应用到多种方案,室内放装型、室分型、室外型、外接美化天线型等多种方式结合,以最优网络覆盖质量、最高性价比方案组网。

图 6.13　室内外协同组网方案

5. 射频接入型光纤分布系统应用场景

射频接入型光纤分布的应用场景如表 6.7 所示。

表 6.7　射频接入型光纤分布系统的应用场景

场景	场景特点	解决方案
高层小区	（1）用户语音话务:中。（2）用户数据流量:高。（3）场景特点:用户密度一般,但高端用户多,数据流量高。住宅小区统一规划,房屋排列规则。覆盖难度大。（4）现覆盖情况:低层信号电平差,高层干扰大。（5）覆盖难点:物业协调难、传统室分难以实施、布线困难、工周期长,易被破坏	（1）室外选用室外型 MRU,其天线内置,输出功率较大,保证覆盖施工简单快捷,工程施工类似于宽带安装,业主阻挠少。（2）室内采用室分型 MRU,保证覆盖的情况下降低建造成本。（3）预留 WLAN 接口,便于后期 WLAN 接入
低层小区	（1）业务类型:语音、数据。（2）用户语音话务:高。（3）用户数据流量:中。（4）场景特点:人口密集,话务量高。住宅小区统一规划,房屋排列规则。（5）现覆盖情况:低层盲区多,深度覆盖不足。（6）覆盖难点:物业协调难、传统室分难以实施、布线困难、施工周期长,易被破坏	（1）选用放装型 MRU,其天线内置,物业协调容易,施工简单快捷,工程施工类似于宽带安装,业主阻挠少。（2）预留 WLAN 接口,便于后期 WLAN 接入。（3）工程主要使用网线、光纤进行组网,无被盗风险
沿街商铺	（1）业务类型:语音、数据。（2）用户语音话务:高。（3）用户数据流量:中。（4）场景特点:人口流动大,话务高,两边的高楼阻隔,宏站覆盖较差。（5）现覆盖情况:商铺内信号覆盖不足。（6）覆盖难点:传统室外覆盖物业协调难、布线困难、影响商铺外观,易被破坏	（1）网线易弯曲,布放方便,不影响商铺外观,物业协调难度低。（2）选用一体化 MRU,便于安装、调试。（3）场强均匀覆盖,有效提升业务覆盖水平。（4）工程主要使用网线、光纤进行组网,无被盗风险

场景	场景特点	解决方案
校园	（1）业务类型：语音、数据。（2）用户语音话务：高。（3）用户数据流量：高。（4）场景特点：人口密集，话务量很高且流动性大，校园建筑类型多样。（5）现覆盖情况：低层盲区多，深度覆盖不足。（6）覆盖难点：物业协调难、传统室分难以实施、布线困难、施工周期长，易被破坏	（1）网线易弯曲，布放方便，不影响校园美观，物业协调难度低。（2）室内选用一体化室分型 MRU，降低建设成本，室外采用室外型 MRU，输出功率较大，保证覆盖场强。（3）工程主要使用网线、光纤进行组网，无被盗风险。（4）扩容分区容易，轻松应对寝室等区域的高话务量。（5）深度覆盖效果好，导频污染少
酒店宾馆	（1）业务类型：语音、数据。（2）用户语音话务：中。（3）用户数据流量：高。（4）场景特点：人口流动量大，墙体对信号的阻挡较为严重。（5）现覆盖情况：深度覆盖不足。（6）覆盖难点：传统室分在房内覆盖不足布线困难、施工周期长	（1）无须打孔，实施简单。（2）房间对信号阻挡严重的酒店可选用放装型 MRU，放置在房间内完成精确覆盖，放置在走廊能完成覆盖的亦可选用室分型 MRU，在保证覆盖的同时降低造价，深度覆盖效果好，减少导频污染。（3）利旧宽带网实现 2G、3G 信号覆盖。（4）扩容简单。（5）设备体积小、外形美观。（6）功率低
商场卖场	（1）业务类型：语音、数据。（2）用户语音话务：高。（3）用户数据流量：高。（4）场景特点：人口密集，话务量高。结构简单，空旷，空间损耗小，容易覆盖。（5）现覆盖情况：空间宽大、深度覆盖不足。（6）覆盖难点：物业协调难、传统室分难以实施、布线困难、施工周期长	（1）网线易弯曲，布放方便，物业协调难度低。（2）选用一体化放装型 MRU，容易布放，并以较少的数量完成较大范围覆盖。（3）设备体积小、外形美观，不影响商场整体视觉效果。（4）扩容分区容易，轻松应对高话务量
交通枢纽	（1）业务类型：语音、数据。（2）用户语音话务：高。（3）用户数据流量：高。（4）场景特点：人口密集，话务量高。结构简单，空旷，空间损耗小，容易覆盖。（5）现覆盖情况：低层盲区多，深度覆盖不足。（6）覆盖难点：物业协调难、传统室分难以实施、布线困难、施工周期长	（1）网线易弯曲，布放方便，物业协调难度低。（2）无须打孔，实施简单。（3）选用一体化放装型 MRU，容易布放，并以较少的数量完成较大范围覆盖。（4）设备体积小、外形美观，不影响大楼整体视觉效果。（5）扩容分区容易，轻松应对高话务量。（6）预留 WLAN 接口，便于后期 WLAN 接入

6.2.6 数字无线直放站

无线直放站是一种无线同频的放大器，施主天线和用户天线之间存在一定的信号反馈，当主机增益大于其收发天线隔离时，就会发生自激振荡，形成上、下行信号自环放大，造成基站信道堵塞，甚至导致基站瘫痪。因此，为了避免自激并保证覆盖效果，通常要求直放站收发隔离比增益大 15 dB 以上。这样，对工程安装的要求往往较高，带自激对消直放站（数字无线直放站）能有效克服上述问题，缓解物业协调和工程选址的压力，甚至收发天线可以抱杆安装。

施主天线接收到的信号包括基站无线覆盖信号，重发天线反馈信号，建筑物、树木、车辆等反射的无线通信信号。数字无线直放站中普遍采用的干扰消除 ICS 技术是通过数字处理技术解决传统直放站难以解决的多径干扰问题。

1. 数字无线直放站的工作原理

数字无线直放站采用自适应噪声抵消器,利用干扰源的输出,通过数字滤波器与自适应算法的配合,最佳地估计干扰值,以从混有干扰的输入中减去干扰估值,实现干扰与信号完整的分离。自适应滤波器最重要特性是能有效地在未知环境中跟踪时变的输入信号,使输出信号达到最优。ICS 直放站的工作原理如图 6.14 所示。

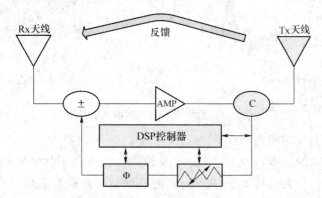

图 6.14　ICS 直放站的工作原理

2. 数字无线直放站典型产品

数字无线直放站和模拟无线直放站一样,是单台设备,典型技术指标如表 6.8 所示。

表 6.8　GSM 数字无线直放站典型技术指标

项目	指标	
	上行链路	下行链路
频率范围	880～915 MHz	925～960 MHz
输出功率	37 dBm@总计	43 dBm±2@总计
载频数	12 载频或以下	
输出功率步进	1 dB	
输出功率精确度	±1.5 dB	
最小下行链路输入功率	在完整输出功率情况下：－90 dBm	
噪声系数	≤5 dB	
(自动设置)最大增益	≥100 dB	
增益调节范围	≥30 dB,增益调节步进为 1	
自激消除度	≥30 dB	
额定功率	170～260W@总功率	

3. 数字无线直放站组网方式

数字无线直放站安装很方便,施主天线和用户天线可以安装在同一抱杆上。数字无线直放站覆盖如图 6.15 所示。

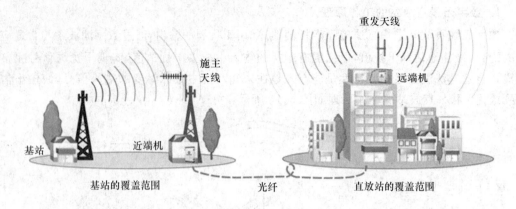

图 6.15　数字无线直放站覆盖示意图

4. 数字无线直放站的特点

数字无线直放站的技术特点如下：高增益、高输出、多径干扰消除能力强等，即使在反馈干扰信号比基站信号大的情况下，ICS 仍然能够保持一定的覆盖信号质量；ICS 提供的链路裕量可以使系统工作在高增益(100 dB)状态下，所以即使是极微弱的信号也能够得到放大；ICS 消除了由重发天线到施主天线的反馈干扰引起的一些问题，如系统自激和信号质量恶化。

5. 数字无线直放站的应用

鉴于智能数字无线产品具有优越的性能特点，其在以下场景都可以得到良好的应用：

(1) 大型城市和中心城区载频数大(在基站密度较大、电磁环境复杂的区域作为小型室内分布信源接入)。

(2) 小型室内分布密集的区域(一个信源基站可带远大于 4 个以上的室内分布站点)。

(3) 话务量不高，急待解决覆盖的村村通、道路应用场景。

(4) 传输无法到位，客户易投诉的区域。

6.2.7　微波拉远系统

微波拉远系统是将微波传输技术、射频放大技术和天线技术进行重新组合，通过微波传输实现信号的无线传输，再通过射频放大和用户天线完成信号的放大和覆盖，从而形成了一种创新的系统应用。

1. 微波拉远系统的工作原理

微波拉远系统主体由微波拉远接入单元、微波拉远射频单元、微波拉远接口单元(一拖多时使用)和微波传输单元组成。整个系统的原理是利用接入单元馈入或返回射频信号，对下行来说，通过接入单元内部将射频信号转换成中频信号，再转为微波信号由微波天线发射出去，在覆盖端微波天线将接收到的微波信号转换成中频信号，并在射频单元内部将中频信号转换为射频信号，最终由射频单元将信号放大后进行区域覆盖；对上行来说，主要是整个下行链路的逆向过程[5]，如图 6.16 所示。

2. 微波拉远系统典型产品

一套微波拉远系统由 MAU、MFU、MTU 和 MRU4 台设备组成。各个设备如图 6.17 所示。CDMA 微波拉远系统典型技术指标如表 6.9 所示。

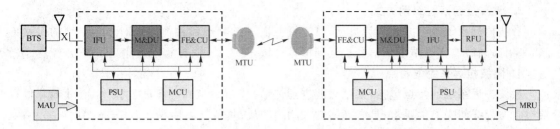

图 6.16　微波拉远系统原理图

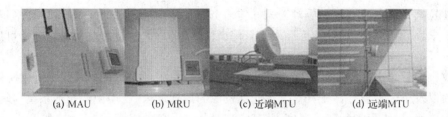

(a) MAU　　　　　(b) MRU　　　　　(c) 近端MTU　　　　　(d) 远端MTU

图 6.17　微波拉远系统典型产品

表 6.9　CDMA 微波拉远系统典型技术指标

工作频段	上行：825～835 MHz
	下行：870～880 MHz
传输频段	7 GHz、8 GHz、13 GHz、15 GHz、18 GHz、23 GHz 可选
最大增益	50 dB
链路最大衰减	75 dB(考虑雨衰等影响建议开通时最大有效衰减不超过 55 dB)
增益调节范围	上、下行 0～30 dB 独立可调，1 dB 步进
带内波动	≤3 dB
最大输出功率	近端上行：-15 dBm
	远端下行：40 dBm(10 W)，37 dBm(5 W)
噪声系数(常温)	≤5 dB(典型值)；链路衰减 55 dB
	(上行：近端机＋远端机)
时延	<6μs
驻波比	≤1.4
频率误差	≤±5×10⁻⁸
最大射频输入(非损坏)	10 dBm
本地监控	利用设备上的 RS-232 接口接至 PC
远程传输	利用内置 CDMA Modem，监控数据传送采用"CDMA 短信"方式
射频接头	50Ω N-K
工作电源	AC155V～285V/(50±5)Hz
电源功耗	近端机：50 W
	远端机：150 W
外形尺寸(高×宽×深)	近端：482mm×330mm×88mm
	远端：430mm×300mm×136mm(不包括风扇安装架高度)
重量	近端机：约 8kg
	远端机：约 17 kg
工作温度	0～+45℃(近端机)；-40～+55℃(远端机)
相对湿度	≤95%
防护等级	IP30(近端机)；IP65(远端机)

3. 微波拉远系统组网方式

微波拉远系统组网方式较为灵活,可支持一拖一点对点和一拖多点对多点星型的组网方式,采用高频微波将基站小区信号拉远到覆盖区域,更加稳定、有效地延伸基站信号。

4. 微波拉远系统的特点

微波拉远系统的特点包括:采用微波进行传输,采用调制和异频收发技术,有效地降低远端对收发天线的隔离度要求;具有高线性大功率功放;具备分集接收能力;矢量幅度误差小;支持数据业务;近远端根据接收功率可自动调整。

5. 微波拉远系统的应用

微波拉远系统主要解决和应对无光纤传输资源基站选址困难的问题,适应网络建设快速、经济的要求。微波拉远系统近、远端之间采用微波传输方式,安装简单、快捷,并且可以有效降低传输资源的投资。

微波拉远系统主要应用在缺乏光纤资源的场景,如城中村覆盖、村通工程、替换移频和无线直放站以及小区覆盖等。尤其对于无光纤资源的偏远地区,使用微波拉远系统,降低了对光纤资源的依赖,加快了工程建设速度,并且实现对数据业务的完美支持。

对于微波拉远系统的应用,主要依据以下原则:

(1)选址原则

平原、市区、郊区首选,跨海、跨江、丘陵慎选。选址优先级的依据主要是根据微波的传输特性,避免因丘陵造成远、近端间障碍物阻挡或因镜面反射使微波天线接收到多径信号。

(2)设备选型

对于微波设备的选型,首先要确定微波传输的工作频率,保证使用的微波频段在合法频段内,再检查附近其他微波的情况,选择不同传输频段的设备。

(3)微波天线的选型

对于微波天线的选型,主要依据是两面微波天线间的距离。距离较小时(如城区)可以凭经验预估;距离较大时(如郊区)需要通过 GPS 定位进行距离预估;已知经纬度的可由GOOGLE EARTH 软件测得两点间的距离。表 6.10 列出了微波传输距离与微波天线尺寸的对应关系。

表 6.10　传输距离与微波天线尺寸的对应关系

传输距离	选用微波天线尺寸
≤2 km	0.3 m 微波天线
2~4 km	0.6 m 微波天线
4~7 km	1.2 m 微波天线
7~10 km	1.8 m 微波天线
10 km 以上	更大口径微波天线

6.2.8　飞地压扩系统

1. 基本原理

飞地压扩系统是一种把占用带宽较大的通信信号压缩到频带较窄的低频频段中进行远距离传输的系统。它在主机把工作频段信号压缩至 1~10 Mbit/s 带宽的带外频段,在分机把信号解扩还原于原频段,进行线性放大后覆盖。能有效解决城市频率资源较为紧张的覆盖区和多丘陵、多山、森林等地区的信号问题。其基本原理如图 6.18 所示。

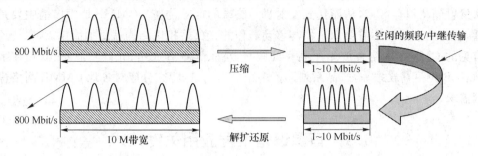

图 6.18　飞地压扩系统组网原理图

2. 系统组成

压扩直放站的主要结构如图 6.19 所示。其中，近端机提供对信号滤波、频带压缩系统、放大、控制功能；远端机提供对主机放大的中继频率信号进行滤波、对主机的频率扩展成系统所需的频率信号进行放大、控制功能，实现对覆盖区域的信号覆盖。

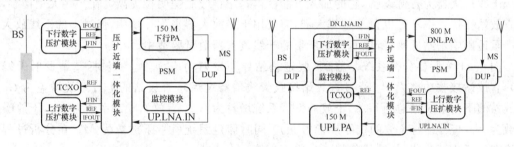

图 6.19　近端机、远端机系统构成图

3. 组网方式

压扩直放站典型应用方式如图 6.20 所示。其应用特点有：采用中频作为中继传输频率；占用带外带宽小；可以进行非可视距覆盖；体积小，重量轻。

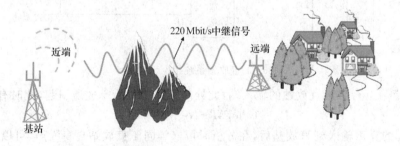

图 6.20　压扩系统应用组网图

6.2.9　CMMB 直放站

在 CMMB 信号传输系统中，由于基站覆盖范围有限或受到地理环境因素制约，在某些地区会出现信号传播的阴影或半阴影区域，严重影响电视信号的接收。而 CMMB 补点设备能够有效解决这一问题。利用该设备具有迅速扩大覆盖、大大降低投资成本的特点，是一种经济、高效的网络优化选择。

广播电视的数字广播网中只存在下行链路，无上行通道；在下行链路中由接收天线在覆盖区域中拾取信号,通过带通滤波器对带通外的信号进行极好的隔离,将滤波的信号经功放放大后再次发射到待覆盖区域,从而达到发射机与终端的信号传递。CMMB 地面广播主要是单向的广播,所需的直放站不需要双工器与移动通信的直放站相比结构就更加简单。

常见的 CMMB 网络直放站产品有同频直放站、异频直放站、光纤直放站、双频数字光纤直放站、ICS 同频直放站等,产品系列涵盖多种应用场景,能充分应对各地 CMMB 网络快速扩容布网需求。

6.3 有源设备工程应用关键技术

各种直放站都有自己的技术特征,适用于特定的场景,故直放站在具体工程应用中要根据产品特征和网络要求情况灵活使用,本节介绍直放站应用中的几个关键技术。

6.3.1 干线放大器的使用

干线放大器为有源设备,它的加入可能使得基站接收底噪明显提高。在一些大型楼宇,只用直放站往往功率不足以覆盖整栋大楼,需要用干线放大器来弥补功率,但过多的干线放大器会严重地影响基站低噪,所以直放站所带的干线放大器数量要适中。

图 6.21 为所要分析系统示意图,假定基站导频发射功率为 P_t(不包括基站发射天线增益),直放站接收功率为 P_r(经过直放站接收天线增益之后),直放站的上行系统增益为 $G_{R\bot}$,直放站的下行系统增益为 G_{RF},干放的下行系统增益为 G_{rF},直放站噪声系数为 N_R,干放噪声系数为 N_r,直放站与干放的白噪声皆为 N_0。同时假定系统所带干放数为 M。在分析过程中对许多问题作了简化,如馈线的损耗忽略不计等。

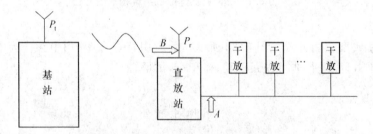

图 6.21 直放站系统组网示意图

图中 A 点为上行链路直放站的输入端,此处的噪声主要为干放所引起,此时有

$$P_A = 10 \log M + N_0 + N_r + G_{r\bot} \tag{6.1}$$

干放引起的噪声输入到直放站后,在分析时可以等同于直放站自身噪声,可以采用同样的处理方法。此时,图中 B 点为直放站的输出,噪声功率为

$$P_B = 10 \log(10^{\frac{P_A}{10}} + 10^{\frac{N_0}{10}}) + N_R + G_{R\bot} \tag{6.2}$$

B 点噪声功率通过直放站发射天线、空中链路、基站接收天线到达基站 CDU。包括直放站天线发射增益、空中链路增益、基站接收天线增益在内的链路增益(此时认为上下行增益是相同的)为

$$L = P_r - P_t \tag{6.3}$$

如果在基站处接收底噪的最大值为 N_{0max},由式(6.1)～式(6.3)可知:

$$N_{0max} \geqslant L + P_B = P_r - P_t + P_B \tag{6.4}$$

所以,直放站所带干放最大数量为

$$M = 10 \log \left(10^{\frac{N_{0max} + P_t - P_r - N_R - G_{R\pm}}{10}} - 10^{\frac{N_0}{10}} \right) - N_0 - N_r - G_{r\pm} \tag{6.5}$$

$$M = \left\lfloor 10^{\frac{M(dB)}{10}} \right\rfloor \tag{6.6}$$

其中,$\lfloor \ \rfloor$ 表示下取整。式(6.6)即是直放站所带干放的最大数量。

根据不同功率等级的设备,可以得到单小区带干放的能力(基站噪声系数为 4 dB,干放噪声系数为 5 dB)如表 6.11 所示。

表 6.11　单小区携带不同功率等级干放的数量表

基站功率/dBm	干放功率/dBm	基站上行底噪允许抬升量/dB	上行增益—下行增益/dB	信源下挂干放数量值/台
43	33	3	0	8
43	33	3	−1	10
43	33	3	−2	13
43	33	3	−3	16
43	33	3	−4	20
43	33	3	−5	25
43	37	3	0	3
43	37	3	−1	4
43	37	3	−2	5
43	37	3	−3	6
43	37	3	−4	8
43	37	3	−5	10
43	40	3	0	2
43	40	3	−1	2
43	40	3	−2	2
43	40	3	−3	3
43	40	3	−4	4
43	40	3	−5	5

6.3.2　无线直放站的信号源选择

无线直放站选取施主信号时,要求施主信号要单一、稳定(施主信号强度一般要求大于直放站最小接收电平 5 dB 左右),这是决定无线同频直放站能否达到良好开通效果的先决条件。

在选用施主信号时,应当避免在施主天线方向有多个信号强度相当的信号,以免造成覆盖区域的乒乓效应。如果有多个基站信号可以作为施主信号,就必须从话务量、基站上的信道资源周围的无线环境等方面综合考虑。

一般对施主天线接收到的信号要求如下:

(1) 对于 GSM 系统

① 施主小区载频信号≥−60 dBm,波动幅度不超过 3 dB。

② 次强载频电平＜施主小区载频电平－7 dB。

（2）对于 CDMA/WCDMA 系统

① 导频：$E_c/I_o \geqslant -7$ dB，第二导频 E_c/I_o 一定小于主导频 7 dB 以上。

② 场强：$-40 \sim -60$ dBm。

另外，一般要求施主天线位置要低，天线的方向性要好。

例 6.1　无线直放站的信号源选择。

（1）站点介绍

某城市 D 酒店位于新城市中轴线与横轴交汇处，地处城市绿化生态轴线的核心区域，右邻著名会展中心，是三轴交汇处的至尊地标；与该市商业中心（CBD）地段近在咫尺。

（2）问题描述

D 酒店室内质差，导致 D_O 速率严重下降，室内的 E_c/I_o 都偏差，$-10 \sim -12$ dB，严重影响语音及数据的质量。

（3）问题分析及解决方法

E_c/I_o 较差，影响到室内信号的质量问题，且 E_c/I_o 的好坏受到无线环境的影响。另外还要分析无线直放站的下行功放模块及低噪放是否存在故障。

（4）解决方法

对于 D 酒店，该点室分所使用的信源为无线直放站，根据现场情况分析，从信源开始排查工作。首先，检查施主天线周围的无线环境的信号是否达到作为信源的标准，检查发现施主天线周围的信号 E_c/I_o 均为 $-10 \sim -12$ dB，因无线直放站是同频放大器，无法改善信号的 E_c/I_o 值，对于此提高类故障只能通过寻找新的信源点来接入室分系统或者通过改造传输模式来改善信号的 E_c/I_o 值，从而改善信号质量。

6.3.3　无线直放站的隔离度估算

隔离度是指无线直放站覆盖天线与施主天线之间的隔离损耗[6]。

无线直放站的隔离度大小与施主天线和重发天线的增益、前后比、旁瓣抑制比、安装情况及其周围环境有关，工程估算公式如下：

$$I_h = 22.0 + 20\log 10(d/\lambda) - (G_d + G_r) + (X_d + X_r) + C$$

其中，I_h 为两天线的水平隔离度，单位为 dB；d 为两天线水平距离，单位为 m；λ 为天线工作波长，单位为 m；G_d、G_r 分别为施主和重发天线的增益，单位为 dB；X_d、X_r 分别为施主和重发天线的前后比，单位为 dB；C 为阻挡物体损耗。

两天线背对背放置时，有

$$I_v = 28.0 + 40\log 10(d/\lambda) + C$$

其中，I_v 为两天线的垂直隔离度，单位为 dB；d 为两天线垂直距离，单位为 m；λ 为天线工作波长，单位为 m。

表 6.12 是假设施主天线和重发天线的增益都是 17 dB，前后比都是 25 dB，采用背对背安装并且之间无阻挡物，在频率为 850 MHz 时根据以上公式计算的隔离度和距离之间的关系数据。

表 6.12　隔离度和距离之间的对应关系

距离/m	5	10	15	20	25	30	35
水平隔离度/dB	70	76	79.5	82	84	85.5	86.8
垂直隔离度/dB	74	86	93	98	102	105	108

从上面的表格可得出如下结论：

(1) 同样的天线，相同的距离，两天线的垂直隔离度大于水平隔离度。

(2) 距离增大一倍时，水平隔离度增加 6 dB，垂直隔离度增加 12 dB。

(3) 通常情况为了满足隔离度要求，垂直安装的最佳距离为 20～25 m。若再增大距离，隔离度增加不明显。

(4) 水平隔离度在距离为 30 m 时，再增加距离隔离度增加不明显。

(5) 采用水平安装时，隔离度一般不易满足要求。可采用利用建筑物或加装隔离网增大隔离度的措施。

需要指出的是，以上表格仅供参考，直放站安装的实际隔离度要通过现场测试得出。此外，同频无线直放站在应用时一般采取下列方法增大施主天线和重发天线的隔离度：选用前后比和旁瓣抑制比大的天线；增大两天线间的安装距离；两天线尽量采用背对背安装；利用建筑物隔离；微调天线的方位角和倾角；在两天线间安装隔离网。

6.3.4　模拟光纤直放站的拉远距离

光纤直放站采用光纤进行传输，光信号在光纤中传输的损耗非常小，光纤直放站信号传输的距离主要是受信号时延的限制。

GSM 数字移动通信采用 TDMA 时分多址技术，每载频分为 8 个信道分时共用，即每载频 8 个时隙。时隙之间的保护间隔很小，为消除手机 MS 到 BTS 的传播时延，GSM 系统采用 MS 提前一定时间来补偿时延，时间提前量的取值范围是 0～233 μs，对应信号传播约 70 km，由于信号一来一回是双向的，所以，GSM 信号在每载频 8 个时隙时，空间传播距离是 35 km。当引入光纤直放站延伸信号传播距离时，信号的传播时延包括了在光纤直放站上的时延和在空中传播的时延。光信号在光纤的介质中传播时，速度是无线信号在空气中传播的 2/3，加上直放站的时延（大约 1.5 μs）和无线信号在空中传播时延，因此，光纤直放站距离基站最远不应该大于 20 km。

对于 CDMA 网络，在应用光纤直放站进行系统组网时，也需要考虑到光传输的时延。根据计算，理想情况下，移动台与基站间的距离达到 46 km 时仍能进行通话，但考虑到直放站与相邻基站的切换和搜索窗口的限制，光纤的最大长度不得超过 8 km（参数 $P_{\text{ILOT-INC}}=2$ 时）和 18 km（参数 $P_{\text{ILOT-INC}}=4$ 时），若不考虑直放站与相邻基站的切换，光纤的最大长度不得超过 28 km。对于 WCDMA 和 TD-SCDMA 网络，也存在类似的问题，光纤直放站的拉远距离都是有一定的范围的。

6.3.5　直放站对基站上行噪声的影响分析

直放站在放大上行信号的同时，也必然向基站发送上行噪声，当上行噪声电平足够大时，将降低基站接收机的信噪比，对网络的影响是使上行覆盖范围变小，严重时还会使基站告警，甚至使基站接收机阻塞而无法正常工作，所以在使用直放站时要考虑对基站的上行噪声干扰情况[2]。

由于电子器件存在热噪声,直放站在正常工作时不可避免会有噪声电平输出,其输出的噪声电平为

$$P_{\text{REP-Noise}} = 10 \log(kTB) + F_{\text{REP}} + G_{\text{REP}}$$

其中,$P_{\text{REP-Noise}}$ 为直放站上行输出噪声电平;k 为玻尔兹曼常数(1.38×10^{-23});T 为噪声温度,可取 295℃(绝对温度);B 为 GSM 载波信号带宽,0.2 MHz;F_{REP} 为直放站噪声系数,单位为 dB;G_{REP} 为直放站上行增益,单位为 dB。

直放站上行输出的噪声电平 $P_{\text{REP-Noise}}$ 经过上行路径损耗后发送到基站,在基站接收机输入端注入直放站的噪声,引入到基站的噪声电平为

$$P_{\text{REP-INJ}} = P_{\text{REP-Noise}} - L_d$$

其中,L_d 为从直放站上行输出端口到基站接收端口的路径损耗,单位为 dB。

由于直放站噪声的引入,在基站输入端的总输入噪声将是基站噪声与引入的直放站噪声之和,如下:

$$P_{\text{BTS-Noise-Total}} = P_{\text{BTS-Noise}} + P_{\text{REP-INJ}}$$

其中,$P_{\text{BTS-Noise}} = 10 \log(kTB) + F_{\text{BTS}}$ 为基站输入端噪声电平,单位为 dB;F_{BTS} 为基站的噪声系数,单位为 dB。

由上式可知,直放站的引入,将使基站接收机输入端的噪声电平增加,这种噪声增量用 dB 值表示为

$$\Delta F_{\text{BTS-Rise}} = 10 \log \left(\frac{P_{\text{BTS-Noise}} + P_{\text{REP-INJ}}}{P_{\text{BTS-Noise}}} \right)$$

$$= 10 \log \left[\frac{10^{\frac{P_{\text{BTS-Noise(dB)}}}{10}} + 10^{\frac{P_{\text{REP-INJ(dB)}}}{10}}}{10^{\frac{P_{\text{BTS-Noise(dB)}}}{10}}} \right] \quad \text{(单位为 dB)}$$

将 $P_{\text{BTS-Noise}}$ 和 $P_{\text{REP-INJ}}$ 代入上式,则在基站输入端由直放站引入的噪声增量为

$$\Delta F_{\text{BTS-Rise}} = 10 \log \left(1 + 10^{\frac{F_{\text{REP}} - F_{\text{BTS}} + G_{\text{REP}} - L_d}{10}} \right)$$

$$= 10 \log \left(1 + 10^{\frac{N_{\text{Rise}}}{10}} \right) \quad \text{(单位为 dB)}$$

$$N_{\text{Rise}} = (F_{\text{REP}} - F_{\text{BTS}}) + (G_{\text{REP}} - L_d) \quad \text{(单位为 dB)}$$

N_{Rise} 定义为噪声增量因子,由上式可知:

噪声增量因子 N_{Rise} = 直放站与基站的噪声系数差 + 上行增益与路径损耗差

噪声增量因子 $N_{\text{Rise}} \geq 0$ 或 $N_{\text{Rise}} \leq 0$,其数值越大,引起基站的噪声增量就越大,对基站的影响就越大;其数值越小,对基站的影响就越小。在工程设计中,直放站和基站的噪声系数是已知的常数,因此噪声增量因子的变量是直放站上行增益 G_{REP} 和直放站与基站间的路径损耗。一旦直放站安装完毕,进入开通调试时,上行路径损耗中值在短时间内会是相对稳定的值,此时上行增益的大小决定噪声增量因子,显然上行增益越大,噪声增量因子越大;上行增益越小,噪声增量因子越小。在实际工程中会注意到,如果将上行增益调得太小会减小直放站的上行覆盖范围。直放站与基站级联工作的系统里,直放站的上行覆盖距离与噪声增量因子的4 个参数(直放站噪声系数 F_{REP}、基站噪声系数 F_{BTS}、直放站上行增益 G_{REP} 和直放站到基站间的路径损耗 L_d)有关。应用级联放大器噪声系数的分析方法,可以求解出当直放站与基站级联工作时,在直放站输入端也会产生噪声增量,直放站级联系统的输入端等效噪声系数,要高于直放站本机的噪声系数,在直放站上行输入端引入的噪声增量同样可用噪声增量因子 N_{Rise} 来表示,如下:

$$\Delta F_{\text{REP-Rise}} = 10 \log \left(1 + 10^{-\frac{(F_{\text{REP}} - F_{\text{BTS}} + (G_{\text{REP}} - L_d)}{10}} \right)$$

$$= 10 \log \left(1 + 10^{-\frac{N_{\text{Rise}}}{10}} \right)$$

由上式可知,基站噪声增量与噪声因子 N_{Rise} 成正比,而直放站的噪声增量与噪声增量因子成反比。当基站覆盖区引入直放站后,基站和直放站的噪声系数均增加一个噪声增量,分别如下:

(1) 基站总噪声系数

$$F_{\text{BTS-Total}} = F_{\text{BTS}} + \Delta F_{\text{BTS-Rise}}$$

$$= F_{\text{BTS}} + 10 \log \left(1 + 10^{\frac{N_{\text{Rise}}}{10}} \right)$$

(2) 直放站级联总噪声系数

$$F_{\text{REP-Total}} = F_{\text{REP}} + \Delta F_{\text{REP-Rise}}$$

$$= F_{\text{REP}} + 10 \log \left(1 + 10^{-\frac{N_{\text{Rise}}}{10}} \right)$$

下面讨论 1 个 BTS 带 N 台直放站的情况。

同理推出 1 个 BTS 带 N 台直放站时基站直放站的噪声增量如下:

(1) 基站噪声增量

$$\Delta F_{\text{BTS-Rise}} = 10 \log(1 + n \times 10^{N_{\text{Rise}}/10}) \tag{6.7}$$

(2) 直放站级联噪声增量

$$\Delta F_{\text{REP-Rise}} = 10 \lg(1 + n \times 10^{-N_{\text{Rise}}/10})$$

(3) 噪声增量因子

$$N_{\text{Rise}} = \text{NF}_{\text{REP}} - \text{NF}_{\text{BTS}} + G_{\text{REP}} - L_{\text{BTS-REP}}$$

$$= (\text{NF}_{\text{REP}} - \text{NF}_{\text{BTS}}) + (G_{\text{REP}} - G_{\text{BTS}})$$

GSM 基站同样存在噪声增量的问题,但噪声增量对 GSM 基站的影响又完全不同,由于 GSM 系统都有一定的载噪比,工程中 GSM 的载噪比 C/I 为 12dB,而通过对系统的链路损耗计算,只要引入的噪声增量在满足 GSM 的载噪比的前提下,则系统引入直放站之后不对原来系统造成很大的变化。

例 6.2 已知系统上行最大链路损耗为 124 dB,噪声增量为 5 dB 则基站接收到的信号功率为 33 dBm−124 dBm=−91 dBm,而基站的底噪声为

$$L_{\text{N}} = kTB + \text{NF} + \Delta\text{NF} = -121 \text{ dBm} + 4 \text{ dB} + 5 \text{ dB} = -112 \text{ dBm}$$

其中,NF 为噪声系数;k 为玻尔兹曼常数;T 为热力学温度;B 为带宽;ΔNF 为噪声增量。

则基站接收机信号的载噪比

$$C/I = -91 \text{ dBm} - (-112 \text{ dBm}) = 21 \text{ dB}$$

满足工程中 GSM 的载噪比 $C/I > 12$dB 的要求,即该系统的载噪比还有 9dB 的余量。从该例中知道,在 GSM 系统中引入直放站对原来系统并没有过大的影响。

为了能更好地达到基站和直放站的覆盖效果,在网络规划设计阶段需将基站和直放站的设计放在一起考虑,需要合理分配噪声增量,在预测上行覆盖距离时,需要考虑噪声增量对覆盖距离的影响。只有合理分配基站和直放站的噪声增量,才能取得基站和直放站双赢的覆盖效果。

假设直放站和基站噪声系数相同,

$$N_{\text{rise}} = \text{NF}_{\text{REP}} - \text{NF}_{\text{BTS}} + G_{\text{REP}} - L_{\text{BTS-REP}}$$

$$= G_{\text{REP}} - L_{\text{BTS-REP}} = G_{\text{REP}} - G_{\text{BTS}} \tag{6.8}$$

在实际工程应用中,通常基站输出功率为 20 W,当设置直放站上下行增益相等,由式(6.7)

和式(6.8)可以得出直放站输出功率与基站底噪抬升关系如表 6.13 所示。

表 6.13　直放站输出功率与基站底噪抬升关系表

直放站输出功率(多台时为总功率)/W	噪声增量因子 $N_{Rise}(G_{REP}-L_{BTS-REP})$/dB	基站噪声增量 ΔF_{BTS_Rise}/dB
20	0	3
16	−1	2.5
13	−2	2.1
10	−3	1.7
8	−4	1.5
6	−5	1.2
5	−6	0.97
2	−10	0.4

6.3.6　GSM 时间色散

在 GSM 系统中,比特速率为 270 kbit/s,则每一比特时间为 3.7 μs。因此,1 bit 对应 1.1 km。假如反射点在移动台之后 1 km,那么反射信号的传输路径将比直射信号长 2 km。这样就会在有用信号中混有比它迟到 2 bit 时间的另一个信号,出现了码间干扰。GSM 均衡器可以处理时延达到 4 bit 的反射信号,相当于 15 μs 的色散。

大于 15 μs 延迟的反射信号电平总和,即均衡器窗口外的反射信号电平一般用 R 表示。小于 15 μs 延迟的反射信号和载波信号电平之总和,即均衡器窗口内的直达信号和反射信号电平用 C 表示。比值 C/R 有时称为载波反射比,实际上仍然是指有用信号和干扰信号强度之比,因此它同样必须大于干扰保护比 γ,在 GSM 规范中干扰保护比 $\gamma=9$ dB(工程值还要加 3 dB),这就是有关时间色散的最低要求[10]。

光纤直放站以其独特的优势在 GSM 网络分布系统中广泛的应用,由于光纤直放站的引入扩大了原来信源基站的覆盖区域,光纤站覆盖的局部区域有可能和信源基站覆盖区重叠,这样在重叠区域手机用户通话时将会有一条通过直放站反馈给基站的上行路径。

光纤直放站与基站组网方式如图 6.22 所示,图中,D_{B_R} 是基站到直放站的时延,D_{B_m} 是基站到移动台的时延,D_R 是直放站的时延,D_{R_m} 是直放站到移动终端的时延,$D_{B\_R\_m}$ 是移动台经直放站到基站的时延。

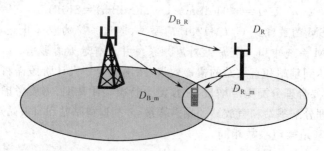

图 6.22　光纤直放站与基站组网方式

$$D_{B\_R\_m}=D_{B\_R}+D_R+D_{R\_m}$$

(1) 当 $D_{B\_R\_m} - D_{B\_m} < 15\ \mu s$ 时,基站将认为 $D_{B\_R\_m}$ 路径的信号是一路有效的多径信号而加以处理,重叠区域内手机用户通话将不受影响。

(2) 当 $D_{B\_R\_m} - D_{B\_m} > 15\ \mu s$ 而 $C/R > 9$ dB 时,基站将认为 $D_{B\_R\_m}$ 路径的信号是一路干扰信号,但由于 C/R 大于同频干扰保护比,重叠区域内手机用户通话也不会受到影响。

(3) 当 $D_{B\_R\_m} - D_{B\_m} > 15\ \mu s$ 而 $C/R < 9$ dB 时,基站将认为 $D_{B\_R\_m}$ 路径的信号是一路同频干扰信号,重叠区域内手机用户通话将由于同频干扰而使通话质量下降,甚至导致掉话。

由此可见,在光纤直放站与基站的重叠覆盖区域内,只有当直达信号与被障碍物反射的信号之间路程差大于 4.4 km(15 μs)以及 $C/R < \gamma$ 时才有可能出现时间色散问题。

此外,工程中可以采用如下方法减轻时间色散的影响:

(1) 将基站或直放站尽可能建在离反射物近的地方,使直达信号和反射信号路径时延差小于 15 μs。

(2) 当基站或直放站离反射物体较远时,将天线指向离开反射物的方向使天线背向障碍物,并挑选前后比增益相差大的天线。

(3) 采用光纤直放站尽量选取信源基站与覆盖区背向的扇区信号作为直放站信源。

(4) 光纤直放站的覆盖端天线尽量用多面定向板状天线来代替全向天线。

(5) 外界物理环境和电磁环境使之不可避免时,可在直放站调测过程中尽量减小重叠区域的面积,或者提高重叠区域的 C/R 值,来满足重叠区域手机用户的正常通话。

6.3.7 CDMA 直放站引入与搜索窗优化

CDMA 网络中引入不同类型的延伸设备,将一定程度上增加系统时延,需对基站搜索窗参数进行调整和优化。在 CDMA 系统中,基站和移动台使用如下 4 种搜索窗口跟踪导频信号:接入信道搜索窗口长度、激活导频集/业务信道多径搜索窗 SRCH-WIN-A、邻域导频搜索窗口长度 SRCH-WIN-N 和剩余导频搜索窗口长度 SRCH-WIN-R,合理的搜索窗设置将使网络运行质量更高,网络性能更好[8]。

(1) 接入信号搜索窗口

接入信号搜索窗口是用来跟踪覆盖区内所有最大路径传播时延的信号,该搜索窗口应足够大,在到能够捕获到覆盖区内所有移动台发出的呼叫,同时又应尽可能小,从而使搜索器的性能最佳化。由于直放站的引入会增加最大路径传播时延,因此应适当调节接入信道的搜索窗口长度。手机接入时延组成如图 6.23 所示。

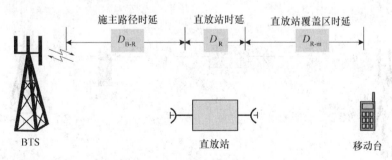

图 6.23 手机接入时延组成

例 6.3 引进直放站后的路径传播时延由 3 部分组成,如图 6.23 所示。

路径传播时延：$D_{Total} = D_{B-R} + D_R + D_{R-m}$

接入信道搜索窗$= (D_{B-R} + D_R + D_{R-m}) \times 2$

接入信道搜索窗口的最大长度为 512 chip，单边长度即为 256 chip，对应最大时延距离为 62.4 km(4.1 chip/km)。

（2）激活导频集与业务信道多径搜索窗 SRCH-WIN-A

SRCH-WIN-A 是移动台用来跟踪激活和候选集合导频的搜索窗口，该搜索窗口应该足够大，以至于能够捕获所有强的路径信号成分，如果搜索窗不够宽，强的多径信号成分可能会引起掉话。直放站的引入通常会增加有效时延扩散，会产生从移动台到基站的额外多径，如图 6.24 所示，引入直放站后，移动台到基站的路径除了 D_{B-M} 之外，还有 $D_{B-R} + D_R + D_{R-M}$，因此必须增加 SRCH-WIN-A 搜索窗口长度。

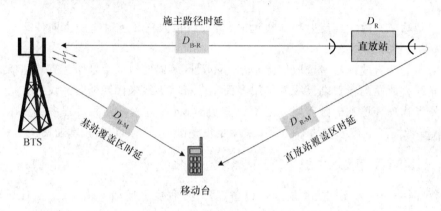

图 6.24 直放站与基站重叠区时延分析

SRCH-WIN-A 的最大单边长度为 113 chip，对应的距离为 27.5 km，，当移动台正处在基站与直放站之间距离的中间位置时，直放站离基站的距离应小于 27.5 km。

（3）邻域导频集搜索窗口长度 SRCH-WIN-N

SRCH-WIN-N 是移动台用来监控邻域集合导频的搜索窗口，通常情况该窗口的尺寸要比 SRCH-WIN-A 的尺寸大。该窗口要足够大，不仅能够捕获服务基站所有有用的多径信号，而且还要能够捕获可能的邻域多径信号。在这种情况下，需要考虑多径以及服务基站和邻域基站之间路径的不同，该搜索窗口的最大值受到两个相邻基站之间距离的限制，如图 6.25 所示。

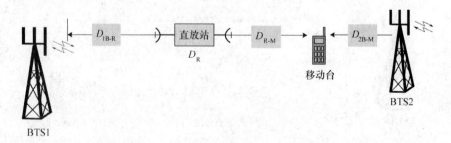

图 6.25　光纤直放站与邻基站时延分析

邻域导频搜索窗长度为

$$SRCH\text{-}WIN\text{-}N = 2 \times [(D_{1B\text{-}R} + D_R + D_{R\text{-}M}) + D_{2B\text{-}M}]$$

考虑移动台搜索速度后,最大单边宽度为 160 chip。移动台与两基站的最大距离时延差为 160 chip ,相当于 39 km 距离差。

(4) 剩余导频集合搜索窗长度 SRCH-WIN-R

SRCH-WIN-R 是移动台用来跟踪剩余集合导频的搜索窗口。该窗口的长度至少应该与 SRCH-WIN-N 一样大。

CDMA 光纤直放站对系统搜索窗口参数的影响,可从直放站时延和产生多径两方面考虑。根据直放站覆盖区、施主基站覆盖区及周围基站覆盖区的重叠覆盖情况,从而合理调整这些参数。

① 对于移动台搜索窗的影响:

• 激活集搜索窗(SRCH-WIN-A);

• 激活邻域集搜索窗(SRCH-WIN-N)。

② 对于基站搜索窗的影响:

• 接入信道搜索窗长度;

• 激活反向链路业务信道多径搜索窗。

CDMA 光纤直放站引入网络后,具体搜索窗设置根据具体情况考虑,一般情况下可进行如表 6.14 所示更改。

表 6.14　CDMA 基站搜索窗与覆盖半径对应表

搜索窗名称	英文缩写	修改	参数设置 (index value)	实际尺寸 /chip	覆盖半径 /km
激活集搜索窗	(SRCH-WIN-A)	默认	5	20	2.4
		修改建议	9	80	9.8
		极限值	13	226	27.6
邻域集搜索窗	(SRCH-WIN-N)	默认	8	60	7.3
		修改建议	11	130	15.9
		极限值	15	452	55.2

例 6.4　搜索窗设置不合理引起的掉话优化。

(1) 现象描述

某局一 CDMA 宏基站第三扇区(PN436)方向 3.5 km 处下带一个光纤全向直放站(PN 也是 436),在路测过程中发现在一段高速公路上(距离直放站 2.4 km,距离基站 4 km),不论是从直放站向基站切换还是从基站到直放站切换均不能正常完成。AGILENT E6473A 扫频仪在该地段显示的 Pilot Sets 比较单纯,Active Sets 仅有 PN436,E_c/I_0 为 $-11 \sim -16$ dB,RX Power 较好,为 -70 dBm 左右,手机 TX Power 也不高,-9 dBm 左右,PN Chips 延迟不断在 17、18 和 52、53 之间变化。随着测试车辆的移动,FER 不断变差,由小于 1% 逐渐升高到大于 80% 直至掉话。

(2) 问题分析

高 FER 掉话就是空中接口误帧率高,触发手机掉话机制造成掉话。由于 RX Power 较好，排除覆盖不好的原因。手机 TX Power 也不高，排除存在上行干扰的原因。Active Sets 仅有 PN436，排除导频污染的原因。PN Chips 延迟不断在 17、18 和 52、53 之间变化，指示当时最强导频信号不断在施主基站和直放站之间切换，因此怀疑直放站工作不稳定，也有可能是基站切换参数设置不合理。

（3）处理过程

首先，驱车去直放站覆盖区域进行检查测试，发现在站下各项无线指标都比较正常，PN Chips 延迟为 41。排除了直放站工作异常的故障原因。

检查该基站切换参数，发现搜索窗设置为 10、11、12。搜索窗 10 对应空口往返延迟为 100 个 chip。而当时在掉话路段测到的单程延迟最大为 53 个 chip，往返延迟为 $53 \times 2 = 106$ 个 chip，在掉话点手机已经不能识别直放站的导频信号，该信号干扰手机，造成高 FER 掉话。立刻修改搜索窗为 11、12、13。再次路测，发现掉话路段 FER 小于 1%，E_c/I_O 基本保持在 -6dB 左右，通话正常。

6.4　直放站的优化和维护

6.4.1　直放站的优化

网络优化一直是移动通信网建设不可分割的重要内容，移动网络的通信质量，要靠网络优化持续不断的工作来保证，直放站可以在网络建设中发挥重大作用，同样需要进行优化。随着直放站站点的大量应用，直放站对网络所造成的影响也是有目共睹的。由于不同制式的网络技术特点和不同种类的直放站工作特点不同，对直放站的问题优化方面比较繁多，下面对常见的问题进行分析。

1. 接收信号的信号质量要求

直放站应用的成功与否，引入信号的质量，或者说纯净度是至关重要的。对于同频无线直放站而言，它的特点决定了它只能从空间取信号，在这种情况下，取得纯净的信号源就非常重要了。对于无线直放站，一般选择方向性比较好的定向天线做施主天线，避免引入较多小区的信号。

在应用直放站时要考虑系统有源设备 ALC 功率问题，通常采取当信源馈入为多载波信号时，干放、直放机设计输出功率做适当回退，回退值为 $10 \lg N$（N 为馈入信源载波数）。但是按照以上设计思路工程调试干放时，如果不精细设计干放馈入功率，往往做不到真正意义的功率回退。此时，当小区内同时通话用户数增加时，干放、直放机仍然会进入非线性放大状态，导致下行质量恶化。应转变角度，从控制输出功率转变为控制输入功率，即控制基站与有源设备之间的传输损耗。为使干放、直放机工作在线性放大状态，馈入的 BCCH 信道功率应设计为

$$P_{in} = P_{AlC} - G_d - 10 \lg N_c + A_{TTd}$$

其中，P_{AlC} 为干放功率容量，G_d 为干放下行工作增益，N_c 为信源小区载波数，A_{TTd} 为干放下行增益衰减设置值。

以功率容限 5 W 的低增益干放设备为例，在不同载波配置的情况下，输入功率应有所区别，并且配置的 A_{TTd} 设置值应尽可能地小，以保证设备工作于线性工作区如表 6.15 所示。

表 6.15　5 W 干放输入功率、ATTd 配置表

低增益干放	5 W ($P_{AIC}=37$、$G_d=40$、$G_u=40$、$NF_{RPT}=5$)					
参数	建议值					
小区结构 N_c	O2	O4	O6	O8	O10	O12
输入电平 P_{in}	−6	−9	−11	−12	−13	−14
下行衰减 A_{TTd}	0～3					

注:干放、直放机的输入均可按此公式计算;A_{TTd} 越小,设备噪声系数越小,设备功放管越容易保持在线性放大区。

2. 上行干扰

直放站是一个有源的双向放大设备,在放大有用的信号同时,必然也会引入一定的噪声。所有的直放站接入基站均存在着上行通道,希望接入到基站接收机入口的噪声功率要小于−120 dBm。这是由设备本身的工作带内的杂散辐射电平和上行增益共同而决定的。静态噪声是可以由计算得到,动态噪声只能通过测试得到。调测时应调整上行增益并计算此噪声经有效路径损耗(不同的直放站计算有所不同)到达基站接收机的噪声功率是否控制在−120 dBm(有的系统还会另有要求)以内,只有控制住上行噪声,直放站就不会对基站形成干扰。

例 6.5　搜索窗设置不合理引起的掉话优化。

1. 现象描述:

2005 年 12 月 5 日,某村用户投诉该村移动手机通话时话音质量较差,从 OMC 统计数据发现该直放站的施主基站上行干扰严重。

2. 故障分析、处理过程:

维护人员对该村所用直放站进行实地检测,首先关闭该直放站,判断干扰的产生是直放机原因还是基站本身原因。直放机关闭 1 小时后,观察指标正常,因此可以判断该直放机对施主基站存在严重干扰。

该直放站为光纤直放站,分 A 端机和 B 端机,A 端机安装在施主基站的机房内,根据以往处理无线直放站的经验,先对 B 端机的上行通路作了调整,将上行底噪从−33 dBm 调至−39 dBm,调整后再观察指标发现有所好转,但尚未达到正常范围,再将底噪值从−39 dBm 调至−48 dBm,观察指标发现有好转,但依然达不到正常范围。经过两次调整后仍不能解决问题,分析再在 B 端调整已没有意义。

对 A 端机检测时发现光输入为 2 dBm,底噪−69 dBm。分析:基站架顶输出功率约40 dBm,推算出从基站架顶到 A 端机光输入共损耗 38 dB,根据底噪的理论算法底噪应小于−82 dBm。因此对 A 端机的上行通路作了调整,从−69 dBm 调至−82 dBm,观察指标发现已恢复正常,覆盖区域通话正常。

3. 上下行链路平衡

由于规范中定义的基站与手机的发射功率的不对等,导致 GSM 本身就是一个上行受限的系统。但由于 GSM 基站的高灵敏度、分集接收增益等,实际应用中,已实现上行链路的弥补,使之整体来说仍是一个上、下行平衡的系统。当系统中引入干放、直放站等有源设备后,由于设备自身的增益配置、灵敏度问题,将打破原 GSM 系统的链路平衡。故:室内分布系统调测有源设备时,应注意保持系统的链路平衡。

干放、直放机的链路平衡应满足如下公式:

(1) 干放发射功率 P_{RPT} + 干放噪声系数 N_{RPT} + 基站噪声增量 ΔN_{BTS} = 手机发射功率 P_{ms} + 手机噪声系数 N_{ms};

(2) $|A_{TTd}-A_{TTup}|<5dB$。

以 5 W 干放为例,手机最大发射功率=33 dBm,手机噪声系数 $N_{ms}=7$ dB,噪声增量 $\Delta N_{BTS}=1$ dB,干放噪声系数 $N_{RPT}=5$ dB,则干放发射功率 $P_{RPT}=33+7-1-5=34$ dBm。表示该系统干放的最大输出功率不能超过 34 dBm。而根据公式计算,5 W 干放在信源小区最低配置为 O2 时,控制输入的电平为-6 dBm,此时干放的最大输出功率为 34 dBm。

4. 参数优化

小区中增加直放站会引起施主基站的覆盖半径变化、相邻小区变化、增加传播的多径、乒乓切换等。例如,小区与周边小区漏加必要的邻区关系,使得原小区无法在其需进行切换时及时地切至周边距离较近、信号较强的小区上,而由于切换不及时、不合理而发生切换失败。因此应根据小区分布情况,结合路测情况及切换统计,添加必要的邻区关系、删除冗余的邻区关系。

例 6.6 参数设置不当引起的掉话优化。

(1) 现象描述

青州黄峡广场 C 区 12 和 13 楼是移动公司重点客户的所在地,该单位的领导曾多次向移动公司投诉,反映手机通话质量不好,移动公司的运维部要求维护工程师立即解决该投诉问题。

(2) 问题分析、处理过程

经现场测试,在占用室内的信源频点 CH87 的情况下,通话清晰。但在黄龙世纪广场的 C 区北侧的楼梯口附近测试时,接到外面打来的电话,当时手机占用 CH68(CID20122)的频点,想让它占用室内覆盖的频点,就边通话边往楼内的走廊走。但越往深处走,对方听自己的声音越困难,而自己可以很清晰地听到对方的声音,这说明 CH68 的上行有问题,而且 CH68 的邻频中没有室内覆盖 CH87 的频点。这样不能直接切换到室内 CH87 的频点上,结果导致掉话。

出了广场 C 区后,维护工程师把手机锁定在 CH68 的频点上,顺着 CH68 信号强弱的特性,顺藤摸瓜一直找到 CH68 的基站位置,它在花园大酒店的楼顶,第二扇区,朝向东南。相对于世纪广场 C 区,它的信号是比较强的。而且在花园大酒店的电梯内,发现电梯内也有 CH68 的信号,强度高达-50 dBm,可以肯定电梯内也进行了覆盖。根据推理分析如下:花园大酒店第二扇区的信号经过耦合,进入功率放大器,覆盖电梯,此功率放大器因调试不当而上行噪声电平过大,影响了该基站的上行接收灵敏度,直接导致了 CH68 的上下行不平衡。如果接收方信号足够强,这一现象不易发生,但若接收方驻留在该小区信号开始变弱,又不能切换到合适的邻小区上,直接导致该信号的上行通话质量的下降。

找到了问题的所在,建议把广场 C 区的频点 CH87 加到花园大酒店的第二扇区 CH68 的邻频中,并重新调测花园大酒店电梯内覆盖的功率放大器,使它不影响基站的接收灵敏度而导致收不到上行的弱信号,保持上下行链路的平衡。

6.4.2 直放站的维护

直放站主机是由各种模块组成的,模块故障会导致直放站不正常工作从而导致网络问题。常见出现故障的模块有:电源模块、功放模块、监控主板。各种模块故障检测方法如下。

(1) 电源模块

设备的电源模块故障一般可以通过设备上的指示灯和用万用表测电源判断出来。

（2）功放模块

检查模块的供电电压，若有 24 V，再连接频谱仪，在下行功放的输入端输入一个扫频信号，在输出端检测功放模块的增益是否正常，如不足，则功放故障。

（3）监控主板

监控系统故障导致监控不能正常上报，可能原因如下：

① 直放站或监控中心的监控 SIM 卡问题（例如，监控卡数传功能被关闭、欠费停机等）；

② 设备停止工作 6 小时以上（例如，直放站停电或主机电源模块故障等）；

③ 直放站或监控中心的监控 Modem 问题（例如，初始化不正常或工作异常等）；

④ 监控中心至直放站无线传输路径网络问题（例如，网络繁忙或通信故障）；

⑤ Modem 接收信号太弱或太强（一般接收信号为 $-50 \sim -80$ dBm）。

检查步骤如下：

① 检查设备和周边无线信号；

② 检查 Modem；

③ 检查 SIM 卡；

④ 检查"短信服务中心的号码"的设置；

⑤ 检查"站点编号"、"设备编号"的设置；

⑥ 检查"查询/设置电话号码"的设置。

6.5　直放站的监控技术

由于直放站在移动通信网络中大量运用，所以直放站设备管理和设备维护的好坏已成为影响网络质量的重要因素。为了提高直放站的维护管理水平和工作效率，需要建设直放站统一监控系统，实现了对全省业务区内的直放站设备的统一管理。

6.5.1　概述

直放站覆盖设备统一监控系统（简称：监控系统）应能够兼容不同厂家的直放站覆盖设备，实现对厂家的直放站覆盖设备的运行维护、工程项目、规划配置、故障监视、性能分析等方面的管理。

该监控系统应具备接入综合网管系统的接口和能力。

该监控系统应稳定、可靠，并具有较好地扩展性，能有效地对设备进行管理，并能适应未来业务发展的需要，以充分保证投资的长期有效性[9]。

6.5.2　监控组网结构

1. 监控组网结构

监控组网结构如图 6.26 所示。

2. 监控组网结构组成

（1）监控中心：即直放站监控管理系统，由服务器、客户端、Modem、短信网关或短信服务中心以及相互之间的接口组成。

（2）直放站设备：直放站设备由主设备、从设备及 RS232 或 RS485 连接组成，可以由主设备单独构成，也可由主从设备构成分布式监控网络。

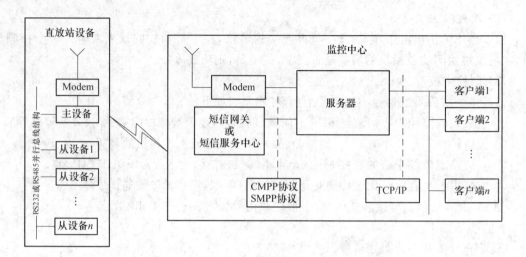

图 6.26 直放站监控组网图

6.5.3 监控传输方式

直放站设备端应同时具备 GSM Data、GSM SMS 两种通信方式,并在以后考虑具备 GPRS 通信方式。

监控中心端必须同时具备 GSM SMS、GSM Data 通信方式,并在以后考虑具备 GPRS 通信方式,需具备对通信方式的优先选择功能。

对监控中心主动发起的操作,由监控中心决定采用何种传输方式。对于由直放站设备主动发起的操作,可以对所采用的通信方式进行配置。

6.5.4 监控系统的接口

1. 监控中心与直放站设备的接口

监控中心应能采用 PSTN、GSM DATA、GSM SMS、SMPP、CMPP、GPRS 等方式与直放站设备进行数据通信。监控中心与直放站设备的数据通信应遵守《广东移动直放站覆盖设备监控通信协议规范》的规定。

2. 监控中心与综合网管平台的接口

监控中心应能提供接口以供移动综合网管平台提取接口信息。接口方式采用如下 3 种。

(1) 采用文本存储信息,通过 FTP 服务来传送文件。

监控中心将参数信息在服务器端写入参数文本文件,文本文件格式和内容按运营商要求指定。直放站服务器提供 FTP 服务,综合网管平台的服务器定时用 FTP 指令去获取参数文本文件,并根据参数文本文件的内容去进行处理。综合网管平台也可通过同样的方式将信息传递到监控中心。

(2) 自定义协议格式,通过 TCP/IP 套接字方式传输。

本方案需制定接口协议规范。同时需要综合网管软件进行同步的二次开发。

(3) 采用 SNMP 简单网管协议,通过 TCP/IP 方式传输。

这样方案需要综合网管平台能实现 SNMP Manager 功能。

3. 监控中心与工单系统的接口

监控中心与工单系统的接口方式情况和监控中心与综合网管平台的接口方式一样,可提供文件传输、自定义协议和 SNMP 3 种接口方式。

本章参考文献

［1］　赵羽. 射频拉远在 CDMA 组网中的应用[J]. 数字通信，2009，36(6)：70-74.

［2］　冯先成. 通信直放站技术[M]. 北京：北京邮电大学出版社，2011.

［3］　郭怀忠. 直放站的应用浅析[J]. 广东通信技术，2005，24(A01)：81-83.

［4］　吴泽民. 3G 数字直放站的研究与设计[J]. 移动通信，2005，29(7)：74-76.

［5］　陈雄颖. TD 微波拉远系统解决方案[J]. 中国新通信，2010 (5)：86-91.

［6］　张农. 直放站在蜂窝移动通信网中的应用[J]. 邮电设计技术，2000 (5)：1-7.

［7］　吴劲松. 移动通信直放站[J]. 中国无线电管理，2000 (4)：33-34.

［8］　李川. CDMA 网络中直放站的维护与优化[J]. 电信技术，2008 (12)：20-22.

［9］　张泗林. 直放站集中监控管理系统[J]. 移动通信，2003，27(1)：174-176.

［10］　何明. 室内分布系统时延色散干扰问题分析及优化方法[J]. 邮电设计技术，2011，7：52-54.

［11］　刘芷含，薛义，张晓燕，等. 基于同频转发技术构建 CMMB 盲区覆盖网络[C]. 数字电视技术国际研讨会，2009.

［12］　方勇，罗俊平，熊冰. ICS 数字直放站的应用[J]. 电信技术，2008 (12)：31-33.

第7章 无源器件的性能指标与应用

7.1 概 述

室内分布系统(图 7.1)主要由施主信号源和信号分布系统两部分组成[1]。其中信号分布系统以树型(分支)结构方式将射频链路进行覆盖延伸,一般由有源器件、无源器件组成。

有源器件已在本书第 6 章中做过重点介绍,本章将重点介绍无源器件。无源器件是指器件等效电路模型中无电源(电压源或电流源)的射频器件,主要作用是对信号进行传输、分路、合路、衰减和辐射等。广义无源器件包括电阻、电容、电感等器件,而应用于移动通信的无源器件一般指功分器、耦合器、滤波器、合路器、双工器、隔离器、泄漏电缆及天线、电缆及接头等。

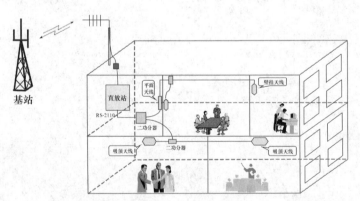

图 7.1 室内分布系统

7.2 射频与微波的基本概念

7.2.1 射频常用计算单位

1. dB

dB 是一个相对值,表示两个量的相对大小关系,无量纲。当考虑甲的功率相比于乙功率大或小多少个 dB 时,按下面计算公式:10log(甲功率/乙功率);如果采用两者的电压比计算,要用 20log(甲电压/乙电压)。

例 7.1 甲功率比乙功率大一倍,那么 10log(甲功率/乙功率)=(10log2)dB=3 dB。也就是说,甲的功率比乙的功率大 3dB;反之,如果甲的功率是乙的功率的一半,则甲的功率比乙的功率小 3 dB。

2. dBi 和 dBd

dBi 和 dBd 是表示天线功率增益的量,两者都是一个相对值,但参考基准不一样。dBi 的参考基准为全方向性天线,dBd 的参考基准为偶极子,所以两者略有不同。一般认为,表示同一个增益,用 dBi 表示的数比用 dBd 表示的数要大 2.15。

例 7.2 对于一面增益为 16 dBd 的天线,其增益折算成单位为 dBi 时,则为 18.15 dBi(一般忽略小数位,为 18 dBi)。

例 7.3 0 dBd＝2.15 dBi。

3. dBc

dBc 也是表示功率相对值的单位,与 dB 的计算方法完全一样。一般来说,dBc 是相对于载波(Carrier)功率而言,在许多情况下,用来度量与载波功率的相对值,如用来度量干扰(同频干扰、互调干扰和带外干扰等)以及耦合、杂散等的相对量值。在采用 dBc 的地方,原则上也可以使用 dB 替代。

例 7.4 一个典型的互调指标是两个 20 W(即 43 dBm)的载波功率同时作用于被测器件上,被测器件产生的互调失真信号的大小。若此时产生绝对值为 −107 dBm 的互调产物,则对应的相对值为 −50 dBc。

4. dBm

dBm 是表示功率绝对值的值(也可以认为是以 1 mW 功率为基准的一个比值),计算公式为:10log(功率值/1mW)。

例 7.5 如果功率 P 为 1 mW,折算为 dBm 后为 0 dBm。

例 7.6 TD-SCDMA 系统中,2 W 的射频拉远单元(RRU)较为常见,按 dBm 单位进行折算后的值应为 10log(2 W/1 mW)＝(10log2 000)dBm＝33 dBm。

5. dBu

电信测试中也常使用 0.775V 作为电压基准值,该值相当于 1mW 的功率加在 600 Ω 的阻抗上,通用于广播方面,如调音台的调音设备及电气测试设备及仪表等。如果以 0.775 V 作为比较的基准,那么测到 P_u 的电压电平为 $P_u=20\lg(U/0.775\ \text{V})$,$P_u$ 的单位为 dBu。

6. dBW

与 dBm 一样,dBW 是一个表示功率绝对值的单位(也可以认为是以 1 W 功率为基准的一个比值),计算公式为 10log(功率值/1 W)。

dBW 与 dBm 之间的换算关系为:0 dBW＝10log1 W＝10log1 000 mW＝30 dBm。

例 7.7 如果功率 P 为 1 W,折算为 dBW 后为 0 dBW。

总之,dB、dBi、dBd 和 dBc 是两个量之间的比值,表示两个量间的相对大小,而 dBm、dBW 则是表示功率绝对大小的值。在 dB、dBm、dBW 的计算中,要注意基本概念,用一个 dBm(或 dBW)减另外一个 dBm(dBW)时,得到的结果是 dB,例如,30 dBm−0 dBm＝30 dB。

一般来讲,在工程中,dBm(或 dBW)和 dBm(或 dBW)之间只有加减关系,没有乘除。而用得最多的是减法:dBm 减 dBm 实际上是两个功率值相除,信号功率和噪声功率相除就是信噪比(SNR)。dBm 加 dBm 实际上是两个功率值相乘。

7.2.2 无源器件指标定义

微波波段的波长和一般物体的尺寸相当或小得多,当微波辐射到这些物体上时,将产生显著的反射、折射,这和光的反射折射一样。同时微波能够像光线一样直线传播,即具有似光性。这样可以利用光学概念和特性来解释射频微波器件的指标。

如图 7.2 所示,一束光线(R_1)从空气入射到一玻璃透镜,在界面 1(可理解为射频/微波端口)产生反射和折射现象,一部分光线被反射(A1),另外一部分折射进入透镜,在透镜中传输并产生一定损耗然后从界面 2 输出 B_1(简化起见不考虑界面 2 反射)。从光学角度,可以从两个参数来衡量透镜特性,一个为反射参数 $\dfrac{A_1}{R_1}$,衡量反射特性,另外一个为传输参数 $\dfrac{B_1}{R_1}$,反应光传播特性。

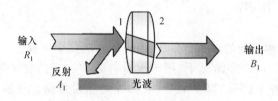

图 7.2　光波反射与传输现象

对于希望"透光性"好的透镜。例如,照相机镜头所使用透镜,希望 $\dfrac{A_1}{R_1}$ 越小越好,$\dfrac{B_1}{R_1}$ 则越大越好。假设透镜是理想介质,R_1,A_1,B_1 分别代表能量,并且光线在其中传播不存在损失,则根据能量守恒定律,$R_1 = A_1 + B_1$,实际上由于光线通过透镜肯定是有损失的,因此 $R_1 > A_1 + B_1$,当然也满足 $R_1 > A_1$,$R_1 > B_1$。实际上两个参数还不能很好地描述透镜特性。例如,对于安装在窗户上的玻璃,需要双向透光性都要好,这时还需要另外一个方向参数,当一束光线 R_2 从透镜另一面 2 入射时,同样产生反射 A_2,从界面 1 输出 B_2(简化起见不在图 7.2 中表示)。这样有两类(反射/传输)两个方向(正向/反向)4 个参数 $\dfrac{A_1}{R_1}$,$\dfrac{B_1}{R_1}$,$\dfrac{A_2}{R_2}$,$\dfrac{B_2}{R_2}$ 来描述透镜特性。

同样对于射频/微波器件,可以采用类似光学指标定义方法。当电磁波进入端口 1 时,也会产生反射现象,同样经过器件后电磁波从 2 端口输出(如图 7.3 所示)。

射频/微波技术中采用散射参数描述电路或器件特性。以二端口网络为例,图 7.4 所示的二端口微波网络中,a_1 和 b_1 分别为端口 1 的归一化入射电压波和反射电压波;a_2 和 b_2 分别为端口 2 的归一化入射电压波和反射电压波。输入和输出之间的关系可以表示为

$$\begin{cases} b_1 = s_{11}a_1 + s_{12}a_2 \\ b_2 = s_{12}a_2 + s_{21}a_1 \end{cases}$$

二端口网络的 s 参数为

图 7.3　微波反射与传输现象　　　　　　　　图 7.4　二端口网络

$s_{11} = \dfrac{b_1}{a_1}\Big|_{a_2=0}$,即当端口 2 匹配时($Z_L = Z_0$),端口 1 的反射系数;

$s_{22} = \dfrac{b_2}{a_2}\bigg|_{a_1=0}$，即当端口 1 匹配时 $(Z_S = Z_0)$，端口 2 的反射系数；

$s_{12} = \dfrac{b_1}{a_2}\bigg|_{a_1=0}$，即当端口 1 匹配时 $(Z_S = Z_0)$，端口 2 到端口 1 的传输系数；

$s_{21} = \dfrac{b_2}{a_1}\bigg|_{a_2=0}$，即当端口 2 匹配时 $(Z_L = Z_0)$，端口 1 到端口 2 的传输系数。

s_{11} 相当于以上透镜实例中 $\dfrac{A_1}{R_1}$，s_{21} 相当于 $\dfrac{B_1}{R_1}$，s_{22} 相当于 $\dfrac{A_2}{R_2}$，s_{21} 相当于 $\dfrac{B_2}{R_2}$，通过上面的分析可以看出，微波网络的 s 参数具有确定的物理意义。需要说明的是 s 参数是射频微波测量的基础，是网络分析仪的基本参数，从根本上讲，网络分析仪只能设置并测试这 4 个参数，其他譬如增益、插损、方向性、隔离度等指标只是在不同环境条件下一种特定称谓，下面对各个指标进行解释。

另外需要说明，实际微波器件一般为多端口，譬如对于二功分器，输入口 1 个（端口号为 1），输出口有两个（端口号为 2,3），可以用二端口网络分别描述 1-2,1-3,2-3 端口特性。

1. 频带带宽

器件正常工作时，能够符合一定指标要求的频率范围。例如，常用室分功分器频率规格为 800～2 500 MHz，超出此频率，如 2 600 MHz，器件性能下降甚至不能正常工作，未来 LTE 工作频谱之一是 2 600 MHz，为解决室内分布 LTE2600 频段使用问题，类似功分器等器件频率拓宽到 800～2 700 MHz 有一定必要性。

2. 插入损耗与带内波动

表示无源器件输入信号 p_{in} 与输出信号 p_{out} 的功率关系，一般用 dB 表示，用公式表示为 $10\log\left(\dfrac{p_{out}}{p_{in}}\right)$，用 s 参数表示为 $20\log|s_{12}|$ 和 $20\log|s_{21}|$，分别代表 2 端口到 1 端口的插入损耗和 1 端口到 2 端口插入损耗。无源器件关于插损的指标要求小于某一数值，例如滤波器插损小于或等于 0.5 dB，实际无源器件插损不是一固定值，而是上下波动，因此不仅需要通带内插损的最大值，也需要知道插损的波动范围，波动范围为最大值减最小值。

3. 电压驻波比

反射系数是表征行波和驻波之间关系的另外一个物理表示量。反射系数定义为反射的波与入射的波的比，反射系数 $|\varGamma| = \sqrt{\dfrac{p_{re}}{p_{in}}}$，用 s 参数表示为 $|s_{11}|$ 或 $|s_{22}|$。当既有入射波又有反射波存在时，就会产生驻波，驻波比的定义为输入电磁波与反射电磁波叠加所形成驻波的波峰与波谷之比。反射系数越大，驻波比也越大，驻波比等于 $\dfrac{1+|s_{11}|}{1-|s_{11}|}$ 或 $\dfrac{1+|s_{22}|}{1-|s_{22}|}$，分别代表 1 端口的驻波比和 2 端口驻波比。工程上，为了便于直观使用，又引入了回波损耗（Return Loss, RL）的概念。回波损耗的定义为反射系数取对数，$RL = 20\log|\varGamma|$，回波损耗的单位为 dB。

驻波比过大将缩短通信距离，而且将返回发射机功放的反射功率，容易烧坏功放管，进而影响通信系统正常工作。经过业界多方实践和验证，一般要求驻波比小于 1.5。更大的驻波比意味着更大的覆盖距离损失，更小的驻波比意味着更高的成本要求。

例 7.8　以下举例说明上述参数的对应关系。假设某天线（如图 7.5 所示）的阻抗为 33.3 Ω，前端所连接馈线的阻抗为 50 Ω，试计算反射系数、行波系数、回波损耗和驻波比。

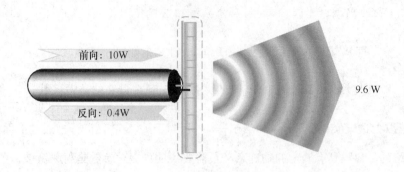

图 7.5　阻抗不匹配时馈线上同时存在入射波和反射波

反射系数：

$$\Gamma = \mathrm{sqrt}(0.4/10) = 0.2 \text{ 或 } \Gamma = (50-33)/(50+33) = 0.2$$

行波系数：

$$\mathrm{TWC} = (1-\Gamma)/(1+\Gamma) = 0.67$$

回波损耗：

$$\mathrm{RL} = 10\log(0.4/10) = -14 \text{ dB}$$

驻波比：

$$\mathrm{VSWR} = (1+\Gamma)/(1-\Gamma) = 1.5$$

4. 隔离度

隔离度用来衡量当在某端口输入信号 p_{in}，测量在其他端口输出信号 p_{out} 大小，其计算公式为 $10\log\left(\dfrac{p_{\mathrm{out}}}{p_{\mathrm{in}}}\right)$，用 s 参数表示为数表示为 $20\log|s_{12}|$ 和 $20\log|s_{21}|$，分别代表 2 端口到 1 端口的隔离度和 1 端口到 2 端口隔离度。隔离度描述了两端口互不影响的程度，隔离度越大，相互之间影响越小。

例 7.9　举例说明二功分器隔离度特性，输入端口为 in，输出端口分别为 Out1，Out2，理论上二功分器两输出口隔离度为 -6 dB，当 Out1 端口输入 1 W 信号时，有多少信号从 Out2 端口输出？

解　$10\log\left(\dfrac{p_{\mathrm{out2}}}{p_{\mathrm{out1}}}\right) = -6$ dB，$\dfrac{p_{\mathrm{out2}}}{p_{\mathrm{out1}}} = \dfrac{1}{4}$。也就是说当二功分器从 Out1 端口输入 1 W 的信号时，有 1/4 W 的信号通过 Out2 输出。

5. 耦合度

耦合度用来衡量在输入端口输入信号 p_{in}，测量在耦合端口输出信号 p_{out} 大小，其计算公式为 $10\log\left(\dfrac{p_{\mathrm{out}}}{p_{\mathrm{in}}}\right)$，用 s 参数表示为数表示为 $20\log|s_{12}|$ 和 $20\log|s_{21}|$，分别代表 2 端口到 1 端口的耦合度和 1 端口到 2 端口的耦合度。

例 7.10　举例说明耦合器耦合特性，对于 10 dB 耦合器，当输入口输入 10 W 功率时，有多少功率通过耦合口输出？

解　$10\log\left(\dfrac{p_{\mathrm{C}}}{p_{\mathrm{in}}}\right) = -10$ dB，$\dfrac{p_{\mathrm{C}}}{p_{\mathrm{in}}} = \dfrac{1}{10}$，$P_{\mathrm{C}} = 10 \times \dfrac{1}{10} = 1$ W。

6. 带外抑制

带外抑制用来描述输入信号在工作频段之外频率上的衰减,其计算公式与插损公式相同,用公式表示为 $10\ \log\left(\dfrac{p_{out}}{p_{in}}\right)$,用 s 参数表示为 $20\ \log|s_{12}|$ 和 $20\ \log|s_{21}|$,分别代表 2 端口到 1 端口的带外抑制耗和 1 端口到 2 端口带外抑制。插损描述的是通带内信号的衰减程度,而带外抑制是描述通带外信号的衰减器。

例 7.11　举例说明 GSM 接收滤波器特性,工作频带为 880~915 MHz,插入损耗≤−0.5 dB,在 TX 频段(925~960 MHz)带外抑制≥−100 dB,当输入信号为 20 W 时,在带内和 TX 频带最多有多少功率输出。

解　$10\ \log\left(\dfrac{p_{out1}}{p_{in}}\right)=-0.5$ dB,$\dfrac{p_{out1}}{p_{in}}=0.89$,$P_{out1}=20\times0.89=17.8$ W;$10\log\left(\dfrac{p_{out1}}{p_{in}}\right)=-100$ dB,$\dfrac{p_{out1}}{p_{in}}=\dfrac{1}{10^{10}}$,$P_{out1}=20\times\dfrac{1}{10^{10}}$ W=100 pW。

7. 功率容量

功率容量是指器件由电阻和介质损耗所产生的热能所导致器件的老化、变形以及电压飞弧现象不出现时所允许的最大功率负荷[11]。无源器件功率容量在蜂窝系统组网中,随着微蜂窝载频数量的增多,以及新扩容系统的接入,现网的绝大多数器件已经出现老化或者无法满足网络对器件的功率容量要求。当不满足要求时,主要表现在两个方面:器件局部微放电,造成频谱扩张,产生宽带干扰,影响多个系统(图 7.6);或者器件击穿而损坏,造成通信中断。

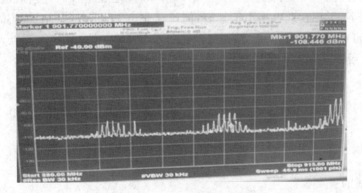

图 7.6　微放电导致的频谱扩展

功率容量有两种表达方式,即平均功率和峰值功率。平均功率主要考察器件的散热性,而无源器件材料都是金属,散热性非常好,一般情况下此项指标不易出问题;峰值功率决定无源器件是否被击穿,相比较平均功率,在峰值功率情况下无源器件更容易出现问题。目前高性能无源器件,平均功率要求大于 200 W,峰值功率要求大于 1 500 W。

多载波情况下的平均功率和峰值功率,按照以下公式计算:

- 系统平均功率(dBm)=单载波平均功率(dBm)+10log N (N 为载波数);
- 系统峰值功率(dBm)=单载波平均功率(dBm)+10log N+系统峰均比 (N 为载波数)。

一般情况下功率出现问题都是峰值功率导致,但习惯上现网无源器件入网时多数只有平均功率要求,没有峰值功率要求。按照以上公式,计算 4 载波情况下不同通信系统的峰值功率,如表 7.1 所示。可以看出基站信号峰值功率已经超出了目前现网中大多数器件所能承受的功率能力,很容易出问题。

表7.1 不同通信系统峰值功率

通信制式	峰均比/dB	平均功率/W	峰值功率/W
GSM	4	80	200.47
EDGE	9.2	80	663.83
TD-SCDMA	7.5	6	33.66
WLAN	12	2	31.62
LTE	9	8	50.35
CDMA	12.7	80	1 486.14
WCDMA	11.9	80	1 236.11

8. 温度范围

在不影响电气指标的情况下器件可以正常工作的温度范围,一般室内分布无源器件的温度范围为$-25\sim55℃$,室外基站无源器件因为工作环境更为恶劣,温度范围要求为$-55\sim85℃$。

9. 无源互调

当两个或多个发射信号同时通过无源器件,如天线、电缆、滤波器和双工器时,由于其机械接触的不可靠,虚焊和表面氧化及不同材料接触等原因产生除发射信号频率之外其他频率信号,这些信号称之为非线性产物,即无源互调。

无源互调指标定义有两种:一种是基于绝对功率,规定在输入一定两载波功率(默认每载波43 dBm)情况下,无源互调电平小于某值,例如,3 阶互调 PIM3≤-110 dBm;另外一种是基于相对功率,规定在输入一定两载波功率(默认每载波20W)情况下,无源互调电平低于载波某值,例如,3 阶互调 PIM3≤-153 dBc@2×43 dBm〔等于$(-110)-43$〕。

7.3 典型室内分布无源器件

7.3.1 天线

1. 室分天线的重要参数

典型的基站天线方向图如图 7.7 所示,在主瓣最大辐射方向两侧,功率密度降低一半(增益减少 3 dB)的两点间的夹角定义为半功率宽度(Half Power Beam Width,HPBW)又称波束宽度或主瓣宽度;主波瓣两侧第一个零点之间波束宽度又称为零波瓣宽度(First Zerp Beam Width,FPBW);副瓣电平定义为副瓣最大值与主瓣最大值之比,背瓣电平定义为背瓣最大值与主瓣最大值之比;副瓣电平与背瓣电平既可以用百分数表示,也可以用 dB 表示。在基站天线应用中,水平面主瓣宽度决定了基站的覆盖范围,背瓣和旁瓣指向不需要辐射的区域,副瓣电平和背瓣电平决定了本小区对相邻小区的同频干扰。

常用的室内分布系统天线有全向吸顶天线、定向壁挂天线、对数周期天线、定向吸顶天线等。为降低对室内环境影响,满足业主美观要求,还有各种外形美化、隐蔽和伪装天线,统称为美化天线。由于 LTE、MIMO 和 4G 技术需要,业内开始出现双极化和有源室内天线。

根据室内覆盖场景、覆盖目标和安装条件的不同,应采用不同类型的室内天线。全向吸顶天线是用于室内信号覆盖的主要天线类型,通常在楼板或天花板上安装,信号四向发射,均匀覆盖。全向吸顶天线在室内分布系统中用量最大,适用场景最广,使用量占总量的 70% 以上。定向壁挂和对数周期天线等在墙壁上面固定安装,信号单向覆盖,常用于电梯、出入口和室内边缘等定向覆盖场景。全向吸顶是 360° 的覆盖,这类天线的增益较低,用于室内覆盖为主。其他的几种形式的天线都是只能覆盖一定的角度。定向壁挂天线的增益可以做得比较大,角度也可以多样,如 60°、90°、120° 等。

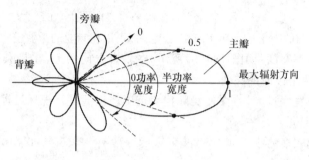

图 7.7　天线 E 面方向图

以下介绍天线主要电参数的定义,部分参数如驻波比、隔离度电路参数前面有所涉及,不再进行介绍。

(1) 增益

某一方向的天线增益是指该方向上的功率通量密度与理想点源或半波振子在最大辐射方向上的功率通量密度之比,用来衡量天线朝一个特定方向收/发信号的能力,它是选择基站天线最重要的指标之一。

增益指标是在专业微波暗室(如图 7.8 所示)测试后得到的增益的数值大小。开始测量时,必须将被测天线和增益基准天线交替做水平和俯仰调整,以确保每一天线在水平和俯仰上的最佳指向,使其接收的功率电平为最大。测量步骤如下:

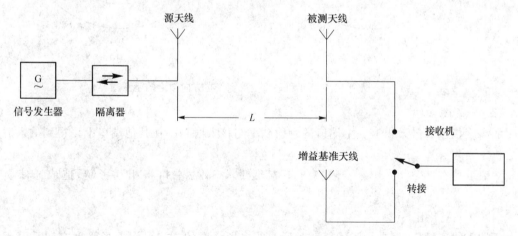

图 7.8　实验室测试方法

① 增益基准天线与源天线对准,通过转接,使增益基准天线与接收机相连接,此时接收机接收功率电平为 P_1(dBm);

② 被测天线与源天线对准,通过转接,使被测天线与接收机相连,此时,接收机接收功率电平为 P_2(dBm);

③ 重复步骤①和②,直至 P_1 和 P_2 测量的重复性达到可以接受的程度;

④ 被测天线某频率点的增益 G 按下式计算：

$$G = G_0 + (P_2 - P_1) + N$$

其中，G_0 为基准天线的增益，单位为 dBi；N 为接收机输入端分别到被测天线和增益基准天线输出端端路衰耗的修正值，单位为 dB。

（2）半功率波束宽度

水平（半功率）波束宽度：如图 7.9(a)所示，在水平面方向图上，在最大辐射方向的两侧，辐射功率下降 3 dB 的两个方向的夹角。半功率波束宽度指标可以在专业的微波暗室中进行测试。

垂直（半功率）波束宽度：如图 7.9(b)所示，在垂直方向图上，在最大辐射方向的两侧，辐射功率下降 3 dB 的两个方向的夹角。

如果半功率波束宽度过大，将会使实际覆盖范围严重不符合规划设计要求，很可能会带来越区覆盖、弱覆盖等问题。

实际网络中应用较多的水平半功率波束宽度一般有 32°、65°、90°、105°和 120°，垂直半功率波束宽度一般为 7°～14°。

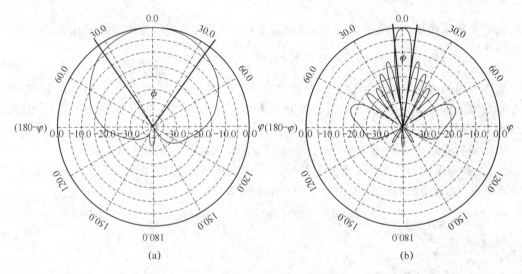

图 7.9　水平波束宽度和垂直波束宽度在方向图上的示意图

（3）隔离度

隔离度指多端口天线上一个端口的入射功率与该入射功率在其他端口上可得到的入射功率之比。

一般取值在 28～30 dB。若隔离度不满足要求，收发端口将相互影响，造成通信质量下降。

（4）交叉极化比

所谓天线的极化，就是指天线辐射时形成的电场强度的方向。当电场强度方向垂直于地面时，此电波就称为垂直极化波，如图 7.10(a)所示；当电场强度方向平行于地面时，此电波就称为水平极化波，如图 7.10(b)所示。

由于电波的特性，决定了水平极化传播的信号在贴近地面时会在大地表面产生极化电流，极化电流因受大地阻抗影响产生热能而使电场信号迅速衰减，而垂直极化方式则不易产生极化电流，从而避免了能量的大幅衰减，保证了信号的有效传播。因此，在移动通信系统中，一般均采用垂直极化的传播方式。

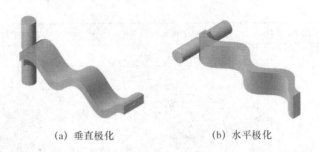

(a) 垂直极化　　　　　　　(b) 水平极化

图 7.10　垂直极化与水平极化示意

随着技术的发展,又出现了一种双极化天线。就其设计思路而言,一般分为垂直与水平极化和±45°极化两种方式,如图 7.11 所示。性能上一般后者优于前者,目前大部分采用的是±45°极化方式。

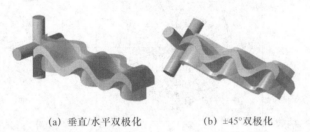

(a) 垂直/水平双极化　　　　　　　(b) ±45°双极化

图 7.11　双极化天线示意

交叉极化比指在接收点接收到的预期极化方向的功率与接收到的正交极化的功率之比,又称为交叉极化鉴别率(Cross-Polar Discrimination)。对于双极化天线而言,交叉极化比越高的天线性能越好。

室内分布常用天线典型指标如表 7.2 所示。

表 7.2　室内分布常用天线典型指标

类型	全向吸顶单极化天线	定向壁挂单极化天线
外观		
工作频段/MHz	880~960/1 710~2 500	880~960/1 710~2 500
极化方式	V	V
增益/dBi	2±0.5/5±1	7±1/8±1
方向图圆度/dB	±2	±2
垂直面半功率波束宽度/(°)	/	65/60
水平面半功率波束宽度/(°)	/	90±15/75±12
前后比/dB	/	6/8
电压驻波比	≤1.5	≤1.5
功率容限/W	50	50

类型	全向吸顶单极化天线	定向壁挂单极化天线
无源互调	≤−135 dBc(2×10 W)	≤−135 dBc(2×10 W)
水平方向图(示意)		
垂直方向图(示意)		
接口型号	N-Female	

2. 室分宽频全向天线

随着 3G 及 4G 的陆续商用,室内无线通信系统的频段逐渐扩展到 2 GHz 到 3 GHz 的高频段范围。作为典型的射频器件,室分天线的能量辐射规律(即方向图)通常存在典型的高频聚焦效应(或蝴蝶效应),即常用天线高频段方向图呈梨形,辐射能力向 z 方向轴集中。

在多种制式共用室分全向吸顶天线时,相对于传统的 GSM900 MHz 和 CDMA800 MHz 系统,3G 和 4G 等高频段制式的天线信号将向天线正下方集中,绝大部分信号能量都集中在小于 60°辐射角以内。图 7.12 即为传统天线在典型低频和高频段的垂直面方向图,须注意 0°方向为天线实际安装时的正下方。

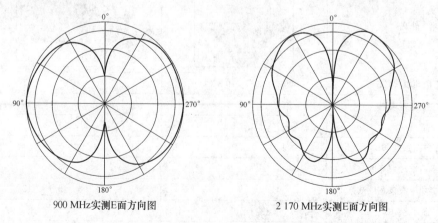

900 MHz实测E面方向图　　　　　　2 170 MHz实测E面方向图

图 7.12　高频信号向天线正下方聚焦

室分天线覆盖半径一般是:重要楼宇小于 10 m,一般楼宇约 15 m,空旷层约 20 m。如图

7.13 所示,假设层高 3 m,则其覆盖边缘对应天线辐射角 θ 分别为 $78.7°$、$82.4°$ 和 $84.3°$。因此,室内全向天线最关注的是 $60°\sim85°$ 辐射角的增益,尤其是 $85°$ 附近。

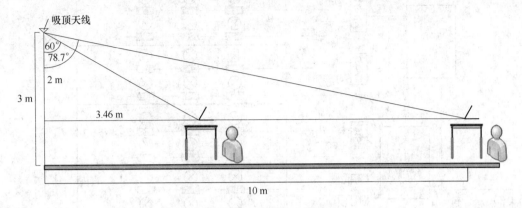

图 7.13　吸顶天线覆盖范围示意

由于传统的吸顶天线在高频段上覆盖范围比较小,为满足 3G、4G 与原有室分系统共室分天线运行需要,需要发展新型的全向吸顶天线。振子锥形化可扩展带宽,理论上无线长双锥天线即可形成非频变天线。截取一定长度形成有限长双锥天线,上下锥体角度变化形成各种双锥和单锥天线。其工作频段和工作带宽与锥体长度和角度相关。现有全向吸顶天线有双锥和单锥两种结构,均为有限长双锥天线的变形。双锥天线如图 7.14 所示。

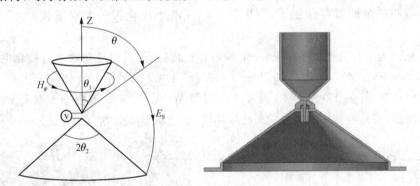

图 7.14　双锥天线

新型天线目前较传统天线直径大 $3\sim5$ cm,比传统天线高 $2\sim3$ cm,可支持 $800\sim3\,000$ MHz 的更宽频率。更为重要的是,对于高频覆盖范围,新型天线主瓣辐射角度达到 $+75°\sim+85°$ 之间,而传统天线主瓣辐射角度一般在 $45°$ 左右。因此,在 $+75°\sim+85°$ 方向上,新型天线较传统天线增益增加了 $3\sim5$ dB,从而有效延伸了覆盖边缘。

3. LTE 室分双极化天线

室内天线对于室内覆盖性能影响很大,目前使用最多的室内天线是单极化全向吸顶天线,在第三代移动通信系统中,室内覆盖天线和第二代移动通信一样采用单极化天线。在长期演进 LTE 系统中,FDD 和 TDD 都采用多输入多输出(MIMO)技术。

LTE 引入了 MIMO 技术,不仅有效改善系统容量和性能,还可以显著提高网路的覆盖范围和可靠性。但 MIMO 技术使室分系统(如图 7.15 所示)建设方法与 2G、3G 有很大不同,LTE 室分系统要实现 MIMO,需要增加一路天馈线,增加了室内建设的困难。

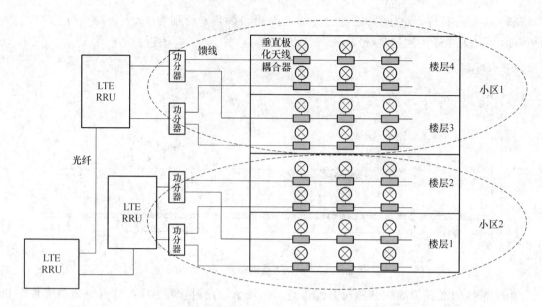

图 7.15　LTE 双路室内分布系统

　　室内双极化天线（如图 7.16 所示）的引入可以降低 LTE MIMO 天线的数量，提高了工程的可施工性。双极化室内分布天线是在常规单极化室内分布系统天线的基础上，用双极化辐射单元或两个正交极化辐射单元代替原有单极化辐射单元，以达到 ±45°或 0°、90°两种极化方式的目的。在保证足够隔离情况下，可以基本保证两个极化振子发射或接收的信号相关性较弱。

　　室内双极化天线有两个振子组成：一个是垂直极化振子，发射或接收垂直极化电磁波，工作频段为 CDMA、GSM、DCS、WCDMA、TDS-CDMA 及 TD-LTE；另一个是水平极化振子，发射或接收水平极化电磁波，覆盖 TD-SCDMA 及 TD-LTE 及 WLAN 频段。室内分布双极化天线的设计难点主要有两点：一是要保证有较高的极化隔离度，二是尽量降低方向图畸变。

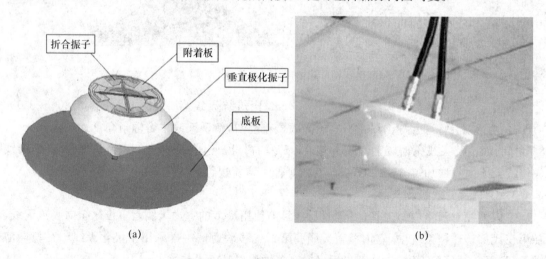

图 7.16　室内双极化天线原理与外观

　　LTE 双极化室内分布系统天线按照不同的应用场合和用途，又分为双极化室内全向吸顶天线、双极化室内定向吸顶天线和双极化室内定向壁挂天线三类。

7.3.2　功分器

作为一种低耗的无源器件,功分器(Splitter)广泛应用于移动通信系统中。功分器外形和内部结构如图 7.17、7.18 所示。其功能是将输入功率分配到各个支路中。功分器有很多种类:按路数可分为 2 路、3 路和 4 路三种类型;按能量的分配比可分为等分和不等分两种类型。常用的功率分配器都是等功率分配,从电路形式上来分,主要有微带线、带状线、同轴腔功率分配器,区别如下:同轴腔功分器的优点是承受功率大、插损小,缺点是输出端驻波比大,而且输出端口间无任何隔离;而微带线、带状线功分器优点是价格便宜,输出端口间有很好的隔离,缺点是插损大、承受功率小。

图 7.17　微带与腔体功分器外形

图 7.18　微带与腔体功分器内部结构

腔体功分器由于其大功率、低互调等特性在现在移动通信室内分布系统中得到广泛应用。腔体功分器一般应用在室内分布系统末端,靠近天线远离信源。

典型功分器指标如表 7.3 所示。

表 7.3　典型功分器指标

型号	ABCD062702N041-A1	ABCD062703N041-A1	ABCD062704N041-A1
频率范围	698~2 700 MHz		
输出口	2	3	4
接头类型	N(female)		
功率容量	200 W(Avg)/1500W(Peak)		
分配损耗 /dB	3	4.8	6
插入损耗	≤3.3	≤5.1	≤6.4
带内波动/dB	≤0.3		
驻波比	≤1.25		
无源互调 PIM3	<-140 dBc (2×43 dBm)		
特性阻抗	50 Ω		
工作温度/℃	-25~+65		
工作湿度	<95%		
IP 防护等级	室内使用		
重量/g	240	270	295
尺寸/mm	216×61×25	236.7×61×25	239.4×61×43

7.3.3 定向耦合器

定向耦合器(Directional coupler)是应用广泛的一种微波器件,其本质是将微波信号按一定的比例进行功率分配。定向耦合器由传输线构成,同轴线、矩形波导、圆波导、带状线和微带线都可构成定向耦合器,所以从结构来看定向耦合器种类繁多,差异很大。

耦合器内部结构如图 7.19 所示,内部由主线和副线两条线组成,主线中传输的功率通过多种途径耦合到副线,并互相干涉而在副线中只沿一个方向传输。当两个敞开的传输线靠得很近的时候,就会有一部分能量从主线上耦合到副线上。耦合的功率取决于电路的物理结构、传输模式、工作频率、主要功率的传输方向等。

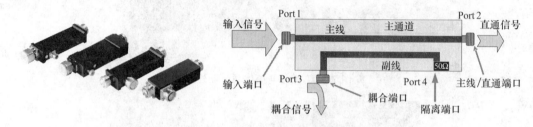

图 7.19　耦合器的外观与内部结构

耦合器耦合端口输出功率与输入端口输入功率的比值(耦合比例)称为耦合度,根据应用需要使用不同耦合比例的耦合器。

对于理想 10 dB 耦合器,其耦合比例为 1/10,意味着当输入端口输入 1W 的信号时,有 1/10 W的信号从耦合端口输出,有 9/10W 的信号从输出端口输出,因此插入损耗可以用下式计算:

$$IL = 10\log\left(\frac{p_{\text{out}}}{p_{\text{in}}}\right) = 10\log\left(\frac{9}{10}\right) = -0.46 \text{ dB}$$

耦合器耦合比例如表 7.4 所示。

表 7.4　耦合器耦合比例

定向耦合器	耦合比例	耦合度/dB	直通损耗/dB
5 dB 耦合器	1/3	−5	−1.65
6 dB 耦合器	1/4	−6	−1.25
7 dB 耦合器	1/5	−7	−0.97
10 dB 耦合器	1/10	−10	−0.46
15 dB 耦合器	1/32	−15	−0.14
20 dB 耦合器	1/100	−20	−0.044
30 dB 耦合器	1/1 000	−30	−0.004 3

除了耦合度外,隔离度/方向性是定向耦合器的关键指标,它定义了定向耦合器的定向程度,当方向性变差时,定向耦合器就会逐步退化为普通的耦合器。

方向性的定义如下:

$$10\log\left(\frac{p_{\text{i}}}{p_{\text{c}}}\right) = 10\log\left(\frac{p_{\text{i}}/p_{\text{pin}}}{p_{\text{c}}/p_{\text{pin}}}\right) = 10\log\left(\frac{p_{\text{i}}}{p_{\text{pin}}}\right) - 10\log\left(\frac{p_{\text{c}}}{p_{\text{pin}}}\right)$$

　　从上式中可以看出,方向性等于隔离度和耦合度之差。对于 10 dB 耦合器,隔离度一般为 30 dB,则方向性为 30−10＝20(dB)。

　　一般情况下,耦合器内部结构完全相同,区别在于不同耦合度的耦合器,内部主线和副线的间隙不同,耦合器有两种结构,一种为微带型耦合器,另外一种为腔体型耦合器,与功分器使用类似,目前室内分布中大量使用的腔体型耦合器典型指标如表 7.5 所示。

表 7.5　典型耦合器指标

耦合度/dB	5	7	10	20	30	40
频率范围/MHz			698～2 700			
接头类型			N			
功率容量 r/W			200(Avg)/1 500(Peak)			
耦合损耗 /dB	5±0.8	7±0.8	10±1.0	25±1.0	30±1.0	40±1.25
插损/dB	≤2.1	≤1.4	0.7	≤0.2	≤0.2	≤0.2
方向性/dB	≥20	≥20	≥20	≥20	≥20	≥18
VSWR			≤1.25			
无源互调 PIM3/dBc			<−150@2×43 dBm			
特性阻抗			50			
工作温度/℃			−25～+65			
IP 防护等级			IP65			
工作湿度			<95%			
重量/g		240			250	
尺寸/mm		123×40×18(不含接头)			123×45×16.5(不含接头)	

7.3.4　电桥

　　电桥(Hybrid Coupler)也称为同频合路器,是一种耦合度特别强的特殊耦合器,能将一个输入信号分为两个等幅信号,或者将两个同频的信号合成为一个信号。在室内覆盖系统中对同系统信号合路效果很好,主要用于两路信号合路,提高输出信号的利用率。

　　3 dB 电桥的外观和内部结构如图 7.20 所示。

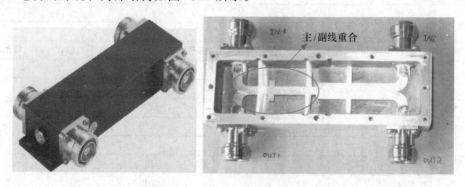

图 7.20　3 dB 电桥的外观与内部结构

　　电桥有 4 个端口:两个输入端和两个输出端,并且这两个端口的相位不相等,有一定相位差,输出相位差为 90°的电桥叫 90°电桥,输出相位差为 180°的电桥叫 180°电桥,一般工程用的电桥相位差为 90°。

通常电桥的输出端的功率分配比是 3 dB,也就是说两个输出端各分配一半的输入信号。假设有 A、B 两个信号(频率范围为 f_1、f_2),分别从电桥两个端口输入,则在电桥的每一个输出口都有 A、B 两个信号,且 A、B 输出信号功率电平变为原输出 $1/2$,如图 7.21 所示。

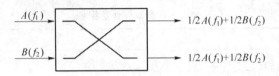

图 7.21　3 dB 电桥输出信号

3 dB 电桥是定向耦合器的一种,通过与耦合器结构比较可以发现,电桥与耦合器相比有以下不同:首先,由于输入/输出端口对称,因此耦合器中主线/副线形状相同;其次,由于 3 dB 耦合比耦合器最大 5 dB 耦合更大,因此主线和副线需要靠得更近,因此电桥的耦合线采用宽边耦合上下放置,在部分区域主线/副线重合。

电桥作为功率合成器使用时,如作为两路输出,不考虑损耗,则输入信号功率之和平分于两输出口;而当作为单端口输出使用时,另一输出端必须连接匹配功率负载以吸收该端口的输出功率,否则将严重影响到系统传输特性,而这同时,也带来了附加的 3 dB 损耗。

电桥主要应用于同频段内不同载波间的合路应用,或没有频率间隔的同系统之间合路,如中国移动 GSM 和中国联通 GSM 系统。中国移动 GSM 频率范围为 TX:935~954 MHz,RX:889~909 MHz;中国联通 GSM 频率范围为 TX:954~960 MHz,RX:909~915 MHz。对于以上系统合路只能用电桥合路,而不能用下面将要讲到的合路器合路。

由于电路和加工装配上的离散性,电桥耦合器输入端口的隔离度比较低,不建议应用在不同频段间(譬如 GSM/DCS 合路)的合路应用。因此在异频合路应用时,除了同频段内相邻载频(如 GSM 下行频段内的相邻载频)等只能采用 3 dB 电桥而不适用合路器情况外,建议在使用中优先选用合路器,以改善系统的性能指标,增加可靠性。

典型 3 dB 电桥技术指标如表 7.6 所示。

表 7.6　典型 3 dB 电桥技术指标

产品型号	ABCD082722N151-P1	ABCD082722D151-P1
重量/g	1 000	1 300
接头类型	N	Din
耦合损耗/dB	3±0.5	3±0.5
功率容量 r/W	200(平均值)/1 500(峰值)	200(平均值)/3 000(峰值)
隔离度/dB	≥25	≥25
VSWR	≤1.25	
无源互调 PIM3/dBc	<−150 @2×43 dBm	
特性阻抗	50	
工作温度/℃	−25~+65	
防护等级	IP65	
工作湿度	<95%	
频率范围/MHz	800~2 700	
尺寸/mm	194.8×58.4×41(不含接头)	

7.3.5　滤波器

滤波器(Filter)是过滤杂波的器件,让需要的频率通过,滤除不需要或对系统有害的频率以及一些干扰信号,能够提供给系统更干净的信号以及更好的通信质量。射频滤波器可以在微波的频率范围内根据系统需求选择一段频率进行过滤。例如,常见的中国移动 GSM 基站滤波器,其工作的频率范围一般是 889~954 MHz,低于这个频率的频段存在于 GSM 系统无关的信号(如 870~800 MHz 频段的中国电信 CDMA 下行信号),同样高于 GSM900 MHz 频率范围的频率也存在很多无关信号(如 1 800 MHz 的 DCS 信号/2 100 MHz 的 WCDMA 信号等)。射频腔体滤波器如图 7.22 所示。

图 7.22　射频腔体滤波器

滤波器一般按衰减特性分为低通、高通、带通和带阻 4 种。图 7.23 给出 4 种滤波器的衰减特性,图中横轴为角频率,纵轴为输入到输出传输函数(可以理解为插入损耗)。带通滤波器让中段频率的信号通过,高、低段的信号衰减或阻止;带阻滤波器与带通相反,让高、低段频率的信号通过,中段的信号衰减;低通滤波器让低段频率的信号通过,对中、高段的信号衰减;高通滤波器与低通相反,让高段频率的信号通过,对低、中高段的信号衰减。

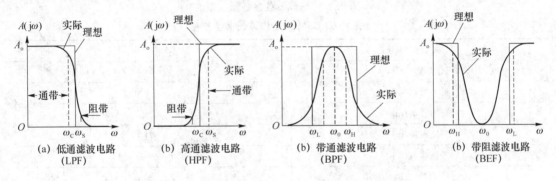

(a) 低通滤波电路 (LPF)　　(b) 高通滤波电路 (HPF)　　(b) 带通滤波电路 (BPF)　　(b) 带阻滤波电路 (BEF)

图 7.23　滤波器衰减特性

滤波器有很多类型,按照结构方式可分为集总参数滤波器、微带线滤波器、带状线滤波器、同轴腔体滤波器、波导滤波器、介质滤波器。其中同轴腔滤波器由于结构简单,插损小、体积小在移动通信工程中得到大量应用。同轴腔滤波器结构排列比较灵活,适合于 100 MHz ~ 40 GHz 频段带通滤波器的设计,它的基本原理是根据四分之一开路线和二分之一短路线所等效的 LCR 谐振电路,其组成结构如图 7.24 所示。接头的作用是将输入信号馈入滤波器或将经过滤波的信号取出,谐振杆和腔体形成谐振点,调谐螺杆的作用是改变谐振点的频率。

对于滤波器而言,一方面要求通带插损尽量小,保证所需信号尽量无衰减通过,另外一方面阻带抑制(带外抑制)要足够高,滤除不需要信号。滤波器的阻带特性是滤波器的核心技术指标,任何一个滤波器,如果认真分析其带外衰减,随着频率的不同,其衰减均是斜坡状的。

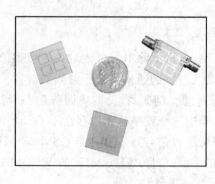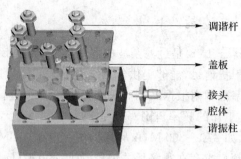

图 7.24　微带滤波器和腔体滤波器

　　滤波器的参数有驻波比、插损、带外抑制,带内波动等指标,各个指标不是相互独立的,而是相互影响,如图 7.25 所示。因此滤波器设计要综合考虑成本与性能,选择最优方案。GSM 基站滤波器典型指标如表 7.7 所示。

图 7.25　滤波器各参数相互影响

表 7.7　GSM 基站滤波器典型指标

频率范围/MHz	890～960
工作带宽/MHz	70
插入损耗/dB	≤1.0
带内波动/dB	≤0.8
回波损耗/dB	≥20
带外抑制/dB	≥80@825～880 MHz
阻抗/Ω	50
三阶互调/dBc	≤−140@+43 dBm×2
接口类型	N/DIN-F
功率容量/W	100
工作温度/℃	−25～+65
外形尺寸/mm	154×141×48
重量/kg	1.35

　　例 7.9　使用抗干扰器解决 CDMA 网络对 GSM 室分系统干扰。某医院发现上行干扰严重,现场实际排查时做了以下测试:在基站输入端 RX 用频谱测试上行,测试发现有很强的 CDMA 信号抬升移动 GSM 带内底噪。针对 CDMA 带外干扰问题,给基站输入端 RX 侧加了

两个抗干扰器(即滤波器),即可明显降低上行干扰,加装抗干扰器前后,频谱仪测试结果对比如图 7.26 所示。

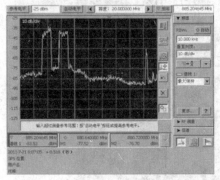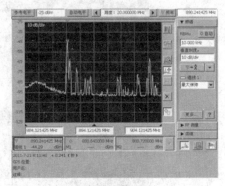

(a) 安装抗干扰器之前　　　　　　　　　　　　(b) 加抗干扰器之后

图 7.26　滤波器在室分系统高干扰问题中的应用

7.3.6　合路器

合路器(Combiner)是多个滤波器组成的单元,由两个或两个以上的通道组成,每一个通道都可以看作一个滤波器,不过在公共端口部分将多个通道合路到一起。

合路器原理如图 7.27 所示。

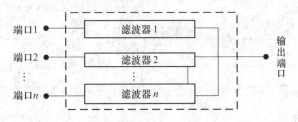

图 7.27　合路器原理

与滤波器设计相比,合路器的设计要相对复杂,主要因为要考虑更多频段,并且要考虑各个频段间不能相互影响,合路的数量越多,公共合路部分处理起来就越有困难。合路器和滤波器指标基本相同。图 7.28 给出一款 CDMA/GSM 合路器,通路 1 为 CDMA 通路,频率范围为 825~835 MHz,通路 2 为 GSM 通路,频率范围为 909~954 MHz,其在网络分析上测试曲线如图 7.29 所示。

从图 7.29 可以看出,CDMA 通道和 GSM 通道的回波损耗均小于 -20 dB,CDMA 对 GSM 的抑制(GSM 在 CDMA 频段带外抑制)大于 80 dB,两个系统之间有良好的隔离。合路器除了具有滤波器的指标之外,还有一些独有的指标,如端口隔离度。端口隔离度反映两个输入通道相互影响的程度,数值上隔离度等于带外抑制+插入损耗。例如,GSM 通道 CDAM 频段带外抑制为 85 dB,CDMA 通道的插入损耗为 0.5 dB,则端口隔离度为(85+0.5)dB=85.5 dB。由于一般情况下,腔体合路器的插损非常小,因此带外抑制近似等于端口隔离度,通常情况下,带外抑制和隔离度只要定义一个指标就可以了。某款合路器的典型指标如表 7.8 所示。

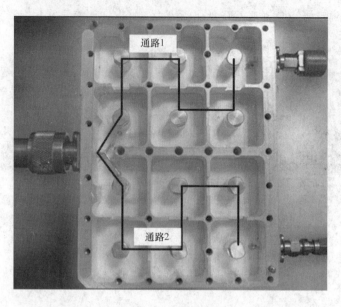

图 7.28　合路器结构

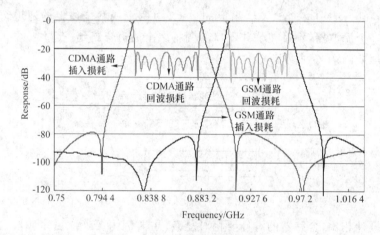

图 7.29　合路器测试曲线

表 7.8　典型合路器指标

通带		功率容量	
Band 1(Port1)	800~2 200 MHz	Port1◂▸Port3(ANT)	≤50 W
Band 2 (Port2)	2 400~2 500 MHz	Port2◂▸Port3(ANT)	≤50 W
VSWR	≤1.25	无源互调	≤−140@+43 dBm×2
插损			
Port1◂▸Port3(ANT)	≤0.5 dB	工作温度/℃	−20~+65
Port2◂▸Port3(ANT)	≤0.4 dB		
带内波动			
Port1◂▸Port3(ANT)	≤0.4 dB	防护等级	室内使用
Port2◂▸Port3(ANT)	≤0.4 dB		
隔离度			
Port1◂▸Port2	≥80 dB	重量/g	495
特性阻抗	500 Ω	尺寸/mm	176×117×28

7.3.7　衰减器和负载

衰减器(Attenuator)是二端口互易元件,输入到输出或输出到输入衰减特性相同。衰减器最常用的是吸收式,工程中通常使用的是同轴型衰减器,同轴衰减器通常有固定及可变衰减两种。负载(Load)是一种特殊的衰减器,衰减度为无限大。

衰减器的分类主要是根据衰减度的不同和功率容量的不同。小功率的衰减器与转接头类似,大功率的衰减器由于消耗较大的功率转化为热能,因此 5W 以上的衰减器都有散热片,体积较大,功率越大,散热片越大,体积越大。

电阻型同轴衰减器如图 7.30 所示。

功率衰减器的原理框图如图 7.31 所示,其信号输入功率为 P_1,输出功率为 P_2。作为一种特殊的吸收元器件,除工作频带、驻波比、功率容量等通用指标外,衰减器区别于其他器件的指标有衰减度和功率系数。功率衰减器是一种能量消耗元件,功率消耗后变成热量。可以想象,材料结构确定后,衰减器的功率容量就确定了。如果让衰减器承受的功率超过这个极限值,衰减器就会被烧毁。设计和使用时,必须特别注意衰减器的功率容量。

图 7.30　电阻型同轴衰减器

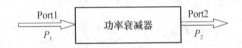

图 7.31　功率衰减器的原理图

1. 衰减度

无论形成功率衰减的机理和具体结构如何,总是可以用图 7.31 所示的两端口网络来描述衰减器。若 P_1、P_2 以 dBm 表示,并且衰减器的衰减度为 A(单位为 dB),那么输出信号的功率关系可以表示为

$$P_2(\text{dBm}) = P_1(\text{dBm}) - A(\text{dB})$$

其中,P_1、P_2 的单位为 dBm;A 的单位为 dB。

即:

$$A(\text{dB}) = P_1(\text{dBm}) - P_2(\text{dBm}) = 10\log\frac{P_1'}{P_2'}$$

其中,P_1、P_2 的单位为 dBm;A 的单位为 dB;P_1'、P_2' 的单位为 mW。

衰减度描述功率通过衰减器后功率的变小程度,数值上等于输入功率和输出之差。衰减度的大小由构成衰减器的材料和结构确定。衰减度用 dB 作单位,便于整机指标计算。

2. 功率系数

当输入功率从 10 mW 变化到额定功率时,衰减度的变化系数表示为 dB/(dB·W)。

衰减度的变化值＝功率系数×标称功率×衰减量

例如,一个功率容量 50 W,标称衰减量为 40 dB 的衰减器的功率系数为 0.001 dB/(dB·W),意味着输入功率从 10 mW 加到 50 W 时,其衰减量会达到 0.001×50×40＝2 dB 之多。

衰减器典型应用如图 7.32 所示。

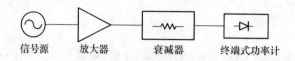

信号源　　　放大器　　　衰减器　　　终端式功率计

图 7.32　衰减器典型应用

当用衰减器进行大功率精密测量时,需要考虑功率系数指标。当进行大功率电平测试时,尽量采用通过式功率计的方法直接测量,尽量不要用衰减器加终端功率计的方法,如果非要用终端功率计,建议用耦合器代替衰减器。

负载是一个一端口器件,其结构形式与衰减器类似,可以认为是一种无限大衰减量的衰减器。微波同轴负载被广泛地应用于微波设备和微波电路中,负载的主要功能是全部吸收来自传输线的微波能量,改善电路的匹配性能,负载通常接在电路的终端,故又称作终端负载或匹配负载。大功率衰减器和负载的典型指标如表 7.9 和表 7.10 所示。

表 7.9　大功率衰减器典型指标

名称	100 W 衰减器						
规格	3 dB	6 dB	10 dB	15 dB	20 dB	30 dB	40 dB
频率范围	DC～3G						
衰减精度/dB	±0.4	±0.4	±0.5	±0.5	±0.6	±0.8	±1.0
带内波动/dB	≤0.3	≤0.5	≤0.7	≤0.8	≤0.8	≤1.0	≤1.0
输入驻波比	≤1.2						
特性阻抗/Ω	50						
三阶互调/dBc	≤−120@＋43 dBm×2						
平均功率/W	100						
峰值功率/kW	10						
接口类型	N-MF						
温度范围/℃	−40～＋50						
外形尺寸/mm	120×100×60						
重量/kg	1.06						

表 7.10　大功率负载典型指标

名称	100 W 负载	名称	100 W 负载
频率范围	DC～3G	接口类型	N-M
输入驻波比	≤1.25	工作温度/℃	−25～＋55
功率容量/W	100	外形尺寸/mm	120×100×60
峰值功率/kW	10	重量/kg	1.3
特性阻抗/Ω	50		

7.3.8　其他常用器件

1. 同轴连接器

同轴连接器用于传输射频信号,其传输频率范围很宽,可达 18 GHz 或更高,主要用于雷达、通信、数据传输及航空航天设备。

同轴连接器的基本结构包括：中心导体（阳性或阴性的中心接触件）；内导体外的介电材料，或称为绝缘体；最外面是外接触件，该部分起着如同轴电缆外屏蔽层一样的作用，即传输信号、作为屏蔽或电路的接地元件。

室内覆盖中常用的同轴连接器主要分为：DIN、N、SMA、SMB、BNC、TNC、SMC、BMA 等。

（1）DIN 型同轴连接器适用的频率范围为 0～11 GHz，一般用于宏基站射频输出口，如图 7.33 所示。

图 7.33　DIN 型同轴连接器示例

（2）N 型同轴连接器是一种具有螺纹连接器结构的中大功率连接器，具有抗震性强、可靠性高、机械和电气性能优良等特点，N 型是外导体内径为 7 mm（0.276 英寸）、特性阻抗 50 Ω（75 Ω）的螺纹式射频同轴连接器。适用的频率范围为 0～11 GHz，用于中小功率的具有螺纹连接机构的同轴电缆连接器。这是室内分布中应用最为广泛的一种连接器，具备良好的力学性能，可以配合大部分的馈线使用，常用于 GPS 天馈线，射频模块的射频连线，避雷器、功分器、合路器等接头。N 型同轴连接器如图 7.34 所示。

图 7.34　N 型同轴连接器示例

（3）BNC 型是外导体内径为 6.5 mm（0.256 英寸）、特性阻抗 50 Ω 的卡口锁定式射频同轴连接器，BNC 系列连接器适合需要频繁插拔的场合。BNC 系列是一种卡口连接射频同轴连接器。它具有连接迅速，接触可靠等特点，广泛应用于无线电设备和电子仪器领域连接射频同轴电缆。BNC 型同轴连接器如图 7.35 所示。

图 7.35　BNC 型同轴连接器示例

（4）SMA 系列连接器是一种应用广泛的小型螺纹连接的同轴连接器，寿命长，性能优越，可靠性高,广泛用于微波设备和数字通信设备的射频回路、射频同轴电缆或微带。在无线设备上常用于单板上的 GPS 时钟接口及基站射频模块的测试口,WLAN 系统中室内型 AP 射频口和 AP 自带天线一般都用这种接口。SMA 型同轴连接器如图 7.36 所示。

图 7.36　SMA 型同轴连接器示例

　　(4) SMC 型同轴连接器是一种小型螺纹式射频同轴连接器,具有体积小、重量轻、抗震性好、可靠性高等特点,供无线电设备和仪器中连接射频同轴电缆用。SMC 型同轴连接器如图 7.37所示。

图 7.37　SMC 型同轴连接器示例

　　(5) TNC 型同轴连接器是一种螺纹连接器式射频同轴连接器,具有工作频带宽、连接可靠、抗震性能好等特点,供无线电设备和仪器中连接射频同轴电缆用,特别适用于在震动条件下的移动通信设备中。TNC 型同轴连接器如图 7.38 所示。

图 7.38　TNC 型同轴连接器示例

　　(6) MMCX 同轴连接器(MINIATURE MICROAX RF COAXIAL CONNECTORS)即微小型射频同轴连接器,是一种微型射频连接器。它体积小、重量轻、连接方便可靠。广泛应用于小型通讯、网络设备。WLAN 系统中主要应用于网卡与天线的连接。MMCX 型同轴连接器如图 7.39 所示。

　　(7) 反向连接器通常是一对连接器:公连接器采用内螺纹连接,母连接器采用外螺纹连接,但有些连接器与之相反,即公连接器采用外螺纹连接,母连接器采用内螺纹连接,这些都统称为反型连接器。例如,某些 WLAN 的 AP 设备的外接天线接口就采用了反型 SMA 连接器。

　　(8) 天馈防雷器是浪涌保护器的一种,主要是针对馈线所采取的防雷保护。天馈防雷器又称天馈信号防雷器、天馈避雷器、天馈线路防雷器、天馈线路避雷器。在实际选择上,产品的频率范围、插入损耗、最大放电电流等参数是首要考虑的因素。天馈防雷器如图 7.40 所示。

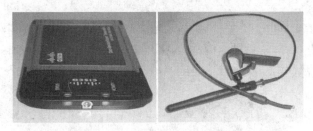

图 7.39 MMCX 型同轴连接器示例

Surge端-连接天线　Protect端-连接AP

PE端-接地

图 7.40 天馈防雷器示例

2. 光纤连接器

光纤连接器将两根光纤永久地或可分离开地联结在一起,并有保护部件的接续部分,也称为光纤接头。光纤连接器可分为 LC、FC、SC、ST 等类型,是不同企业开发形成的标准,使用效果类似,各有优缺点。常见光纤连接器分类如表 7.11 所示。

表 7.11 常见光纤连接器分类

类型	图示	外形	应用
LC 型 光纤连接器		采用操作方便的模块化插孔(RJ)闩锁机理制成	连接 SFP 模块的连接器,交换机,路由器常用
FC 型 光纤连接器		外部加强方式是采用金属套,紧固方式为螺丝扣	常用于光纤配线架
SC 型 光纤连接器		外壳呈矩形,坚固方式是采用插拔销闩式,不须旋转	连接 GBIC 光模块的连接器;路由器、交换机上常用
ST 型 光纤连接器		外壳呈圆形,紧固方式为螺丝扣	常用于光纤配线架

3. 光纤收发器

光纤收发器是一种将电信号和光信号进行互换的以太网传输媒体转换单元,也称之为光电转换器。

　　光纤收发器按光纤性质可以分为单模光纤收发器(传输距离 20～120 km)和多模光纤收发器(传输距离 2～5 km)。

　　光纤收发器按结构可以分为桌面式(独立式)光纤收发器(独立式用户端设备)和机架式(模块化)光纤收发器(安装于插槽式机箱内,采用集中供电方式,或者插入交换机的光模块插槽内),如图 7.41 所示。

　　(a) 独立式光纤收发器　　　　　　　(b) 模块化光纤收发器

图 7.41　光纤收发器示例

7.4　无源器件关键指标的测试方法

　　无源器件基本指标分为两类:一类是电性能指标,包括插损、回波、带外抑制、隔离度和无源互调,前四个用网络分析仪测试,最后一个用无源互调测试仪进行测试;另外一类是可靠性及环境指标,包括温度范围、功率容量等。

　　网络分析仪测量无源器件参数,可以用二端口网络描述,无论是功分器还是滤波器,电性能指标测试方法都是类似的,都是利用网络分析仪两端口测量方法(负载、天线等一端口器件也可以采用单端口测量方法),基本测试框图和原理如图 7.42 所示。不同器件有其特殊性,基本方法虽然相同,具体细节或局部会有所不同,如果不注意这一点,还有可能得不到正确结果而导致测试失败。下面给出的测试建议,不针对每种器件,仅对特定器件关键或容易忽视之处。

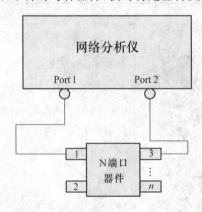

图 7.42　无源器件基本指标测试原理(网络分析仪)

7.4.1　腔体功分器插损和波动测试

　　腔体功分器是一种特殊器件,输入端口匹配,输出端口不匹配(理论驻波比为 3.0),会带来源适配误差(Source Mismatch),如果直接按照图 7.42 的连接方式进行测试,测量误差(-1～+1.5 dB)远比功分器波动范围(一般为 0.3 dB)大,导致测量结果严重错误。

更为准确的测量方法是：在功分器输出端口连接的网络分析仪端口连接衰减器，将衰减器作为网络分析仪一部分进行常规校准，然后对功分器进行插损测量，测量方法如图 7.43 所示。需要注意以下三点：

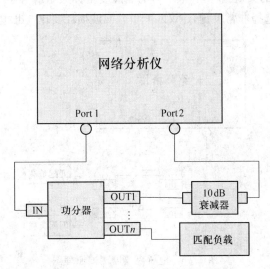

图 7.43 二功分器插损测量原理

（1）网络分析仪测试参数设置为"S21"，不能设置为"S12"，也就是说网络分析仪测试系统从功分器输入口输入，输出口输出。

（2）衰减器的驻波比非常关键，越小越好，建议小于 1.1。衰减器的作用是改善网络分析仪内部负载匹配，原理如图 7.44 所示。假设网络分析仪 Port2 端口内部源适配（回波损耗）为 18 dB，如果在前端增加一 10 dB 衰减器，在同样入射信号情况下，反射信号减少（10＋10）dB＝20 dB，相当于回波损耗改善为 18＋20＝38 dB。

（3）如果找不到驻波比小于 1.1 的衰减器，则不能采取本方式测试，第二选择采取反向测试的方式，如图 7.45 所示。网络分析仪的 1 端口连接功分器输出口，2 端口连接功分器输入口，网络分析仪测试参数设置为"S21"，不能设置为"S12"。

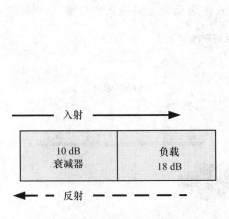

图 7.44 衰减器改善负载匹配状况

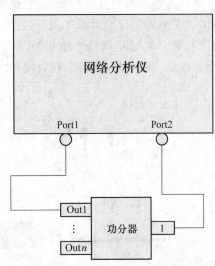

图 7.45 功分器反向测试原理

7.4.2 3 dB 电桥隔离度测试

隔离度是 3 dB 电桥的关键指标,一般电桥的隔离度指标大于或等于 25 dB,其隔离度测试如图 7.46 所示。匹配负载的选择非常关键,建议匹配负载回波损耗要比 3 dB 电桥隔离度大 10 dB 以上。

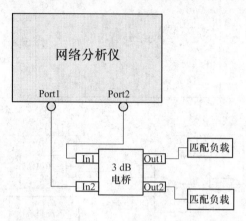

图 7.46 电桥隔离度测试原理图

7.4.3 无源互调测试

1. 无源互调测量模式

互调测量的国际标准 IEC62037-1 对无源互调的产生机理进行了描述,无源互调产物的产生起源于无源器件内部存在多个非线性点源,大多数情况下无法确定这些非线性源的状态、位置和特性。这些非线性源包括金属间的相互接触、金属的锈蚀物、接触面尘土和污垢及存在磁性物质等。

图 7.47 以耦合器为例,给出无源互调产物产生及频谱示意图。耦合器输入端口输入两载波 F_1 和 F_2,由于器件非线性在耦合器内部产生无源互调产物,无源互调产物向两个方向传播,一部分与输入信号方向相反,反射到输入端口,另外一部分与输入信号方向相同,在输出端口输出。在输入端口的无源互调,称之为反射或反向互调,在输出端口的无源互调,称为传输和前向互调。反射互调和传输互调,是最常用的互调测量方式,几乎所有的商用无源互调测试,都是根据这两种互调设计,相对应这两种测量方式称为反向互调模式和传输互调模式。

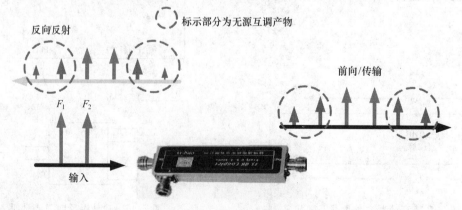

图 7.47 反向互调与前向互调

2. 无源互调的测量误差

与网络分析仪、频谱仪等仪表相比,无源互调误差较大,也就是说有较大测量不确定度。测量不确定度使用下面的公式计算:

$$RSS = \sqrt{(\delta_A)^2 + (\delta_{Pm})^2 + (\delta_{Pg})^2 + (\delta_D)^2}$$

其中,δ_A 为衰减器的不确定度;δ_{Pm} 为功率计的不确定度;δ_{Pg} 为信号源的不确定度;δ_D 为由于测试设备的残余互调和被测试设备 DUT 的互调间存在差异而导致的不确定度。上述公式中不包括失配导致的误差。δ_D 的不确定度分为 δ_{D^+} 正误差和 δ_{D^-} 负误差,正误差当残余互调与被测信号互调同相叠加引起,负误差当残余互调与被测信号互调反相叠加引起。

$$\delta_{D^+} = 20\log(1 + 10^{\frac{SIMD - MIMD}{20}})$$

$$\delta_{D^-} = 20\log(1 - 10^{\frac{SIMD - MIMD}{20}})$$

其中,SIMD 为系统残余互调,MIMD 为被测件真实互调值。

假设残余互调与系统互调的差为 −10 dB,

$$\delta_{D^+} = 20\log(1 + 10^{\frac{-10}{20}}) = 2.4 \text{ dB}$$

$$\delta_{D^-} = 20\log(1 - 10^{\frac{-10}{20}}) = -3.3 \text{ dB}$$

其他情况下由于残余互调引起的误差如图 7.48 所示。

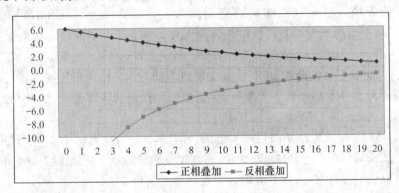

图 7.48　测量系统残余互调引起误差

测量系统自身的互调值(即残余互调)是系统最主要指标之一,系统的残余互调和被测件互调之间的差值决定了测量结果的精度,一般测量系统的残余互调在 −165 dBc@2×43 dBm 左右,IEC 建议的系统剩余互调和被测件之间的差值为 10 dB,在这种情况下测量误差为 −3.3/+2.4 dB,也就是说残余互调为 −165 dBc@2×43 dBm 的互调测量系统,最低只能测量互调电平为 −155 dBc@2×43 dBm 的无源器件,互调低于 −155 dBc@2×43 dBm 的无源器件,例如 −160 dBc@2×43 dBm 的互调值,不能被准确测量。

目前无源器件国外市场无源互调通用要求为 −150 dBc@2×43 dBm,国内市场无源互调通用要求为 −140 dBc@2×43 dBm,高于 −155 dBc@2×43 dBm。一般无源器件的互调高于残余互调 15 dB 以上,在这种情况下,测量误差较小。

3. 无源互调测量注意事项

(1) 与网络分析仪所使用电缆和负载不同,互调测试对于测试系统配件要求更高,电缆和负载都要用低互调类型。

(2) 未使用的被测设备端口必须接匹配负载,输出较大互调测试信号的端口,要接低互调负载,不能用普通负载代替。例如,功率耦合器的输出口,强耦合度耦合器的耦合口(如 5,6,7

dB 耦合器）。对于隔离度大于 25 dB 以上端口，可以短接普通负载。例如，3 dB 电桥一般隔离度为 25 dB 以上，在没有足够低互调负载的情况下，可以短接普通负载。对于类似合路器隔离度大于 80 dB 的端口，方便起见可以不接负载。

（3）在测量之前要对测量系统进行残余互调测量，测试电缆接头等有一定寿命限制，使用一段时间后互调性能会下降，因此在测量之前对系统进行确认，尤其是残余互调测量是非常有必要的。残余互调测量要保证测试条件与真正测试完全一致，也就是说将测量系统中被测件以低互调负载代替，其他保持不变。

（4）互调仪与网络分析仪不同，不支持宽频带测试（譬如 800～2 500 MHz），只能按照具体制式进行测试，一般情况下一种制式一种仪表。例如，GSM 无源互调测试仪，只能测量 GSM 频带，不能对除 GSM 频带之外器件或端口进行测量。目前市场上的多频段互调仪，本质上是将很多台互调仪组合到一起，共用控制系统和外部显示设备。

（5）无源互调的一个重要特性是无源互调电平（dBm）随输入功率（dBm）而变化，所有相关研究表明，无源互调电平随输入功率增大而增加。理论变化系数为 3，也就是说输入功率每增加 1 dB，无源互调增加为 3 dB，实际一般为 1.7～2.7 之间。在小功率情况下，无源器件可以认为是一种“线性系统”，不会产生互调。目前无源器件（如功分/耦合/合路器等），在不对互调进行控制前提下（也就是随便做），无源互调一般在 $-110 \sim -120$ dBc 之间（2×43 dBm），最差为 -68 dBm，而天线口接收到能够正确解调最大接收功率为 -25 dBm，以此为条件计算 -25 dBm 输入功率情况下无源互调电平。假设无源器件互调电平随输入功率变化系数为 1.5（取最差情况），则 -25 dBm 时无源互调电平为 $-68 - 1.5 \times [43 - (-25)] = -170$ dBm，远低于系统底噪。因此对于收发分缆 POI，没有必要也不能对 RX 模块进行测量。

（6）射频无源器件的频率范围千变万化，无法使用统一的频率配置，因此只能规定频率配置原则如下：

① 被测器件频率范围超过互调仪频率范围。例如，800～2 500 MHz 的功分耦合器，可以用 GSM、CMDA、DCS、WCDMA 互调仪进行测量，互调仪按照最宽频率配置进行。例如，GSM 互调仪配置频率范围为 930～960 MHz，DCS 互调仪配置频率范围为 1 805～1 880 MHz；880～960 MHz 的合路器 GSM 端口，可以用 GSMA 互调仪进行测量，互调仪按照最宽频率配置 935～960 MHz 进行。

② 被测器件频率范围为互调仪频率范围一部分，且其产生的互调产物落到互调仪接收频带。例如，885～954 MHz 的合路器中国移动 GSM 端口，且其产生的互调产物 906 MHz 落到互调仪接收频带（890～915 MHz）：可以用 GSM 互调仪进行测量，互调仪按照具体器件端口 TX 频率确定为 930～954 MHz。

③ 被测器件频率范围为互调仪频率范围一部分，且其产生的互调产物不落到互调仪接收频带。例如，825～880 MHz 的合路器中国电信 CDMA 端口，且其产生的互调产物 870 MHz 不落到互调仪接收频带（824～849 MHz），因此不可以用 CDMA 互调仪进行测量。

④ 无论在何种情况下，互调仪的频率范围不能超过被测器件。例如，对于中国电信 CDMA滤波器，其频带范围为 825～880 MHz，如果 CDMA 仪按照默认配置进行测试，此种情况下发射机频率范围为 869～894 MHz，也就是说 880～894 MHz 频率范围内信号被反射，导致互调测量一方面可能出现驻波告警，测试无法进行，即使忽视驻波告警勉强进行测试，测量结果也不准确。

7.5　无源器件工程应用的热点分析

7.5.1　无源器件的性能影响因素

随着 2G、3G 网络的发展和室内话音、数据业务流量的高速增长,室内分布系统已成为吸收话务量、解决深度覆盖并提升用户感受的主要手段,是移动网络的重要组成部分。随着室分应用场景从过去单系统、低载波配置到现在多载波、多系统合路场景的转变,工程中对无源器件(合路器、电桥、耦合器、功分器、电桥、馈线接头)的质量和性能要求越来越高。

表 7.12 总结了无源器件常见指标对于网络性能的不同影响。从实际应用角度,当前现网中问题主要集中在功率容量和互调指标方面,相比较其他指标,一方面这两个指标容易出问题,另外一方面对网络的干扰指标与网络质量有着重大的影响,特别是在信源大功率多载波信号输出的场景下,就很容易导致了在话务量高峰期出现干扰等级过高的现象,特别是信源前级承受功率较大的器件就更加严峻。

表 7.12　无源器件不同指标对通信系统的影响

序号	指标	对通信系统影响
1	驻波比与回波损耗	(1) 驻波比或回波损耗指标恶化会导致传输到系统或器件的功率降低。 (2) 反射回来的信号可能会进入接收系统造成干扰。 (3) 较大的反射信号(譬如开路情况全反射)会导致发射机损坏
2	插损	插损指标恶化会导致传输到系统或器件的功率降低
3	隔离度	(1) 隔离度恶化会造成系统间相互干扰。 (2) 严重情况下会造成系统阻碍
4	耦合度	耦合度变化会导致室内分布系统链路损耗变化,影响覆盖范围
5	带外抑制	(1) 带外抑制恶化会带来信号带外杂散电平提升,引起对其他系统干扰。 (2) 严重情况下会造成系统阻碍
6	功率容量	功率容量不足会造成两种后果: (1) 微放电。产生宽频带杂散信号,造成干扰。 (2) 打火。器件指标下降或损害
7	无源互调	无源互调恶化可能会产生互调干扰
8	增益	(1) 天线增益恶化会导致有效辐射功率(EIRP)下降。 (2) 同样情况下,会导致通信系统覆盖范围降低
9	极化隔离度	对于双极化天线,隔离度会造成以下影响: (1) 两路传输信号的非相关性降低进而降低极化增益。 (2) 降低 LTE 系统数据吞吐量

与插损、驻波比等电性能指标不同,功率容量和无源互调主要由材料和工艺设计决定,因此这两个指标也最能反映器件优劣的关键指标。

以下为降低互调或提升功率容量的基本原则:

(1) 器件内部零件譬如谐振杆、调谐螺杆、耦合杆等推荐的材料可采用无磁的铅黄铜(3600 系列),杜绝使用不锈钢。

(2) 使用大尺寸连接器,在传输路径中把电流密度降到最低。

(3) 尽量减少连接点,避免松动和活动的金属接触。

（4）器件内部避免粗糙的表面以及尖锐的边角。

（5）焊点良好光滑，没有使用非线性材料，没有裂缝、污染和腐蚀。

（6）在电流通道上避免出现调谐螺钉或活动部件，必要时确保所有的接点干净、紧固，最好能够不受震动。

（7）一般来说，电缆的长度应当减到最短，应当使用高性能低互调的电缆。

（8）尽量少用非线性元件，比如集总虚拟负载、环形器、隔离器及某些半导体器件。

影响互调的因素有很多，以下重点分析连接器和电镀，这两方面直接与器件成本相关，也是最容易被偷工减料之处。目前室分系统无源器件一般接头类型为母头，接头内导体为插孔（公型为插针），当与器件或（电缆）接头相互连接时，内导体要保证相互咬合且支持多次插拔不形变，要满足以上要求，内导体主要与材质有关，相比较而言外导体通过螺纹连接材质影响不大。如表 7.13 所示，目前内导体有 3 种材质，最好为铍青铜，其次为磷青铜，最差为黄铜。

表 7.13　连接器内导体材质

内导体材质	铍青铜	磷青铜	黄铜
总体特点	金属延展性和弹性好，成本较高	金属延展性和弹性好，成本一般	金属延展性和弹性差，成本较低
可靠性	可靠性高，插拔次数多，可达 200 次以上	可靠性一般，插拔次较多，可达 100 次以上	可靠性较差，插拔次少，一般少于 20 次

可以采取如图 7.49 所示的简单实验判断内导体是否采用黄铜，在电缆接头的内导体插孔中插入摄子钳，电缆接头的内导体插孔大约被扩张 1 mm。摄子钳拔出后，如果内导体插孔没有收缩到原位，造成该现象的原因很有可能使用的是普通无弹性铜材，其后果是电缆头内导体不能形成持久的抓力，在使用一段时间后，会造成电缆接触不良。

图 7.49　判断连接器内导体材质

随着移动通信的迅速发展，射频无源器件的需求呈现持续增长的态势，镀银作为提升功能和性能的表面处理方式，一直都为电子产品所广泛采用，一方面银有良好的导电性能和高微放电阈值，可以降低插损提升互调性能；另外一方面银作为贵金属材料本身价值较高。如果镀层过厚，就会增加产品成本。而降低银材料消耗的一个重要指标就是如何合理确定镀层的厚度。从理论上说 $1\mu m/m^2$ 的银用量约为 0.1 g，考虑到电镀过程中的工艺损耗，实际耗银量还要增加。当受镀面积比较大，镀层厚度增加时成本的增加是很明显的。

当以银为导体时，2 GHz 时大部分微波只在 1.4 μm 深度内传输，这与射频微波器件的整体材料是不是银没有直接的关系，所以腔体可以用铝表面镀银代替银。当导体为银时，在不同频率其趋肤深度及建议镀层厚度如表 7.14 所示。移动通信频段一般为 80～2 500 MHz，一般高性能无源器件表面处理方式为铜 5 银 3，也就是 5 μm 的银，3 μm 的铜。

表 7.14　建议镀银厚度

频率/MHz	趋肤深度/μm	建议镀银厚度/μm	频率/MHz	趋肤深度/μm	建议镀银厚度/μm
300	3.60	5	2 000	1.43	2
450	3.00	4	3 000	1.16	2
900	2.13	3			

图 7.50 对比了工程中常见到的两种耦合器的材料和工艺。

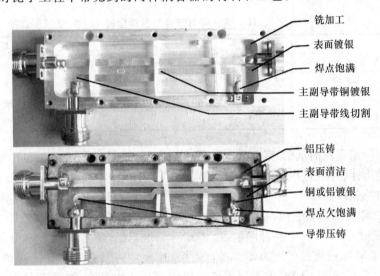

图 7.50　两种耦合器的材料与工艺对比

7.5.2　合路器、功分器和电桥的辨析

在实际场景中,合路器、电桥和功分器都可用来信号合路,但是这 3 种器件有根本区别,其区别如表 7.15 合路器/功分器/电桥合路比较所示。

表 7.15　合路器/功分器/电桥合路比较

合路器	(1) 为选频合路器,实现两路以上信号合路; (2) 只能提供一路输出; (3) 只能对异频信号进行合路; (4) 信号之间高隔离,系统之间干扰小; (5) 插损小
电桥	(1) 只能实现两路信号合路; (2) 可提供一路/两路输出; (3) 两路信号可以同频、异频; (4) 信号之间隔离低,一般用于同系统不同载频合路; (5) 插损至少为 3.0 dB 以上
功分器	(1) 可实现 2/3/4 信号合路; (2) 只提供一路输出; (3) 两路信号可以同频、异频; (4) 信号之间隔离非常低,一般用于上行小信号合路; (5) 插损至少为 3.0 dB; (6) 输入驻波比大,不适合大信号合路

7.5.3　高品质和普通品质无源器件的应用

目前市场上无源器件,一般分为两类:一类是高品质型;另一类是普通型。普通品质产品可满足一般场合的室内分布系统覆盖要求,而对于一些载波数多,特别是多系统合路覆盖的场景,该类产品往往无法满足要求;高品质类型无源器件各项性能指标均优于常规产品指标,批量供货更能有效保证,符合运营商复杂的应用场景要求,更加支持 TD-LTE 等新系统接入。高品质和普通品质两类产品的区别主要在功率容量和无源互调指标,如表 7.16 所示。

表 7.16　高性能与普通型器件比较

指标	高品质	普通品质
频率范围/MHz	700～2 700	800～2 500
平均功率/W	200	100
峰值功率/W	1 500	不作要求
三阶互调/dBc	−140	−120

器件性能是网络质量的基础,室分无源器件性能典型问题包括两类,一类是器件故障,另外一类是器件关键指标恶化,尤其是无源互调指标。器件指标恶化性能下降比较隐蔽,一直以来都难以有效进行监控和评估,因此使用高性能无源器件并保证器件性能是控制干扰的有效切入点。

室分系统是典型的分支结构,越靠近信源,功率越高,越远离信源,功率越低。而无源互调干扰与功率直接相关,如果由于种种限制(经济或者场地)导致不能对所有室分无源器件进行替换,至少要保证对靠近信源处无源器件进行更换,按照室内覆盖功率分配链路计算,对所有通过功率可能大于 36 dBm(2 W)的无源器件必需使用高性能器件,如图 7.51 所示。

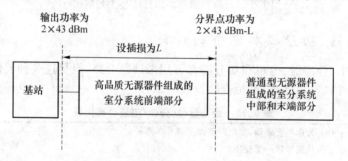

图 7.51　室分系统高性能器件的使用

7.5.4　集成预置室分无源器件

1. 集成预制的基本概念

随着网络规模的增大以及网络结构的复杂,作为网络基本构成要素的设备和元器件质量已成为影响质量的重要因素。具体到无源器件领域,矛盾突出地体现在随着频点数目和载波功率的增大,部分质差无源器件已成为高干扰和质差小区的主要成因:互调抑制指标不合格的器件会产生网内互调干扰,功率容限不达标的器件会产生宽带干扰。

根据室分器件的集成化程度,可分为分立式、托盘式以及集成预制式等 3 种,如图 7.52 所示。

(1) 分立式。无源器件分散安装并隐蔽布放在室分信源与天线之间的室内平层天花板中,此种布放方式较为节省缆线,但不便于开展器件的维护和替换。目前大部分地区采用的是这种布放方式。

（2）托盘式。将某个平层的所有无源器件集中安装在铁（托）盘上，铁盘再挂壁安装，该方式加大了线缆的使用量，但在一定程度上方便了器件的施工和维护工作。此外，托盘上的器件一般仍需要现场安装，器件及网络性能依然受制于现场施工人员技艺熟练程度以及测试仪表配备完善程度。国内北京、上海等城市目前习惯使用该种布放方式。

（3）集成预制式。即参照建筑工程中的"预制"概念，将典型场景下的室分无源器件进行集成，并采用 19 英寸挂箱在工厂预制化，从而减少因施工缺陷引起的器件问题，降低维护工程师的技术采购等级。采用此种集成预制模式，在后期出现问题时可直接更换挂箱而避免现场分析排查，从而降低室分系统故障中断及频繁维修造成的损失。

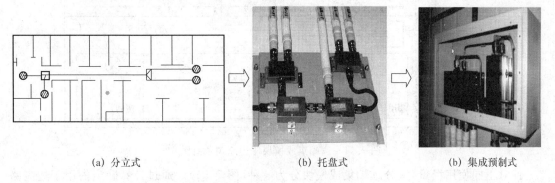

(a) 分立式　　　　　　　　　(b) 托盘式　　　　　　　　　(b) 集成预制式

图 7.52　室分无源器件

进一步地，集成预制模式又可分为室分近端集成预制和室分远端集成预制两种类型。

2. 近端集成预制无源器件

室分近端集成预制的目的是提高室分近端设备的可靠性，减少维护中断时间。针对不同使用场景，将室分近端集成模块分为两类，如图 7.53 所示。

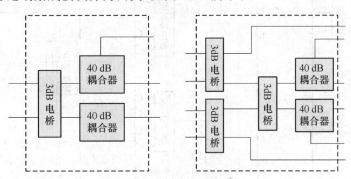

图 7.53　近端集成预制的两种常见类型

近端集成模块中的耦合器一般与室分直放站相连，通常直放站的输入接口具有 0～－10 dB 的动态范围，因此近端集成模块中的耦合器的耦合度可固定设置为 40 dB，从而减少了预制样式，降低了集成成本。这样一来，室分近端集成模块、负载及光纤拉远模块由工厂预制生产，安置在 19 英寸挂箱内或挂墙托盘上。此外，采用近端集成模块配合其他室分器件构成室分近端组件，并配以 19 挂箱组装，用以实现所有现场近端情景模式的室分近端设备。

19 英寸挂箱方式构成的室分近端设备使得设计部门能够直接将室分近端在设计图纸上明确规范安装，避免了现有机房因室分近端安装的随意性导致维护时的查错困难。此外，各模块组件之间的连接跳线也完全由工厂生产，大大降低现场人工制作产生的工艺质量偏差。

3. 远端集成预制无源器件

将远端室分模块集成预制的目的是将同层布放在隐蔽处的室分器件集中到一个安装平台,这样使得建筑的隐蔽工程内部除了传输馈线外不再有任何无源室分器件。远端集成模块使用原理如图 7.54 所示。

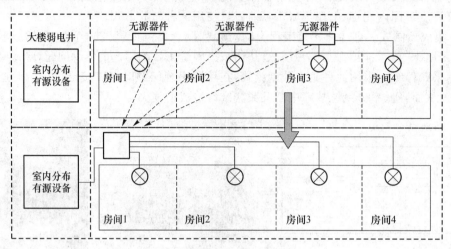

图 7.54　远端集成模块使用原理示意图

针对不同使用场景,室分远端集成模块分为 3 种(图 7.55)。通过计算确定的用于适应路由衰耗调整的衰减度(XdB),传输耦合器的位置也预留在远端集成预制平台内,使室分覆盖系统除传输馈线外不再有任何室分远端器件处于建筑隐蔽工程内,所有室分远端器件全部集中安放在易于维护的室分远端集成预制模块上。

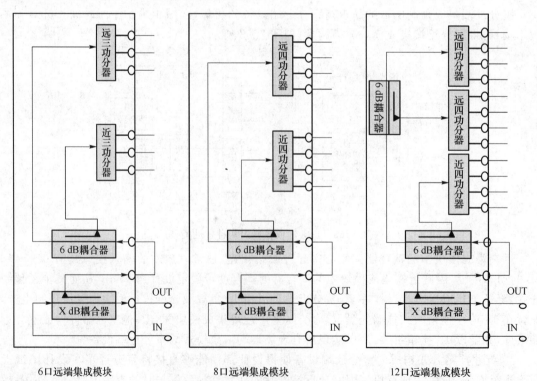

图 7.55　室分远端集成模块

本章参考文献

[1]　CCSA.无线通信室内信号分布系统第 1 部分:总体技术要求(报批稿),2012.

[2]　王文博. 移动通信原理与应用[M]. 北京:北京邮电大学出版社,2002.

[3]　周月臣. 移动通信工程设计[M]. 北京:人民邮电出版社,1996.

[4]　卢尔瑞等. 移动通信工程[M]. 北京:人民邮电出版社,1998 .

[5]　廖承恩. 微波技术基础[M]. 西安:西安电子科技大学出版社,1994.

[6]　陈振国. 微波技术基础与应用[M]. 2 版. 北京:北京邮电大学出版社,2002 .

[7]　钟顺时. 天线理论与技术[M]. 北京:电子工业出版社,2011.

[8]　董树义. 微波测量[M]. 北京:国防工业出版,1985.

[9]　佘京兆,高葆新. 微波工程基础[M]. 北京:清华大学出版社,2004.

[10]　冯奎胜,郭嘉俭,李娜,等. 3G 系统宽频带室内全向天线研究[J]. 空军工程大学学报:自然科学版,2010,11(3):68-71.

[11]　高峰,朱文涛,何继伟,等. 室内双极化天线及其在 LTE 中的应用研究[J]. 电信工程技术与标准化,2011,24(2):53-56.

[12]　Lui P L. Passive intermodulation interference in communication systems[J]. Electronics & Communication Engineering Journal,1990,2(3):109-118.

[13]　R. Singh and E. Hunsaker. Systems methodology for PIM mitigation of communications satellites[C]. Noordwijk,Netherlands:4th International Workshop on Multipactor, Corona and Passive Intermodulation in Space RF Hardware (MULCOPIM2003), ESTEC, 2003.

[14]　张需溥,黄逊清. 基站天馈系统上行干扰排查解决方案[J]. 移动通信,2011,35(7):83-89.

[15]　张需溥,黄逊清. 室内分布系统无源互调干扰问题排查与整治[J]. 移动通信,2011,35(12):20-25.

第8章 室分系统的规划设计

8.1 规划设计概述

在进行室内分布系统的设计时,应从业务和网络发展的总体策略出发,综合考虑覆盖需求、经济效益、工程可实施性及可兼容性和可扩展性,并严格遵守室内分布相关建设原则、技术规范和验收原则,达到对盲区和热点地区的良好覆盖,满足用户在室内对无线网络的需求。室分系统的规划设计应满足以下原则:

(1)满足用户需求原则

建设室分系统的场景,应是用户需求量大、人员密集、数据业务集中的热点地区。室分系统的建设的目的是"补盲补热",盲点是指室外宏站难以全面、良好覆盖的大楼区域,这些区域结构复杂、穿透损耗大,如高级酒店、大型商场、综合写字楼等;热点是指无线用户密度大,业务质量要求高的室内区域,如办公楼、营业厅、校园等场景。盲点和热点是室分系统建设的重点地区,这些区域室分系统的质量优劣对用户感知影响很大,室分建设应重点满足这些场景工程可实施性原则。

(2)差异性原则

室分系统所面向的对象是各式各样的建筑结构,每种楼宇都有其独特的特点,在室分建设中难免会遇到物业协调困难、施工条件受限的情况。在室分建设规划之前应充分考察需要建设室分系统的建筑,规划时应做到结构简单,施工容易,不影响建筑物原有的结构和装修,根据实际情况优化设计方案。

(3)兼容性和可扩展性原则

当前室分系统通常不是单一运营商单一制式的室分系统,多种制式常常共用一套室分系统。在室分系统的设计之初,就应综合考虑多种制式的兼容问题。室分系统采用的各类器件应能满足各频段要求且不互相影响,并考虑到未来网络的演进。多频段多系统共用的室分系统已经证明其可行性,也大大减少室分建设的重复施工,是室分系统必须遵守的原则。

(4)统一性原则

室分建设所使用的设备器件必须满足技术规范的要求,避免因器件不合格导致网络性能的下降。各个组成部分的接口应标准化,以便各个厂家的器件可以互连互用,有利于器件的择优选择和统一维护。

(5)保证网络质量原则

保证室内用户的网络质量是室分建设的最终目标,在室分系统规划时,应在充分考察室内用户需求的基础上,合理规划,做到室内区域的均匀覆盖、深度覆盖、立体覆盖,合理设计容量和室内区域的小区及之间的切换,并兼顾与室外覆盖的协调统一,使室内覆盖效果达到最优[2]。

(6) 经济性原则

室内分布系统的建设不仅要考虑提高网络质量,还要考虑投资成本,依据建筑物不同的重要等级分批次建设室分系统,做到投资与收益的良好平衡。

8.2　规划设计流程

在确定目标楼宇后,室分系统规划设计流程分为规划和设计两方面。一般要经过室分系统的工程勘察,然后结合对覆盖质量的要求,进行详细的方案设计,设计完成后应检验此方案能否满足覆盖质量要求,进行适当调整,评审合格后方可进入施工阶段。室分系统规划设计的流程图如图 8.1 所示。

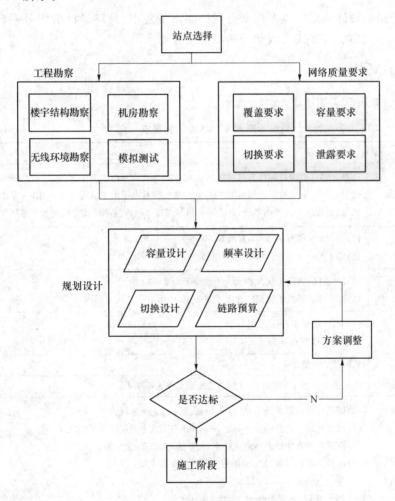

图 8.1　室分系统规划设计流程图

在规划阶段,完成目标楼宇的确定后,首先要收集楼宇的相关信息。对目标楼宇的工程勘察既包括室内施工条件的勘测,也包括无线环境的勘测,包括楼宇建筑类型(高层、底层、钢筋混凝土、隔板墙等)、人员分布情况(人员密度、流量)、网络现状(已有室分系统运行情况、业务量分布)、应用场景(写字楼、商场、公共交通枢纽、居民区等),这些基础数据的收集和分析是后期容量估计、链路预算、室分系统设计等环节的重要依据。

根据室内站点的应用场景,结构特点等勘察结果,结合客户对覆盖质量的要求,进行覆盖和容量的估算,确定信源、功分器、合路器和天线等射频器件的选用,计算信号源、传送器件和天线的数量,确定天线的具体安装位置,完成详细的信源到天线的走线方式设计。除此之外,还有室分的无线参数配置,如切换参数配置、临区切换配置、频率扰码参数配置等。

详细的设计方案确定后,就可以完成图纸的设计,包括平面图和系统图设计。设计方案经过评审合格后,作为下一步建设施工阶段的依据;如果不合格,则需返回规划设计阶段,修改调整直至达到要求,方可依据此方案施工。

8.3 规划设计指标

决定室分系统设计的另一重要因素是网络的质量要求,最终设计的室分系统应达到网络质量要求。本节列出了各制式无线信号的设计指标要求[3]。

8.3.1 GSM

GSM 指标如表 8.1 所示。

表 8.1 GSM 指标要求

指标名称	指标要求
信号覆盖场强	(1)标准层、裙楼目标覆盖区域内 95%位置的接收信号电平大于或等于−80 dBm; (2)地下层、电梯覆盖区域内 95%位置的接收信号电平大于或等于−90 dBm; (3)以直放站为信源的系统,施主小区信号强度——次强小区信号强度大于或等于 6 dB
同频干扰保护比	(1)C/I 大于或等于 9 dB(开跳频); (2)C/I 大于或等于 12 dB(不开跳频)
邻频干扰保护比	(1)200 kHz 邻道干扰保护比大于或等于 −6 dB; (2)400 kHz 邻道干扰保护比大于或等于 −38 dB
无线信道呼损率	(1)TCH 呼损率低于 2.0%; (2)SDCCH 呼损率低于 0.1%
忙时掉话率	忙时掉话率低于 1.5%
切换成功率	室内外小区和室内各小区之间的切换成功率大于 95%
通话质量	(1)以基站为信源的分布系统,RxQual 为 3 以下的区域大于 95%; (2)以直放站为信源的分布系统,RxQual 为 3 以下的区域大于 90%; (3)在通话过程中话音清晰无噪声,无断续,无串音,无单通等现象; (4)按话音质量等级(MOS)的主观判断标准要求即: • 5 级－优秀 • 4 级－良好,有轻微噪音 • 3 级－有噪音,但不影响通话,仍可接受 • 2 级－较大噪音,通话困难 • 1 级－无法通话
上行噪声电平	在基站接收端接收到的上行噪声比电平小于−120 dBm/200 kHz

续　表

指标名称	指标要求
信号外泄	(1)室内信号泄漏至室外 10 m 处的信号强度应不高于－90 dBm 或低于室外主小区 10 dB； (2)接收机参考灵敏度大于或等于－104 dBm； (3)在单系统工作时基站接收端位置收到的上行噪声电平小于－120 dBm/200 kHz，在其他系统共用时基站接收端位置收到的 GSM 上行噪声电平应小于－110 dBm/200 kHz

8.3.2　WCDMA

WCDMA 指标要求如表 8.2 所示。

表 8.2　WCDMA 指标要求

指标名称	指标要求
信号覆盖电平	(1)标准层、裙楼目标覆盖区域内 95％以上位置的 CPICH RSCP≥ －85 dBm，CPICH E_C/N_0≥－10 dB； (2)地下层、电梯目标覆盖区域内 95％以上位置的 CPICH RSCP≥－90 dBm，CPICH E_C/N_0≥－9 dB
干扰保护比	同频干扰保护比(载波/干扰)：C/I≥9 dB 注：工程设计中需对以上 C/I 另加 3 dB 余量
无线信道呼损率	无线信道呼损率不高于 2.0％
接通率	保证覆盖区域内无线接通率，要求在目标覆盖区域内的 90％位置，95％的时间移动台可接入网络
忙时掉话率	忙时掉话率小于 1.5％
切换成功率	(1)室内不同信源之间软/更软切换成功率大于 98％； (2)室外与室内之间软/更软切换成功率大于 98％； (3)异频硬切换成功率大于 95％
移动台发射功率	(1)目标覆盖区域内 95％以上位置，语音业务移动台发射信号总功率在地下层应不超过＋15 dBm，其他区域不超过＋10 dBm； (2)目标覆盖区域内 95％以上位置，数据业务移动台发射信号总功率应不超过＋20 dBm
接续时延	从用户发起呼叫至所接交换机呼叫接续的时延不超过 3 s(其中包括必要的鉴权、加密等时间)，用户所在地交换机从接收到寻呼送至无线用户的平均时延应不超过 5 s(采用一次寻呼方式，其中包括必要的鉴权等时间)
业务质量	(1)下行吞吐量(SCDMA 宽带无线接入系统，占用带宽 5 MHz、帧长 10 ms)； (2)上下行比例 TDD4(4 覆盖区域)； (3)平均下行吞吐量大于或等于 2.5 Mbit/s； (4)上行吞吐量(SCDMA 宽带无线接入系统，占用带宽 5 MHz、帧长 10 ms)； (5)上下行比例 TDD4(4 覆盖区域)； (6)平均下行吞吐量大于或等于 2.5 Mbit/s
误块率(BLER)	(1)对于 12.2 kbit/s 的语音业务，BLER≤1％； (2)对于 64 kbit/s 的 CS 数据业务，BLER≤0.1％； (3)对于 PS 数据业务，BLER≤10％
上行噪声电平	(1)在单系统工作时 SCDMA 窄带系统基站接收端位置收到的上行噪声电平小于－112 dBm/500 kHz； (2)SCDMA 宽带无线接入系统基站接收端收到噪声电平小于－114 dBm/1 MHz
信号外泄	基站信源泄漏至室外 10 m 处的异频信号强度应不超过 －90 dB 或室外 10 m 处室外小区导频强度——室内外泄导频强度大于或等于 5 dB

8.3.3　cdma2000

cdma2000 指标要求如表 8.3 所示。

表 8.3　cdma2000 指标要求

指标名称	指标要求
信号覆盖电平	(1)标准层、裙楼目标覆盖区域内 95% 以上位置的导频信号强度大于或等于 $-85\,dBm$，$E_C/I_0 \geqslant -10\,dB$； (2)地下层、电梯目标覆盖区域内 95% 以上位置的导频信号强度大于或等于 $-90\,dBm$，$E_C/I_0 \geqslant -9\,dB$
无线信道呼损率	无线信道呼损率不高于 2.0%
忙时掉话率	(1)以蜂窝基站为信号源掉话率小于 1%； (2)以直放站为信号源掉话率小于 2%
切换成功率	(1)室内各小区之间软/更软切换成功率大于 94%； (2)室外与室内之间软/更软切换成功率大于 94%，异频硬切换成功率大于 95%
移动台发射功率	(1)目标覆盖区域内 95% 以上位置，语音业务移动台发射信号总功率在地下层应不超过 $+15\,dBm$，其他区域不超过 $+10\,dBm$； (2)目标覆盖区域内 95% 以上位置，数据业务移动台发射信号总功率应不超过 $+20\,dBm$
业务质量	(1)基站为信源时，无线覆盖区 95% 以上位置，FER<2%； (2)直放站信源时，无线覆盖区 90% 以上位置，FER<2%
上行噪声电平	在基站接收端位置收到的上行噪声电平应小于 $-113\,dBm/1.228\,8\,MHz$
信号外泄	基站信源泄漏至室外 10 m 处的异频信号强度应不超过 $-90\,dB$ 或室外 10 m 处室外小区导频强度——室内外泄导频强度大于或等于 5 dB

8.3.4　TD-SCDMA

TD-SCDMA 指标要求如表 8.4 所示。

表 8.4　TD-SCDMA 指标要求

指标名称	指标要求
信号覆盖电平	(1)有 HSDPA 业务需求区域，95% 以上位置的 PCCPCH RSCP $\geqslant -80\,dBm$，$C/I>5\,dB$； (2)有可视电话业务需求区域，95% 以上位置的 PCCPCH RSCP $\geqslant -85\,dBm$，$C/I>3\,dB$； (3)只有语音需求的区域，95% 以上位置的 PCCPCH RSCP $\geqslant -90\,dBm$，$C/I>0\,dB$
移动台发射功率	(1)目标覆盖区域内 95% 以上位置，语音业务移动台发射信号总功率在地下层不超过 $+15\,dBm$，其他区域不超过 $+10\,dBm$； (2)目标覆盖区域内 95% 以上位置，数据业务移动台发射信号总功率不超过 $+20\,dBm$
无线可通率	保证覆盖区域内信号强度基本均匀分布，目标覆盖区域内 90% 的位置、99% 的时间移动台可以接入网络
无线信道呼损率	无线信道呼损市区不高于 2%，郊区不高于 5%
忙时掉话率	忙时掉话率小于 1.5%

续 表

指标名称	指标要求
切换成功率	(1)室内不同信源之间切换成功率大于 98％； (2)室外与室内之间切换成功率大于 98％； (3)电梯内与电梯外之间切换成功率大于 95％
误块率(BLER)	(1)对于 12.2kbit/s 的语音业务,BLER≤1％； (2)对于 64kbit/s 的 CS 数据业务,BLER≤0.1％； (3)对于 PS 数据业务,BLER≤10％
上行噪声电平	在基站接收端位置收到的上行噪声抬升值小于 3 dB
信号外泄	基站信源泄漏至室外 10 m 处的异频信号强度应不超过 −90 dB 或室外 10 m 处室外小区导频强度　室内外泄导频强度大于或等于 5 dB

8.3.5　LTE

LTE 指标要求如表 8.5 所示。

表 8.5　LTE 指标要求

指标名称	指标要求
信号覆盖电平	(1)一般场所：$\dfrac{\text{符合(RSRP} \geqslant -105 \text{ dBm)\&(RS SINR} \geqslant 6 \text{ dB)的采样点}}{\text{总采样点}} \times 100\%$ (2)重要场所：$\dfrac{\text{符合(RSRP} \geqslant -95 \text{ dBm)\&(RS SINR} \geqslant 9 \text{ dB)的采样点}}{\text{总采样点}} \times 100\%$
系统内切换成功率	网内成功切换次数/TD-LTE 网内切换尝试次数×100％≥98％
业务应用层数据传输速率	(1)下行峰值速率>45 Mbit/s,下行平均速率>22.5 Mbit/s； (2)上行峰值速率>9 Mbit/s,上行平均速率>6 Mbit/s
链路层误块率	链路层出错块次数/TD-LTE 链路层总块数×100％≤10％
信号外泄要求	(1)室外 10 m 处应满足信号电平小于或等于−110 dBm； (2)室外外泄 RSCP 比室外最强 RSCP 低 10 dB

8.3.6　WLAN

WLAN 指标要求如表 8.6 所示。

表 8.6　WLAN 指标要求

指标名称	指标要求
信号覆盖电平	(1)在设计目标覆盖区域内 95％以上的位置接收信号强度不小于−75 dBm； (2)无线边缘覆盖强度不小于−82 dBm； (3)在设计目标覆盖区域内 95％以上的位置用户终端无线网卡接收到的信噪比不小于 20 dB
切换成功率	切换成功率不小于 90％
业务质量	(1)Web 认证平均登录时延不大于 5 s； (2)ping 包大小为 1 500 B 时,时延不大于 50 ms,丢包率不大于 3％
数据速率	在目标覆盖区内,要求单用户接入时峰值数据传输速率不低于 4 Mbit/s, 在多用户接入时数据传输速率不低于 100 bit/s
信号外泄	室内 WLAN 信号泄漏至室外 10 m 处的信号强度不应高于−75 dBm

8.3.7　CMMB

CMMB 指标要求如表 8.7 所示。

表 8.7　CMMB 指标要求

指标名称	指标要求
信号覆盖电平	(1)室内覆盖区域内 95% 的位置可正常接收移动多媒体广播信号； (2)边缘场强不小于 −75 dBm 且 $C/N \geqslant 14.0$ dB
天线功率	有线接收无线增补覆盖方式的室内转发天线入口电平控制不超过 15 dBm
业务质量	(1)作为源信号的室外无线移动多媒体广播信号不低于 −65 dBm，信号频谱应无干扰信号，并能够保证稳定接收； (2)作为源信号的有线电视网络中的移动多媒体广播信号的电平应与正常的有线电视信号电平一致，不影响有线电视节目的正常收看，频谱应无干扰信号，并能够保证稳定接收
切换要求	覆盖区域与周边覆盖区域之间有良好的无间断切换
直放站要求	采用有线接入覆盖方式时，直放站的输出功率不能影响上下邻频的正常电视节目的收看

8.4　规划设计输出

在完成室分系统的规划设计后，应具备：方案说明、详尽的设计图纸、模拟测试报告等。

在方案说明中，应对工程情况和设计方案进行详细说明，方案说明中主要包括工程概况表、项目概况、设计依据、设计思路、方案分析、设备技术指标、施工说明、工程费用预算等[5]。

（1）工程概况表：以表格的形式汇总本次工程的站点名称、经纬度、地址、建筑物概况，覆盖范围、面积，采用分布系统类型、方案摘要（包含使用信源类型和数量、干放类型和数量、功分器、耦合器以及各种天线的类型和数量）、工程进度及工程预算投资总额等总体信息，以便于建设方快速了解本工程的总体情况和粗略评估。

（2）项目概况：主要对本次工程覆盖目标建筑物的面积、功能、结构，本网络和其他运营商网络覆盖情况以及本次工程的建设目标进行描述。

（3）设计依据：给出项目依据和标准，系统设计的覆盖、服务等级、业务质量等指标的要求。

（4）设计思路：根据目标建筑物的人流量和用户特点预测业务量，给出信源和覆盖方式的选取思路，对系统扩容与升级以及多系统合路的考虑。

（5）设计方案分析：根据模拟测试和电磁环境分析给出边缘接收功率预测的结果，系统的上下行链路平衡分析、信号外泄分析、切换分析、系统间干扰分析、功率分配合理性与设备利用率分析和电磁辐射防护。

（6）设备技术指标：列出本次工程使用的各种器件的指标和规格。

（7）施工说明：列出主设备、天馈系统、电源的安装说明，接地情况和工艺规范。

（8）工程规模：列出覆盖范围和面积、工程安装规模、设备材料清单。

（9）工程费用预算。

设计图纸应该包含最终的系统原理图（馈线应标实际长度）、实际天线安装点位图（包括走线说明)、主设备安装位置图、室外天线安装位置图,覆盖区域图和描述。原理图应能正确表示器件、天线在平层的布放位置和馈线的实际布放位置,系统图应能正确表示各器件的逻辑连接关系。

　　模拟测试图应包含每个典型楼层,非典型楼层按比例进行抽测所得结果。为了便于管理,设计图纸和模拟测试图最好为电子版,方便归档与后期查找。

8.5　候选站点的选取

　　室分系统站点选择的原则是:对无法利用室外基站信号达到室内良好覆盖的有价值的公共场所,以及对数据业务需求较大的公共场所。室分系统站点的选择要满足以下两个条件之一:(1)该室内场所本身为话务需求热点,按照对业务热点就近设站的原则应建设室内基站予以吸收话务;(2)该室内场所与室外环境相对较封闭(穿透损耗较大)为避免对网络链路预算规划带来较大影响应实施室内覆盖。

　　室分系统工程的选址必须紧密结合市场、服务于用户。选择楼宇建议在 6 层以上(含六层),面积应该在 1 500 m² 以上,优先考虑高话务场所,室内分布系统工程建设覆盖范围为三星级(含三星)以上的酒店、宾馆;话务量较高的学校、医院各类楼宇;较高人员集中的办公写字楼;大型展馆、娱乐餐饮场所;面积大、人员流动大、经济情况好的商场;机场车站等交通枢纽及交易会场等重要公共场所;关键部门、机构以及重点业务需求大的厂矿企业(表 8.8)。

表 8.8　典型建筑覆盖范围

楼宇性质	建筑物	覆盖区域
交通枢纽	机场	全覆盖、室内外结合
	火车站、汽车站	乘客活动区
	地铁	进出口、站台、隧道全覆盖
住宅楼宇	高档住宅小区	电梯、地下楼层、水平走廊,采用室外站与室分相结合
	大型住宅小区	电梯、地下楼层、共同区域、问题区域
	密集城中村	室外全覆盖,尽量渗透室内,采用室外站解决
	高层住宅楼(非小区)	电梯、地下楼层、水平走廊
隧道	铁路隧道	信号盲区结合部
	公路隧道	信号盲区结合部
	重要景区岩洞	信号盲区结合部
重要机关	写字楼	全覆盖或专项覆盖
	政府机关	全覆盖或专项覆盖
	大型医院	全覆盖或专项覆盖
	会议、会展中心	全覆盖或专项覆盖
	学校	盲区、问题区域
宾馆、酒店	三星级及以上宾馆、酒店	全覆盖
	三星级以下宾馆	地下室、电梯覆盖、问题区域
大型娱乐、消费场所	大型娱乐场所	全覆盖
	地、市体育馆	全覆盖
	大型专业市场、购物中心	全覆盖

　　根据信号覆盖场所的设备要求,如果需要用宏站征得的设备解决信号覆盖的场所,那么设备安置就要租赁机房或物业提供机房,在工程选址时应该业主委员会或物业所有人的同意,积极与物业管理公司沟通;需要采用微蜂窝、射频拉远或直放站解决信号覆盖要求室内分布系统站点,需要业主提供满足条件的建议机房,220 V 交流电的引入,地网的接入;如果覆盖的区域为城中村、大型密集商住小区等,需要使用室分天线来解决小区室外信号的连续覆盖,站点人员需要和物业管理人员、沿途的业主协商,允许通信线缆的布放、室外天线的安装。

　　此外,室分系统的建设其实是室外覆盖的延伸,同时提高网络的容量,因此室分站点的选择要能充分吸收室外的话务量,与室外覆盖有机结合起来。这一工作可以借助专业软件来实现。例如,可以依据室外站点的话务密度和室外宏站的站间距的数据,给出应该加强室分选点的推荐区域。

8.6　勘察及测试

　　室分系统工程勘测的主要目的是给规划设计提供现实的依据,也可以为建设施工提供必要的参考。

　　室分系统的工程勘测主要内容包括目标楼宇的建筑结构和无线环境。了解建筑结构才能确定待设计系统的信源、天线、馈线等器件的布放位置;无线环境的勘测包括室内、外已有的电磁信号情况,对可能影响覆盖性能、容量特性、信号质量的各种因素进行调查,从而为设计规划提供必要依据。

8.6.1　楼宇结构勘察

　　由于室内环境的复杂性和独特性,不同建筑物有着不同的传播特性所以针对每个建筑的信息收集和现场勘测必不可少,同时也是指导日后工程施工,安装调试工作的重要依据。

表 8.9　楼宇勘察的内容

编号	勘测内容	信息记录
1	拍摄大楼全景照片,获取目标楼宇的平面图样	□平面图样 □楼宇照片 □建筑物结构描述
2	图样和现场结构是否一致	□一致 □不一致 解决方法＿＿＿＿
3	全覆盖楼宇规模	建筑面积＿＿＿ 层数＿＿＿
4	确认墙体材料,估算空间损耗	墙体材料＿＿＿ 空间损耗＿＿＿
5	确认传输资源和电源	□传输可用 □无传输资源□交流电源可用□交流电源不可用
6	确认是否存在强磁,强电或强腐蚀环境	□存在 □不存在
7	确认进场施工时间	可进场时间 □随时 其他＿＿＿＿

　　在勘察楼宇时还要注意查看天线点的位置,因为不是在建筑的任何位置都可以安装天线的,而且天线之间的间距也有严格要求。

8.6.2　楼宇机房勘察

机房勘察在室分系统的工程勘察中十分重要。机房的勘察包括：机房所在位置，机房供电条件，机房的温度、湿度条件，大楼的防雷接地情况以及消防情况。对于室分系统机房勘查应按照表 8.10 逐项检查记录。

表 8.10　机房勘察表

工程名称：	工程地点：			甲方联系人：
建筑装饰	(1)大楼总楼层＿＿＿＿＿； (2)机房所在楼层＿＿＿＿＿； (3)机房层层高＿＿＿＿＿； (4)机房层梁底高＿＿＿＿＿； (5)机房朝向＿＿＿＿＿； (6)机房功能分区及各功能分区的面积、用途、吊顶、地面、墙面材料：			
	房间名称	**面积**	**墙面**	**地面**	**顶面**
	(7)顶底是否做保暖＿＿＿＿＿； (8)是否封外窗＿＿＿＿＿，外窗面积＿＿＿＿＿，外窗上口距地面高度＿＿＿＿＿； (9)楼板承重＿＿＿＿＿，是否需要加固＿＿＿＿＿； (10)地面是否需要找平＿＿＿＿＿			
电气	(1)UPS 容量＿＿＿＿＿、品牌＿＿＿＿＿，UPS 后备电池时间＿＿＿＿＿、位置＿＿＿＿＿、数量＿＿＿＿＿、尺寸＿＿＿＿＿，UPS 的运行方式(是否并机或双总线或单机)＿＿＿＿＿； (2)几路进线＿＿＿＿＿，进线是否报价＿＿＿＿＿，是否互投＿＿＿＿＿，是否有消防电＿＿＿＿＿，接地干线接地位置＿＿＿＿＿、路由＿＿＿＿＿，竖井位置＿＿＿＿＿； (3)机柜＿＿＿＿＿路供电，每个回路＿＿＿＿＿(A)电流，是否设置工业连接器＿＿＿＿＿，设置 2.3 级插座还是多联插座＿＿＿＿＿，多联插座(PDU)是否带防雷＿＿＿＿＿，几联的＿＿＿＿＿； (4)灯具要求＿＿＿＿＿； (5)备注＿＿＿＿＿			
空调	(1)机房需要紧密空调还是普通空调＿＿＿＿＿； (2)空调室内机个数＿＿＿＿＿、品牌＿＿＿＿＿、制冷量＿＿＿＿＿，室外机位置＿＿＿＿＿，上下水位置＿＿＿＿＿； (3)精密空调制冷反方式及送风方式＿＿＿＿＿； (4)室外机及室内机路由及距离＿＿＿＿＿； (5)机房内是否有暖气设施＿＿＿＿＿； (6)辅助区采用何种空调＿＿＿＿＿； (7)新风机去风口位置＿＿＿＿＿，排气排向＿＿＿＿＿； (8)备注＿＿＿＿＿			

工程名称：	工程地点：	甲方联系人：
弱电	(1)综合布线品牌＿＿＿＿，系统采用六类还是超五类线＿＿＿＿，机柜是否采用配线架安装方式＿＿＿＿，机柜内有＿＿＿＿个双绞线信息点，＿＿＿＿个芯光纤信息点，辅助区有＿＿＿＿个信息点，光纤是千兆还是万兆＿＿＿＿，光纤头的型号(SC,ST,LC)＿＿＿＿； (2)是否包含机柜＿＿＿＿，机柜品牌＿＿＿＿，机柜的尺寸＿＿＿＿，配＿＿＿＿个 PDU(安培数，级联数)，机柜托盘＿＿＿＿、侧板＿＿＿＿、轮子＿＿＿＿、风扇＿＿＿＿； (3)门禁品牌＿＿＿＿、数量＿＿＿＿、安装位置＿＿＿＿，是否双向刷卡＿＿＿＿、读卡形式(刷卡、指纹、掌形)＿＿＿＿，是否集成到动力环境软件中＿＿＿＿； (4)安保监控品牌＿＿＿＿，数量＿＿＿＿，安装位置＿＿＿＿，摄像形式＿＿＿＿	
消防	(1)采用有管网还是无管网＿＿＿＿； (2)辅助区采用何种形式＿＿＿＿	

　　机房的选择，还要结合物业的协调情况、运营商要求以及现场勘测的结果，比较重要的楼宇应选用专用机房，但机房的租用成本较高；一般的室分信源常安装在电梯机房、弱电井中，其成本比专用机房低，但是由于电梯机房、弱电井中其他设备较多，有时安装不方便；小型信源设备无须专用机房，可以选择地下停车场或楼梯间进行安装。

8.6.3　网络信号勘察

　　室分系统工程勘测的另一个重要的环节是勘察网络信号，网络信号勘察就是勘察现有室外大网信号在楼宇内部不同区域的分布情况、质量情况以及室内已有的分布系统情况。

　　网络信号勘测可以了解已有的无线环境状况，已有的无线环境会对新建的室分系统有一定影响，同时，新建的室分系统也会改变现有的无线环境。网络信号勘察是后期室内分布工程设计的依据与基础，其结果一定程度决定了后期室分信源的采用方式及边缘场强设计的范围。从室外来讲，要获取楼宇周边的无线环境情况，包括周边的站点及工程参数，分析这些站点和室分覆盖系统的相互影响，需要进行必要的测试。从室内来讲，要注意勘测已有的分布系统情况，不管是其他运营商已有系统，还是本运营商的其他制式系统。如果存在其他运营商的系统，为了尽可能节约成本，要确定是否有共建共享的可能性；如果存在本运营商的其他制式的分布系统，要确定已有的分布系统是否可以直接利用，还是由于部分射频器件不支持较高频段，需要进行必要的宽带化改造。表 8.11 是室分系统网络信号勘测的内容。

表 8.11　室分系统网络信号勘测内容

序号	勘测内容	信息记录
1	确认是热点覆盖还是全建筑覆盖	□热点覆盖　　□全覆盖
2	全覆盖楼宇是否已建设室分系统	□是　　□否
3	已有室分系统是本运营商还是其他运营商	□本运营商　　□其他运营商
4	没有建设室分系统的是否要求新建室分系统	□是　　□否
5	已建室分系统的楼宇的 DAS 系统频率范围是否支持 LTE、3G 和 WLAN	□是　　□否
6	是否有室分系统设计图样，若没有是否需要重新绘制	□是　　□否

续　表

序号	勘测内容	信息记录
7	对不满足频率范围的室分系统,客户是否同意改造	□是　　□否
8	检查分布天线位置是否能够满足 LTE、3G、WLAN 覆盖要求	□是　　□否
9	对于合路系统,确定新接入系统的合路位置(3G 信源和 WLAN 的 AP 信源建议采用靠近天线端的合路方式),在设计方案中明确表示,并提供合路位置照片	提供合路位置照片
10	检查合路位置是否具备安装条件(电源、网络资源)	□是　　□否

　　在楼宇内要进行实际的信号测试,若手头有路测工具,应做长拨打测试。测试路线的选取需涵盖楼宇平层的走道、公共地区及边缘邻窗区域及重要办公场所;对于客房类功能区,每个平层应尽量选取 1 或 2 个房间做测试。例如,手头无路测工具,可用测试手机在平层内选取具有代表性的区域做点测,选取的区域应包括走道、窗边、楼梯间、电梯门厅、电梯桥箱内及部分重要功能区域。对于 WLAN 的室内覆盖设计,勘察时要重点测试是否存在蓝牙设备、微波炉、无绳电话和无线摄像头等使用 2 400 MHz 公用频段的设备对 WLAN 的干扰。

　　对无线信号的勘测路线可按图 8.2 所示进行。图中路线 1 是建筑物外侧无线环境的测量,用来勘测建筑外的网络信号情况,这通常也用来勘测室内信号泄漏到室外的情况;线路 2 和路线 3 为建筑物内部的勘测,这用来测试建筑物内部的信号情况,通过现有的网络信号情况来确定覆盖系统的组成。线路 2 主要用来测试外部信号对室内的渗透情况,通常情况下,在建筑的底层、顶层和中间层最好按照路线 2 测量,对高层建筑,最好也对每层都沿线路 2 测试,因为高层更容易受到外部信号的渗透。线路 2 和线路 3 是对室内现有信号评估的重要手段,对于结构相同的楼层,可以间隔 2 或 3 层进行测试。通过线路 2 和线路 3 的勘测,设计人员要摸清目标楼宇的当前覆盖情况,对信号盲区及弱覆盖区应了然于心,这样在系统设计时才能有的放矢。

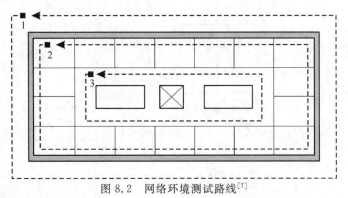

图 8.2　网络环境测试路线[7]

8.6.4　室内覆盖模拟测试

　　室内模拟测试是在初步完成天线挂点的设计方案后,在没有建设施工前进行的效果模拟测试,其目的是模拟出按照某一设计方案进行设计后的覆盖效果;此外,对不同的目标楼宇而言,由于所使用的建筑材料、装修材料、室内布局都不相同,无线信号在每个楼宇内的传播模型不是固定的,需要对传播模型进行校正。对于有些重要的楼宇,室内分布系统的设计必须一次达标,没有反复修改设计的机会,要想对信号覆盖有精确的预测,单单凭借经验往往不能达到精确覆盖要求,因此室内模拟测试环节较为重要。

1. 基本原则及要求

（1）模测场景要全面。

（2）模测使用较高频段。

（3）需定期检查模测设备。

（4）模测天线类型确定：使用方案中采用的天线类型做模测。

（5）模测发射点和接收点的位置选取。为了得到最接近实际的数据和最优的天线布放位置，模拟发射点应按照设计指导书要求，使用实际设计的天线类型，多次变换位置及馈入功率，以便得出最适合的位置及馈入功率。接收点要以发射点为中心，四周各个方位都有接收点记录数据，以 5 个以上为宜。

（6）模测数据记录。模拟测试记录的所有数据都要以实际测量为依据，避免主观推测。要保证数据正确且真实，例如，根据经验和尝试，粗略判断模拟测试数据的真实性；模测数据能够支持所安装的天线以及设计的天线功率能够达到覆盖要求。另外要注意记录模测点的现有的电磁环境数据。模拟测试时要特别做外泄测试。另需在报告中注明模拟测试时发射机的发射功率及发射频率。

（7）布放参考依据。实际工程中的天线布放点位等网络建设主要参考模测结果进行。如果实在没有进行模测的条件，则需要根据实际情况进行软件仿真模拟，根据仿真结果进行建设，不可单凭经验和主观推测。

2. 模拟测试流程

测试方法如图 8.3 所示。

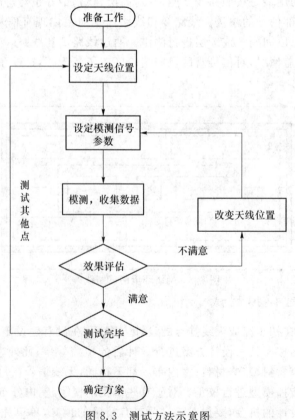

图 8.3　测试方法示意图

8.6.5 室内传播模型校正

模拟测试一个重要的目标就是进行室内传播模型的校正,目前的室内传播模型有 Keenan-Motley 模型、ITU-R P.1238 模型、对数距离路径损耗模型、衰减因子模型等。对数距离路径损耗模型偏差较大,很少使用,其他 3 个模型在实际工作中都有采用。以 ITU-R P.1238 模型为例,对传播模型进行校正。模型所用的公式为

$$PL_{NLOS} = 20 \log f + N \log d + L_{f(n)} - 28 \text{ dB} + X_{\delta}$$

其中,N 为距离损耗系数;f 为频率,单位为 MHz;d 为移动台与发射机之间的距离,单位为 m ,$d > 1$ m;$L_{f(n)}$ 为楼层穿透损耗系数;X_{δ} 为慢衰落余量,取值与覆盖概率要求和室内慢衰落标准差有关。

根据模型本身特点,测试数据统一包括空间路径损耗和材料穿透损耗数据。图 8.4 为对某一目标楼宇进行 CW 测试的测试点及测试路线图,图中圆点代表选择的测试点,此测试点选在走廊上,测试路线为带箭头的线。测试结果记录在表 8.12 中。

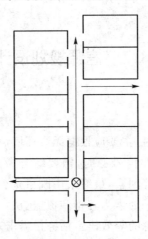

图 8.4 CW 测试点及测试路线图

表 8.12 接收场强测试

距离	接收电平	CW−PL	距离	接收电平	CW−PL
1.00	−41.577 790 15	44.577 790 15	12.00	−65.724 822 38	68.724 822 38
1.50	−42.543 734 78	45.543 734 78	12.50	−71.416 035 25	74.416 035 25
2.00	−56.926 161 51	59.926 161 51	13.00	−73.481 866 63	76.481 866 63
2.50	−52.876 524	55.876 524	13.50	−75.133 637 81	78.133 637 81
—	—	—	—	—	—
9.50	−65.236 539 8	68.236 539 8	20.50	−75.065 910 4	78.065 910 4
10.00	−77.467 432 1	80.467 432 1	21.00	−67.839 271	70.839 271

对测试结果处理步骤如下:

第一步,综合处理所有的样本点。

第二步,根据样本点到发射机的距离的不同,将样本点分组;其中,测试点和发射点的距离是通过建筑物的几何结构来计算得出。

第三步,采用原始测试样本点数据进行拟合,采用每个距离样本点数据分组平均后合并进

行拟合,具体的操作方法为将每组测试获取的样本点的数值转换成 mW,然后将样本点做线性平均,平均的结果转换成 dBm。

第四步,将处理后的数据按距离的远近进行排序,用于拟合空间的路径损耗,

拟合公式:

$$PL_{NLOS} = 20 \log f + N \log d - 28 \text{ dB}$$

分别采用第三步两种方法进行最小均方误差拟合(或其他合适的拟合算法),对比分析,采用均方误差小的。

分析结果:N 为 24;$X_{\delta1}$ 为 3.751 962(75%的边缘覆盖率);$X_{\delta2}$ 为 6.521 999(88%边缘覆盖率);误差平均值为 0.002 01;误差标准方差为 4.868 19;误差相关度为 0.855 27;误差离散度为 4.170 10。

由计算结果可以得出测试场景对应的室内传播模型。

$$PL_{NLOS} = 20 \log f + 24 \log d + L_{f(n)} - 17.28 \text{ dB} + X_{\delta}$$

其中,$L_{f(n)} = 10$ dB;$N = 24$;$X_{\delta1} = 3.751 962$(75%的边缘覆盖率);$X_{\delta2} = 6.521 999$(88%边缘覆盖率)。

8.7　信源规划设计

8.7.1　信源类型选择

室内覆盖系统在选择信号源时,主要应根据无线环境情况、主要服务的区域的话务情况和所选室内覆盖系统类型确定。选取信号源时,需要综合考虑目标话务量、覆盖 要求、电源要求、机房要求、具体场景特点要求等因素,最终采用既可达到所需的覆盖要求又可合理控制成本的分布系统。其中最重要的考虑因素为容量和覆盖:从容量角度考虑信号源的选取,主要是根据信号源可以支持的话务量和总的等效语音话务量需求来决定。目前室分系统主要使用的信源包括:宏蜂窝、微蜂窝、BBU+RRU 基站、直放站等[9],合理的选取信源则可以将新增室分系统对现网基站的干扰降到最低。在 Femto、Pico RRU 基站规范和技术相应成熟后,也可以依据场景需要作为室内覆盖应用方案,不同方案的对比情况如表 8.13 所示[8]。

表 8.13　LTE 室内覆盖信源方案对比

方案名称	主要优势	主要劣势	应用场景
BBU+RRU	易于控制信号强度,覆盖效果好,扩容简单,可以覆盖面积较大的建筑物	成本高,工程实施复杂,工程改造困难	大多数需深度覆盖的室内场景和大容量场景
Femto	可利用同轴和五类线进行回传,部署迅速,工程成本低	无线资源管理复杂,较难实现大型建筑物的无缝覆盖,同步方案需特殊考虑	适用于家庭或中小型企业等小规模覆盖场景
Pico RRU	部署迅速,工程成本低,组网灵活,扩容灵活	Ir 接口带宽较高,仍需高带宽传输,走线长度受限	适用于具备自有光纤并难以进行馈缆施工和改造的场景

8.7.2　业务容量规划

理论上,可用于移动通信系统容量估算的方法有很多,如话务模型分析方法、等效爱尔兰方法、坎贝尔方法等;工程上,常依据实际工作中的经验。

1. GSM 容量估算

(1) 推算峰值话务量:n

预计峰值人流量 N,假设人均手机持有率为 98%,其中移动 GSM 用户占有率为 70%,人均话务量取 0.02Erl。则:

$$峰值话务量(Erl)=峰值人流量\ N×手机持有率×移动\ GSM\ 用户占有率×人均话务量$$
$$=N×98\%×70\%×0.02$$

(2) 确定 TCH 数量及载频数量

通过查询爱尔兰 B 表及不同载波配置下不同的信道利用率经验值得出"载频配置与信道利用率对应表"(表 8.14)。

表 8.14　载频配置与信道利用率对应表

载波数	TCH 数量	2%呼损率的爱尔兰 b 表对应话务量/Erl	实际信道利用率	实际承载最佳话务量/Erl
1	7	2.94	47.40%	1.39
2	14	8.2	52.90%	4.34
3	22	14.9	59.80%	8.91
4	30	21.93	62%	13.60
5	37	28.25	63.70%	18.00
6	45	35.61	76.10%	27.10
7	53	43.06	77.80%	33.50
8	60	49.64	78.70%	39.07
9	67	56.28	75%	42.21
10	75	63.9	76.30%	48.76
11	83	71.57	81.20%	58.11
12	91	79.27	83.80%	66.43

再根据峰值话务量确定 TCH 数量和载波数量,进而决定小区的划分。

2. TD-SCDMA 容量估算

TD-SCDMA 网络中,一个信道就是载波、时隙、扩频码的组合,称为一个资源单位 RU (Resource Unit),其中一个时隙内由一个 16 位扩频码划分的信道为最基本的资源单位,即码道(BRU)。各种业务占用的码道个数是不一样的。各种业务码道数如表 8.15 所示。

在 TD-SCDMA 建设初期,室内分布单小区载频配置以 O3 为主,数据业务需求较高的站点可引入 F 频段,载频配置达到 O6(F 频段 3 载波,A 频段 3 载波)。

对于机场、大型会展中心、大型体育场馆、大型写字楼及生活小区可结合用户预测及分布情况,采用多个小区建设,每个小区载频配置参照上述原则。

表 8.15　　TD-SCDMA 系统不同业务所需的码道数

业务类型	所需的码道数	
	上行	下行
AMR 12.2k	2	2
CS 64k	8	8
PS 64k/64k	8	8
PS 64k/128k	8	16
PS 64k/384k	8	48
小区配置	总码道数	
	上行	下行
O3	144	144

TD-SCDMA 小区的单用户语音话务量为 0.02Erl、可视电话话务量为 0.001Erl,数据业务单用户平均流量为 300 bit/s。如果按照单个小区三载波(O3)配置,考虑 75% 加载,每小区容纳约 750 用户。

TD-HSDPA 系统通过 ADPCH(HSDPA 业务的伴随信道)信道的多少决定用户数。一个用户对应一个 ADPCH,但是一个 ADPCH 可以复用,最大值为 4。按照上下行 1:2 的比例进行计算,下行通道有 4 个时隙,上行有 2 个时隙,采用 16QAM 调制,得到 4×4=16 个用户,即单载波 HSDPA 有 16 个用户。

3. LTE 容量估算

当前,TD-LTE 室内覆盖原则上配置为 O1,载波带宽为 20 MHz;需要特别考虑规避邻区干扰的场景可按照 2 个 10M 频点异频组网方式配置,以便规避同频干扰。主要承载高速数据业务(>500 kbit/s),并具备承载语音业务的能力,系统支持并发用户数 10,每个用户 10 个 RB。在室内单小区 20 MHz 组网条件下,要求单小区平均吞吐量满足 DL20 Mbit/s/UL5 Mbit/s。

4. WLAN 信源容量估算

WLAN 的系统容量与用户数量和用户带宽需求有关,考虑到 AP 本身的稳定性和网络承载能力的要求,建议根据用户带宽和用户覆盖区域选择 AP 的数量,而不是单纯考虑用户容量。

通过实际工程考虑,尽量保持在 IEEE 802.11 g 单 AP 上的活跃用户一般控制在 15~20 个,在 IEEE 802.11n AP 上活跃用户不高于 20~25 个,单 AP 支持的最大关联用户数可按照 64 个确定。

8.7.3　小区频率规划

室内分布频率配置时,室内覆盖与室外覆盖尽量采用异频组网方式,在频率紧张的情况下,应保证与室外有切换关系的室内小区的主载频与室外小区主载频保持异频;在建筑高度超过 15 层以上的区域,为室内覆盖保留 3 个专用频点解决高层干扰问题,在频率紧张的区域至少保留一个专门频点用于室内主载频。

在规划过程中,小区数量应尽可能少。多小区会增加切换,引入干扰,因此,在满足容量需求的前提下,尽量采用最少的小区进行覆盖;电梯分区尽量和低楼层小区划分为同一小区,同类功能的电梯分为同一个小区。此外室内分布系统的建设应与室外基站的建设相互协调,统一规划。根据不同系统在有效覆盖区域内的人流密度大小、话务量需求高低、室内环境尤其是公共场所的容量集中和分流的情况(如站台出入口、行车运动区域、大型场馆以及地下居所等),综合考虑确定选取信源数量以及覆盖组网方式,室内分布系统的组网要求如下。

1. 小区与室外小区同频配置

在业务容量稀少区域,室内室外采用同一基站共同分担业务量时或室内外小区衔接处切换率较高区域,室内室外覆盖区域可采用同频载波配置方式,此方式可有效利用信道资源,但应尽可能减小室内系统的时延,以防止室内外衔接处同频段时延差异出现的通话盲区。

2. 室内小区与室外小区异频配置

在业务容量密集区域,室外和室内业务容量占用率较高,可采用室内和室外分别独立分担业务容量的小区异频配置方式,室内采用与室外宏蜂窝信号不同频点信源。该方式可提高小区的业务容量,缓解业务的拥塞,也可用于楼层较高室外泄漏较强位置的室内区域。小区频率配置应尽量加大室内外频点之间的邻道间隔,合理的设置室内天线的位置,加大室内临近窗户区域的覆盖功率,避免室内外因泄漏所引起的室内用户对室外业务容量的分流、频繁乒乓切换和与室外周边小区的无效切换。对楼层较低的进出口位置如采用异频配置应将信号严格控制在限定范围内。

3. 室内小区与室外小区同频/异频综合配置

根据室内建筑物的中高层窗口区域,室外对室内的泄漏较为严重,宜对室外区域容量进行分流在较高的楼层使用异频小区覆盖,室内建筑物较低的楼层,如建筑物进出口大厅是出入内外小区频繁切换区域,为减小切换出现的掉话,宜采用和室外小区基站同频配置。

4. 室内单扇区和多扇区配置

室内小区可根据覆盖区域的大小和容量的密集程度,流量流向采取单扇区和多扇区的覆盖配置,对于容量较少,分布均匀室内建筑结构简单的场景,宜采用单扇区多频点共用的组网方式。对于容量密集,具有业务流量随人群流向分割的建筑物内(如地下商场、城市地铁交通枢纽的展厅及进出通道),宜采用多扇区配置来分割业务的流向流量。对空间开阔容量密集的大型场馆需考虑覆盖的均匀性问题,也可采用多扇区覆盖方式。

5. 室内多系统扇区覆盖频点配置

室内多系统共存、共用共享覆盖空间时,应做到同一覆盖区域的相邻制式载波频率的配置,尽可能拉开系统间频率设置间隔。多制式多载频合路应使选择的载波频点避开有源或无源器件所引起的谐波、倍频以及互调引起的阻塞干扰落入其他系统的接收频段。

6. 室内多扇区同频覆盖配置

室内多扇区同频覆盖配置多采用链型或星型组网结构,用于长距离室内或地下交通隧道或建筑物分割空间,相邻小区采用同信源接力覆盖,分布系统所用设备应具有时延调整能力,保证链路无色散的影响。当相邻小区采用不同基站信源覆盖时,应考虑覆盖重叠区域的距离与移动速度距离的关系(如地铁、高速公路隧道、高速铁路隧道等),确保小区间的越区切换。

7. 多小区室内覆盖动态配置

针对大型场馆空间开阔,业务容量具有突发性和集中性特点,大型企业工作区和生活区域之间话务量随时间流动的情况,室内分布载波的配置可按话务量动态变化情况实时或定时调度。提高网络载波资源使用效率。

8. GSM900M 和 GSM1800M 频率规划

(1) 对于周边 GSM900 宏站信号复杂，频率规划困难的站点，可以优先考虑建设 GSM1800 站点进行覆盖，对于 GSM1800 信号复杂区域的场景，考虑建设 GSM900 的站点进行覆盖。

(2) 一般在频率规划过程中，建议 GSM900 或者 DCS1800 预留室分专用频点，保证楼宇的覆盖效果。对于部分单楼宇容量需求较大，载波数量需求较多的情况，可考虑采用低层用 GSM900，高层采用 GSM1800 小区覆盖的混合组网的方式对楼宇进行覆盖。

8.7.4 分区和分簇规划

对于容量需求较大的室内分布系统，应该注意蜂窝系统的小区划分。并且在蜂窝系统与 WLAN 共用分布系统的情况下还要注意与 WLAN 分簇相结合。

1. 分区条件

写字楼和商场满足以下条件之一需要分区：

(1) 覆盖面积大于或等于 50 000m² 的独立楼宇，需要分区覆盖。

(2) 容量大于 8 载频的需要分区覆盖。

(3) 写字楼高于 20 层需要上下分区，按照人流量分区。

(4) 多台有源设备的引入必然会对基站造成上行底噪的干扰，因此为了提高基站的性能，单个基站的有源设备数量超过 5 台时需要分区。

住宅楼满足以下条件之一需要分区：

(1) 满足条件(1)的，每 10 万平米分 1 个小区，比如 16 万平米可分为 2 个小区(每个区 8 万平米)，依此类推。

(2) 满足条件(2)的，超过 10 台有源设备需要分区，比如 15 台有源设备可分 2 个小区。

新建微蜂窝的单小区配置最大为 8 载频，比如容量需要 10 载频，可以分为 6+6。

2. 分区方法

(1) 在容量允许的范围内，如果平层面积较大(大于 20 000 m²)或建筑物内明显有独立区域的，可以按照竖切的原则分区。

(2) 如果平层面积小，且都是办公区域，当容量不足时，按照横切的方式分区，但是需要注意电梯的切换问题。

(3) 包含商场的写字楼，如果商场面积超过 5 000 m²，写字楼与商场分区覆盖，小于 5 000 m² 的商场，可以与写字楼一起覆盖。

在分布系统设计时，应保证扩容的便利性，当配置容量紧张时，尽量做到在不改变分布系统架构的情况下，通过空分复用、增加载波及小区分裂等方式快速扩容，满足业务需求。

3. 分区与分簇

(1) 多制式分布系统设计，应以覆盖最受限的 WLAN 制式的技术条件来确定天线覆盖半径，并构建分布系统基本单元("分簇")。簇内天线点数量尽量均衡，天线位置相对集中。

(2) 以已覆盖半径较小的 3G 或 4G 系统来确定分区。一个分区内可有多个分簇。各分区应尽量保持良好的空间隔离(建议隔离度应大于 12 dB)，以便于空间复用等技术的应用并提高 TD 业务吞吐量。

4. 分簇规划

(1) 对于多隔断的封闭空间，WLAN 天线覆盖半径取 6~10 m。对于开阔空间，WLAN

天线的覆盖半径可适当扩大。

（2）因用户上网体验与 WLAN 信号强度直接相关,故 WLAN 天线口功率应在满足电磁辐射标准的前提下尽可能做大,天线口功率以 10～15 dBm 为宜。

（3）500 mW 室内分布型 WLAN AP,设计中可按支持 4～6 个天线,覆盖面积 800～1 200 m² 进行规划。

（4）由于 WLAN 干放比 WLAN AP 昂贵,干放性能难以保证易引入干扰,且不符合国家相关规定,WLAN AP 末端不应再接入干放。

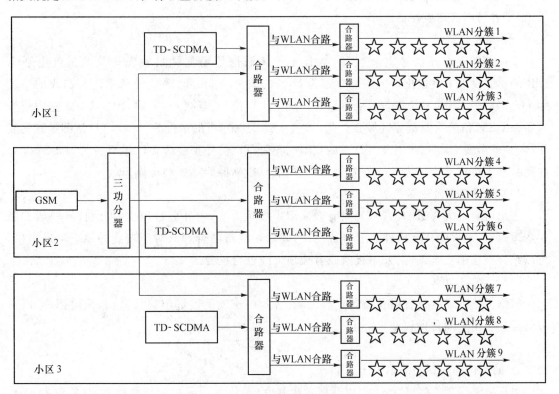

图 8.5　分布系统分区/分簇示意图

8.7.5　切换区域规划

室内分布系统中小区的划分要从有利于各小区的切换,有利于频率的复用,并且减少各小区的干扰。室内分布系统小区切换区域的规划建议遵循以下原则:

（1）切换区域应综合考虑切换时间要求及小区间干扰水平等因素设定。

（2）室内分布系统小区与室外宏基站的切换区域规划在建筑物的入口处。由于大部分人员从室外到进入一楼电梯内等待的时间较短,即在这短时间内手机需要完成从室外信号切换到室内小区信号,为了加速切换时间,应在一楼大堂安装一副吸顶天线。

（3）电梯的小区划分:建议将电梯与低层划分为同一小区或将电梯单独划分为一个小区,电梯厅尽量使用与电梯同小区信号覆盖,确保电梯与平层之间的切换在电梯厅内发生。

（4）对于地下停车场进出口的切换区域应尽量长,拐弯处可增加天线或采取其他相应措施。

（5）平层分区不能设置在人流量很大的区域，避免大量用户频繁切换。

（6）平层分布切换带不能设置过大，即信号重叠区域不能过大，避免用户出现乒乓切换的现象。

下面分别介绍 4 种典型室分场景下的切换区域设置方法。

1. 地下停车场进出口切换

（1）场景特点

地下停车场区域也是各场景内典型功能区域。停车场区域平层内部的非常简单，多为开放的内部空间，受室外宏站干扰因素较小。地下室进出口由于车速较快，需要设置合理的切换带，否则容易引起切换掉话。

（2）切换带设计

切换带即室内外信号重叠区域，并且重叠区域信号场强满足触发切换的最低电平 X（dBm）。假设地下室进出口的限制车速为 Y（Y 的单位为 km/h，等效为 $A=Y/3.6$，A 的单位为 m/s），对于 GSM 系统而言，从测量到完成一次切换，一般在 4 s 左右，因此 GSM 室内信号与室外 GSM 信号重叠覆盖区域至少为 $A\times4=4A$（其中，A 的单位为 m/s），TD 从测量到完成切换，一般需要 2 s 左右，因此 TD 室内信号与室外 TD 信号重叠覆盖区域至少为 $A\times2=2A$，在此基础上可以适当扩大 5 m 左右的重叠覆盖区域，确保能够顺利切换。

（3）天线选型及安装位置

进出口有较大弯道的出口，天线一般采用小板状天线，向外进行覆盖，安装位置一般控制在弯道附近，确保能将室内外信号良好衔接，确保切换带的合理。对于较直的地下室进出口，可以结合现场的安装条件，采用板状或者吸顶天线进行覆盖。

（4）天线口功率

根据天线的安装位置以及覆盖重叠区域范围，由于地下室进出口较开阔，无阻挡，可以参考信号在自由空间传播模型：

$$L=32.4+20\lg d+20\lg f$$

其中，d 的单位为 km，f 的单位为 MHz。

根据链路损耗 L（单位为 dB）以及覆盖场强 X（单位为 dBm），天线增益为 Z（单位为 dB），得出天线口功率为 $L+X-Z$，天线功率的单位为 dBm。

2. 建筑物出入口切换

（1）场景特点

建筑物的进出口较多，需要逐个考虑全面。用户在进出楼宇的移动速度相对较慢，因此切换带大小不是重点，重点是关注切换带位置，一般理想的切换位置在出入大厅 5 m 范围内，避免出现切换发生在电梯内或者切换发生在马路上。

（2）切换带设计

室内外信号重叠区域，并且信号场强满足触发切换的最低电平 X（单位为 dBm）。假设用户进出楼宇的步行速度为 A（单位为 m/s），对于 GSM 系统而言，从测量到完成一次切换，一般为 4 s 左右，因此 GSM 室内信号与室外 GSM 信号重叠覆盖区域至少为 $A\times4=4A$（4A 的单位为 m），TD 从测量到完成切换，一般需要 2 s 左右，因此 TD 室内信号与室外 TD 信号重叠覆盖区域至少为 $A\times2=2A$（2A 的单位为 m），为了保证切换顺畅，在此基础上可以适当扩大 5 m 左右的重叠覆盖区域。

（3）天线选型及安装位置

一般对于楼宇进出口以及大厅场景，天线的选型不仅仅要考虑切换带，同时还要兼顾信号的外泄控制。

对于玻璃幕墙，外泄较难控制，一般采用定向天线朝内进行覆盖，此时天线口功率可以按照常规的功率进行设置。此类覆盖方式比较理想，既能控制外泄，又能控制切换区域。当用户出建筑物，室内信号衰减较快可以立刻切换到室外，而进入建筑物，室内信号场强变强，能确保用户尽快从室外切换到室内。

对于板状天线无法安装的大厅，一般采用全向吸顶天线，安装位置需要考虑信号外泄。

（4）天线口功率

板状天线的天线口功率按照覆盖标准进行设计，全向吸顶天线的天线口功率需要考虑根据路径损耗：

$$L = 32.4 + 20\lg d + 20\lg f + N$$

其中，d 单位为 km，f 单位为 MHz，N 为大厅门的损耗。

根据链路损耗 L（单位为 dB）以及目标覆盖场强 X（单位为 dBm），天线增益 Z（单位为 dB），得出天线口功率为 $L + X - Z$，天线口功率的单位为 dBm。

3. 电梯切换（楼内分区）

（1）切换在电梯内

一般情况下，应尽量避免将切换区域设置在电梯这类高速运行的区域间内，因为一旦切换失败，将无法重建，很可能引起掉话，如果一定要将切换区域设置在电梯内，则需要考虑切换带的合理设置。

假设电梯的运行速度为 A（单位为 m/s），电梯内两个小区的信号重叠区域场强满足触发切换的最低电平 X（单位为 dBm），对于 GSM 系统而言，从测量到完成一次切换，一般为 4 s 左右，因此 GSM 室内信号与室外 GSM 信号重叠覆盖区域至少为 $A×4=4A$（$4A$ 的单位为 m），TD 从测量到完成切换，一般需要 2 s 左右，因此 TD 室内信号与室外 TD 信号重叠覆盖区域至少为 $A×2=2A$（$2A$ 的单位为 m），在此基础上可以适当扩大 5 m 左右的重叠覆盖区域，确保能够顺利切换。

（2）切换在电梯厅

此类情况切换相对容易控制，首先确保电梯内的信号延伸到电梯厅覆盖，其次控制平层在电梯厅的信号覆盖，确保用户在走向电梯或者在等电梯的过程中，从平层完成到电梯信号的切换。

（3）天线选型及安装位置

电梯的覆盖方式一般主要有 3 种：一种是吸顶天线向下覆盖；第二种是采用板状天线朝向电梯厅覆盖；第三种是采用漏缆进行覆盖。

（4）天线口功率

由于电梯轿厢损耗较大，为了实现良好的信号重叠区域，通常电梯的天线口功率比平层大，一般天线口功率在 10 dBm 左右。

4. 平层切换

一般对于大型的覆盖场景，单个小区无法对整个楼层进行覆盖，因此就需要考虑对楼宇平层进行分区，此时需要考虑分区的边界位置选取，在设计时需要考虑以下几点：

（1）平层分区不能设置在人流量很大的区域，避免大量用户频繁切换。

（2）平层分布切换带不能设置过大，即信号重叠区域不能过大，避免用户出现乒乓切换的现象。

（3）具体切换位置的选取，需要结合各个场景，根据人流量情况进行考虑。

在考虑小区间切换问题时，必须注意以下几点：

（1）天线选型。天线的选型能否满足现场安装环境，能否保证合理的切换带。

（2）天线的安装位置。天线的安装位置是否合理，能否控制好切换区域，兼顾外泄、覆盖等其他因素。

（3）天线口功率。天线口功率能否达到基本的覆盖要求，能否保证足够的切换带。

（4）电梯的覆盖方式。该覆盖方式通常将切换区域设置在电梯厅。一般不建议将切换区域设置在电梯内，如果切换区域设置在电梯内，要有足够的信号重叠区域保证完成切换。

（5）平层分区。平层分区边界位置选取要合理，要考虑到人流量以及信号重叠区域。

8.8　覆盖规划设计

覆盖是保证室分系统无线网络质量的基础，决定了网络服务可以达到的范围。在无线通信中，覆盖是指无线信号在目标区域内的某一位置能够满足指定的通信质量要求，即上下行链路均能够建立业务信道并实现良好接收即满足通信对接收信号强度和质量（如信噪比、载干比等）的要求。对室内覆盖进行估算的目的是设计每个天线的覆盖范围，确定每一个天线的功率和天线数目，保证室内覆盖的指标达到设计要求。

8.8.1　室内链路预算分析

从信源发出的无线信号经过室内分布系统到达天线，最终由接收端接收，在这一过程中无线信号将经过各种损耗、增益、衰落和干扰。考虑无线信号在一定环境中传播的各种因素，计算无线信号在一定环境下传播的最远距离和最近距离的过程叫作链路预算，链路预算是无线室内覆盖的基础，评估信号从信源发出后经过各种射频器件和无线环境后是否可以满足系统覆盖的边缘功率要求。链路预算的关键是在满足天线输出功率的前提下，合理使用功分器、耦合器和馈线，使信源所需要的输出功率最小，并计算出该功率。室内分布系统的链路预算主要包括 3 个方面：信源发射端到天线口的损耗；室内无线环境中的传播损耗；无线信号在终端的接收和发送。

1. 信源到天线口的损耗

这一部分损耗是从信源发射端到天线发射口的损耗，主要指信号从信源发出后，经过室分系统时的损耗，包括馈线损耗、功分器和耦合器等分配损耗。由于室内分布系统采用多天线小功率的原则，与室外覆盖采用较大增益较大范围覆盖相比，采用了较多的功分、耦合器件，因此这部分的损耗也比室外覆盖大得多。

2. 传播损耗

这部分是无线信号在室内环境中传播时的损耗。在室内环境中，建筑物所使用的材料和场景类型都对无线信号在建筑物内的传播有着很大影响，无线信号在室内环境中的传播与传播模型有着密不可分的关系。自由空间传播模型（Free Space Propagation Model）是最简单也最经典的一种传播模型,无线电波的损耗只和传播距离和电波频率有关系;在给定信号的频率的时候,只和距离有关系;在实际传播环境中,还要考虑环境因子 n。自由空间传播模型公式如下:

$$L = 32.44 + 20 \log f + 20 \log d$$

其中,L 的单位为 dB,f 的单位为 MHz,d 的单位为 km。

由上式可以得到表 8.16。

表 8.16 自由空间传播损耗表

电波频率/MHz	不同传播距离下的自由空间损耗/dB				
	1 m	2 m	4 m	8 m	16 m
950	32	38	44	50	56
1 850	38	44	50	56	62
2 150	39	45	51	57	63

由表 8.16 可以看出,当频率是 950 MHz 时,距离为 1 m 处的信号的损耗为 32 dB,距离每增加 1 倍,传播损耗增加 6 dB。也可以看出,距离相同的情况下,频率为 1 850 MHz 时的损耗比频率为 950 MHz 时的信号损耗大 6 dB。而 1 850 MHz 和 2 150 MHz 频段的信号损耗相差不大。

除了自由空间传播模型外,还有其他模型可供选择,不同模型的计算精度和运算量都不相同,一般来说,所使用的模型越精确,所需要的计算量就越大,在具体使用时要根据实际需要加以选择。

图 8.6 列出了在典型楼宇内 15 个采样点上 3 种常见制式的接收功率对比情况。

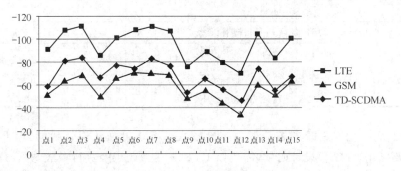

图 8.6 LTE(E 频段)、GSM(900 MHz)和 TD-SCDMA(A 频段)

3. 接收电平

这部分是无线信号在终端的接收和发送,主要考虑的是终端的最小接收电平,在室内环境下,还要满足一定的边缘覆盖电平,通常情况下,边缘覆盖电平会比终端的最小接收电平大很多。手机与天线间的距离是由最大允许路损(MAPL)决定的,考虑到干扰余量、阴影衰落等余量,最大允许路损的表达式为

最大允许路损(MAPL)=天线口功率—手机最小接收电平(边缘覆盖电平)—各种余量

根据以上确定的天线口功率及各系统无线覆盖边缘场强要求,结合信源发射功率及吸顶全向天线增益,可得到各系统链路预算如表 8.17 所示(慢衰落标准方差统一取 6 dB)。

表 8.17　各系统链路预算计算表

系统参数	GSM900	TD-SCDMA（A 频段）	TD-LTE（E 频段）	WLAN
信源设备发射功率（dBm）/载波	37	32	12	27
天线口入口功率/dBm	5	5	−16	15
天线增益/dBi	3	3	3	3
慢衰落标准方差/dB	6	6	6	6
边缘场强指标/dBm	−85	−85	−105	−75
空间链路损耗/dB	87	87	86	87
最大允许路径损耗 MAPL/dB	119	114	114	99

在多系统室内分布方案设计时，每个系统的功率预算可参照上表使用。

由不同系统的隔墙损耗，可得到不同场景下天线的覆盖半径，如表 8.18 所示。

表 8.18　不同场景下天线的覆盖半径

区域类型	区域描述	天线类型	GSM900	TD-SCDMA（A 频段）	TD-LTE（E 频段）	WLAN
KTV 包房	墙壁较厚，门口有卫生间	吸顶天线	10~12	6~10	6~10	6~10
酒店、宾馆、餐饮包房	砖墙结构，门口有卫生间	吸顶天线	12~15	8~12	8~12	8~12
写字楼、超市	玻璃或货架间隔	吸顶天线	15~20	12~15	12~15	12~15
停车场、会议室、大厅	大部分空旷，中间有电梯厅、柱子或其他机房	吸顶天线	25	10~20	10~20	10~20
展厅	空旷，每层较高	壁挂天线	100	50	50	50
电梯	普通电梯	壁挂天线（朝电梯厅）	共覆盖 5 层	共覆盖 3 层	共覆盖 3 层	共覆盖 3 层
		壁挂天线（朝上或下）	共覆盖 7 层	共覆盖 3~5 层	共覆盖 3~5 层	共覆盖 3~5 层

从上表可看出，每个系统的覆盖能力差异较大，GSM 最强，LTE 最弱，因此考虑到末端天馈系统需要共用，在工程设计时候，需要以 LTE 天线覆盖半径进行布放，并合理规划其他系统的信源功率，以做到等效覆盖，节约信源的功率资源（对于大面积场景的覆盖尤其重要）。

8.8.2　天线口功率及电磁照射强度分析

天线口功率过大可能会引起手机相互干扰，以及带来远近效应，而离天线近的手机会阻塞覆盖边缘手机的接入，进而影响分布系统的容量和质量。另外，国家电磁辐射标准规定室内天线口功率小于 15 dBm/载波（总功率），需按照这个标准进行天线口功率设置。

目前环境电磁辐射的测试依据是 GB 9175—1988《环境电磁波卫生标准》。该标准是为控制电磁波对环境的污染、保护人民健康、促进电磁技术的发展而制定的，适用于一切人群经常居住和活动场所的环境电磁辐射。在该标准中，以电磁波辐射强度及其频段特性对人体可能引起潜在不良影响的阈下值为界，将环境电磁波容许辐射强度标准分为两级，如表 8.19 所示[13]。

表 8.19　环境电磁波容许辐射强度分级标准

波长	单位	一级(安全区)	二级(中间区)
长、中、短波	V/m	<10	<25
超短波	V/m	<5	<12
微波	μW/cm²	<10	<40
混合	V/m	按主要波段场强;若各波段场分散,则按复合场强加权确定	

　　此外,由于在室内环境下,天线与用户之间的距离很短,当天线口发射功率过大时,可能导致天线到接收机的损耗小于最小耦合损耗(MCL),从而阻塞接收机。业界习惯上,一般要求室内覆盖系统天线的发射功率不高于 15 dBm[8]。对不同系统天线口输出功率范围如表 8.20 所示。

表 8.20　不同系统的天线口功率范围

系统	天线口功率/dBm	系统	天线口功率/dBm
GSM	5~13	CDMA(导频)	0~5
WCDMA(导频)	0~5	TD-SCDMA(PCCPCH)	0~7
PHS	8~13	TD-LTE(RE RSRP)	−20~−10

　　对于 LTE 系统,应注意区分设计方案中标识的功率是小区参考信号(CRS)功率或宽带载波功率:$P_{CRS} \approx P_{载波} - 31$ dB。

8.8.3　室内天线典型位置设计

　　分布系统是通过多副天线实现对目标区域的信号覆盖的,天线口发射功率和手机最小接收电平决定了最大允许路损,最大路损决定了天线所能覆盖的最大范围,从而决定了某一室内场景所需的天线数目。每副天线的功率分配是分布系统设计的重要环节,直接影响覆盖效果和投资成本。

　　如果知道了最大允许路损,那么就可根据传播模型得到该制式下手机离天线口的最远距离,也就是天线的覆盖范围。这样得到的是天线覆盖面积的理论值,如果按照这个值进行天线布放,则在几个天线之间的位置会有一些区域覆盖不到,要得到比较理想的覆盖效果,天线的间距要小于这个值,如图 8.7 所示。要想达到较好的覆盖效果,天线的间距应是天线计算所得覆盖半径的1.41 倍,这样能有效避免天线覆盖的盲区[7]。考虑到多制式共享天线的因素,以及实际环境中各种影响因子。在实际工程中,一般选择 1 m 作为天线的最小覆盖范围,在可视的范围内,天线的最大覆盖半径一般取 8~25 m,如商场、超市、机场等较为空旷的场景;在有阻挡的环境下,如宾馆、写字楼、居民楼等,天线的覆盖半径一般取 4~15 m[7]。

　　天线的布放位置除了考虑覆盖范围外,还要考虑到建筑物内部的结构和功能。业界一般比较倾

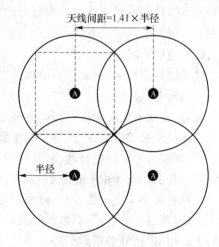

图 8.7　天线间距离的确定[7]

向于将室内天线安装在走廊上,这样施工难度较小,业主也容易接受。典型场景下天线安装位置如图 8.8 所示,天线应尽量选择馈线可直接到达的位置进行天线外放,以提高易维护性,包括楼顶天面、裙楼平台、梯间顶、停车场出入口等。

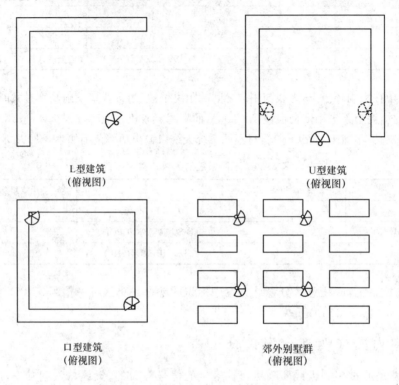

L型建筑
(俯视图)

U型建筑
(俯视图)

口型建筑
(俯视图)

郊外别墅群
(俯视图)

图 8.8　典型场景的天线布放位置

　　除典型场景外,对于重点区域应该重点考虑。所谓重点区域是指用户感知度较高的区域,如重要会议室,这些地方如果信号覆盖效果不好,会对用户的感知影响较大,在设计时应该重点考虑。前面提到的有关覆盖面积的要求,也不是绝对的,如要求某种制式的覆盖率达到95%,也不能简单地认为只要覆盖的区域占到总面积的 95% 就是合格,如果没有覆盖到的 5%刚好是重要区域也是不行的。而防止这种情况的办法就是采用小功率、多天线的原则,尤其对于重点区域要做到深入覆盖。这也是业界一直强调室内分布系统中天线安放要采用小功率、多天线原则的原因。

　　对于电梯的覆盖,一般采用电梯井内安装定向天线的方式进行覆盖。如果电梯厅已有同小区天线覆盖,可使用定向天线正面朝下的方式,每四层布放一副天线进行覆盖。如果电梯厅没有覆盖,则使用定向天线正面朝电梯厅的方式,每三层布放一副天线进行覆盖;或者采用辐射式泄漏电缆覆盖电梯井,保持电梯覆盖均匀,并使得每层电梯厅都有泄漏信号。对于观光电梯,一般依靠室外宏站信号解决,若存在信号问题,对于位于小区内观光电梯,通过电梯井内安装泄漏电缆解决,对于位于道路旁的观光梯,可采用定向天线随梯方式覆盖电梯,同时控制功率。

　　在具备施工条件的物业点,可采用定向天线由临窗区域(有墙体遮挡位置或距离窗户 2 m以上)向内部覆盖的方式,有效抵抗室外宏站穿透到室内的强信号,使得室内用户稳定驻留在室内小区,获得良好的覆盖和容量服务,同时也减少信号泄漏。

8.9　室内外协同规划设计

室内外信号的干扰主要表现在以下 3 方面:室外基站对室内信号的干扰、室内信号的外泄和室内外的切换。对室内信号来说,室外干扰主要有 2 种:一种是远处多个基站的干扰,如建筑高层的干扰,其特点是干扰信号杂乱、缺少在大范围内起主导作用的信号;另一种是近处基站的干扰,其特点是信号强而稳定,在相当大范围内是主导信号。对于第一种干扰信号主要通过频率规划和增加天线密度来解决;而对于后一种情况可以采用直放站作为信源的方式将干扰信号变为有用信号,这样既可以避免室外信号的强干扰,也可以充分利用室外信号,降低了分布系统的投资。

对室内外的信号协同规划,要对室内外信号的频率、容量和室内分布系统的布局等多方面进行考虑,应注意以下几个内容:

1. 室内外容量规划

室内外容量的规划应注意,室分覆盖方案不仅要解决深度覆盖,同时实现话务有效吸收。以 cdma2000 为例,以某省的经验值(取一定的小区负荷和 FER 值)在无线信道的呼损率取 2‰ 的情况下,在密集市区和一般市区查爱尔兰 B 表,cdma2000 室内分布系统信号源语音容量如表 8.21 所示,表中忙时平均每用户话务量取 0.02Erl,表中直放站仅对施主基站的信号进行放大并与其共享一个扇区的容量。

根据表 8.21 中不同类型信号源的容量,在实际规划时要准确预测用户数(含大楼固定人口和流动人口)当一个室内分布系统内的实际同时使用用户数超过信号源设计容量时由于 cdma2000 是软容量,因此其余小部分用户尚可接入网络但会带来码间干扰,同时呼吸效应使得覆盖范围缩小从而导致靠外墙房间内的用户易切换到室外基站小区,因此在规划时需要注意以下几个方面:

(1) 在满足覆盖的基础上为了减少切换,同一栋大楼尽量使用单扇区基站,并且该基站支持单扇区扩容,即初期采用 O1 微基站,中后期根据业务量扩容为 O2 或 O3 等。

(2) 用户数超过 1 000 户或者忙时用户数经常超过 28 户的大楼初期即要求采用 O2 微基站,不希望出现信号源不能满足话务需求导致话务拥塞情况[14]。

表 8.21　不同类型 cdma2000 1X 信号源语音容量

基站类型	S111	微蜂窝(O1)站	RRU
信道数/条	72	28	24
容量/Erl	51	20	17
用户数	2 550	1 000	850

室内话务吸收分 3 种场景考虑:

(1) 对于周边宏站负荷较大或周边楼宇话务量较高的场景,在设计过程中采用高低分层的方式,高层采用单向邻区,把室内用户全部驻留在室内。低层采用分层分级的方式,通过提高室内覆盖的层级、重选、切换的限等,充分吸收室内话务量。其次还好为后续扩容预留一定的资源。最后需要关注,此类场景一定要控制好信号外泄,否则,在采用话务吸收策略是很容易将室外用户也驻留到了室内造成起呼掉话等问题。

(2) 周边宏站存在超闲小区,对于楼层较低面积较小,用户数量较少的场景,可以采用射频拉远或者直放站拉远的方式,与室外宏站共小区,充分利用宏站资源,解决中小型楼宇的覆盖和容量问题。

（3）对于大型场馆，容量配置很大，有活动时话务量很高，但平时资源全部闲置，可以考虑采用直放站拉远资源调度的方式，将闲置资源覆盖室外其他临时热点区域覆盖。

2. 室内外频率规划

室分系统与室外的频率规划主要采用同频组网和异频组网两种方式。同频组网方案的优点是可以节约有限的频谱资源，同时提高软切换成功率，但同频组网时，由于室内外通信之间的互相干扰，室内基站的容量可能会减少。而异频组网的优点是室内、外系统之间的干扰小，室内基站可以提供更高的容量，因此异频组网适用于导频污染严重（如高楼层）的区域，但异频组网需要额外占用频谱资源，并且异频组网的硬切换成功率远低于软切换成功率，尤其电梯内硬切换，成功率只在80％左右，对于电梯进出区域的硬切换，在电梯关门瞬间，硬切换成功率更低。因此，一般建议以同频组网为主，异频组网为辅。对于自然隔离比较好的或干扰易控制的场景可以选用同频小区，而对于干扰难以控制的场景，可以考虑选用异频组网[5]。

一般在频率规划过程中，建议GSM900或者DCS1800预留室分专用频点，保证楼宇的覆盖效果。对于部分单楼宇容量需求较大，载波数量需求较多的情况，可考虑低层采用GSM900，高层采用DCS1800的混合组网方式对楼宇进行覆盖。对于周边GSM900宏站信号复杂、频率规划困难的站点，可以优先考虑建设DCS1800站点进行覆盖，对于DCS1800信号复杂区域的场景，考虑建设GSM900站点进行覆盖。

对于GSM系统来说，室内外之间的干扰大多可以通过频率规划来避免。但对CDMA系统来说，由于其硬切换机制并不完善，若不使用伪导频、向下切换等辅助方式，其硬切换的成功率将非常低。室内分布系统主要在市区使用，而市区又是网络质量的敏感区域，因此，CDMA系统难以采用异频的方法来隔离室内、外之间的干扰。对于WCDMA系统而言，室内、外系统软切换和异频硬切换成功率对比如表8.22所示，由于WCDMA系统使用了压缩模式，异频切换的成功率与CDMA系统相比有了很大提高。所以，降低室内、外之间的干扰有以下两种方案可供选择：一种是同频方案，室内分布系统与室外通信系统使用相同频率；另一种是异频方案，室内分布系统与室外系统使用不同的频率[5]。

表 8.22　室内、外系统软切换和硬切换成功率比较

业务类型	软切换成功率	异频硬切换成功率
AMR 语音业务	99.6％	98.5％
CS64 业务	98.1％	97.8％

3. 小功率多天线原则

通常室内分布采用增加天线密度、在窗边采用定向天线等方法提高覆盖率，防止泄漏。由于受建筑结构的限制，天线的覆盖面积十分有限，增加天线密度可以提高室内信号强度和覆盖的均匀性。若不能通过频率规划避免室内、外信号之间的干扰，则使用小功率、多天线的分布结构克服干扰并避免过强信号外泄。目前，城市高层建筑大多为玻璃外墙，室内分布系统的信号很容易就泄漏到室外，对室外基站信号造成干扰。尤其是高层建筑的室内分布系统，由于所处地理位置高，分布系统信号控制不好，则可能会对室外大片区域造成干扰。因此，对于高层建筑的室内分布系统，优先选择小功率、多天线的覆盖方式。由于室内天线口输出功率较小，泄漏到室外的信号相对较弱，干扰相对就小，而且每个天线覆盖范围减小，穿墙损耗小，信号分布更均匀，覆盖效果也更好。在高层建筑的室内分布系统建设中，如果工程安装条件许可，可以在高层建筑室内靠窗位置安装定向天线，从窗边向室内进行覆盖，利用窗边墙体的遮挡和定向天线后瓣抑制,可以有效地防止室内信号外泄对室外小区造成的干扰。在对覆盖小区的分布系统设计时,直接使用高前后比的定向天线从室外对室内的高层进行覆盖,充分利用小区内建筑物墙体和定向天线的高前后比,防止信号外泄。

为防止室外信号干扰室内,应该提高室内信号强度,但是室内信号过强容易将室内信号泄漏到室外,从而影响室外信号。由此可以看出,室内外信号应该统一规划,才能提高网络质量,减少室内、外信号间的干扰,降低系统开销。在室分系统设计中,既要满足室内覆盖要求,又不能片面强调室内信号强度,要根据各类通信系统的技术特点统一规划,协调管理,才能实现网络整体性能最优和资源的合理利用。

8.10　特殊场景的规划设计

8.10.1　大型场馆

大型场馆建筑一般建筑面积较大,如广州国际会展中心、建筑面积达到了 200 000 m²。另外还有各类体育场馆,这类体育场规模可达 2~6 万坐席。大型场馆一般都是宽阔展览厅、露天场馆、内部办公以及综合商铺为主,场馆内部空间宽阔,层高都在 15~20 m 之间,一般大型场馆都是以综合体的方式,内容通道房间格局都比较复杂。该类场景多为政府项目,因此有共建共享需求。

大型场馆场景室分站点建设中,常用室分天线为窄波束矩形天线、全向吸顶天线、定向板状天线,其中,体育场馆应采用窄波束矩形天线,控制外泄,控制越区覆盖;展厅场馆应采用定向板状天线进行覆盖,保证覆盖效果;功能区域一般采用全向吸顶天线;电梯区域主要考虑的为覆盖深度,故电梯区域一般采用定向板状天线进行覆盖。

天线安装位置时需考虑可实施性和覆盖需求,天线安装位置如下:空旷区域中,天线采用定向天线覆盖,天线采用挂壁安装,天线方向指向覆盖区域;隔间较多场景中,天线安装在两个房间墙壁之间,这样能减少穿墙损耗,同时覆盖两个房间;走廊场景中,天线安装在十字路口处,这样能同时覆盖到两个走廊。

为控制过覆盖,大型场馆中需采用窄波束矩形天线进行覆盖,如图 8.9 所示。

8.10.2　机场

本场景中如果业主提供多个机房,且机房分布均匀,射频电缆损耗满足覆盖要求时,采用"独立信源/一体化基站/电缆/室内分布系统"进行覆盖;当机房数量较少,或机房位置过远,射频电缆损耗过大,造成天线辐射功率无法满足覆盖要求时,采用"独立信源/分布式基站/电缆/室内分布系统"或"独立信源/直放站馈送/光纤/室内分布系统"进行覆盖。设备成熟时,机场候机楼是乘客等候飞机和休息的场所。机场候机楼一般由钢结构加玻璃外墙组成,很宽敞,空间很大。候机楼属于房间纵深较深或房间内有隔断的区域,在选择天线安装位置时应将全向吸顶天线尽可能安装在房间内,采用暗装方式。玻璃外墙可使用定向吸顶天线安装在外墙上,方向朝内进行覆盖,天线覆盖半径约 10~16 m;若是混凝土墙,采用全向吸顶天线安装在吊顶上,天线覆盖半径根据具体情况确定。

候机楼内高端用户较多,语音和数据业务需求均较高。机场覆盖的容量估算是根据机场运营公司提供的统计数据,如系统必须满足将近 3 000 000 人流量/年的容量需求,信源采用 BBU+RRU 多制式合路系统方式,如图 8.9 所示。

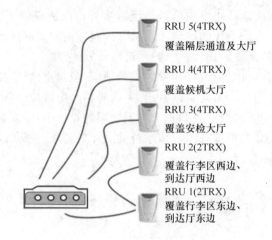

图 8.9　机场场景切换设计

对于不同区域的切换设计,按照表 8.23 进行规划设计。

表 8.23　机场切换区设计

切换区域	解决方案	效果
行李存放	面积大,两个 RRU 共小区覆盖	无切换
VIP 客户等候厅	调节天线位置	平滑切换
到大厅出口	定向天线覆盖作延伸	平滑切换
到大厅入口	定向天线覆盖作延伸	平滑切换
登机通道	定向天线覆盖作延伸	平滑切换
电梯	电梯口同小区覆盖	无切换

8.10.3　地铁

地铁属于特殊覆盖场景,其大部区域都位于地面以下,如地下过道、走廊;站厅、站台;地下隧道。地铁人流量大,语音和数据业务需求均较高。

地铁场景的容量规划需要考虑的因素有:各运营商的移动用户市场占有率,每人停留时间,每小时进入地铁站的总人数(最大人流量估算)。建立针对各种业务的话务模型容量规划的话务量预算。例如,某城市地铁站综合考虑部分用户直接通过,部分用户进站、出站、站内停留,地铁开动和停靠时间,计平均每用户在地铁两站间停留时长为 6 min,则

实际人数＝(39 479＋39 042)×6/60＝7 852 人

某运营商移动用户数(按 70％渗透目标)＝5 497 人

根据话音用户话务模型,用户忙时平均话务量取值为 0.02Erl/用户,需要 121Erl 的话务;话音用户呼损率按照 2％则查爱尔兰表可得,GSM 系统需要 17 载波。

在覆盖设计时,地铁场景主要分为隧道和站台两种场景:

1. 隧道覆盖设计

在隧道覆盖设计中要根据三大运营商多制式技术特点,在隧道中实施收发分缆技术,保障各系统通信质量,采用 POI 完成多系统合路,保证系统间干扰隔离。在隧道内,根据各制式切换特点,设计相应切换保护带,如图 8.10 所示。隧道口覆盖向外延伸,与室外小区保持合适的切换电平,同时关注跨 BSC 切换。

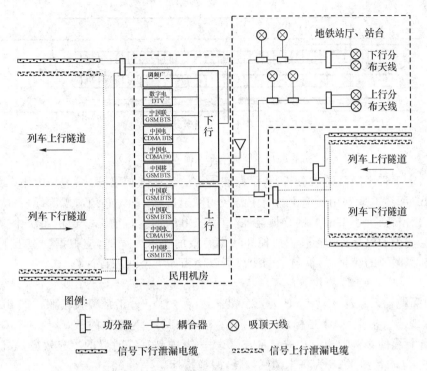

图例：

　　⊔ 功分器　　⊏⊐ 耦合器　　⊗ 吸顶天线

　　▭▭▭ 信号下行泄漏电缆　　▭▭▭ 信号上行泄漏电缆

图 8.10　地铁场景隧道覆盖设计

　　在隧道中的切换时间主要与列车的行驶速度有关，考虑列车的行车速度各制式切换时间的要求如表 8.24 所示。

表 8.24　隧道中切换设计

通信制式	切换类型	切换时间	列车速度	双向切换距离要求
CDMA	软切换	≤1 s		34 m
GSM	硬切换	≤5 s	60 km/h	167 m
WCMDA	软切换	≤2 s		67 m
TD-SCDMA	接力切换	≤2 s		67 m

2. 进出站口、站台覆盖设计

　　地铁进出口、站厅、站台采用天馈分布系统进行覆盖，各站出入口处设室内外信号重叠覆盖区，保证进出车站的平滑切换。地铁进出口、大厅、换乘站上下层采用分布系统的方式进行覆盖，小规模站台站厅采用耦合基站功率进行覆盖；大规模站台站厅需要采用同小区 RRU（或光纤直放站）进行拉远覆盖；换乘站设计时需要考虑与原线路已有室分的统一规划和切换。图 8.12 为典型站厅场景天线点位置图。

　　对于郊区非换乘站，高峰人流量不大，站台、站厅及隧道采用一个小区覆盖；对于城区非换乘站，高峰人流量较大，站台与隧道采用同一小区覆盖，站厅采用一个小区覆盖。

8.10.4　隧道

　　与一般场景中使用天线覆盖不同，隧道中一般使用泄漏电缆覆盖如图 8.11 所示。由于漏泄同轴电缆的场强覆盖具有明显的优越性，因而在隧道移动通信中得到了广泛的应用。目前国内地铁无线通信使用的漏泄电缆主要有地铁专用无线通信（列车调度）用漏缆，公安、消防专用漏缆，民用通信用（移动、联通）漏缆。

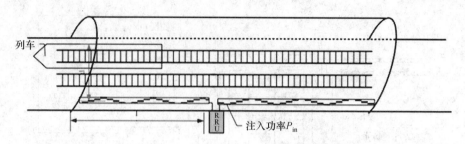

图 8.11　隧道泄漏电缆覆盖示意图

从地铁上下行区间隧道来分析,为了保证正常的无线通信需要,一般情况下,每公里地铁需敷设 8 km 漏缆。地铁用漏缆进行上下行区间隧道覆盖,首先必须考虑漏缆模式的选取、传输损耗、耦合损耗、大于 2 m 的耦合损耗、隧道因子等问题。目前无线通信系统中普遍选用漏缆的特性阻抗为 50 Ω,主要兼顾了损耗和功率容量的要求。同时,应根据隧道上下行区间的链路预算选择漏缆的规格,泄漏电缆的距离可以使用如下公式进行计算:

$$漏缆的覆盖距离 = P_{in} - (P + L_1 + L_2 + L_3 + L_4 + L_5)$$

其中,P_{in} 为漏缆输入端注入功率;P 为要求覆盖边缘场强——正常覆盖按照 -85 dBm 电平设计;L_1 为漏缆耦合损耗,漏缆指标;L_2 为人体衰落,3 dB;L_3 为宽度因子,$L_3 = 10 \lg(d/2)$,d 为移动台距离漏缆的距离;L_4 为衰减余量,3 dB——考虑到高峰时段的填充效应,取值 3 dB;L_5 为车体损耗,与车体有关;S 为每米馈线损耗,漏缆指标。

8.11　WLAN 系统的规划设计

WLAN(Wireless Local Area Network,无线局域网)属于一种短距离无线通信技术,它是以无线 AP 信号为传输媒介构成的计算机局域网络,通过无线射频技术在空中传输数据、话音和视频信号。无线局域网可以在一些特殊的应用环境中弥补依靠铜缆或光缆构成的有线局域网的不足,实现网络的延伸,其本质的特点是不再使用通信电缆将计算机与网络连接起来,而是通过无线的方式连接,从而使网络的构建和终端的移动更加灵活。

8.11.1　覆盖方式[16]

1. 室内建设方式

WLAN 的室内建设方式主要分为独立放装方式及室内分布系统合路方式两种,所有无源器件(包括合路器、功分器、耦合器、天线、馈线等)应满足 GSM/TD/WLAN 的合路要求,满足 800~960 MHz、1 710~2 500 MHz 的频率要求。

(1)室内独立放装

室内放装建设方式是在目标覆盖区域或目标覆盖区域附近直接部署 AP,AP 通过其自带天线或简易天馈系统(包括功分器或耦合器、短距离馈线、天线等)实现 WLAN 覆盖。独立布放适合于容量大或覆盖范围小的区域。

由于 AP 功率较小,WLAN 覆盖范围也较小,覆盖范围受到建筑物内部设施、房间分隔的影响,实际应用中一般以不穿透墙或只穿透一堵墙为宜,在不同楼层一般需要使用不同的 AP 进行覆盖。该方案示意图如图 8.12 所示。

当采用简单天馈系统时,可根据覆盖区域的具体情况,选用全向吸顶天线或者定向板状天线。该方案如图 8.13 所示。AP 建议集中放置,便于后期维护。

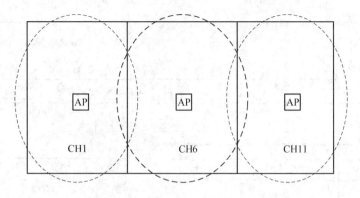

图 8.12　AP 独立放装方案示意图

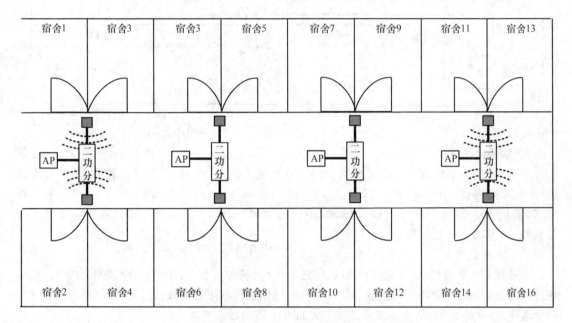

图 8.13　AP 加天馈系统方案示意图

该方案适用于覆盖区域比较小或对容量需求较大场景,室内放装 AP 即可覆盖整个区域,如酒店中的会议室、商场里的咖啡馆等;或区域内 WLAN 容量需求比较高,如宿舍楼等。

（2）室内分布系统合路

室内分布系统合路是将 WLAN 信号通过合路器与 GSM/TD/TD-LTE 共室内分布系统,各系统信号共用天馈系统进行覆盖。室分合路适合覆盖范围大、容量需求相对不大的区域。

室内分布合路主要采用 2.4 GHz 室内合路型大功率 AP。一般 GSM/TD/TD-LTE 信号是在天馈系统主干进行馈入,AP 通过合路器将 WLAN 信号馈入天馈系统的支路末端。根据实际的覆盖区域情况,天线可选择室内全向吸顶天线或定向天线。该方案如图 8.14 所示。

该建设方式 GSM/TD/WLAN/TD-LTE 共用分布系统基础设施,综合建设投资较小,建设周期短,无线信号覆盖面积较大,信号分布均匀;需要按 GSM/TD/WLAN 联合覆盖需求统一规划、设计、优化分布系统,满足各系统的无线覆盖要求;实现大容量覆盖难度较大。

该方案适用于室内覆盖面积较大,已有或未来需建设分布系统的场景,如宿舍楼、教学楼、机场、写字楼等。

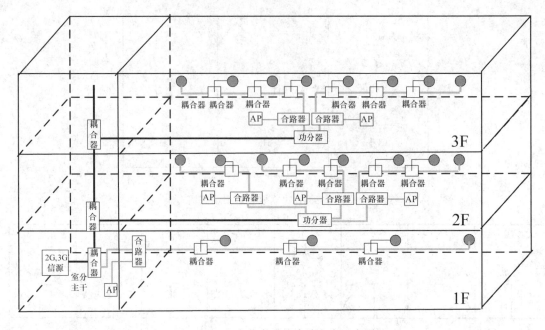

图 8.14　室内分布系统合路方案示意图

2. 室外建设方式

WLAN 的室外建设方式主要分为室外独立放装方式及 Mesh 组网等 3 种方式,所有无源器件(包括合路器、功分器、耦合器、天线、馈线等)应满足 GSM/TD/WLAN/TD-LTE 的合路要求,满足 800～960 MHz、1 710～2 500 MHz 的频率要求。室外覆盖主要是针对需求热区进行覆盖,不开展连续性覆盖。

(1) 室外独立放装

室外独立放装包括 AP+高增益天线、智能天线 AP 两种类型,该方式中 AP 主要采用 2.4 GHz 室外型大功率 AP。AP 或定向天线一般安装在目标覆盖区域附近的较高位置,如基站、灯杆、建筑物上端等,向下覆盖目标区域或室内。该方案如图 8.15 所示。

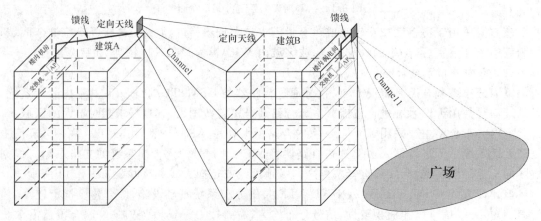

图 8.15　室外独立放装覆盖室外示意图

该方案的特点是部署简单,成本较低。但系统容量较小,一般以信号覆盖为主;通过室外覆盖室内时,室内深度覆盖难度大;业主协调工作量较大。

该方案适用于用户较为分散、无线环境简单的区域,如公园等;对单体较小、排列比较整齐的楼宇也可采用该方式,如居民区等。

（2）Mesh 组网

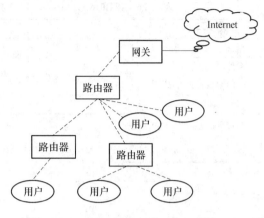

无线 Mesh 网是一种非常适合于覆盖大面积开放区域(包括室外和室内)的无线区域网络解决方案,它将传统 WLAN 中的无线"热点"扩展为真正大面积覆盖的无线"热区",如图 8.16 所示。

8.11.2　覆盖范围

适用于无线信号在室内环境传播的传播模型为 Keenan-Motley 模型,对于WLAN 这类高频信号,穿透不同楼层间

图 8.16　WLAN mesh 组网

的楼板损耗很大,一般都在 30 dB 以上,使用某层天线覆盖其他楼层的区域几乎不可能。如果WLAN 信号在传播路径上遇有障碍物,其传播损耗就应在自由空间传播损耗的基础上再加上穿透障碍物的损耗。不同材质不同厚度的障碍物其穿透损耗也有较大差别(表 8.25)。

表 8.25　主要的室内障碍物对 WLAN 信号的损耗情况

序号	RF 障碍物	相对衰减度	范例	穿透损耗
1	木材	低	办公室分区	3～6 dB
2	塑料	低	内墙	3～6 dB
3	合成材料	低	办公室分区	3～6 dB
4	石棉	低	天花板	3～6 dB
5	玻璃	低	窗户	8 dB
6	水	中	湿木、养鱼池	8～10 dB
7	砖	中	内墙和外墙	8～12 dB
8	大理石	中	内墙	10～12 dB
9	纸	高	壁纸	12～15 dB
10	混凝土	高	楼板和外墙	12～20 dB
11	承重墙	高	浇筑水泥墙	20 dB
12	防弹玻璃	高	安全隔间	20 dB 以上
13	混凝土楼板	高	楼层	30 dB 以上

在衡量墙壁等对于 AP 信号的穿透损耗时,需考虑 WLAN 信号的入射角度。一面 0.5 m厚的墙壁,当 WLAN 信号和覆盖区域之间的直线连接与墙面呈 45°角入射时,相当于 1 m 厚的墙壁;在 2°角入射时相当于超过 14 m 厚的墙壁。所以要得到更好的接收信号强度效果应尽量使 WLAN 信号能够垂直地穿过墙壁或天花板。这也要求天线点的位置选取要根据楼内实际结构来定,不应简单地认定隔几米一个放置天线就是合理的。设计时应根据现场的实际障碍物类型选择不同的衰减变量,将其代入 KM 模型公式得到 WLAN 信号的传输损耗情况。

WLAN 系统的实际传输速率与 AP 覆盖范围是紧密联系的,IEEE 802.11b、IEEE 802.11g 和IEEE 802.11a 标准下单个 AP 的覆盖范围与传输速率的关系分别如表 8.26～8.28 所示。

表 8.26　IEEE 802.11b 标准 AP 覆盖范围与传输速率对应关系

传输速率/(Mbit·s^{-1})	11	5.5	2	1
接收机灵敏度/dBm	−79	−83	−84	−87
室外覆盖范围/m	250	277	287	290
室内覆盖范围/m	111	130	136	140
规划使用值/m	37	43	45	46

注:不同厂家设备的接收机灵敏度不同。

表 8.27　IEEE 802.11 g 标准的 AP 的覆盖范围与传输速率的关系

传输速率/(Mbit·s^{-1})	54	48	36	24	18	12	9	6
接收机灵敏度/dBm	−65	−66	−70	−74	−77	−79	−81	−82
室外覆盖范围/m	37	107	168	198	229	244	267	274
室内覆盖范围/m	32	55	79	87	100	108	116	125
规划使用值/m	11	18	27	29	34	36	39	42

表 8.28　IEEE 802.11 a 标准的 AP 的覆盖范围与传输速率的关系

传输速率/(Mbit·s^{-1})	54	48	36	24	18	12	9	6
接收机灵敏度/dBm	−72	−73	−78	−81	−84	−85	−87	−89
室外覆盖范围/m	30	91	130	152	168	183	190	198
室内覆盖范围/m	26	44	64	70	79	85	94	100
规划使用值/m	9	15	22	24	27	29	32	34

8.11.3　频率规划

对于 WLAN 分布式覆盖,通常是针对 2.4 GHz 频段(11b/g);5.8 GHz 频段由于频率高,线路衰耗较大,没有合适的器件支持,且现有室内分布式系统通常都不能支持到 5.8 GHz 频段,因此,5.8 GHz 频段一般不用来做室内覆盖,但有可能用于居民小区室内覆盖的回传技术。

1. 2.4 GHz

IEEE 802.11b/g 使用 2.4 GHz 的 ISM 频段,工作频率范围为 2 400~2 483.5 MHz。该频段为 WLAN、蓝牙技术设备、点对点或点对多点扩频通信系统等各类无线电台的共用频率。

2.4 GHz 频段可用带宽为 83.5 MHz,划分为 13 个信道,每个信道带宽为 22 MHz。

具体信道配置方案如表 8.29 所示。在实际建网进行频率规划时,相邻小区应尽量使用互不交叠的信道以减小彼此干扰。

表 8.29　2.4 GHz 频段信道配置表

信道	中心频率/MHz	信道低端/高端频率/MHz
1	2 412	2 401/2 423
2	2 417	2 406/2 428
3	2 422	2 411/2 433
4	2 427	2 416/2 438
5	2 432	2 421/2 443
6	2 437	2 426/2 448
7	2 442	2 431/2 453
8	2 447	2 436/2 458

续 表

信道	中心频率/MHz	信道低端/高端频率/MHz
9	2 452	2 441/2 463
10	2 457	2 446/2 468
11	2 462	2 451/2 473
12	2 467	2 456/2 478
13	2 472	2 461/2 483

从图 8.17 可以看出,IEEE 802.11b/g 的 13 个信道中心频率以 5 MHz 间隔分布。

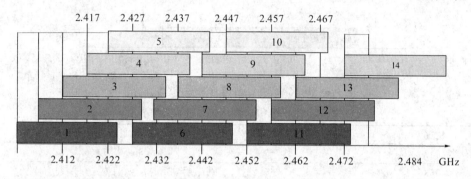

图 8.17　2.4 GHz 频段信道划分

IEEE 802.11b/g 使用 2.4 GHz 频段上的 13 个信道,在 2.4~2.483 5 GHz 频段中无法容纳 11 个并行不交叠的 22 MHz 的信道,因此 IEEE 802.11b/g 的 13 个信道中心频率以 5 MHz 间隔分布。IEEE 802.11b/g 都具有 3 个不交叠的信道(1、6、11 号信道)。

图 8.18 显示的是两个相邻信道 1 和 2 的频谱图,阴影部分显示出信道 2 主要信号交叠进入信道 1 主区域(主瓣),可以看出信道 2 的主要能量区域和信道 1 的主要能量区域相互交叠,因此所有信道的通信都会受到严重影响。

图 8.19 显示的是信道 1、6 和 11 的频谱图,它们依然交叠在一起。可以看到信道 1 的信号

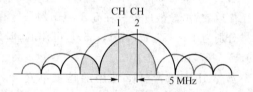

图 8.18　两个相邻的信道频谱图

衰减了 30 dB 之后才和信道 6 的信号交叠,这样信道 11 对于信道 6 的影响会比前面的情况小得多。信道 1、6 和 11 之所以被称为"不交叠"是因为它们主要的功率部分不会交叠,并非完全不交叠。

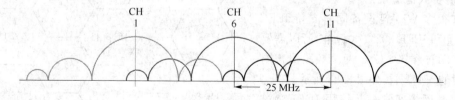

图 8.19　互不交叠的信道频谱图

当然,这并不意味着在一个 WLAN 系统中无法同时使用两个相邻的信道,考虑到不同的设备之间的距离不同,信号的衰减程度也就不同,那么不同信道信号之间的干扰会比图 8.19 所示的情况小得多。

2. 5.8 GHz

IEEE802.11a 可以使用 UNII（无许可证的国家信息基础设施）的 UNII-1（5.15～5.25 GH）、UNII-2（5.25～5.35 GHz）和 UNII-3（5.725～5.825 GHz）频段总共 300 MHz 的射频信道。

各国对允许的传输功率以及 UNII 波段是否可以用于 WLAN 有着各自的法规，尤其是提供连续性 200 MHz 带宽（5.15～5.35 GHz）的 UNII-1 和 UNII-2 频段（共有 8 个非重叠信道）。UNII-3 另有 100 MHz 频段可用，但在大多数国家只获准用于室外。

在中国大陆，IEEE 802.11a 使用 5.8 GHz 频段，工作频率范围为 5 725～5 850 MHz。两个相邻 WLAN 物理信道中心频率相距 20 MHz。具体信道配置方案如图 8.20 和表 8.30 所示。

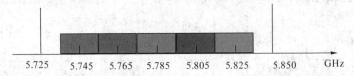

图 8.20　8 GHz 频段信道划分

表 8.30　5.8 GHz 频段信道配置频率表

信道	中心频率/MHz	信道低端/高端频率/MHz
149	5 745	5 735/5 755
153	5 765	5 755/5 775
157	5 785	5 775/5 795
161	5 805	5 795/5 815
165	5 825	5 815/5 835

在 IEEE 802.11a 中，提供了 12 个互不交叠的信道，但是在中国大陆，可用的频段为 5.8 GHz，可用信道数为 5。故此处只在 5.8 GHz 频段上做 IEEE 802.11a 的频率规划。虽然这 5 个信道（信道号分别为 149，153，157，161，165）是可用的，但是目前一般设备只支持在 4 个信道（信道号分别为 149，153，157，161）工作。

虽然 IEEE 802.11a 使用的是互不交叠的信道，但是为最大限度地减少信道之间的重叠和干扰，在分配信道时，应尽量错开分配相邻频点，使重叠区域的信号不受邻频干扰。

3. 混合式信道规划

现在很多 WLAN 设备同时支持 IEEE 802.11b/g 和 IEEE 802.11a 标准，所以需要考虑 2.4 GHz 和 5.8 GHz 两个频段覆盖同一区域时的频率配置，如图 8.21 所示。

大多数网络通常一并使用 IEEE802.11b/g 以便兼容旧硬件，而以 IEEE802.11a 作为未来扩充之用。WLAN 工作的频段均为开放频段，且 2.4 GHz 频段非重叠信道只有 3 个，频点资源非常紧张。而且大量网外 AP 同样工作于 2.4 GHz 频段，干扰协调较为困难。而目前，大量 AP 设备同时支

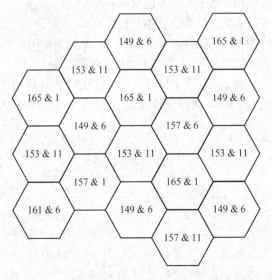

图 8.21　双频信道配置

持 5.8 GHz 频段,该频段干扰情况较好,可有效保证用户接入质量和接入速率。二者频点不同,信号覆盖范围不一致,故可以采取 2.4 GHz 与 5.8 GHz 不共站址部署方案,对 5.8 GHz AP 采用密集部署方式,利用 2.4 GHz 解决覆盖需求,5.8 GHz 解决容量需求。

8.11.4　干扰控制

由于有限的频谱和无线介质的特性,WLAN 系统容量增加并不是和 AP 数目的增加成正比的,由于 AP 间的相互干扰,整个系统的吞吐量也会受到影响。

1. 同频干扰

WLAN 采用的扩频码是基于统一规范的,系统内的设备有可能使用相同的扩频码,因此相邻小区不能使用相同频率,否则将造成同频干扰。所以,在有限范围内单纯采用增加 AP 的办法是无法提高网络容量的。

2. 邻频干扰

两信道中心频率小于 25 MHz 时,信道之间存在重叠区域,会有部分干扰。使用邻频可以增加可用频点数,但会引入干扰,对于 2.4 GHz 系统,工程上习惯为相邻小区配置 1、6、11 号信道,这样既可以充分利用频点资源,又避免了干扰。

和移动通信网一样,为了扩大覆盖范围和提高频谱利用率,WLAN 也必然需要引入蜂窝结构。在 WLAN 组网中,可以通过频率重用来增加网络容量,解决频率有限的问题。同频干扰是无线通信组网中的主要干扰源,因此选择合适的重用频率集是使用频率重用方式的关键。

同频干扰会带来单 AP 性能的下降,所以一般来说,规划设计 AP 频点时,需尽量将两个相邻 AP 设定在频率不相交叠的信道上,以确保增加了 AP 以后在覆盖增加的同时,网络容量也同比增加。当室内隔断不规则分布时,应依靠隔断物划分覆盖区域,按照上述原则合理规划频率,减少同频干扰。

可用频点的选择可以参照以下原则:

(1) 对于 2.4 GHz 系统,一般情况下推荐使用 1、6、11 频点进行复用;当选用的 AP 杂散指标较差时,可采用 1、7、13 频点进行复用;在频率复用困难或者网络容量需求很高的情况下,也可采用 1、5、9、13 频点进行复用。

(2) 在一些特殊应用场合,也可以将 AP 都配置成同一频点当无线中继使用,以简单扩大覆盖范围。

3. 工程设计注意事项

(1) 高容量区域的扩容应避免"插花式"扩容;需考虑拆除老 AP,重新进行系统设计,单个 AP 覆盖的区域要相对独立,避免单个 AP 跨区覆盖,保证系统容量最大化。

(2) 合理利用建筑自然阻隔提升系统能力;对于中空的情况,一般采用内圈不布放天线(即中空周围不布放天线),天线布放在内圈房间的另外一侧,或房间内布放的方式,并且天线的功率要调整到合适的值。避免上下楼层间的干扰。对于走廊为单边的情况,就需要布放定向天线进行覆盖,覆盖方式必须将天线的后瓣进行有效的屏蔽。

(3) 避免在走廊拐弯、楼层连接处、楼梯间门口和窗户旁设置天线,控制信号的过覆盖。

(4) 对高校宿舍等高容量且干扰严重的区域应优先考虑"天线入户"的建设方式。

(5) 对于"T"型、"U"型、"回"型的单边走廊建筑的覆盖需考虑"天线入户"的方式。

(6) 对于频率复用距离较小或者泄漏严重的区域需考虑牺牲容量保性能的方式。

(7) 定向天线的使用应明确天线安装位置,避免背瓣的泄漏影响。

8.11.5　接入能力[16]

由于 WLAN 采用 CSMA/CA 机制,如果接入用户过多,那么同一时刻发生冲突的概率明显增大,也必定会延长每个用户等待的时间,而使得系统带宽闲置;如果用户超过一定的限度,会导致系统的瘫痪。通常,工程设计上每 AP 接入用户数 15~20 台比较合适。

8.12　CMMB 系统的规划设计

移动多媒体广播室内覆盖系统如图 8.22 所示,由源信号、室内有线分配系统和室内增补覆盖信号发射等部分组成。

图 8.22　移动多媒体广播室内覆盖系统框图[17]

源信号可以是通过室外天线无线接收的移动多媒体广播信号或者是通过有线电视网络传输的移动多媒体广播信号,室内增补覆盖信号可以通过室内全向/定向天线发射或者通过泄漏电缆进行覆盖。根据系统源信号接收方式以及室内覆盖信号发射方式不同,移动多媒体广播室内覆盖系统分为有线接收无线增补覆盖方式、无线接收无线增补覆盖方式和有线或无线接收泄漏电缆覆盖方式。

有线接收无线增补覆盖方式的源信号来自有线电视网络传输的移动多媒体广播信号,对该信号进行增补放大后由室内天线进行增补覆盖;无线接收无线增补覆盖方式的源信号来自无线接收的室外移动多媒体广播信号,对该信号进行增补放大后由室内天线进行增补覆盖;有线或无线接收泄漏电缆覆盖方式的源信号可以是上述两种方式中的任意一种,在对源信号进行分配和放大后由泄漏电缆替代室内天线进行增补覆盖。

8.12.1　覆盖方式[17]

1. 有线接收无线增补覆盖方式

有线接收无线增补覆盖方式是基于有线电视网络传输的覆盖方式,首先将移动多媒体广播信号传输到有线电视前端,与正常发送的有线电视信号混合,再通过有线电视网络进行传输,传输后的移动多媒体广播信号由位于有线电视系统末端的有线电视分配箱或用户终端盒提供给移动多媒体广播直放站,放大后的信号由室内天线实现室内增补覆盖。当直放站和有线电视输出口距离较远时,有线电视网络中的移动多媒体广播信号无法满足直放站信号电平输入要求时,应采用放大器对信号进行放大。有线接收无线增补覆盖方式如图 8.23 所示。

本覆盖方式适用于相对封闭,室内能接收到的无线移动多媒体广播,覆盖场强低于 −85 dBm 并且在室内 95% 以上的区域无法接收到室外无线移动多媒体广播信号的室内建筑结构。

室内外泄信号过强会影响室外无线信号的接收,室内信号的外泄场强在墙外 1 m 处低于 −93 dBm。

为满足室内移动多媒体广播信号覆盖系统边缘最低场强和控制室内信号外泄两方面的要求,通常可采取如下措施:

（1）多天线,低功率；

（2）合理选择天线位置,充分利用建筑体本身遮挡；

（3）采用室内定向吸顶天线等。

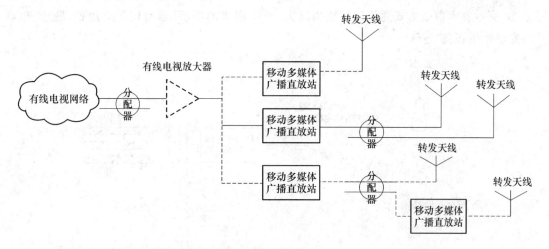

图 8.23 有线接收无线增补覆盖方式

2. 无线接收无线增补覆盖方式

通过定向接收天线取得室外稳定的无线移动多媒体广播信号,作为直放站的信号源。

无线接收无线增补覆盖采用源天线接收室外无线移动多媒体广播信号,经过直放站放大后,由分配器进行分路,经由馈线将信号尽可能平均地分配到每一副分散安装在建筑物各个区域的低功率天线上,从而实现室内信号的均匀分布,解决室内信号覆盖差的问题。当直放站和源天线较远时,源天线输出的室外无线移动多媒体广播信号无法满足直放站信号电平输入要求时,应采用放大器对信号进行放大。

本覆盖方式适用于部分区域可以较好地接收室外无线移动多媒体广播信号,部分区域接收较差甚至无法接收的建筑物内,或有条件接收到稳定的移动多媒体广播无线信号,且布线容易的室外无线移动多媒体广播信号较弱或无法覆盖场所。无线接收无线增补覆盖方式如图 8.24 所示。

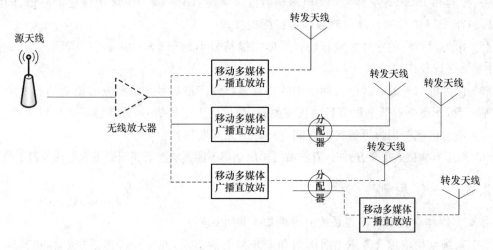

图 8.24 无线接收无线增补覆盖方式

3. 有线或无线接收泄漏增补覆盖方式

有线或无线接收泄漏增补覆盖方式的源信号可以基于有线接收增补覆盖方式或无线接收增补覆盖方式,采用泄漏电缆替代转发天线进行覆盖。有线或无线接收泄漏增补覆盖方式如图 8.25 所示。本覆盖方式适用于传输损耗大、施工困难的场所,通常用于对地铁、隧道、电梯等特定场所的覆盖。

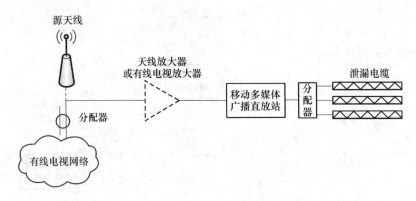

图 8.25　有线或无线接收泄漏增补覆盖方式

8.12.2　技术要求

移动多媒体广播室内覆盖系统技术要求如下:

(1) 采用同频覆盖方式,并保证室内覆盖移动多媒体广播信号与室外无线移动多媒体广播信号不产生同频干扰。

(2) 在室内覆盖区域内 95％的位置可正常接收移动多媒体广播信号。

(3) 对于所有室内覆盖系统场强信号应完整覆盖到边缘,且不小于 -75 dBm 且 C/N $\geqslant 14.0$ dB。

(4) 有线接收无线增补覆盖方式的室内转发天线入口电平控制不超过 15 dBm。在实际工程中,控制在 10 dBm 左右为宜。电磁辐射值应满足 GB 8702—1988 中规定的限值,同时满足 GB 9175—1988 中对环境电磁波辐射指标的要求。

(5) 作为源信号的室外无线移动多媒体广播信号不低于 -65 dBm,信号频谱应无干扰信号,并能够保证稳定接收。

(6) 作为源信号的有线电视网络中的移动多媒体广播信号的电平应与正常的有线电视信号电平一致,不影响有线电视节目的正常收看,频谱应无干扰信号,并能够保证稳定接收。

(7) 覆盖区域与周边覆盖区域之间有良好的无间断切换。

(8) 采用有线接入覆盖方式时,直放站的输出功率不能影响上下邻频的正常电视节目的收看。

8.12.3　设计原则

移动多媒体广播室内覆盖系统应遵循如下设计原则:

(1) 系统结构应综合考虑当前网络和未来发展的需求,并充分考虑系统扩容和其他制式系统合路的可能性。

(2) 系统配置应满足当前业务需要,同时兼顾一定时期内业务增长的要求。

（3）室内覆盖系统的建设应与室外覆盖系统的建设相互协调,避免与室外信号之间同频干扰。

（4）系统设计中选用的设备、器件和线缆应符合移动多媒体广播相关标准技术要求,各个组成部分接口标准化,便于设备选型和维护。

（5）室内覆盖系统的建设应保证系统能达到良好的覆盖效果,尽可能降低工程成本,提高系统性价比。

（6）输出功率及覆盖的范围应保证信号的均匀分布,布置馈线系统尽量不影响目标建筑物原有结构和装修。

（7）选址原则。系统选址应依据以下原则:

① 应选择内部移动多媒体广播无线信号低于 $-75\ \mathrm{dBm}/8\ \mathrm{MHz}$ 且 $C/N \leqslant 14.0\ \mathrm{dB}$ 或无信号的建筑和场所。

② 应选择用户密度大、收看需求高的综合性场所。

③ 应远离强电、强磁和强腐蚀性设备。

8.12.4　信源选取[18]

CMMB 室内分布系统的信号源有如下几种接入方式:

1. 发射机

发射机的信号上行方式为光缆或其他有线链路,故对于原有室外无线环境的要求较低。但由于发射机的功率一般较大,因此适用于较大规模的楼宇。并且该方式下信源设备安装相对复杂,设备成本较高。

2. 耦合原有室外站

原有建筑楼顶有室外站的情况下,可以通过耦合原有室外站输出信号的方式达到室内覆盖的目的。由于受到耦合、原设备功率、原设备位置等因素制约,该方式下室内覆盖的面积不能太大。

3. 无线直放站

小功率直放站的方式对于室外信号的强度要求较高(一般要求室外信号强度达到 $-60\ \mathrm{dBm}$ 以上),比较适合在市区内或离发射机较近的场景。

4. 光纤直放站

光纤直放站与发射机的信号获取方式基本相同,通过建设光纤或者租用光纤的方式获取信号;但由于需要前期的光纤管道敷设或租用成本较高且施工协调难度较大,目前应用较少。

8.12.5　室内分配系统举例

室内有线分配系统包括功率分配器/功率耦合器、射频同轴电缆等无源器件和移动多媒体广播直放站,室内有线分配系统的结构和组成与移动多媒体广播室内覆盖系统的增补覆盖方式无关,主要由进行增补覆盖的室内区域的结构和面积决定,移动多媒体广播室内覆盖系统的 3 种增补覆盖方式在实际应用时均需设计相应的室内有线分配系统。

CMMB 的室内覆盖可以选择与移动通信运营商合路,也可以单独建设信号分配系统。典型室内有线分配系统包括单级分配系统、树型分配系统和星型分配系统。

某大厦占地面积近 $1\ 000\ \mathrm{m}^2$,大楼共 7 层;1～7 层全为电子商场。其 CMMB 分布系统的系统原理如图 8.26 所示,平面图如图 8.27 所示。

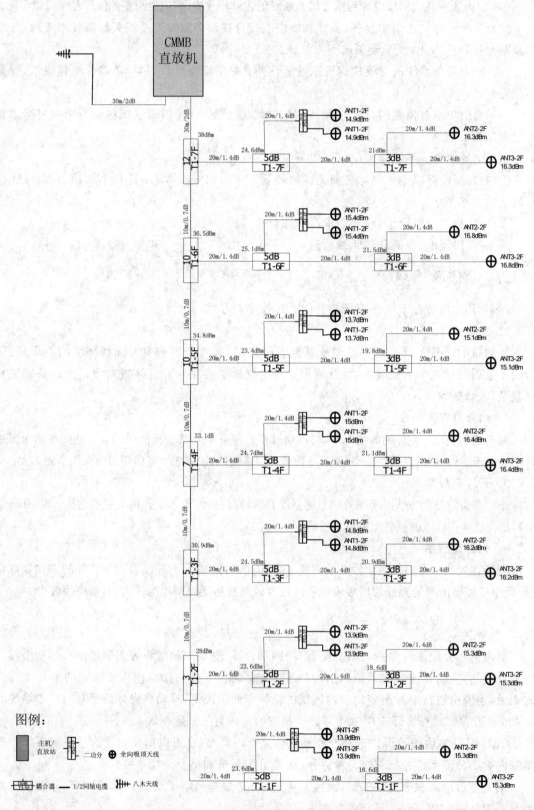

图 8.26 某 CMMB 室分系统的原理图

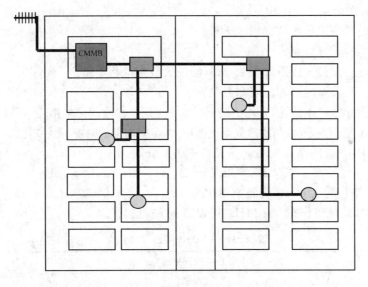

图 8.27　某 CMMB 室分系统的平面图

8.12.6　天线选型与安装

CMMB 室内分布系统的天线选择,应注意以下要点:

(1) 在室内环境下通常使用室内全向吸顶天线或构筑转发天线网络来完成覆盖室内相互隔离的部分。

(2) 对于层高较低,内部结构复杂的室内环境,宜采用低天线输出功率、高天线密度的天线分布方式,是功率分布均匀,覆盖效果好。

(3) 对于较为空旷且以覆盖为主的区域,由于天线传播环境较好,宜采用高天线输出功率、低天线密度的天线分布方式,满足信号覆盖和接受场强的要求。

(4) 对于建筑物边缘的覆盖,宜采用室内定向天线,避免室内信号过分泄漏到室外而造成干扰,根据安装条件可选择吸顶天线或定向板状天线。

(5) 对于电梯的覆盖,应根据工程情况采用以下 3 种方式:

① 在各层电梯厅设置室内吸顶天线。

② 信号较差的电梯或电梯厅没有安装条件的情况下,在电梯井道内设置方向性较强的定向天线。

③ 在电梯轿厢内增设发射天线,不放随梯电缆。

(6) 地下车库或大型民用建筑可采用高增益定向天线作为转发天线。

此外,对于使用直放站的室分系统,源天线的安装地点应满足接收信号场强的要求。增补放大器安装地点的接收信号应大于要求的场强(－65 dBm/8 MHz);天线安装位置最好是制高点,前面无阻挡物,附近无干扰源;无线增补覆盖方式下的源天线和转发天线的水平间距不小于 30 m 或者垂直间距不小于 10 m;转发天线与源天线之间的隔离度应大于转发天线实际工作增益 10 dB 的冗余隔离。

8.12.7　传播预测

理论分析和实际测量表明:通常处于建筑物内部或办公室内的无绳电话机,其电波传播特性随办公室或住宅内房间的形状、大小和其他家具等的布置情况不同而不同。在以下条件下开展测试:

（1）CMMB 发信功率：10 dBm。

（2）天线：收发均采用半波偶极子天线。

（3）极化方式：垂直极化。

（4）天线高度：发信天线距地板 2.4 m，接收天线距地板 1 m。

（5）测试房间：典型的普通房间和办公室。

测试结果表明：在 10 m 以内，平均传播损耗基本上同自由空间传播损耗一样，与距离的平方成正比；在 10～50 m 范围内，近似与距离成正比地增大，房间内部的时空场强变化仍服从瑞利分布。

此外，CMMB 系统的路径损耗计算可参考如下公式。

$$LS = 32.45 + 20\lg f + 20\lg d$$

其中，f 为频率，单位为 MHz；d 为距离单位为 km。

假设 CMMB 系统工作在 634 MHz，可以得到表 8.31。

表 8.31　CMMB 系统传播特点

距离/m	1	5	20	30	40
损耗/ dB	29	43	55	58.5	61

$LS = 91.5 + 20\lg d$

8.13　室分系统的设计工具

在室内覆盖系统工程设计领域，现场勘察确定设计目标后，如完全依靠设计人员经验完成设计图纸，工作量大且耗时长。在实际的设计中可借助智能化的室内分布设计软件进行机器辅助，从而提高室内设计的工作效率。

先进室内设计平台（Advanced Indoor Design Platform，AIDP）是一款用于室分系统方案设计与审核的工具软件。AIDP 基于多种通用 CAD 平台二次开发，具有室分平面图设计、系统图设计、方案优化、方案审核、场强预测、电梯设计、器件管理等功能。AIDP 支持 GSM、TD-SCDMA、TD-LTE、WLAN 等多种通信制式，遵循行业标准室分图块集，同时满足各种特色图块管理，便于保护已有图纸资源价值。

对于平面图的绘制，由于各个运营商以及各省公司有不同的要求，有的省市要求器件以"随走随分"的方式散立于平层中（即分立模式），有的省市则要求所有器件集中安放在弱电井中以方便维修（即托盘模式），AIDP 同时支持这两种模式，可以按需要绘制出平面图，并生成相应的系统图。

图 8.28 为利用 AIDP 绘制的器件集中在竖井的某宿舍楼平面图，在该层中使用了 14 个全向吸顶天线对该楼层进行覆盖。

对于系统图的绘制，AIDP 可以根据平面图中天线的期望电平自动生成系统图（室内分布系统各节点与天线口功率会自动计算）；设计者也可以人工选择各器件的连接关系。图 8.29 为根据平面图自动生成的系统图。

在设计时，可以利用 AIDP 中场强预测功能来模拟方案的覆盖效果，预测时可以选择使用经验模型或射线跟踪模型，选择经验模型如图 8.30 所示。结合事先设置的衰减系数和反射系数，可以模拟出覆盖效果，使室内分布设计不单依靠经验，在施工安装前就可以看到覆盖结果。经验模型的计算精度没有射线跟踪模型高，但是计算时间小于射线追踪模型，图 8.31 为使用经验模型的场强预测仿真结果。

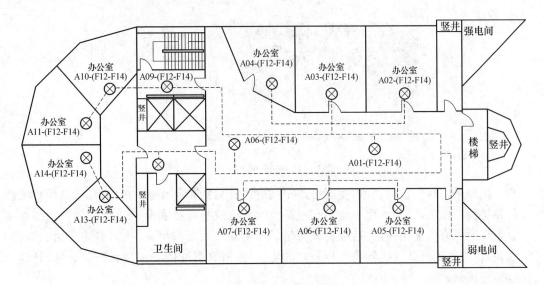

图 8.28　平面图示例

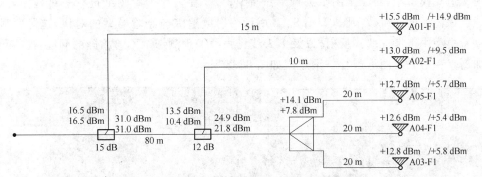

图 8.29　AIDP 自动生成的系统图

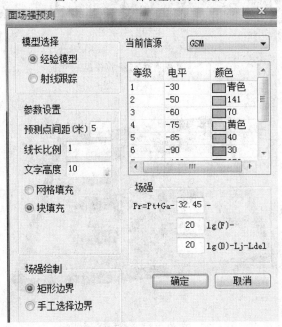

图 8.30　选择经验模型

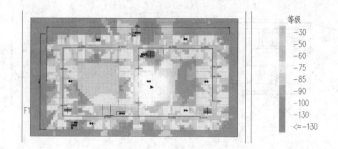

图 8.31　场强预测结果

　　经验模型采用自由空间模型,主要是基于测量统计的结果。而射线追踪模型是模拟无线电波传播特性的模型,其基本思想是根据三维空间的建筑物特征和分布找出发射源到每个接收位置射线的所有传播路径,然后根据几何衍射理论和一致性绕射理论等,确定反射、透射和绕射损耗,相应得到每条射线到每个接收点的场强,将所有射线的场强进行矢量叠加,计算得出接收信号场强。

　　射线追踪模型中,对二维图纸进行了介质编辑,并在内存中对图纸进行三维建模,从而构建射线追踪需要的三维数字图,如图 8.32 所示为射线追踪与经验模型的对比,这可明显改善传统经验模型中未考虑墙体反射,以及多天线场强叠加预测结果不够精确的问题,使得预测效果更加逼真。对二维图纸进行三维建模如图 8.33 所示。

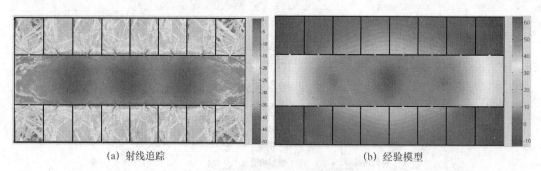

(a) 射线追踪　　　　　　　　　　　　　　　　(b) 经验模型

图 8.32　射线追踪与经验模型的对比

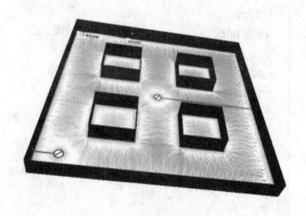

图 8.33　三维射线追踪场强预测效果

　　AIDP 设计工具还可以辅助设计方案审核，即根据预置评估设计图纸的天线密度、天线输出功率、馈线使用、覆盖率等指标，自动检查方案合理性，如不符合要求则弹出警告，因此能够提高审核的工作效率。此外，AIDP 还具备物料统计功能，可自动生成物料清单。

本章参考文献

[1]　高鹏，赵培，陈庆涛. 3G 技术问答[M]. 2 版. 北京：人民邮电出版社，2011.

[2]　吴为. 无线室内分布系统实战必读[M]. 北京：机械工业出版社，2012.

[3]　北京市电信规范设计院. YD/T 5120-2005 无线通信系统室内覆盖工程设计规范[S]. 广东省电信规划设计院汇编：3. 北京：中国标准出版社，2006：4-24.

[4]　中国通信标准化协会. GB/T 21195-2007 移动通信室内信号分布系统天线技术条件[S]//中国国家标准化管理委员会. 国家无线电监测中心汇编：16. 北京：中国标准出版社，2008：4-12.

[5]　陆键贤，叶银法. 移动通信分布系统原理与工程设计[M]. 北京：机械工业出版社，2008.

[6]　CCSA. 无线通信室内信号分布系统第 1 部分：总体技术要求（报批稿），2012.

[7]　Tolstrup M. Indoor Radio Planning：A Practical Guide for Gsm, Dcs, Umts, Hspa and Lte[M/OL]. Hoboken：Willey Online Library，2011[2014-09-22]. http://onlinelibrary. wiley. com/doi/10. 1002/9781119973225. refs/summary

[8]　蒋远，汤利民. TD-LTE 原理与网络规划设计[M]. 北京：人民邮电出版社，2012.

[9]　伍株仪. 浅谈室内分布系统信源选取[J]. 中国电子商务，2012 (9)：54-54.

[10]　刘栋. 室内覆盖系统边缘场强设计的探讨[J]. 电信快报：网络与通信，2006 (8)：16-17.

[11]　苏华鸿. WCDMA 室内信号覆盖系统及其可靠性分析[J]. 邮电设计技术，2010 (2)：7-10.

[12]　程日涛. TD-SCDMA 室内覆盖系统规划设计[J]. 移动通信，2009 (12)：68-73.

[13]　马润，吕英华. 一种典型室内电磁环境的测量研究[C]. 第 19 届全国电磁兼容学术会议，2009.

[14]　田艳中. cdma2000 室内分布系统与室外基站协同规划分析[J]. 电信科学，2009 (8)：100-103.

[15]　RANPLAN. 基于 RANPLAN iBuildNet 的室内外联合异构网络设计与优化[J]. 电信技术，2011，12：116-118.

[16]　薛强，马向辰，张海涛，等. WLAN 网络规划设计[J]. 电信工程技术与标准化，2008，20(12)：23-29.

[17]　国家广播电影电视总局. 室内覆盖系统实施指南（报批稿），2008.

[18]　倪飞. CMMB 网络室内信号覆盖设计[J]. 无线互联科技，2012 (6)：101-102.

第 9 章　LTE 室分系统的规划设计

本书第 8 章已经系统介绍了室分系统规划设计的一般原则与技术要点,本章将在当前国内大规模建设 LTE 移动通信网络的背景下,重点介绍与 LTE 制式密切相关的室分工程技术知识。

9.1　LTE 室分系统的网络规划

9.1.1　建设方案

LTE 室分系统的建设方案有多种选择,这是因为其中涉及至少 3 个问题:

(1) 新建或改造。基于投资效益最大化的考虑,通信运营商在引入新的无线网络技术时,通常倾向于充分利用现有网络资源来部署建设(即改造)。但同时,利旧 2G 或 3G 现有分布系统时往往也有现实困难。例如,竣工图纸信息不准确,平层暗装部分无法二次施工,不同制式网络相互影响等。因此,究竟是独立新建还是充分利旧,运营商需要结合自身网络实际情况,全面评估多种方案。

(2) 单路或双路。理论分析及现场测试[1]均已证明:相同条件下,LTE 双路室分系统的下行吞吐量约是单路室分系统的 1.5 倍以上;尤其是在信道条件好、信干比高的场景下,双路系统对于下行吞吐量的提升效果更为明显[2]。然而,双路室分系统的施工难度和成本也较单路室分系统更大,尤其是在改造的场景下。

(3) 单极化天线或双极化天线。对于双路室分系统,末端上的同一点位可以采用两个单极化天线,也可以采用一个双极化天线,从而节约了安装空间要求。单极化与双极化天线对于 LTE 的 MIMO 性能有一定的影响,主要取决于单极化天线的空间隔离和双极化天线的极化距离,天线工艺对此有较大的影响,部分场景下的测试结果表明,二者性能差异不大[3]。

不同室分天线配置情况下的 TD-LTE 下载速率如图 9.1 所示。

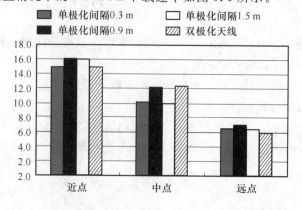

图 9.1　不同室分天线配置情况下的 TD-LTE 下载速率[3]

1. 单路建设

对于业主协调困难或由于结构限制而无法新建双路布线系统的站点,一般采用改造单路(也称单通道、单流等)布线系统的方式进行建设。单路室分系统仅使用一路射频单元,无法发挥 MIMO 系统中更高级传输方式的优势。

单路建设方式(图 9.2)即通过合路器使用原单路分布系统,LTE 与其他系统共用原分布系统,必要时应对原系统进行适当改造。此建设方式对原有室分系统改造最少,建设难度小,但单用户最大下行吞吐量将受到限制。

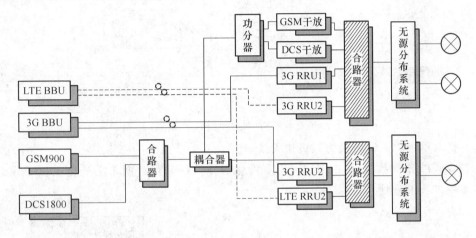

图 9.2　单路建设方案(灰色为新增,条纹为更换,其余为利旧,下同)

2. 双路建设

双路建设具体实施又分为 3 种方案。

(1) 一路新建

在建设方式的选择上,要求尽量考虑双路系统的覆盖,通过将单通道室分改造为双通道室分,可提高小区下行吞吐量为原来的 1.6 倍,单用户最大下行吞吐量也可提升。除 LTE 系统,802.11n 系统也可以使用双路分布系统支持 MIMO 工作方式,此外 TD-SCDMA 系统也可以通过双路分布系统实现分集技术提升性能。

LTE 双路中的一路使用原分布系统,并新建一路室分系统(图 9.3 虚线所示),此时应注意通过合理的设计确保两路分布系统的功率平衡(具体要求参见本章第 9.2 节)。WLAN 可任选一末端合路,如引入 802.11n,则在两路的末端均合路。

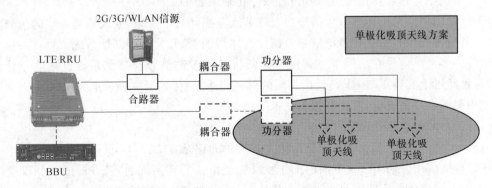

图 9.3　新建一路改造一路方案

（2）两路新建

根据场景的不同,两路新建建设方案又可分为新建场景和改造场景两种情况:对于新建场景,新建两路分布系统,并通过合理的设计确保两路分布系统的功率平衡;对于改造场景,若合路存在严重多系统干扰(如多运营商、多系统场景),可在不改动原分布系统的基础上新建两路天馈线系统。两路新建建设方案如图 9.4 所示。

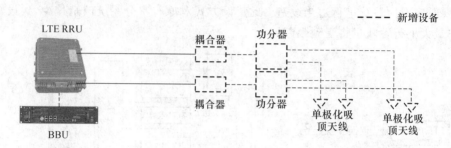

图 9.4　新建两路建设方案

（3）室内单极化天线更换为双极化天线

为减少天线布放数量,可以采用一个双极化吸顶天线来代替两个单极化吸顶天线。双极化天线方案如图 9.5 所示。

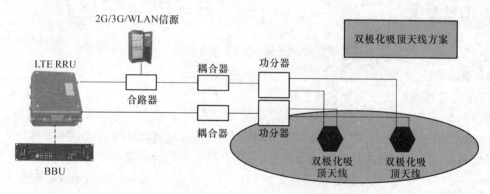

图 9.5　双极化天线方案

3. 移频合路建设

移频又称变频,其核心思路是通过对 LTE 双通道 RRU 中的一个通道进行变频,实现在一路天馈系统中传输两路信号,达到 LTE 双流传输的目的如图 9.6 所示。

RRU 发出的两路小功率射频信号在近端节点分别经过下变频,变成不同频率的信号并合路输出,然后再与现有的射频系统信号合路。合路后的 LTE 信号和其他系统信号在一根主馈线上传输。多系统信号在远端节点通过分路器将两路射频信号与其他系统射频信号分离出来,然后再经过上变频至与 RRU 输出相同的射频频率上,传输至室分系统天线。

使用移频合路系统时,需注意如下技术问题[4]:

（1）双极化室分天线的应用

双极化室分天线由相互正交极化的两个辐射单元组成(图 9.7),可采用±45°或 0°、90°极化方式。具体应用时两个极化方向的工作频段应能覆盖所有系统制式,方向图不圆度要求较高,各频段不同极化的不圆度尽量平衡,同时两个极化方向的隔离度要求也较高。

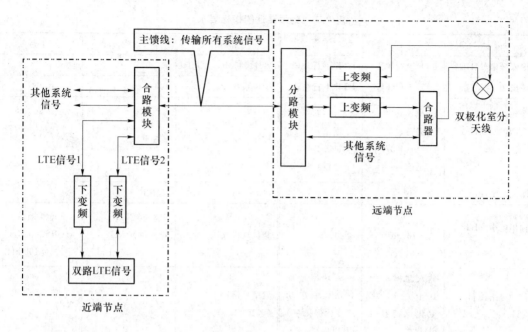

图 9.6　移频合路系统原理[4]

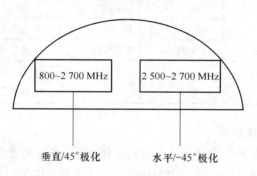

图 9.7　双极化室分天线原理[4]

（2）变频器输出频率

由于多系统信号均在主馈线中传输，因此 LTE 信号在主馈线中的频率会影响到目前 2G、3G 系统信号，尤其是三阶和五阶互调指标。在选择近端变频器的输出频率时，应尽量选择互调互不影响或影响较低的频段。相关知识背景可参见本书第 4 章中噪声与干扰的分析。

（3）变频器对系统信号的影响

变频器自身的噪声系数、相位噪声和频率稳定度等关键指标会严重影响 LTE 信号的性能以及对其他系统信号的干扰，需要特别注意这些指标。此外，两路在变频时也可能加大插入损耗及处理时间的差异，而链路不平衡及失步均会损害 LTE 双路系统的性能。表 9.1 列出了变频器需要达到的主要性能指标要求。

（4）远端变频器的供电

由于远端变频器位于天线点附近，而且目前室分系统的远端都是无源器件，在设计之初并未考虑到远程供电需要，因此远端变频器的供电将是此方案应用需要考虑的问题，其中还可能涉及过流无源器件的替换改造等问题。

表 9.1　变频器性能指标要求[4]

指标	上行	下行	指标	上行	下行
输入频率/MHz	LTE 上行频段	LTE 下行频段	带外抑制(dBc/10 MHz)	≥50	≥50
输出频率/MHz	LTE 上行频段	LTE 下行频段	噪声系数/dB	≤4	-
变频频段/MHz (带宽 30 MHz)	1 300~1330 (1 通道) 1 340~1 370 (2 通道)	1 420~1 450 (1 通道) 1 460~1 490 (2 通道)	EVM/%	≤8(RMS)	≤8(RMS)
输入电平/dBm	≤−50	≤−10	PCDE/dB	≤−40	≤−40
输出电平/dBm 可调	≤−10	≤20	相位噪声/dBc	−80@1 kHz −90@10 kHz −105@100 kHz	−80@1 kHz −90@10 kHz −105@100 kHz
自动电平控制 (ALC)	输入功率增加 10 dB 输出功率 变化保持在 1 dB 以内	输入功率增加 10 dB,输出功率变化保持在1 dB 以内	频率稳定度 (×10⁶ f)	±0.01	±0.01
系统增益/dB	30±2	30±2	传输时延/μs	≤5	≤5
增益调节范围/dB	≥20	≥20	频谱模板	满足 3GPP 标准	满足 3GPP 标准
带内波动/dB	≤4(峰峰值)	≤4(峰峰值)	杂散辐射	满足 3GPP 标准	满足 3GPP 标准
电压驻波比	≤1.5	≤1.5	供电电压	近端机:DC−48 V 远端机:AC220 V 或远程供电	

4. 室内覆盖方案选择原则

　　对于无室分系统或者无法建设室分系统的应用场景,可以采用室外覆盖室内的方案。对于室外宏基站覆盖困难的场景可以采用小基站的覆盖方案。既可以通过小基站等进行室内覆盖,也可以通过 Pico 街道站或美化天线等室外穿透方式对室内进行覆盖。

　　对于已经建设有 2G、3G 室分系统的应用场景,可以根据数据业务的需求和建设施工的难度综合选择室分系统改造的方案。应在 LTE 室分系统建设的规划阶段综合考虑业务需求和室外网络压力,对流量需求较大的站点优先开展双路室分建设;对于因改造难度等因素无法建设双路室分的场景,应考虑采用双载波、移频合路等方式进行室分建设和改造。对于室内数据业务不大或者改造难度很大的场景,可以通过单路改造方案实现 LTE 的覆盖;对于室内数据业务大且改造难度低的场景,可以将原 2G、3G 系统改造成双路室分系统;对于 LTE 双路改造困难但数据业务需求较大的场景,可以选择变频方案降低改造的难度。

　　对于 LTE 与 2G 或 TD 共用室分系统的情况,在馈入 LTE 之前,应结合测量报告(MR)、现场测试(DT、CQT)等方式对原有室分系统的覆盖性能进行评估,对于存在下列问题的室分系统要提前进行整改,避免简单合路影响 LTE 的覆盖效果。

　　简单合路指未根据不同制式覆盖能力精确估算出信源和天线的数目与位置,只是在信源端将不同信号源合路后直接馈入分布系统主干后统一传输。以分布式基站为例,极端情况下,个别场景忽视 RRU 可以灵活拉远的特点,将 RRU 直接置于 BBU 机柜内,然后直接将射频信号馈入分布系统。简单合路往往会导致室分末端的功率不足,进而难以达到覆盖率要求。

9.1.2　规划要点

1. 频率规划

为了规避室内外的相互干扰,LTE 室分系统一般采用与室外网络异频组网。室内覆盖同一水平层面如需设置多个小区时,相邻小区间建议采用异频组网。在建筑物内可以利用自然阻隔合理进行频率规划。通常地,LTE 室内覆盖信源单小区配置为 O1,载波带宽为 20 MHz;对楼层间隔离较好,可以采用带宽 20M 同频组网方式;对同层天然隔离较差的区域,建议采用多个 10M 频点异频组网方式,同层小区间频率交错复用。

目前,国内的 TD-LTE 室分系统使用 E 频段,为了避免与 WLAN 频段的干扰,一般建议前期采用 E 频段中的低端频谱;FDD LTE 室分系统则可以使用 1.9 GHz 和 2.1 GHz 频段。

2. PCI 规划

物理小区标识(Physical Cell Identifier,PCI)也称为物理小区 ID,是 LTE 系统中的重要且有限的资源。LTE 系统提供 504 个 PCI,网管配置时,为小区配置 0~503 的一个号码即可。PCI 直接决定了小区同步序列,并且多个物理信道的加扰方式也和 PCI 相关;而且,物理小区标识与小区专属参考信号(CRS)的频域位置密切相关,故需合理规划相邻小区的 PCI 以避免干扰。

由理论分析可知[6],相邻小区的 PCI 相等、PCI 模 6 相等(即除以 6 后的余数相等)、PCI 模 3 相等,均会导致小区专属参考信号重叠,产生参考信号的小区间干扰,从而恶化参考信号的信干比。

由于 PCI 共有 504 个,因此相邻小区的 PCI 不等较易满足;PCI 模 6 后,只有 0~5 共 6 种取值,所以在相邻小区规划时只能对 6 个值复用规划,也具有较大的可实现性;但是 PCI 模 3 只有 3 个取值,在全网复用 3 个值是不现实的。因此,规划者只能尽量避免(覆盖方向相对)的小区和相邻小区模 3 不相等。

3. TD-LTE 时隙规划

时隙转换点可以灵活配置是 TD-LTE 系统的一大特点,非对称时隙配置能够适应不同业务上下行流量的不对称性,提高频谱利用率,但如果基站间采用不同的时隙转换点会带来交叉时隙的干扰,因此在网络规划时需利用地理环境隔离、异频或关闭中间一层的干扰时隙等方式来避免交叉时隙干扰。

设备应支持所有的 TDD 上下行子帧配比方式,TD-LTE 网络子帧配置建议如下:原则上业务子帧配置为 1∶3,特殊子帧配置为 10∶2∶2,上行业务需求大的楼宇可将业务子帧配置为 2∶2,特殊子帧配置为 10∶2∶2,F 频段室分系统如与室外宏基站交叠则应与室外宏基站子帧配置一致。后续可以通过软件调整子帧配置。

4. 覆盖规划

(1) 传播模型

根据 3GPP TR 36.931 V10.0.0 (2011−03)规范,室内无线路径传播损耗定义如下:

$$PL = 20 \times \log f + 20 \times \log R - 28\ dB + \sum_{i=0}^{n} P_i$$

其中,R 为发射与接收端的距离;f 为载波频率,单位为 MHz;n 为信号的穿墙数量;P_i 为每栋墙的穿墙损耗。

（2）链路预算

室内环境下 TD-LTE 的无线链路预算如表 9.2 所示。

表 9.2　TD-LTE 室内环境无线链路计算表

项目	PDSCH 1Mbit/s, 10RB	下行控制信道					上行控制信道			
		PBCH	PDCCH (8CCE)	PDCCH (2CCE)	PCFICH	PHICH	PUCCH format 1a	PUCCH format 2	PRACH format 1	PRACH format 4
最大允许的路径损耗/dB	128.6	143.6	138.8	132.8	139.5	135.9	141.3	140.6	136.2	128.5

在当前指标要求下，理论计算的 TD-LTE 室分系统最大允许路径损耗与 TD-SCDMA 基本相当，且实际工程设计中，TD-SCDMA 室分系统规划中已经考虑了为 E 频段引入预留的覆盖余量需求，因此天线点间距可基本参照现有 TD-SCDMA 系统进行设置。

（3）天线点覆盖范围

单天线覆盖半径（考虑全向吸顶天线，天线功率为 15 dBm）参考建议如下：对于半开放环境，如商场、超市、停车场、机场等，覆盖半径取 10~16 m；对于较封闭环境，如宾馆、居民楼、娱乐场所等，覆盖半径取 6~10 m。

5. 业务规划

LTE 室内业务模型首先需要根据室内分布发生的场景，确定业务可能发生的楼宇、区域，包括写字楼、商场超市、宾馆酒店等 9 种场景。虽然 LTE 采用 OFDM、MIMO 以及 CQI 等技术，导致其业务模型比 2G/3G 要复杂得多，但各场景内的用户模型仍然可以沿用 3G 模型。

传统的业务种类包含业务类型、业务特性参数、业务承载和业务质量目标 4 个方面，可以通过等效爱尔兰法、后爱尔兰法等算法展现出来，LTE 则根据具体开展的数据业务（含 VoIP）类型，确立适宜的承载方式，3GPP 根据业务带宽的大小对业务承载给出了相关建议，如表 9.3 所示。

表 9.3　业务承载[7]

序号	业务类型	业务特性	承载方式（上/下行）/(kbit·s⁻¹)
1	VoIP	会话类	64/64
2	视频通话	会话类	64/64
3	在线游戏	会话类	64/64
4	视频会议	流媒体类	64/128
5	普通视频	流媒体类	64/384
6	高清视频	流媒体类	64/384
7	个人监控	流媒体类	64/384
8	楼宇监控	流媒体类	64/384
9	WAP 浏览	交互类	64/128
10	即时消息	交互类	64/128
11	E-mail	后台类	64/64
12	下载	后台类	64/64
13	短信	后台类	64/64
14	其他		预留

业务结构及模型如表 9.4 所示。

表 9.4　业务模型[7]

序号	业务名称	业务类型	下行带宽要求 /(kbit·s⁻¹)	BHSA	PPP 占空比	PPP 会话时长/s	平均业务流量 /(kbit·s⁻¹)
1	VoIP	会话类	16	1.4	0.4	80	0.20
2	视频通话	会话类	700	0.2	1	70	2.72
3	在线游戏	会话类	125	0.2	0.4	1 800	5.00
4	视频会议	流媒体类	700	0.02	1	1 800	7.00
5	普通视频	流媒体类	700	0.3	1	180	10.50
6	高清视频	流媒体类	1 400	0.2	1	1 800	140.00
7	个人监控	流媒体类	64	0.02	1	180	0.06
8	楼宇监控	流媒体类	700	0.1	1	3 600	70.00
9	WAP 浏览	交互类	400	0.6	0.05	600	2.00
10	即时消息	交互类	25	1	0.1	1 200	0.83
11	E-mail	后台类	750	0.4	0.3	60	1.50
12	下载	后台类	750	0.2	1	300	12.50
13	短信	后台类	15	0.2	1	120	0.50

在确定业务场景和种类后,需要对每一种业务进行细分,确定其业务结构和模型。每种典型业务均存在带宽需求、BHSA(忙时服务接入)要求、PPP 占空比和会话时长要求。其平均流量可用下式计算:

平均业务流量＝[带宽要求(kbit·s⁻¹)×BHSA×PPP 占空比×PPP 会话时长]/3 600

此外,由于数据业务发生在手机或数据卡等不同终端类型中,还需要确定每一类场景的终端用户比例。简化的用户使用模型如表 9.5 所示。

表 9.5　用户使用模型[7]　　　　　　　　　　　　　　　　　　(%)

业务结构	写字楼、会议中心、宾馆酒店		商场超市、娱乐场所		会展中心、体育场馆、民航机场		地下停车场、电梯	
	手机	数据卡	手机	数据卡	手机	数据卡	手机	数据卡
VoIP	15	0	55	0	15	0	80	0
视频通话	10	0	30	0	10	0	15	0
在线游戏	0	5	0	10	5	10	0	0
视频会议	5	5	0	0	0	20	0	0
普通视频	0	5	0	50	20	10	0	0
高清视频	0	5	0	0	0	10	0	0
个人监控	0	0	5	0	10	0	0	0
楼宇监控	0	30	0	20	0	10	0	0
WAP 浏览	25	0	0	0	20	0	0	0
即时消息	0	5	0	0	5	5	0	0
E-mail	25	30	0	10	5	20	0	0
下载	10	15	0	10	5	15	0	0
短信	10	0	10	0	5	0	5	0
小计	100	100	100	100	100	100	100	0

结合表 9.4 和表 9.5,可以得到每类场景下各种业务的每用户平均吞吐量:

$$每类场景的单用户业务吞吐量 = \sum_i (平均业务流量 \times 终端比例)$$

各类场景下的每户数据吞吐量如表 9.6 所示。

表 9.6 各类场景下的每用户数据吞吐量[7]

序号	场景	每用户吞吐量/(kbit · s⁻¹)	用户密度/(人 · (1 000 m²)⁻¹)	业务渗透率/%	每 1 000 m² 的下行数据流量/(kbit · s⁻¹)
1	写字楼	41.18	36	30	444.77
2	商场超市	26.56	33	2	17.92
3	会展中心	35.99	40	30	431.88
4	会议中心	41.18	120	50	2 470.95
5	室内体育场馆	26.56	120	30	955.99
6	民航机场	26.56	24	40	254.93
7	宾馆酒店	41.18	2.4	50	49.42
8	娱乐场所	26.56	56	10	148.71
9	地下停车场	0.71	6	5	0.21

6. 传输带宽规划

由于 LTE 系统相对于 2G、3G 的峰值速率有了飞跃性的提升,因此其对机房的传输条件也提出了较高的要求,各类基站对于 S1/X2 接口的带宽要求如表 9.7 所示。

表 9.7 LTE 各类基站对于 S1/X2 接口的带宽要求

载波配置	指标	室分双路/(Mbit · s⁻¹)	室分单路/(Mbit · s⁻¹)
O1(单载波)	平均传输速率	30~45	20~30
	峰值传输速率	110	55
O2(双载波)	平均传输速率	60~90	40~60
	峰值传输速率	220	110

9.2 LTE 室分系统的方案设计

9.2.1 双路天线布放间距设计

在采用两幅单极化天线时,LTE 双路室分系统的下行性能与双天线的相关性有较大关联。基于 SCM 信道模型的 MIMO 信道容量(下行)分析结果表明[10]:

在 SINR 为 32 dB 处,双路双极化天线方案相对于非 MIMO 的单路单极化方案的吞吐量提升约为 20%,0.5 倍波长间距的双路单极化天线相对于单路单极化天线方案的吞吐量提升约为 40%,4 倍波长间距的双路单极化方案相对于单路单极化方案的吞吐量提升约为 58%,10 倍波长间距的双路单极化天线相对于单路单极化天线方案的吞吐量提升约为 64%。

在 SINR 等于 15 dB 处,双路双极化天线方案相对于单路单极化方案的吞吐量提升约为

70％,0.5 倍波长间距的双路单极化天线相对于单路单极化天线方案的吞吐量提升约为 57％,4 倍波长间距的双路单极化方案相对于单路单极化方案的吞吐量提升约为 71％,10 倍波长间距的双路单极化天线相对于单路单极化天线方案的吞吐量提升约为 85％。

在 SINR 等于 8 dB 处,双路双极化天线方案、0.5 倍波长间距的双路单极化天线方案、4 倍波长间距的双路单极化方案、10 倍波长间距的双路单极化天线相对于非 MIMO 的单路单极化天线方案的吞吐量提升程度基本相同,约 80％。图 9.8 和图 9.9 所示的试验网测试结果[2]也基本与此一致。

LTE 室内覆盖规划时,在办公室、会议室等比较封闭的场景下,如果使用两幅单极化天线,建议布放天线间距大于 4 个波长(λ)。如果采用 2 320～2 370 MHz 频段,4λ 约为 0.5 m,12λ 约为 1.5 m;如果采用 1 880～1 900 MHz 频段,4λ 约为 0.7 m,12λ 约为 2.1 m。对于狭窄走廊场景,两幅单极化天线的排列方向建议与走廊方向垂直(如图 9.8 所示),以保证降低天线的相关性。

图 9.8　天线连线与走廊垂直

对于使用双极化天线的双路室分系统,室内双极化天线的极化隔离度和交叉极化比应满足表 9.8 的要求。

表 9.8　双极化天线的隔离度要求

天线类型	极化隔离度/dB	交叉极化比/dB
全向双极化吸顶天线	≥25	≥15
定向双极化壁挂天线	≥25	≥18
定向双极化吸顶天线	≥25	≥20

9.2.2　双路功率平衡设计

部署 LTE 双路室分系统时,如果一路新建,另一路是与现网共用,则两路之间存在合路器个数、馈线长度等不一致的情况,容易造成两路功率的不平衡。双路不平衡对 LTE 室分系统上行影响较小,但由于下行使用发射分集或复用等传输模式,通道不平衡会影响 MIMO 的效果进而影响系统性能。LTE 双路室分系统的下行吞吐量会随着双路功率差的增大而降低,测试结果表明:双路功率差为 3 dB 时,下行吞吐量会下降约 8％。因此从系统性能和工程实施角度考虑,信道功率差异应在 5 dB 以内。

为了尽量降低两路功率差异对系统性能造成的影响,室分工程竣工验收时应增加两路功率的平衡性测试。该测试可以在现场使用功率计、频谱仪或测试手机来进行,也可以通过系统设备的 OMC 软件查看两通道的接收信号强度差来近似等价。

一般认为,在发现严重的不平衡时可采取在新建支路增加衰减器的方法来减弱两路损耗差异;但对于双路发射功率可分别调整的 RRU,建议优选通过无线参数调整的方式来平衡双路损耗。

9.2.3　无源器件建设及改造

1. 馈线

在原分布系统功率分配不够且施工条件允许的情况下,按照如下原则进行馈线改造:

(1)原有分布系统平层馈线中长度超过 5 m 的 8D/10D 馈线均需更换为 1/2 馈线;主干馈线中不使用 8D/10D 馈线。

(2)原有分布系统平层馈线中长度超过 50 m 的 1/2 馈线均需更换为 7/8 馈线;主干馈线中长度超过 30 m 的 1/2 馈线均需更换为 7/8 馈线。

(3)新建分布系统主干馈线和超过 30 m 的平层馈线原则上使用 7/8 馈线,其他情况可使用 1/2 馈线。

2. 天线

(1)天线工作频率范围要求为 800~2 500 MHz。

(2)若原有室分天线位置或密度不合理,则需进行改造,增加或调整天线布放点,保证 LTE 的网络覆盖。

(3)在具备施工条件的物业点,可采用定向天线由临窗区域向内部覆盖的方式,有效抵抗室外宏站穿透到室内的强信号,使得室内用户稳定驻留在室内小区,获得良好的覆盖和容量服务,同时也减少室内小区信号泄漏到室外的场强。

3. 功分器、耦合器

根据工作频率范围、驻波比、损耗需求选取合适的功分器、耦合器,要求工作频率范围为 800~2 600 MHz。

4. 合路器

FDD LTE 1.8 GHz 可与 DCS 1.8 GHz 进行电桥同频合路,FDD LTE 2.1 GHz 可与 WCDMA 进行电桥同频合路(参见本章 9.4.4 小节)。

TD-SCDMA(E 频段)RRU 与 TD-LTE RRU 合路时,原合路器应更换支持 E 频段端口的合路器。合路方式如图 9.9 所示。

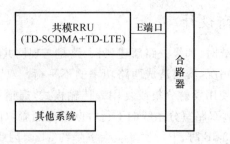

图 9.9　TD-LTE 与 TD-SCDMA 共模与其他系统合路

若无 TD-SCDMA(E 频段)RRU,或采用共模 RRU,则可以直接馈入合路器 E 频段端口。合路方式如图 9.10 所示。

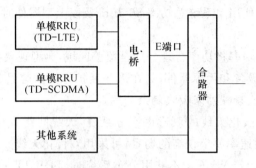

图 9.10　TD-LTE 与其他系统合路

5. 高性能器件

为了降低无源器件互调产物对室内覆盖系统的影响,对于新建分布系统、直放站改主设备信源的分布系统、高容量配置的分布系统以及经排查确定因无源器件引起高干扰的分布系统,当无源器件的注入功率不小于 36 dBm/载波(约 4 W/ 载波)时,应采用高性能无源器件,当无源器件的注入功率小于 36 dBm/载波时,应采用集采无源器件。无源器件使用说明如表9.9所示。

表 9.9　无源器件使用说明

器件类型		高性能/特型无源器件使用说明
合路器	同频合路器	对于使用主设备信源的分布系统,一般应用于主干的合路器接入功率较大(每载波功率大于 41.5 dBm),故一律采用特型合路器(DIN 型接口)
	多频合路器	
	3dB 电桥	
	耦合器	当注入无源器件的功率不小于 36 dBm/载波时(相当于主干上前 3 级器件必须使用特型功分器、耦合器),必须使用特型无源器件(DIN 型接口)
	功分器	
	衰减器	新建分布系统避免使用
	负载	

9.3　LTE 室分方案的审核要点

审核 LTE 室分方案时,需要参照上述 LTE 室分系统的规划设计原则,并结合具体场景特点,提出因地制宜的审核整改方案。以下给出当前 LTE 室分系统设计方案中容易出现的问题供读者参考。

1. 设计方案中关键信息错误或缺失

(1) 设备规格型号错误或缺失,RRU 支持频段及带宽信息缺失。

(2) 未标明 BBU、RRU、合路器等设备的安装位置或有误。

(3) 图纸未明确标注新增、替换以及利旧的设备与器件。

(4) 对于新增和替换的设备与器件,图纸上未标明安装位置或有误。

(5) 图纸上图例、图衔、序号等信息标识不完整或有误或不符合集团规范。

(6) 重要楼宇典型场景下的模测图或仿真图不真实。

（7）图纸上未明确标识 LTE 系统链路预算功率的对象是 CRS 还是单载波。

2. 无源器件及天线使用不规范

（1）室分重要节点上使用单系统总功率 36 dBm 及以上型器件时，图纸中未标明需使用高品质器件。

（2）未合理利用信源功率将功率合理分配至覆盖区域，典型现象有：①大幅降低信源发射功率，继而过量使用信源设备和无源器件；②在未开展扩容预留容量的前提下，信源功率设计过高，继而不当使用负载或衰减器来吸收剩余功率。

（3）对于使用两个单极化天线的双通道室分系统，天线间距宜控制在 0.5 m 以上（E 频段）；工程安装困难而又对速率要求较高的场景，可采用双极化天线。

（4）TD-LTE（E 频段）与 WLAN 不共用分布系统时，TD-LTE 室分天线与 WLANAP 天线距离安装偏差应控制在 1 m 以上，条件具备的宜控制在 4 m 以上。

3. 简单合路

（1）未充分发挥分布式基站的拉远优势，简单地将所有 RRU 与 BBU 堆置于同一机房内。

（2）未根据实际情况设计 LTE 天线间距，方案中天线明显过疏或过密，导致公共信道覆盖率不满足如表 9.10 所示要求。

表 9.10　LTE 公共信道覆盖要求

覆盖类型	覆盖区域	LTE 公共信道覆盖率	
		RSRP 门限/dBm	RS-SINR 门限/dB
室内覆盖系统	一般要求	−105	6
	营业厅（旗舰店）、会议室、重要办公区等业务需求高的区域	−95	9

4. 勘查、复勘及设计变更未落实

（1）设计图纸与实际环境无法对应，主设备、天馈系统无法安装。

（2）勘察后的设计位置不具备安装条件，致使现场无法施工。

（3）复勘发现不一致后未反馈重新变更设计。

9.4　LTE 与其他制式室分融合组网要点

LTE 室分系统与其他制式融合组网时，首先面临的是干扰共存问题，该部分内容的理论基础参见本书第 4 章噪声与干扰。

9.4.1　TD-LTE 与 TD-SCDMA、GSM 融合组网[15]

依照 3GPP 协议规范，综合考虑杂散干扰和阻塞干扰分析，可以得出 TD-LTE 与 GSM900、DCS1800 和 TD-SCDMA 系统间的干扰隔离度要求如表 9.11 所示。

表 9.11　TD-LTE 与其他 3 个系统的干扰隔离度要求

系统名称	GSM900	DCS1800	TD-SCDMA
所需隔离度/dB	81.2	81.2	58

假设 TD-LTE 与另一系统均单独部署,两种制式分别用独立的分布系统;天线口功率均为 10 dB,吸顶全向天线增益均为 2dBi,依照 3GPP 规范,各系统的发射功率分别假设如下:GSM900 49 dB、DCS1800 49 dB、TD-SCDMA 46 dB、TD-LTE 43 dB。依据图 9.11 所示的室分系统部署,可以得到其他 3 个系统的馈线损耗如下:GSM900 39 dB、DCS1800 39 dB、TD-SCDMA 36 dB。因此,去除馈线损耗的影响因素后,TD-LTE 与其他 3 个系统之间还需要的隔离度要求如下:GSM900 13.2 dB、DCS1800 13.2 dB、TD-SCDMA−7 dB[14]。

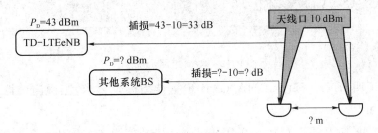

图 9.11　TD-LTE 系统与其他系统的室分部署示意[14]

通常使用以下公式计算两系统之间天线的隔离度:

(1) 水平隔离计算公式

$$I_h = 22 + 20\lg(d_h/\lambda) - G_{tx} - G_{rx}$$

(2) 垂直隔离计算公式

$$I_v = 28 + 40\lg(d_v/\lambda)$$

其中,d_h 为天线在水平方向上的间距,d_v 为天线在垂直方向上的间距,λ 为载波波长,G_{tx} 为发射天线在干扰频率上的增益,G_{rx} 为接收天线在干扰频率上的增益。

对于 3 种系统可以分别得出,在室分系统中采用空间隔离措施时各系统天线安装所需要的水平距离要求分别为 GSM900 0.19 m,DCS1800 0.10 m 和 TD-SCDMA 0 m[14]。

实际网络中,各基站设备生产商都采取了诸如安装滤波器等措施,所以所供货的设备性能一般都优于协议要求,从而使得 TD-LTE 与上述 3 系统的隔离度要求更小。此外,在各系统共用室分系统时,合路器的使用会进一步提供较好的隔离度。因此,TD-LTE 与 GSM900、DCS1800 和 TD-SCDMA 系统间在室内环境下按照现有的设计标准部署时,无须采用特别的干扰抑制措施即可共存[14]。

除了传统的分布系统建设方案外,还可以将 LTE 双路信源融合进新的 RAS 系统信源,内部实现双路信源合并,与 GSM/TD-SCDMA 内部合路作为新的输入信源,远端仍采用普通的分布系统单元。与新增一路 LTE 室分相比,该方案明显降低了工程改造量,却仍能获得相同的系统性能[15]。

选取贵阳白云师大校区作为试点区域,采用汉铭 RAS 新一代 LTE 系统对白云师大体育系和经济系教学楼进行覆盖。从 LTE-RRU 引入两路射频信号输入主单元,主单元将射频信号转换成光信号,通过光缆传输至扩展单元;扩展单元将光信号传至各远端单元,未给各远端单元提供集中供电;远端单元再将信源转换成射频信号,最后通过平层天馈系统将信号均匀地辐射到相应的覆盖区域[15]。组网示意图及系统原理如图 9.12 所示。

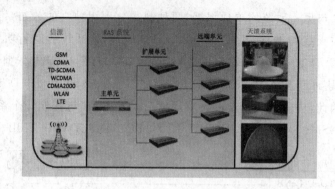

图 9.12　RAS 组网示意[15]

试点效果证明,LTE/TD-SCDMA/GSM 覆盖能力满足要求,三网测试性能达到良好效果。具体情况如下[15]:

(1) LTE 的平均 RSRP 值为 $-79\ dBm$,平均 SINR 值为 $31.69\ dBm$,3 类终端的平均下载速率为 74.55 Mbit/s。

(2) TD-SCDMA 的平均 RSCP 值为 $-50\ dBm$,平均 C/I 值为 26dB,HSDPA 平均下载速率为 1.39 Mbit/s。

(3) GSM 的平均覆盖电平为 $-78\ dBm$,RXquality 为 99.2%。

9.4.2　TD-LTE 馈入收发分缆室分系统以实现双路的可行性[16]

在建设 TD-LTE 室分系统时,为提升数据业务承载能力,需要优先建设双路室分系统;由于室分系统共建共享的缘故,为避免多运营商不同系统间的干扰,收发分缆室分系统就是一项已被广泛采用的技术手段。TD-LTE 的双路馈入收发分缆室分系统的双路,则既可以实现双路 MIMO 的性能优势,又可以在多系统合路时规避大部分的干扰。

基于表 9.12 所示的频谱使用情况和基站发射功率能力,本章参考文献[16]得出如下结论:

(1) 对于杂散干扰,从隔离度计算结果来看,在收发分缆室分系统的发射支路,TD-LTE 与 cdma2000 的隔离要求较高,多系统合路设备 POI 的系统隔离度较难实现。因此,需要对 cdma2000 的基站设备在 TD-LTE 工作频段的杂散辐射指标做出特殊要求,具体指标取决于与 POI 能够实现的系统端口隔离度。从实现上看,cdma2000 的发射频段距离 TD-LTE 的 E 频段有约 20 MHz 的频率隔离,可以将杂散辐射电平值降低到可以接收的水平。

(2) 对于互调干扰,假如 TD-SCDMA 只馈入收发分缆室分系统的发射支路,经过分布系统损耗和收发天线间的空间损耗,再加上 POI 本身的三阶互调抑制,在到达 DCS 系统的基站接收机前,TD-LTE 与 TD-SCDMA 产生的三阶互调干扰低到可以忽略;假如 TD-SCDMA 只馈入接收支路,由于互调干扰不能通过滤波方式解决,那么互调干扰的规避只能依靠 POI 的三阶互调抑制,现有 POI 系统的三阶互调抑制能力与所要求的 $-170\ dBc$ 尚有不少差距,因此需要采用其他手段来抑制互调干扰。

(3) 对于阻塞干扰,从隔离度计算结果来看,在收发分缆室分系统的发射支路,POI 能够实现的隔离度都大于需要的隔离度要求,因此阻塞干扰可以忽略。

表 9.12　各系统的工作频段及发射功率[16]

系统	上行频段/MHz	下行频段/MHz	基站最大发射功率/dBm
GSM	890～915	935～960	46
DCS	1 710～1 785	1 805～1 880	46
cdma2000	825～835	870～880	43
	1 920～1935	2 110～2 125	43
WCDMA	1 940～1 955	2 130～2145	43
TD-SCDMA	2 010～2 025		44
TD-LTE	2 330～2 370		46（双路）

因此,在收发分缆室分系统的发射支路,主要需要考虑 cdma2000 对 TD-LTE 系统的杂散干扰,在收发分缆室分系统的接收支路,主要需要考虑 TD-LTE 和 TD-SCDMA 对 DCS 产生的三阶互调干扰。

（1）收发分缆室分系统的发射支路的干扰规避措施

在此支路,TD-LTE 与 cdma2000 的杂散干扰隔离度要求较高,可以采取的措施如下：

① 提高 cdma2000 基站设备的杂散辐射指标要求

若 POI 能够实现的 TD-LTE 和 cdma2000 之间的端口隔离度为 80 dB,那么 cdma2000 基站设备在 TD-LTE 接收频段的杂散辐射指标须不高于-47 dBm/100 kHz。

② 在 cdma2000 基站侧加装滤波器

在干扰施主系统 cdma2000 基站侧加入滤波器,实现更好的带外抑制。滤波器能够在 TD-LTE 工作频段实现良好的带外抑制,是实际工程中可操作性较好的一种方法。

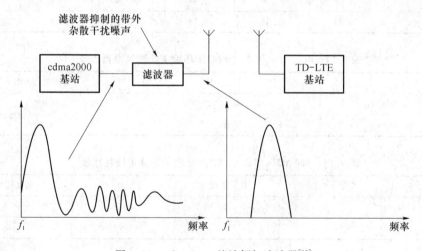

图 9.13　cdma2000 基站侧加滤波器[16]

（2）收发分缆室分系统的接收支路的干扰规避措施

在此支路,TD-LTE 与 TD-SCDMA 的三阶互调落入 DCS 频段,可以采取的措施主要是开展精细的频率规划。

例如,分析可知,此处所产生的三阶互调产物频率范围是 1 650～1 720 MHz,可以有效击中的部分为 1 710～1 720 MHz,此时对应 TD-SCDMA 的工作频率范围 2 020～2 025 MHz。因此,只要在频率规划时将 TD-SCDMA 的工作频段限制在 2 010～2 020 MHz,就可以规避

TD-SCDMA 和 TD-LTE 产生的三阶互调干扰到 DCS 系统。

基于以上分析,TD-LTE 馈入收发分缆室分系统以实现双路 MIMO 是可行的,在发射支路,TD-LTE 与 cdma2000 的杂散干扰隔离度要求较高,但可以通过提高 cdma2000 基站辐射指标要求或在 cdma2000 基站侧加装滤波器来规避干扰;在接收支路,TD-LTE 与 TD-SCDMA 所产生的三阶互调干扰落在 DCS 工作频段,可以通过 TD-SCDMA 的频率规划来规避干扰。

9.4.3　FDD LTE 与 CDMA 融合组网[17]

室内覆盖是影响用户感知的重点区域,相对于采用 800 MHz 组网的 CDMA 网络,由于 FDD LTE 采用 2100 MHz 频段,链路损耗较大,室内更容易出现弱覆盖区域。因此,CDMA 与 FDD LTE 室内覆盖共同组网时,需要对两者进行覆盖分析,确定 CDMA 和 FDD LTE 共建的室分系统的建设方案。LTE 采用 MIMO 技术可以提供更高的数据传输速率,为室内覆盖用户提供更好的性能体验。

1. 室内传播模型

CDMA 与 FDD LTE 之间频段的差异,导致信号在馈线传输中损耗、在空间传播中和障碍物的遮挡损耗不一致,将影响两者同步覆盖性能。例如,对于距离天线口 10 处的测试点,在隔一堵墙的场景下,2 100 MHz 比 800 MHz 的无线信号的空间传播损耗高 10 dB。表 9.13 分别给出了 800 MHz 和 2 100 MHz 环境下的自由空间损耗、馈线损耗和穿透损耗情况:

表 9.13　800 MHz 和 2 100 MHz 环境下的自由空间损耗比较[17]

	1 m/dB	5 m/dB	10 m/dB	15 m/dB	20 m/dB	25 m/dB
800 MHz	31.88	43.7	48.78	51.76	53.87	55.51
2 100 MHz	39.24	51.06	56.14	59.12	61.23	62.87

表 9.14　800 MHz 和 2 100 MHz 环境下的馈线损耗比较[17]

	1/2″馈线/dB	7/8″馈线/dB
800 MHz	6.4	4
2 100 MHz	10.8	6.25

表 9.15　800 MHz 和 2100 MHz 环境下的穿透损耗比较[17]

	混泥土墙/dB	混泥土楼板/dB	天花板/dB	金属楼梯/dB
800 MHz	15	4	1~2	2
2 100 MHz	18	10	1~8	5

2. 覆盖指标要求

cdma2000 覆盖指标如下:

(1) 标准层和裙楼:目标覆盖区域内 95% 以上位置,cdma2000 1X 载波前向接收信号功率大于 −82 dBm,忙时最强导频信号 E_c/I_o 应大于 −8 dB,反向终端发射功率应小于 5 dBm。

(2) 地下层和电梯:目标覆盖区域内 95% 以上位置,cdma2000 1X 载波前向接收信号功率不小于 −87 dBm,忙时最强导频信号 E_c/I_o 应大于 −7 dB,反向终端发射功率应小于 10 dBm。

(3) 室分系统信号泄漏至室外建筑物 10m 处的信号强度应不高于 −90 dBm,且室内导频不能作为主导频。

FDD LTE 覆盖指标如下：

(1) 普通建筑物：RSRP$\geqslant$$-$105 dBm，$C/I\geqslant$6 dBm。

(2) 地下室电梯等封闭场景：RSRP$\geqslant$$-$110 dBm，$C/I\geqslant$4 dBm。

(3) 室外 10 m 处应满足室分系统信号 RSRP 不高于$-$115 dBm。

3. 链路预算

(1) 室内覆盖链路预算

公式如下：

CDMA 导频功率＝单载波总功率 * 导频＝20W * 10％＝33 dBm

LTE 参考信号功率＝总功率/RB 数/12＝40W/75RB/12＝16 dBm

空间传播损耗＝天线口功率＋天线增益－边缘指标＝自由空间损耗＋穿透损耗＋衰落余量＋人体损耗

关键参数有：天线增益 2 dBi；衰落余量 14 dB；人体损耗 3 dB。

(2) 典型场景的无线链路计算

隔断型标准层无线链路计算如图 9.14 所示。

开阔型标准层无线链路计算如图 9.15 所示。

开阔型地下层无线链路计算如图 9.16 所示。

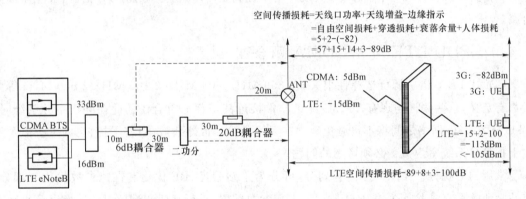

图 9.14　隔断型标准层无线链路计算[17]

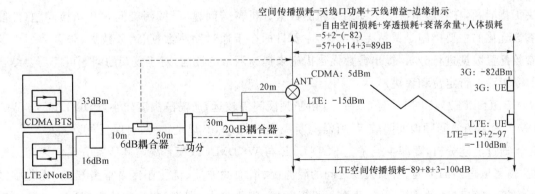

图 9.15　开阔型标准层无线链路计算[17]

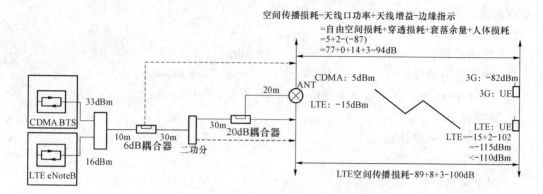

图 9.16　开阔型地下层无线链路计算[17]

4. CDMA 与 LTE 同覆盖

在信源设备直接合路的情况下，FDD-LTE 2100 MHz 与 CDMA 未能实现同步覆盖，FDD-LTE 为受限系统。

FDD-LTE 2100 MHz 与 CDMA 实现同步覆盖可考虑：

（1）增加天线密度。按 LTE 12～15m 的天线间距建设室分。

（2）提高天线口功率。将 LTE 天线口功率提高，具体方法是增加 LTE 信源，在主干断点合路。

9.4.4　FDD LTE 与 WCDMA 融合组网[18]

FDD LTE 频谱资源可选择性很大，在 859 MHz、900 MHz、2 100 MHz、2 600 MHz 等频段都有定义，这些频谱与现有 2G、3G 频谱非常接近甚至部分重合。因此在共建室分系统时，LTE 与 2G、3G 网络之间将不可避免地存在无线干扰。带外杂散、阻塞干扰、互调干扰以及谐波干扰是多系统室内覆盖必须考虑的问题。

常用的干扰分析按照具体内容划分，可分为单站验证、RF 优化和性能参数优化 3 部分。单站验证的重点是验证覆盖（RSCP& E_b/I_o）、参数配置、进行呼叫测试（拨打、切换以及小区重选等）；RF 优化主要针对覆盖和切换进行优化，同时需要控制导频污染和软切换比例以及解决干扰问题，在一般情况下主要结合路测数据分析覆盖问题、导频污染问题和切换问题；性能参数优化的主要措施是调整无线参数，主要目标在于通过路测数据、话务数据、告警数据以及参数配置数据进行分析，提出参数优化措施来提高网络的性能，对于复杂的问题可能需要结合信令跟踪进行定位和解决。

FDD LTE/WCDMA 与 GSM900 由于频段间隔较远，所需隔离度较小，FDD LTE 与 WCDMA 两系统之间频段间隔较近，所需隔断一般要求 50 dB 以上，一般合路器可以满足。

通过上述分析，要减少或避免 FDD LTE 与 WCDMA 双模系统与其他室分系统之间的干扰，需采取适当的措施，增加天线之间的隔离度、增加滤波器、优化小区及业务覆盖、优化临区列表等，还可以通过分析话统、告警和投诉数据，优化接入、切换、功控和功率配比等参数。下面是最优干扰避免措施：

（1）考虑双模系统共用时链路预算需求，合理选择器件；考虑无源互调及隔离度的影响，为后续化扩容建设留有设计余量。

（2）系统设计初期的指标评估应尽量考虑多个系统的共存、共址接入，设计良好的上行抗阻塞链路，充分评估下行带外杂散指标等，保证自系统隔离及其他系统的隔离。

（3）共建室分系统的网络结构应尽量简单并使用模块化的合路器，根据实际共建需求增加单个或几种制式组合的多频合路器等。

考虑到国内首先使用 FDD LTE 的两个主流频段是 1.8 GHz 和 2.1 GHz，本节结合单路和双路建设的不同需求，给出典型场景建设方案的连接示意图。为了使连接图更加清晰，本节中将 LTE 双通道 RRU 分成通道 0 和通道 1 不同的框图来展现，实际设备中仍然是一个物理实体。此外，下文中涉及了很多电桥合路和功分器的使用，都是将一路信号分成两路用以覆盖不同的区域。图中不同类的箭头代表覆盖不同的区域（楼层等），同类的箭头代表覆盖相同的区域（楼层）。

1. 原 GSM900/WCDMA 引入 FDD LTE 1.8 GHz 单通道改造方案

本方案可以直接进行异频合路，如图 9.17 所示。

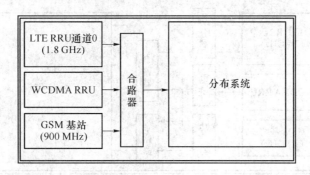

图 9.17　原 GSM900/WCDMA 引入 LTE 1.8 GHz 单通道改造方案

2. 原 GSM900/WCDMA 引入 FDD LTE 2.1 GHz 单通道改造方案

本方案的要点在于主干信号采用功分分路的建设方式用于覆盖不同的区域，FDD LTE 2.1 GHz 和 WCDMA 通过电桥实现合路和功分，GSM900 通过功分器实现分路，分路出来的两路信号分别进行异频合路覆盖不同的区域，如图 9.18 所示。

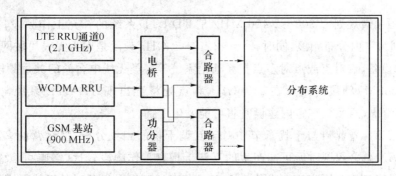

图 9.18　原 GSM900/WCDMA 引入 LTE 2.1 GHz 单通道改造方案

3. FDD LTE 1.8 GHz 利旧 DCS1800/WCDMA 双通道建设方案

本方案需要新建一路 FDD LTE 分布系统，同时需要对原分布系统进行改造，如图 1.19 所示。

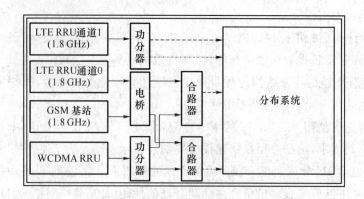

图 9.19　LTE 1.8 GHz 利旧 DCS1800/WCDMA 双通道建设方案

4. FDD LTE 2.1 GHz 利旧 DCS1800/WCDMA 双通道建设方案

本方案需要新建一路 FDD LTE 分布系统,同时需要对原分布系统进行改造,如图 9.20 所示。

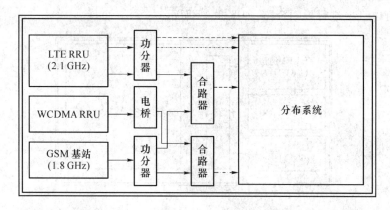

图 9.20　LTE 2.1 GHz 利旧 DCS1800/WCDMA 双通道建设方案

此外,需要注意的是:若 FDD LTE 与 WCDMA 采用多标准基站(共用射频模块),则采用多标准基站的方式避免同频合路。

9.4.5　LTE 与 WLAN 融合组网[19]

根据我国频谱规划,2 300～2 400 MHz 是 TD-LTE 系统的补充工作频段,并且 2 320～2 370 MHz 划为室内分布频段,同时,2.4～2.483 5 GHz 频段是作为无线局域网、无线接入系统、蓝牙技术设备、点对点或点对多点扩频通信系统等各类无线电台站的共用频段,属于工业、科学和医疗(ISM)频段。因此在 2.4 GHz 频点处将会出现 TD-LTE 系统与无线局域网 WLAN 共存情况,两系统在室内建设时将可能发生干扰。

参照本书第 4 章噪声与干扰章节中对于互调干扰的相关分析,多运营商多系统共存时,LTE 与 WLAN 融合组网时所可能产生的互调干扰离工作频段较远,影响可以忽略。以下主要依据杂散与阻塞干扰隔离度要求给出 LTE 与 WLAN 融合组网时的天线隔离要求。

室内环境中,当 TD-LTE 系统工作于 2.36 GHz,WLAN 系统工作于 2.412 GHz(信道 1)时,二者频率相邻最近,此时计算出两系统间所需的最大隔离度(表 9.16)。

表 9.16　TD-LTE 与 WLAN 系统杂散与阻塞干扰隔离度[19]

被干扰基站	干扰基站			
	LTE 基站	LTE 终端	WLAN AP	WLAN 终端
LTE 基站	—	—	86/57	76/32
LTE 终端	—	—	75/71	69/61
WLAN AP	86/86	86/67	—	—
WLAN 终端	75/66	75/47	—	—

当 TD-LTE 和 WLAN 均工作于室内时,主要存在 LTE 与 WLAN 共用分布系统、WLAN 单独布放以及 LTE 与 WLAN 分用分布系统 3 种场景,以下分别进行介绍。

下文中如无特别说明,TD-LTE 与 WLAN 系统的天线参数配置基本一致,一般在室内均为全向天线,假设其天线增益均为 3 dBi。

1. LTE 与 WLAN 共用分布系统

图 9.21 为 TD-LTE 与 WLAN 共用室分系统场景,WLAN 通常在末端馈入分布系统,因此假设 TD-LTE 信号在合路之前已经在主干路由损失了 16 dB,则为了满足隔离度值为 86 dB 的要求,合路器的隔离度指标至少须满足 86 dB−16 dB=70 dB,比较容易满足。

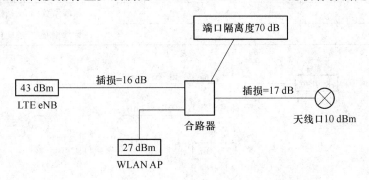

图 9.21　TD-LTE 与 WLAN 共用分布系统场景[17]

2. LTE 使用分布系统,WLAN 单独布放

图 9.22 为 TD-LTE 使用分布系统、WLAN 单独布放的场景。假定在到达天线口之前 LTE 信号已衰减 33 dB,而 WLAN 信号无衰减。为了满足 86 dB 的隔离度要求,基于表 9.17 所示参数,同样可得到:在此场景下,TD-LTE 与 WLAN 系统天线的水平间距要求为 8.85 m。

表 9.17　参数取值[19]

参数	取值	备注
λ/m	0.125	系统均工作于 2.4 GHz 附近
G_{tx}/dB	−30	天线增益(3)−插损(33)
G_{rx}/dB	3	天线增益(3)−插损(0)

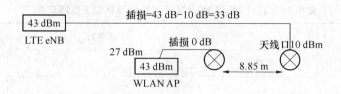

图 9.22　TD-LTE 使用分布系统,WLAN 单独布放[19]

需要指出的是,以上计算假设 WLAN AP 的发射功率为 27 dBm,更多实际场合中该功率一般为 20 dBm;实际工程中,当 TD-LTE(E 频段)与 WLAN 不共用分布系统时,TD-LTE 室分天线与 WLAN AP 天线距离安装偏差应不超过设计文件(方案)的 5%;设计文件(方案)中未明确的应控制在 1 m 以上,条件具备的宜控制在 3 m 以上。

3. LTE 和 WLAN 均使用分布系统

图 9.23 为 TD-LTE 和 WLAN 均使用分布系统的场景。假定在到达天线口之前 LTE 信号已衰减 33 dB,而 WLAN 信号已经衰减了 17 dB。为了满足 86 dB 的隔离度要求,基于表 9.18 所示参数,同样可得到:在此场景下,TD-LTE 与 WLAN 系统天线的水平间距要求为 1.25 m。

表 9.18　参数取值[19]

参数	取值	备注
λ/m	0.125	系统均工作于 2.4 GHz 附近
G_{tx}/dB	−30	天线增益(3)−插损(33)
G_{rx}/dB	−14	天线增益(3)−插损(17)

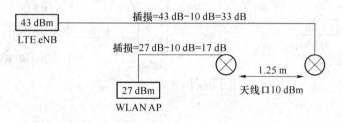

图 9.23　TD-LTE 和 WLAN 均使用分布系统[19]

9.4.6　LTE 与 CATV 融合组网(WOC 或 XOC)

不管是酒店还是公寓,CATV 有线电视同轴线缆经常存在,但目前 CATV 常用的线缆是 SY(W)V-75-5 同轴电缆,SY(W)V-75-5 是专门为有线电视生产的,传统观点认为传输 2.4g 的频段衰减很大。但根据实际测量,同轴电缆率衰减一般是 50 dB/100 m 左右。微波链路损耗计算公式:

损耗(以 dB 为单位)=32.5+20log(频率,GHz) + 20log(距离,m)+传输线缆损耗

假设传输到 50 m 处,通过计算,采用 CATV 线缆的传输损耗要比通过空气传输少 9 dB 左右,如果再考虑墙壁对无线传输的 15～25 dB 损耗,CATV 线缆传输至少要比传统的覆盖方式减少了 25 dB 的损耗,基于 CATV 的无源分布系统就是基于这点提出的。

另一方面,业界也在探讨基于利用 CATV 线缆传输多系统及 LTE MIMO 信号的方案。但是因移动通信自身特点,在通过 CATV 传输线路上实现 LTE MIMO 信号传输有些困难。

如 LTE 信号的频段较高,在 CATV 线缆内的传输损耗也大,每 100 Mbit/s 传输损耗高达 45 dB,并且 CATV 分布网络中的分支器、分配器等器件可支持 50～1 000 MHz 的频带范围(可更换频段范围为 50～2 500 MHz 的分配器及分支器),所以 LTE 无法传输通过 CATV 传输通道,也不支持 MIMO 技术的达成。

　　LTE 变频 CATV 远端微功率系统可以利用 1 GHz 信号在 CATV 线缆中传输损耗小的特点,将 LTE 频段在近端合路点变频到 1 GHz 频段在 CATV 线路中进行传输,用此种原理可避免 CATV 系统中的器件对 LTE 信号的阻挡,并有效降低 LTE 信号在 CATV 线缆中的传输损耗,此系统最关键的处理部分为同步控制、变频、AGC 以及增益设计。利用单 CATV 线路传输多系统及 LTE MIMO 信号的室内分布设备包含近端机和远端机,其组网结构如图 9.24 所示。

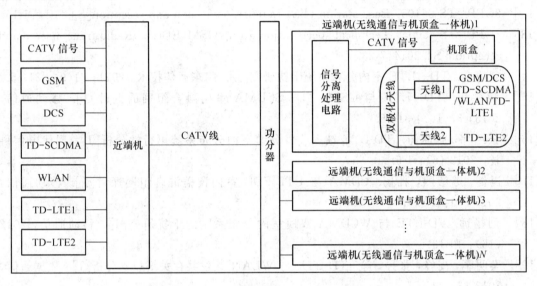

图 9.24　基于 CATV 的双路 LTE 系统组网结构

本章参考文献

[1]　汪颖,程日涛,张海涛. TD-LTE 室内分布系统规划设计思路和方法解析[J]. 电信工程技术与标准化,2010 (11):11-17.

[2]　汪颖,程日涛,汤利民. TD-LTE 室内分布系统性能与建设策略研究[J]. 移动通信,2011,35(19):17-21.

[3]　张涛,韩玉楠,李福昌. LTE 室内分布系统演进方案研究[J]. 邮电设计技术,2013,3:22-26.

[4]　中国通信学会无线及移动通信委员会. 2011 年全国无线及移动通信学术大会论文集[C]. ,北京:人民邮电出版社,2011.

[5]　张海. 一种室分系统的 MIMO 实现方法、系统及装置:中国,200910242145.1[P]. 2009-05-15.

[6]　李寿鹏,张国栋,苏雷. TD—LTE 系统 PCI 配置分析[J]. 电信工程技术与标准化,2012,25(9):50-54.

[7]　肖清华，林栋. TD—LTE 室内分布业务模型分析[J]. 移动通信，2013，37(17)：44-48.

[8]　肖清华，朱东照. TD-LTE 室内分布设计改造分析[J]. 移动通信，2011，35(10)：21-25.

[9]　程日涛，汪颖，汤利民. 利用 TD—LTE 变频系统在单路分布系统中实现 MIMO 传输[J]. 移动通信，2013(22)：42-47.

[10]　张耀旭，许珺，范斌. LTE 室内改造方案及 MIMO 信道容量分析[J]. 现代电信科技，2013，7：012.

[11]　3GPP. TS 36104. Evolved universal terrestrial radio access (E-UTRA) Base station (BS) radio transmission and reception[S]. 2014：12-18.

[12]　3GPP. TS 25105. Base station (BS) radio transmission and reception[S]. 2014：6-15.

[13]　3GPP. TS 45005. Technical specification group GSM/EDGE. Radio transmission and reception[S]. 2014：7-23.

[14]　刘德全. TD—LTE 室内分布系统干扰研究[J]. 广东通信技术，2011，31(9)：31-35.

[15]　翟德怀. TD—LTE 与 GSM，TD—SCDMA 室内融合组网的探讨[J]. 移动通信，2013，37(19)：31-36.

[16]　张绍伟，张海涛. TD-LTE 馈入收发分缆室内分布系统可行性分析[J]. 现代电信科技，2012(6)：1-6.

[17]　冯健，苏彦熙，杜杨. CDMA 与 LTE-FDD 室内覆盖混合组网探讨[J]. 移动通信，2013(6)：11-15.

[18]　刘畅远. FD-LTE 与 WCDMA 双模室内分布系统的干扰研究[J]. 移动通信，2012(16)：10-13.

[19]　秦明军，高峰，张兵，等. TD-LTE 与 WLAN 共建共存关键技术分析[J]. 数据通信，2013(3)：35-37.

第 10 章　POI 在室内覆盖中的应用

10.1　POI 基本概念

我国目前存在多种无线网络系统,根据以往的经验,运营商各自新建的分布系统往往仅满足各自的网络需求;而新的运营商和新的系统在进入大楼时,又要重新布设新的分布系统,这既增加了投资成本和工作量,又影响大楼内部的美观,同时,密密麻麻的线缆给后期维护带来困难。

2009 年工业和信息化部发布电信基础设施共建共享要求,主要共享内容包括基站铁塔、传输杆路、管道、光缆、基站机房、基站天面、室内分布系统及其他配套设施的共建共享要求。如何合理投资,利用好原有的资源,兼顾 3G 甚至 4G,建设一个高质量、能兼容、能平滑升级的多网合一的室内覆盖系统已成为各电信运营商、通信设备制造商所关心的问题。POI(Point of Interface,多系统接入平台系统)可以多频段、多信号合路功能,从而避免了室内分布系统建设的重复投资。POI 用于实现"多网合一"和"透明传输"功能[1]。

在特定情况下,如地下铁路、铁路隧道、大型会展中心、大型体育场馆、大型综合楼宇等,那里人员密集,人员流动性大,有多种移动通信需求,设备安装空间有限,不可能同时安装多套无线接入系统,这从另外一个方面也为 POI 系统提供了舞台。

10.2　POI 应用

POI 系统作为多种通信系统和多个区域的分布系统之间的界面,是多系统信号合路过程中的关键部件。各路收发信机信号都通过独立的端口接入 POI,混合后输出到相应分布系统的端口;同时将来自不同区域分布系统端口的信号混合后,再按需要分别送到信号源的上行端口。POI 是各通信系统汇集点,同时也是矛盾的焦点。好的 POI 设备要能够合路多系统信号,要能够解决多系统合路带来的诸多问题,要有简单的接口界面,要有有效的监控和可升级性,要能为解决室内空间资源的问题起到积极作用。

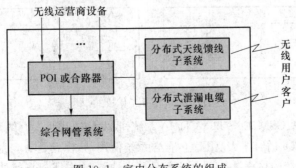

图 10.1　室内分布系统的组成

POI多系统接入平台,通过对多频段、多制式无线通信系统的接入及透明传输,实现多网络共用一套覆盖天馈系统,其最重要的作用在于满足覆盖效果的同时,节省运营商的投资、避免重复建设。POI主要作用是实现多系统合路,这一点上POI与合路器功能相同,但是POI不仅具有合路功能,还具有以下合路器不具备的功能[3~5]:

(1) 模块化设计,扩容性好;

(2) 满足不同系统、频段的个性需求;

(3) 系统具有整体监控功能,维护方便;

(4) 可以预留端口,方便升级。

鉴于以上各种优点,POI可广泛地应用于飞机场、火车站、地铁、会展中心、体育场馆、政府办公机关、高级商务楼等场所的通信网络覆盖。

10.3　POI分类

作为连接信源和分布系统的桥梁,POI的主要作用在于对多系统下行信号进行合路,同时对各系统的上行信号进行分路,并尽可能抑制各系统间的无用干扰成分。根据连接POI的信源传输方向,POI可分为单工/双工两种模式:

(1) 单工。接入POI端口的信源只有单独发射TX或接收RX功能。

(2) 双工。接入POI端口的信源同时具备发射TX和接收RX功能。

根据POI天线(ANT)输出口信号传输方向,POI可分为收发同缆/收发分缆两种模式:

(1) 收发同缆。ANT口同时传输TX和RX两个方向信号。

(2) 收发分缆。ANT口单独传输TX或RX单个方向信号。

考虑接入信源和ANT输出端口信号方向,POI总共有4种模式,如图10.2所示。在实际应用中,如果ANT口输出的是收发合缆,一般情况下要求接入信源是收发双工;如果ANT口输出是收发分缆,一般情况下要求接入信源收发分开。因此将"单工/收发分缆"方式简称为"收发分缆"(Simplex),将"双工/收发同缆"方式简称为"收发合缆"(Duplex POI)。

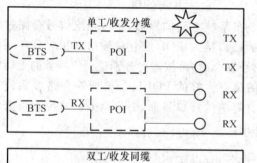

图10.2　POI工作模式

考虑一简单CDMA、GSM、DCS和WCDMA系统,收发分缆和收发合缆两种方式如图10.3和10.4所示。收发分缆POI适合于大范围室内覆盖系统使用,其特点是功能完善,性能指标高,是真正的基站设备与天馈系统的接口设备,适用于各种城市地下铁路、飞机场航站楼、大型会展中心、大型商务商业中心等城市大型建筑室内覆盖项目,建议在方案设计时首先考虑此类 POI 设备。

　　收发合缆 POI 由于其无法避免高功率下多种系统间的相互干扰,所以只能支持有限的几种系统组合的合路。其特点是结构相对简单,体积小,安装灵活,适用于普通中、小规模建筑的室内覆盖等项目。收发合缆 POI 在设计系统前,首先需要根据现场提供的信源计算系统间隔离度是否满足相关干扰抑制要求,如果设计不能满足要求则采取收发分缆 POI。

　　两种方式 POI 的比较如表 10.1 所示。收发分缆 POI 系统性能指标要优于收发合缆 POI 系统,但建设成本及施工难度相对较高,工程中应根据实际情况选择合适的 POI 类型。

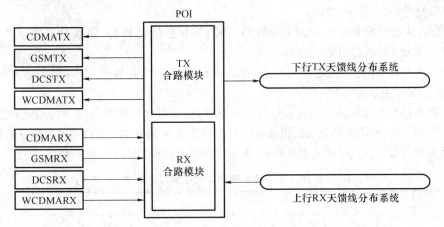

图 10.3　收发分缆 POI 示例

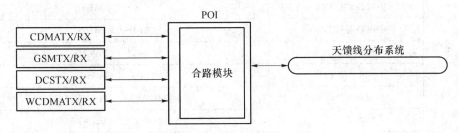

图 10.4　收发合缆 POI 示例

表 10.1　收发分缆和收发合缆 POI 比较

功能描述	收发分缆	收发合缆
隔离度指标	较高	较低
抗多系统干扰能力	较高	较低
支持接入的系统数量	较多	较少
组网方式	较为灵活	不灵活
功率分配	容易控制	不容易控制
上、下行链路平衡	容易控制	不容易控制
天馈线系统需求	上、下行各需一套	上、下行共用一套
施工难度	较高	相对较低
建设成本	较高	相对较低

　　依据以上分析,当系统满足杂散干扰的隔离度要求时,即可同时满足各种互调干扰的隔离度要求和系统接收机阻塞隔离度的要求。

10.4　POI 性能要求及构成

通常情况下,由于多系统接入场景(包括接入系统数量、功率电平等)及分布系统要求(隔离度、天线分布功率等)千变万化,几乎不可能提供一款满足所有应用场景的通用 POI。这主要是由于:

(1) 成本不可行。这样一款能够满足所有场景使用的 POI,系统兼容性要好,这会导致系统设计非常复杂,成本大幅增加。

(2) 会造成指标恶化。在兼顾兼容性的同时,部分指标会恶化,导致 POI 的使用受限,因此对于 POI 系统,很难提出同一指标。

因此本质上,POI 是一种定制化产品,很难进行通用设计并规模生产,但是通过内部模块共用,模块标准化还是可行的。

对于 POI,虽然不能提供一份统一性能要求指标,但是可以提供参考表,如表 10.2 和 10.3 所示。表 10.2 和 10.3 给出一个九系统收发分缆 POI,这九个系统基本涵盖目前国内所有的移动通信系统,虽然不能直接作为其他接入系统指标,但可以作为重要参考。

表 10.2　下行 9 频 POI 的技术指标要求

频率范围	DTV	790～798 MHz
	中国电信 CDMA800	870～880 MHz
	中国移动 GSM900	930～954 MHz
	中国联通 GSM900	954～960 MHz
	中国移动 DCS1800	1 805～1 820 MHz
	中国电信 PHS	1 900～1 910 MHz
	中国移动 TD-SCDMA	2 010～2 025 MHz (3G TDD)
	3G FDD1	2 110～2 170 MHz (3G FDD)
	3G FDD2	2 110～2 170 MHz (3G FDD)
隔离度 TX-RX		> 80 dB
隔离度 TX-TX		> 30 dB
功率容量		100 W / 端口
插入损耗	790～798 MHz	≤ 5.5 dB
	870～880 MHz	≤ 5.5 dB
	930～954 MHz	≤ 5.5 dB
	954～960 MHz	≤ 5.5 dB
	1 805～1 820 MHz	≤ 5 dB
	1 900～1 910 MHz	≤ 2 dB
	2 010～2 025 MHz	≤ 6 dB
	2 110～2 170 MHz	≤ 6 dB

	790~798 MHz	>80 dB @825 MHz
	870~880 MHz	>55 dB @866 MHz,>55 dB @885 MHz
	930~954 MHz	>70 dB @915 MHz
	954~960 MHz	>70 dB @915 MHz
带外抑制	1 805~1 820 MHz	>70 dB @1 725 MHz,>80 dB @1 920 MHz
	1 900~1 910 MHz	>60 dB @1 880 MHz,>60 dB @1 920 MHz
	2 010~2 025 MHz	>65 dB @1 980 MHz,>65 dB @2 110 MHz
	2 110~2 170 MHz	>65 dB @2 025 MHz
驻波比		< 1.3
无源互调		< −140 dBc@ 43 dBm ×2
阻抗		50Ω
接头类型		N(f)
温度范围		0 ~ 60℃
湿度		5%~ 95%
端口位置 监控口位置		前面板 后面板
安装方式		19″插箱
高度		8U
深度		<400mm
MTBF		100 000 h

表 10.3 上行 7 频 POI 的技术指标要求

频率范围	中国联通 CDMA800	825~835 MHz
	中国移动 GSM900	885~909 MHz
	中国联通 GSM900	909~915 MHz
	中国移动 DCS1800	1 710~1 725 MHz
	3G FDD1	1 920~1 980 MHz (3G FDD)
	3G FDD2	1 920~1 980 MHz (3G FDD)
隔离度 TX-RX		> 80 dB
隔离度 RX-RX		> 30 dB
功率容量		100W /每端口
插入损耗	825~835 MHz	≤ 5.5 dB
	885~909 MHz	≤ 5.5 dB
	909~915 MHz	≤5.5 dB
	1 710~1 725 MHz	≤ 5 dB
	1 920~1 980 MHz	≤ 6 dB

带外抑制	>55 dB @821 MHz
	>65 dB @851 MHz
	>65 dB @880 MHz
	>70 dB @930 MHz
	>70 dB @960 MHz
	>65 dB @1 805 MHz
	>60 dB @1 880 MHz
	>60 dB @1 920 MHz
	>65 dB @1 880 MHz
	>65 dB @2 010 MHz
驻波比	< 1.3
无源互调	< −140 dBc@ 43 dBm ×2
阻抗	50Ω
接头类型	N(f)
温度范围	0 ～ +60℃
湿度	5％～ 95％
端口位置	前面板
高度	6U
深度	<400mm
安装方式	19″插箱
MTBF	100 000 h

　　将上面的指标与合路器指标比较,可以发现 POI 与合路器基本指标相同,区别在于 POI 合路的端口数更多,另外合路器只有一个天线 ANT 端口,而 POI 至少有两个天线 ANT 端口。因此可以将 POI 看作是更为复杂的合路器[6,7],图 10.5 给出另外一款 POI 系统原理图,从原理图可以看出,POI 电路实际是由一系列无源器件组成,这些无源器件包括隔离器(Isolator),3 dB 电桥(Hybrid Coupler),合路器(Combiner)和定向耦合器(Direction Coupler)。组成 POI 的各个器件指标的好坏直接决定了 POI 整机性能。

　　为了最大程度地简化内部器件连接,降低损耗,提高可靠性,POI 内部器件一般采用集成化设计,将部分功能集成到一个模块上实现。集成化设计的优点是体积小,便于运输。图 10.5 原理图中存在近 20 个无源器件,实际内部模块只有 3 个,分别是 A,B,C。另外需要说明,集成化和标准化是一对矛盾,集成化越高,意味着模块被重用的机会越少,因此 POI 设计要在集成化和标准化之间要作权衡。

　　POI 根据安装方式,可以分为两类:一类是插箱式,可以安装在 19 英寸标准机架里;另一类是独立式,可以单独放置。两类 POI 如图 10.6 所示。以上两种类型 POI 比较常见,此外还有其他类型,对于简单 POI 系统,可以做成壁挂方式,对于超复杂 POI,可以做成单独一个机柜,机柜下有滑轮可以移动。

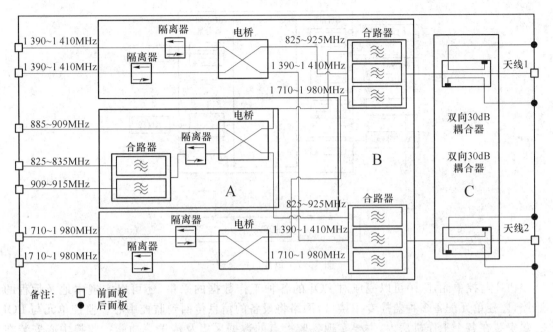

图 10.5　某款 POI 原理图

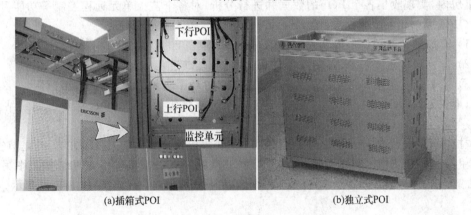

(a)插箱式POI　　　　　　　　　(b)独立式POI

图 10.6　按安装方式对 POI 分类

10.5　POI 监控单元

POI 与一般合路器的另外一个区别是,POI 可以具备监控功能,可以对接入系统的功率以及天馈系统的驻波比进行监控。图 10.7 给出 POI 监控单元监控原理,POI 内部有两种信号耦合单元(耦合器):一种是单向耦合器,将输入信号的一部分提取出来送到监控单元完成信号检测;另外一种是双定向耦合器,同时可以提取入射方向和反射方向信号,根据相关处理可以得到天馈系统的驻波比。

需要特别说明的是,并不是所有的 POI 都需要监控,根据实际应用需要选择是否需要监控,对哪些参数进行监控。图 10.7 的示例中,仅对 VSWR 参数进行监控。从实际应用角度,往往只需要对天馈系统驻波比进行监控,输入功率可以由信源设备进行监控。另外特别需要注意的是,只能对收发合缆和收发分缆的下行模块进行监控,不能对收发分缆的上行模块进行监控,因为上行信号太小,不能用来监控。

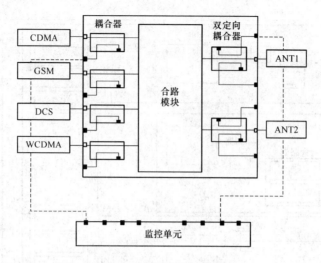

图 10.7　POI 监控原理

　　POI 监控单元,除了可以完成对 POI 的各种工作数据的采集,还可以实现本地及远程的监控,监控单元配备多种监控专用接口,网络将设备的信息传回到监控中心。监控单元与 POI 一起安装在各个工作机房内,主要实现各监控点的数据采集及传送等功能。监控中心安装在中心机房内,实现收集各个 POI 的数据并进行分析、对各个监控单元远程控制等功能。

　　POI 监控单元主要监控参数如下:

　　(1)模拟量。各端口输入功率、各端口输出功率。

　　(2)告警量。驻波告警、各端口低功率告警、各端口过功率告警。

　　(3)控制量。各端口低功率告警门限、各端口过功率告警门限、驻波告警门限。

　　以地铁系统 POI 监控为例,一般情况下一个地铁站需要一套 POI,有多少地铁站就要配置相应数量 POI,POI 的监控单元经过协议转换后与监控中心相连接。

　　监控单元的安装方式有两种:一种是将监控模块集成到 POI 内部,这样做的好处是节省空间,缺点是由于监控模块相比 POI 无源模块更容易出现问题,一旦出现问题不方便维修检测;另一种是采用独立的监控单元设计,监控单元与 POI 系统在同一个机架内完成连接,如图 10.8 所示。

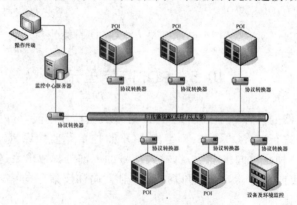

图 10.8　POI 监控组网

10.6　POI 关键指标

　　根据具体情况,选择最合适的 POI 系统,不仅能够满足覆盖室内覆盖的要求,并且能够有简单的接口界面、完善的监控功能和可平滑升级性,并最大程度地节约运营商投资成本。POI 的关键指标有两个:隔离度[8]和无源互调[9],下面分别进行分析。

10.6.1　隔离度

前面已经提及过,杂散干扰是发射机对接收机的干扰,POI 的 TX 端口和 RX 端口之间的隔离度是重点考虑对象。下面分别分析收发分缆和收发合缆两种 POI 隔离度的实现过程。

1. 收发分缆系统发射/接收最小耦合损耗(隔离度)

假设 POI 系统 BTS2 RX 对 BTS1 TX 端口隔离为 ISO(相当于 BTS1 TX 在 BTS2 RX 频段带外抑制),发射天线增益 $G_t = 2$ dBi,接收天线增益 $G_r = 2$ dBi,空间损耗为 X(单位为 dB),发射路径损耗为 L_t,接收损耗为 L_r,则

$$MCL = ISO + L_t + L_r - G_t - G_r + X$$

其中,ISO,L_t,L_r 及 X 都取正值。

以 WCDMA 系统对 GSM 系统最小耦合损耗为例,计算 POI GSM 与 WCDMA 端口隔离度 ISO。

$$发射损耗 L_t = GSM 发射功率 - 发射天线输入功率$$

取 GSM 发射功率为 33 dBm,天线口输入功率为 10 dBm;考虑到上、下行平衡,发射链路损耗近似等于接收链路损耗;根据 WCDMA 对 GSM 系统最小耦合损耗 MCL=81 dB(参考第 4 章),则 POI 的最小隔离度为 ISO=81-23-23+2+2-X=37-X,其中,ISO 的单位为 dB,X 的单位为 dB。

空间损耗 $X \geqslant 0$,对于图 10.9 的收发分缆系统,POI 隔离度只要小于 37 dB 就可以满足系统需要。

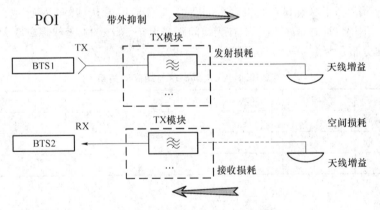

图 10.9　收发分缆天馈分布系统

上面的计算说明,对于收发分缆系统,POI 系统的隔离度远小于分布系统隔离度 MCL 要求,并且两天线间空间损耗(天线空间隔离度)越大,可以相应降低 POI 隔离度要求。

2. 收发合缆系统发射/接收最小耦合损耗(隔离度)

假设 POI 系统 BTS2 RX 对 BTS1 TX 端口隔离为 ISO(相当于 BTS1 TX 在 BTS2 RX 频段带外抑制),由于每个系统的发射与接收都在同一个端口,所以两个系统间发射与接收的隔离完全由将 POI 隔离度来承担,如图 10.10 所示,因此 MCL=ISO,与路径损耗和天线增益无关。同样以 WCDMA 系统对 GSM 系统耦合损耗为例,计算 POI GSM 与 WCDMA 端口隔离度 ISO,WCDMA 对 GSM 系统最小耦合损耗 MCL=81 dB(参考第 4 章),则 POI 的最小隔离度为 ISO=81(dB)。

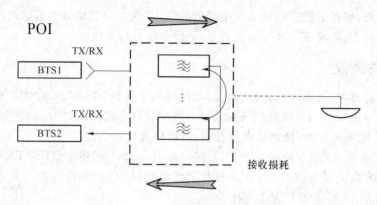

图 10.10　收发合缆天馈分布系统

以上计算说明,同样天馈分布系统耦合损耗 MCL 前提下,收发分缆 POI 隔离度远小于收发合缆 POI 隔离度,从另一个角度也说明,在同样 POI 隔离度前提下,收发分缆 POI 更能避免系统间干扰。通常在要求合路的系统比较多的时候,我们都采用收发分缆的做法,这种方式可以通过空间隔离来更好地消除干扰,而收发合缆的 POI 很难满足两个系统间隔离度的要求。

干扰系统的发射天线与被干扰系统的接收天线保持一定的物理空间距离(角度),使得发射天线的杂散信号经空间传播衰减后进入接收天线,这样利用两天线之间的空间损耗可以实现高隔离度。室内分布上、下行天线(主要是地铁内上、下行漏缆),天线间距离在几米或几十厘米内,在这样的距离内,电波传播是近场模型,一般的电波传播模型不能使用,天线间隔离度需根据经验获得。

表 10.4 给出一组测试数据,以 GSM/WCDMA 系统天线隔离度为例,发射信号工作在 2 100 MHz。而其他相关测试资料也表明,水平隔离情况下,在天线间水平距离大于 50 cm 时,天线隔离度大于 55 dB。垂直隔离情况下,在天线间距离大于 50 cm 时,天线隔离度大于 70 dB。考虑余量,一般室内分布系统上、下行天线隔离度取 30 dB。

表 10.4　天线隔离度与距离的关系

垂直距离/m	0.3	0.6	1	2	3	5
发射信号强度/dBm	10	10	10	10	10	10
接收信号强度/dBm	−41	−49	−51	−56	−59	−64
隔离度/dB	48	56	58	63	66	71

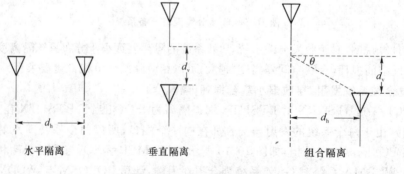

图 10.11　两天线放置位置

10.6.2　无源互调

POI 系统本质上是一种全无源的射频器件,其有源监控只起参数监控作用,对射频链路性能无影响,因此高性能无源器件的指标,同样适合于 POI 系统,高性能的 POI 系统,一般要求无源互调小于−150 dBc@2×43 dBm。一般以−150 dBc@2×43 dBm 的互调值定义无源器件,这是综合考虑移动通信系统特性(载波数量、功率电平、载波带宽等)和无源互调特性后给出的一个典型值。

可以按照以下方式直观解读−150 dBc@2×43 dBm,图 10.12 给出一收发合缆系统,当 POI 端口 BTS1 输入两载波,在 POI 内部会产生无源互调产物(圆圈中部分),此无源互调产物会向两个方向传播,其中一部分反射回 BTS1 端口,另外一部分继续传输通过 ANT 口输出,理论上这两部分无源互调产物电平相同。其中反射回来的无源互调产物会进入接收机,影响接收性能。−150 dBc@2×43 dBm＝−107 dBm,近似等于基站系统接收灵敏度。

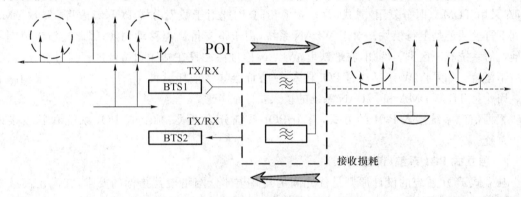

图 10.12　收发合缆 POI 无源互调

但是对于收发分缆 POI 系统,在同样接入信源和同样 POI 互调指标情况下,进入信源接收机的互调干扰信号远低于收发合缆。如图 10.13 所示,发射模块和接收模块完全隔离,同样两个载波进入 BTS1 系统的 TX 模块端口,两个载波在 TX 模块同样产生两个方向无源互调产物,反射回 BTS TX 端口的互调产物称为反射互调/反向互调(Reflect/Reverse),继续向前传输的互调产物称为传输互调/前向互调(Transmit/Forward)。此种情况下,反射互调进入 BTS1 发射机,对 BTS1 系统没有影响,但是传输互调可以通过天线间耦合进入 BTS1 接收模块进入接收机,影响接收机性能。

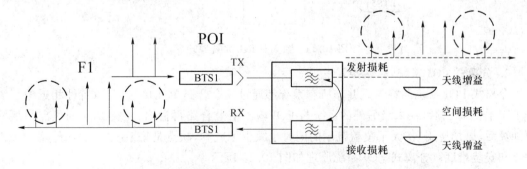

图 10.13　收发分缆 POI 无源互调

假设天馈系统发射和接收链路路径损耗 $L=30$ dB,$L=L_t+L_r-G_t-G_r+X$(包括发射损耗、接收损耗、天线增益及空间损耗），POI 在输入 2 个 43 dBm 载波情况下产生 -107 dBm 的互调产物，则进入 BTS1 接收机的干扰电平为 -107 dBm -L = (-107-30) dB = -137 dBm，远低于接收系统灵敏度，不会对系统造成影响。

以上分析可以得到以下结论，在同样 POI 互调情况下，收发分缆 POI 进入接收机的互调干扰信号低于收发合缆，降低的程度等于发射接收链路损耗。当然在同样接收机干扰电平情况下，允许收发分缆 POI 指标低于收发合缆 POI。如果收发合缆 POI 的互调指标为 -107 dBm@2×43 dBm，则收发合缆 POI 允许互调指标为 -77 dBm@2×43 dBm，相当于 -120 dBc@2×43 dBm。这一点非常重要，收发分缆 POI 不仅能够降低系统对 POI 隔离度要求，同样降低对互调的要求。

10.7　TD 和 WLAN 系统接入

与 CDMA、GSM、DCS 及 WCDMA 等系统相比，TD-SCDMA 及 WLAN 有其特殊性，TD-SCDMA 采用 TDMA（时分复用）方式，收发频率相同，因此对于收发分缆 POI，考虑将 TD-SCDMA 放到下行模块还是上行模块。对于 WLAN 系统，由于不支持高速移动切换，因此其覆盖范围与其他通信系统有所区别。例如，在地铁里，WLAN 信号往往只在站厅和站台进行信号覆盖，对于隧道不覆盖。如果将 WLAN 通过 POI 接入，一方面会导致损耗过大，另外一方面会造成功率浪费。因此对 TD-SCDMA 和 WLAN 系统的接入要仔细考虑。

根据信源系统接入 POI 的方式，整个 POI 系统分为两类：独立式 POI 系统和后级接入 POI 系统。

1. 独立式 POI 系统（前级接入）

独立式 POI 系统的设计原则是优先满足其高频部分网络覆盖指标的要求，在满足高频部分的覆盖要求的同时也能满足低频部分网络的覆盖要求。该种系统的特点是集成性，即所有系统都通过一个合路单元接入，一体化，便于安装维护；缺点是覆盖区域受高频系统制约，覆盖区域较小，同时造成低频系统功率过强，难于分配。独立式 POI 系统原理如图 10.14 所示。

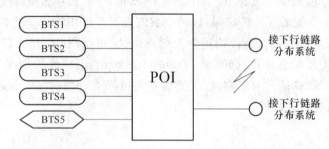

图 10.14　独立式 POI 系统原理

2. 分离式 POI 系统（后级接入）

分离式 POI 系统的特点是并非所有系统都通过一个合路单元接入，覆盖特性相近的系统经 POI 合路输出后，在末级另外的系统与 POI 输出信号合路再输出，此类 POI 的优点是组网更加灵活，更加通用，扩大了覆盖范围的同时也减少了成本，缺点是将系统接入分开，增加了维护点和安装难度。分离式 POI 系统原理如图 10.15 所示。

两种接入方法的比较如表 10.5 所示，分离式 POI 系统组网方式更加灵活，功率分配容易控制，能防止其他频段系统功率浪费，有效节约成本，是大范围区域覆盖项目的首选；在较小覆

.盖区域的项目,使用独立式 POI 系统便能满足要求。方案设计时需进行功率预算,灵活选择。

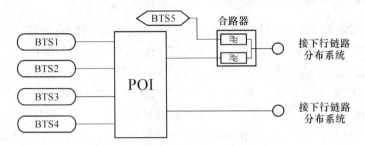

图 10.15　分离式 POI 系统原理

表 10.5　两种系统接入比较

功能描述	分离式 POI	独立式 POI
适用范围	大范围覆盖区域	较小覆盖区域
组网方式	灵活	不灵活
功率分配	容易控制	不容易控制
施工难度	较高	相对较低
维护难度	较高	相对较低
建设成本	略低	相对较高

10.7.1　WLAN 系统接入

　　WLAN 系统由于频段高,传输损耗特别大,如果采取独立式 POI 系统,WLAN 和其他通信一起通过 POI 接入,在满足移动通信信号覆盖的同时,WLAN 的覆盖范围会受影响。另外,WLAN 覆盖的场景与其他移动通信系统不相同。例如,在地铁系统里,通信信号覆盖区域包括隧道、站台和站厅,而 WLAN 不和通信的信号一样进行全覆盖,一般情况下只对站台和站厅进行覆盖,在这种情况下如果采用 POI 前级接入的方式,大部分的能量就被浪费掉,因此 WLAN 系统一般不在 POI 前级接入,而是采用末级接入的方式。

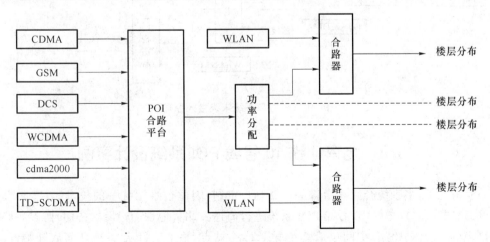

图 10.16　WLAN 系统末级接入原理

10.7.2　TD-SCDMA 系统接入

　　与 CDMA、GSM、WCDMA 系统相比，TD-SCDMA 系统（TD LTE）有明显区别。CDMA、GSM、WCDMA 系统都是 FDD 系统，收、发频率分开，而 TD-SCDMA 系统是 TDD 系统，收、发频率相同，这样带来的问题是，对于收发合缆的 POI，TD-SCDMA 系统只能接入其中一个模块。目前 TD-SCDMA 系统有 3 个频段，分别是 F（1 920～1 980 MHz），A（2 010～2 025 MHz），E（2 300～2 400 MHz）。具体到每个 TD 系统通过哪个模块接入，目前为止没有具体规定，而是根据具体接入系统确定，选取的指导原则是使 TD 与其他频率的间隔尽可能大。如果收、发分缆 POI 存在 WCDMA 系统接入，TX（2 110～2 170），RX（1 920～1 980），这种情况下 F 频段只能放到下行 TX 模块，否则两个频段会有冲突。当然也有可能碰到这种情况，一定要把 TD F 频段放到 POI 上行模块，此种情况只能采取退频的方式，WCDMA 或 TD-SCDMA F 之一要让出一段频率。例如，将 WCDMA 的 RX 频率调整为 1 920～1 950，这样既能满足目前系统的要求，也有一定扩容能力。

　　与 GSM/DCS 系统相比，TD-SCDMA 系统发射功率偏低，如果 TD-SCDMA 采取前级合路的方式，会面临和 WLAN 信号覆盖同样的问题，此种情况下可以采取末级合路的方式，具体示例如图 10.17 所示。

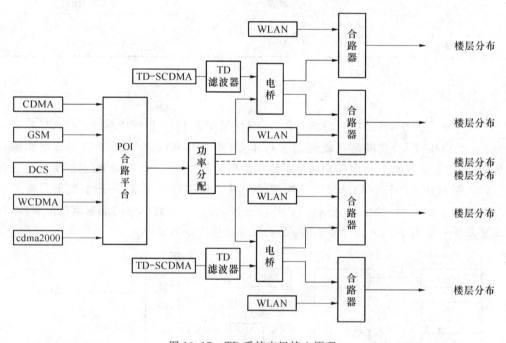

图 10.17　TD 系统末级接入原理

10.8　北京地铁 10 号线 POI 系统设计实例

　　一般情况下，多系统合路平台都是根据客户定制，因此很难用统一的技术、方案来具体简述 POI。本书以北京地铁 10 号线 POI 系统进行简述。北京地铁 10 号线（一期）西起海淀区巴沟，向东南径直到劲松站，中间包括奥支线共 26 个站点，整个项目从 2006 年年底开始，以下以该工程为例介绍地铁覆盖系统（POI 系统）方案设计中的常见问题。

10.8.1　无线接入系统方案设计

无线接入系统方案设计是一门系统科学,涉及网络优化、通信原理和无线信号传输等众多内容。除了考虑地铁特定环境对于信号覆盖的影响外,还要考虑到信源。民用移动通信系统引入地铁,涉及与众多电信运营商的配合,在解决地铁站内容量和覆盖上,运营商除了用微蜂窝基站作为信源外,还有的采用直放站作为信源,由各家运营商提出正式的覆盖性能指标要求,同时也要向地铁方提供信源设备的有关技术指标和用电需求、环境要求等。经过分析,北京地铁 10 号线需要支持的业务如表 10.6 所示。

表 10.6　北京地铁 10 号线接入系统

频率/MHz	商用通信业务	无线接入
200	DAB	√
700	DTV	√
800	联通 CDMA	√
900	联通 GSM/移动 GSM	√
1 800	移动 DCS	√
1 900	电信小灵通 网通小灵通	√
2 000	移动 TD-SCDMA WCDMA	√
2 400	WLAN 移动随意行/电信天翼通/网通无线伴侣	√

另外在具体的方案设计过程中还要考虑以下因素:

1. 干扰抑制

在多系统共存中,各制式发射对接收机的接收中都存在干扰问题,多系统共存必须处理好系统间频率规划和隔离度的问题。

2. 等效覆盖

由于各系统工作频段不一,频率越高传输时衰减越大,如何在室内覆盖中使各系统在覆盖区达到场强要求,必须在室内系统设计中充分考虑。

3. 容量均衡

不同系统基站容量不同,必须在室内系统设计中充分考虑。

4. 兼容升级

由于移动通信在不断发展,3G 的频率划分还不是很明确,因此接入系统设计必需具有兼容性,不但能够容纳更多的系统,而且有新的系统需要加入时,能够方便接入。

最终北京地铁 10 号线无线接入系统方案如图 10.18 所示,为了避免多频段系统之间频率干扰,并保证足够的隔离度,北京地铁 10 号线的覆盖系统发射和接收采用各自独立的天馈系统。POI 采用上、下行两个模块,分别将上行和下行链路信号分开传输,泄漏电缆采用分缆辐射方式,上、下行信号分开传输,增加了收、发的空间隔离度。

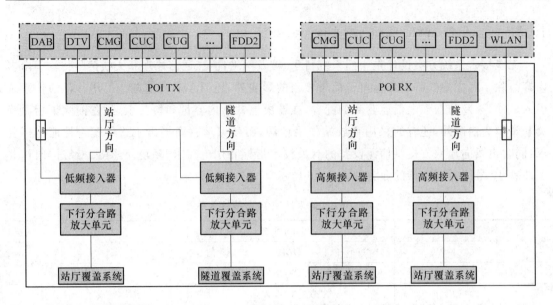

图 10.18　北京地铁 10 号线接入系统方案

系统设计已考虑将来引入数字电视和 3G 频段的方案，所设计 POI 的上、下行均预留了数字电视（1 个）、3G WCDMA（2 个）和 3G TD-SCDMA（1 个）接入口，今后根据数字电视或不同的 3G 运营商的频段特点添加相应的设备，即可实现平滑升级。

DAB 是数字多媒体广播引入与公用移动通信系统。考虑降低 POI 设备及耦合器、功分器等无源设备的价格，DAB 不接入 POI 多系统合路平台，而是在 POI 输出端通过低频接入器进入系统，完成对站台信号覆盖需求。WLAN 在地铁站厅和站台的引入由运营商负责完成。由于 WLAN 网络系统的基本设计是在较小的室内环境并在移动速度较缓慢的情况下应用的，与 GSM 比较，无线局域网系统的输出功率偏低，接收灵敏度较差，而且由于使用的频道是没有统筹下的共享，易产生相互干扰而影响到系统增益，很难满足隧道的覆盖要求。因此通过高频接入器引入的 WLAN 仅仅覆盖站厅和站台。

低频接入器和高频接入器指标如表 10.7 和表 10.8 所示。

表 10.7　低频接入器指标

通道	端口 1	端口 2
频率范围/MHz	80～220	600～2 500
工作带宽/MHz	140	1 900
插入损耗/dB	≤1.0	≤0.6
带内波动/dB	≤0.6	≤0.5
带内抑制/dB	≥50@600～2 500	≥50@80～220
隔离度/dB	≥50	
回波损耗/dB	≥18	
阻抗/Ω	50	
三阶互调/dBc	≤−150@＋43dBm×2	
接口类型	N-F	

表 10.8　高频接入器指标

通道	端口 1	端口 2
频率范围/MHz	800~960/1 710~2 170 2 300~2 380	2 400~2 500
插入损耗/dB	≤1.0	≤1.0
带内波动/dB	≤0.7	≤0.7
带外抑制/dB	≥80@2 400 MHz~2 500 MHz	≥80@800 MHz~2 380 MHz
回波损耗/dB	≥18	
阻抗/Ω	50	
三阶互调/dBc	≤−150@+43 dBm×2	
接口类型	N-F	

虽然小灵通并不是一种先进的通信方式,经过一段时间的过渡,最终会被其他通信系统代替,但是考虑到中国电信小灵通已有一定规模客户群,因此在系统设计中也进行了考虑。由于无线市话小灵通采用微蜂窝技术组网,基站和终端的发射功率相对其他移动通信系统而言较小信号穿透力弱,且信号抖动较大,容易受到干扰。例如,在隧道内进行全覆盖,需在线路中增加多个中继器、分合路器,相应多次截断漏缆,增加了连接器和链路损耗。综合技术经济多方面原因的考虑,本接入系统(PHS 系统)仅对站台、站厅进行有效覆盖。

10.8.2　POI 指标确认

在前面无线多网接入方案的基础上,根据各个通信系统正常工作对信号的要求,确定 POI 的指标要求。此处必需指出,指标确认和方案设计是一个互动的过程,依据方案提出系统要求,根据要求确定 POI 要求,依据要求修正方案,因此最终的方案和指标是一个多次反复的结果。

本接入系统把移动 GSM、联通 GSM 以及中国电信 CDMA、PHS 和 WLAN、3GFDD、3GTDD 系统进行了合路。多个系统的信号共用一套分布系统传输,系统频率跨度大,这对 POI 的性能有很高的要求。而且多个系统共用一套分布系统,相互之间必然会产生一定干扰。在无线多网接入系统中的设计中,对系统间干扰的分析和抑制至关重要。

多系统的合路不可避免地会有相互干扰,干扰将广泛存在于各个频段之间,给多系统合路带来很大的困难,系统间的主要干扰为杂散、阻塞和互调 3 种形式。一般干扰会造成系统接收灵敏度降低,减小系统覆盖范围,相应地影响系统通信质量,严重时将阻塞系统接收,造成系统瘫痪。在所有指标中,需要特别重视的是系统隔离度及无源互调,具体计算过程参考第 4章相关内容,此部分不再给出。

经过反复计算和确认,最终 POI 系统的指标定义如表 10.2 和表 10.3 所示。

10.8.3 POI 系统设计

根据无线多网接入方案和对 POI 的指标要求,最终确定 POI 设计方案如图 10.19 和 10.20 所示。作为连接信号源和分布系统的桥梁,POI-TX 的主要作用在于对系统的下行信号进行合路,用于将 CDMA800、GSM900、GSM1800、3G 等信号滤波合路后通过天线端口输出,使多个系统的接收信号可以使用同一条通信电缆进行传输,而各系统之间互不影响。同时 POI-RX 的主要作用在于对天线端口接收到的信号分路滤波后输出,并尽可能抑制各频带间的无用干扰成分。

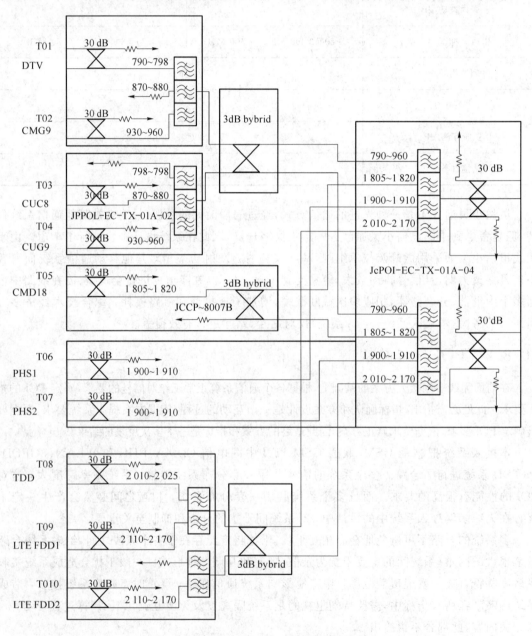

图 10.19　下行 POI 原理图

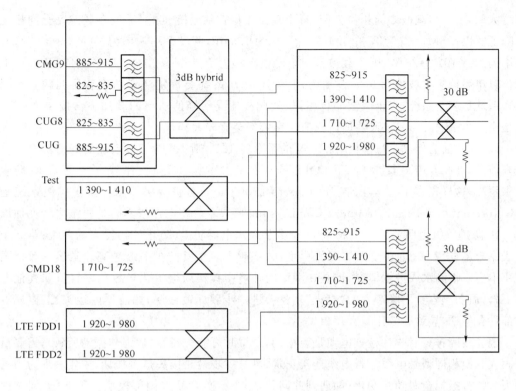

图 10.20　上行 POI 原理图

POI 系统采用集成模块化设计,根据 POI 指标要求,有很多关键技术需要解决,如高隔离度 3 dB 电桥设计、多路高隔离低互调合路器设计以及耦合集成滤波器设计等。

10.9　POI 常见故障处理

出厂检验合格的 POI 在实际使用过程中会出现指标异常,如驻波比升高、隔离度降低等情况。这些故障主要是由于运输过程中设备受到强烈震动;峰值功率过大导致滤波器模块损坏;阴暗潮湿环境下滤波器模块内表面氧化等原因导致。

10.9.1　驻波比偏高

驻波比偏高的主要表现为通话信号质量下降,掉话率上升,发生原因为以下几种:

(1) 链接电缆松动;

(2) 模块接头损坏;

(3) 滤波器模块调谐螺钉松动;

(4) 峰值功率过大导致滤波器模块损坏;

(5) 滤波器模块内表面氧化。

第(1)方面大多数情况下是由于现场施工导致,第(2)和第(3)方面往往由于包装设计不合理或运输过程中非正常跌落碰撞导致。从根本上讲,POI 系统是一种多系统、多载波合路系统,尤其是要注意峰值功率问题。在多载波情况下,峰值功率为 $P_e = N^2 P_o$,其中,N 为载波数量,P_o 为单载波峰值功率。需要特别注意,当 N 值比较低(≤4)时,以上公式比较准确。当 N

值增大时,由于多载波之间相位失配(每个载波相位往往是随机的)导致多载波完全同相的机会降低。以 GSM 系统为例,单载波的峰均比为 1.5 dB,假设平均功率为 20W(43 dBm),峰值功率为 $20 \times 10^{\frac{1.5}{10}} = 28$ W,则多载波情况下峰值功率为 $P_e = 4^2 \times (20 \times 10^{\frac{1.5}{10}}) = 452$ W。以上计算仅以单系统多载波峰值功率叠加为例,说明 POI 系统要特别注意功率容量问题。实际的 POI 系统是多个系统、多个载波的合路,虽然此种情况下峰值功率的叠加不再按照 N^2 叠加,但是由于 N 基数较大,导致叠加后峰值功率依然会比较大。

以 10 载波为例,假设此种情况下 N 的系数为 1.4,则 $10^{1.4} = 25$,系统的峰值功率为单载波峰值功率的 25 倍。多数情况下 POI 都应用在室内环境,如隧道、井道等,对于防水、防尘的要求不高,这样很多 POI 都没有 IP(Ingress Protection)防护等级要求。防护等级系统是由 IEC(International Electrotechnical Commission)所起草。将电器依其防尘防湿之特性加以分级。IP 防护等级由两个数字组成:第 1 个数字表示电器防尘、防止外物侵入的等级;第 2 个数字表示电器防湿气、防水侵入的密闭程度,数字越大表示其防护等级越高。虽然一般情况下 POI 不会面临滴水或进水情况,但是在潮湿的环境中镀银层会氧化导致功率容量和其他电参数下降,而功率容量下降产生的"打火"现象会进一步破坏镀银层,滤波器内接头、谐振杆等铜质部件会生锈,导致驻波比偏大现象发生。

现场故障排查时收件检查电缆是否松动,严重时可能会断裂(遇强烈振动所致),需要重新紧固或更换相同型号电缆。若电缆连接正常,可进一步检测接头是否损坏,主要表现为当晃动接头时整机指标会跟随性变化,如遇到此问题,需要更换 POI 或内部模块。第 3～5 问题现场往往很难直接判断,需要发回厂家检修。

10.9.2　信号干扰

如果通信系统干扰带指标下降,往往由于存在干扰导致。按照干扰信号来源,干扰可以分为外部干扰和内部干扰,外部干扰是由于存在系统外干扰信号导致。例如,内部干扰在系统内部产生的干扰,主要由 3 方面原因导致:

(1) 同种制式信号隔离度降低;

(2) 不同制式信号隔离度降低(也称带外抑制降低);

(3) 无源互调变差。

为了提高同系统之间的隔离度,如中国移动 GSM 和中国联通 GSM 之间的隔离度,POI 往往采取增加隔离器方式,该器件的使用可以提高隔离度至 45～55 dB。如果隔离度恶化,必然是隔离器损坏,更换该器件便可以解决此问题。带外抑制指标变化的可能性较低,如恶化则需要重新调试滤波器模块或更换部件。无源互调指标实质是对 POI 内部器件工艺的一项考核,影响该指标最直接的部件是连接器,需要选择优质的器件,并保障装配、焊接工艺良好,合路器及其他辅料内部除尘,接头连接紧固才能得到优良的互调指标。

现场可以用便携机驻波仪或互调仪对隔离度、带外抑制和无源互调指标进行测试,一旦测试不合格需要发回厂家进行检修。

10.9.3　输出功率不平衡

输出功率不平衡主要表现为 POI 两个天线端口输出功率有明显差别,会导致覆盖区域功率分配不平衡,产生原因有两种:

（1）POI 内部设计不合理，导致两路信号损耗不一致。

（2）由于"打火"或者潮湿环境导致器件损坏。

第（1）种情况一般不会出现，一旦出现输出不平衡问题，往往是由于第（2）种情况导致。

10.10　POI 系统建设建议

现阶段，2G 和 3G 室内覆盖都通过建设室内分布系统完成，根据站点场景情况，其室内分布系统的建设主体一般为移动运营商；而部分场景为业主建设室内分布系统，运营商接入信源，并需给业主一定比例的运营收入。

一般的建筑楼宇如写字楼、宾馆酒店、商场超市、住宅小区、休闲娱乐场所等，运营商在室内建筑中各自建立室内分布系统，此时建设的主体一般为移动运营商，而业主掌握建筑的物业资源，运营商需给业主一定的物业协调费、设备空间占用费、用电费等。在某些大型的站点，如大型展馆、机场和地铁等场景，业主建设室内分布系统时一般采用多系统合路共用，包括 2G、3G、集群等，而运营商提供信源接入，并需在开通运营后给业主一定运营费用。尤其是地铁的移动通信系统的覆盖，一般都是业主建设。

室内分布系统的多系统合路共用，主要涉及的设备及器件如下：

（1）各个运营商的室内信源（包括基站、RRU、直放站等系列）；

（2）系统的有源设备（一般指干线放大器）；

（3）POI 系统；

（4）室内天线；

（5）馈线或泄漏电缆；

（6）无源器件（包括功分器、耦合器）。

在室内分布系统共建共享时，要求各系统可共享室内分布系统的天馈系统，此时要求器件和室内天线为宽频段器件，而为了降低多系统合路后的系统间的干扰，需要采用性能优越的 POI 设备。建议 POI 系统具备以下功能性能。

1. 高可靠性

POI 系统设备具有良好的运行业绩，设备 MTBF≥100 000 h。系统设计做到防火、阻燃和防止由于设备内部原因造成的不安全因素。

2. 可维护性

整个 POI 系统设备基本由无源器件构成，具有高度的可靠性，运行维护成本低。建议采用模块化设计，方便维护、替换。POI 设备的上、下行部分独立，可单独拆装。

3. 良好的可扩展性

充分考虑将来移动通信业务发展，既满足室内分布目前的覆盖业务需求，又可适应未来用户发展的需求。

在室内分布共建共享过程中，其技术难度主要有：多系统合路干扰消除、合路接入方式、功率均衡、有源设备使用等。室内分布涉及 GSM900、CDMA800（包括 1X 和 EV-DO）、DCS1800、WCDMA、TD-SCDMA、WLAN 等系统，因此室内分布系统天馈系统共建应尽量采用支持 800～2 500 MHz 的宽频段器件，如合路器、POI、功分器、耦合器、天线等，从而避免未来在加入其他系统时对天馈系统再进行改造。

对于共建的室内分布系统，由于各系统的频段、覆盖指标链路损耗等不同，考虑到多系统共用时,不同系统的链路预算要求,及后加入系统引入的合路插损,应在初期网络设计中综合考虑各个系统覆盖要求,合理进行天线密度的布放,为后续优化扩容建设留有功率余量,从而满足各系统的室内覆盖指标要求。

在建设初期就考虑多个系统的接入和共存,尤其是针对合路器或 POI 的选用上应充分考虑到未来多系统并存的指标需求,保证信号隔离。

共建室内分布系统的网络结构应尽量简单,尽量使用模块化的合路系统,增加不同制式的信源,只需增加对应的合路器即可,并根据实际共建需求增加单个或几种制式组合的多频合路器。移动通信系统应尽量在室内分布系统源端接入,兼顾 WLAN 等小输出功率信号源的远端接入需求,保证系统的可扩充性,方便维护和升级。

本章参考文献

[1] 苏华鸿,孙孜勤. 蜂窝移动通信射频工程[M]. 北京:人民邮电出版社,2005.

[2] 叶芝慧,赵新胜. 通信系统工程[M]. 北京:电子工业出版社,2002.

[3] 中国建筑标准设计研究院. 03X102 移动通信室内信号覆盖系统[S]. 全国工程建设标准设计弱电专业专家委员会汇编:2. 北京:中国标准出版社,2004:14-19.

[4] 杨宋兵,赵国民. 多系统接入平台(POI)的设计[J]. 移动通信,2005,8:029.

[5] 何业军,田宇兴,卢军. POI 在上海地铁 CDMA 接入系统中的应用[J]. 无线电工程,2002,04:16-20.

[6] STBER G. Principles of mobile communication[M] New York:Springer,2000.

[7] 甘本祓,吴万春. 现代微波滤波器的结构与设计[M] 北京:人民邮电出版社,1999.

[8] POZAR D M,Microwave engineering[M]New York:John Wiley,1998.

[9] 谢瑞华,邹新民. 无源器件的互调指标与测试[J]. 移动通信,2007,31(5):80-81.

第 11 章 室分系统的工程建设

11.1 室分系统的施工工艺

11.1.1 有源设备的安装

室内分布系统中,狭义的有源设备一般指直放站、干放等设备,广义的有源设备还包括一体式基站、分布式架站、小基站等信源设备。本章中如无特别说明,均指广义有源设备。

1. 安装位置要求

室分系统的安装位置要求如下:

(1) 安装位置无强电、强磁和强腐蚀性设备的干扰。

(2) 安装位置保证主机便于调测、维护和散热需要。

(3) 主机在条件允许的情况下尽量安装在室内。对于室外安装的主机,须做防雨水溅湿,要加装防盗铁笼。

(4) 对于室内安装的主机,室内不得放置易燃物品;室内的温度、湿度不能超过主机正常工作温度、湿度的范围。

图 11.1 为安装位置整改前后效果对比。

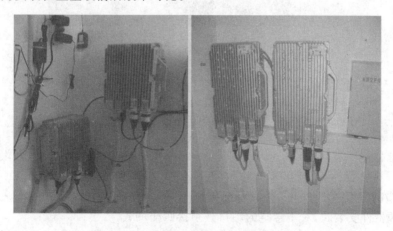

图 11.1 安装位置整改前后效果对比

2. 主机固定

主机机架的安装位置应符合设计方案的要求,并且垂直、牢固,并应保证机架底部距离地面 1.5 m,特殊场所除外。

3. 主机内设备单元的安装

要求所有的设备单元安装正确、牢固，无损坏、掉漆的现象，无设备单元的空位应装有盖板。

4. 外部电缆连接

（1）电源线

① 主机输入交流电必须火线、零线相对应，不能反接。

② 连接到主机架的电源线不能和其他电缆捆扎在一起。

（2）射频线

① 当馈线需要弯曲时，要求弯曲角保持圆滑，其弯曲曲率不能大于该种馈线的规定。

② 所有与设备相连的电缆要求接触良好，不能有松动的现象，馈线连接处驻波比必须小于或等于 1.5。

5. 标签

要求所有连到主机设备的连线都贴有标签，并标明该连线的起始点和终止点。主机位置应该有警示牌照及相关服务电话等，特殊场所除外。

直放站设备安装示范如图 11.2 所示。

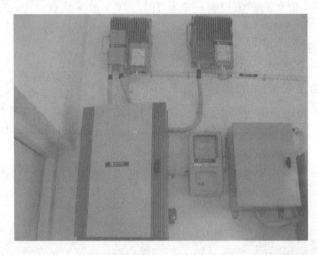

图 11.2　直放站设备安装示范

11.1.2　无源器件的安装

无源器件主要是指合路器、功分器、耦合器、电桥、衰减器、负载等。无源器件的安装应满足下列要求：

（1）无源器件安装时必须按设计或者方案的位置安装，接头必须拧紧，两端必须固定好，不允许悬空固定放置电缆，弯度不允许放置室外（如特殊情况需室外放置，必须做好防水处理），两端电缆的弯度不小于 90°，并做好标识。

（2）无源器件安装时，对于悬空的端口必须接匹配负载。

（3）无源器件严禁接触液体，并防止端口进入灰尘，接口如果不接，必须封好。

（4）无源器件尽量妥善安置在线槽或弱电井中；特别是为了后续维护方便，可以将器件安装于托盘上，然后将托盘固定。

无源器件安装示范如图 11.3 所示，安装于弱井内托盘上的多个无源器件如图 11.4 所示。

图 11.3　无源器件安装示范

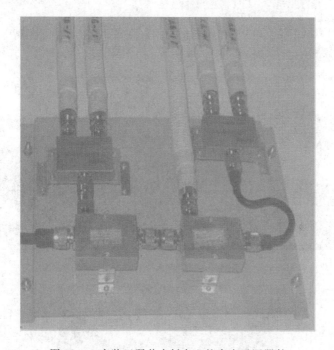

图 11.4　安装于弱井内托盘上的多个无源器件

11.1.3　天线的安装

1. 室内天线安装

（1）室内天线安装位置、型号必须符合工程设计要求。

（2）室内天线的安装需在符合设计要求的情况下尽可能不影响室内设计外观。

（3）场点内布放天线以信号覆盖为依据，具体天线分布位置以设计施工图纸为依据。

（4）室内天线安装时应保证天线的清洁干净。

（5）挂墙式天线安装必须牢固、可靠，并保证天线垂直美观，不破坏室内整体环境。

（6）吸顶式天线安装必须牢固、可靠，并保证天线水平。安装在天花板下时，应不破坏室内整体环境；安装在天花板吊顶内时，应预留维护口。

（7）天线与吊顶内的射频馈线连接良好，并用扎带固定。

（8）吸顶天线不允许与金属天花板吊顶直接接触，需要与金属天花板吊顶接触安装时，接触面间必须加绝缘垫片。

（9）天线的上方应有足够的空间接馈线，连接天线的馈线接头必须用手拧紧，最后用扳手拧动的范围不能大于 1 圈，但必须保证拧紧。

（10）需要固定件的天线，固定件捆绑所用扎带不可少于 4 条，要做到布局合理美观。安装天线的接头必须使用更多的防水胶带，然后用塑料黑胶带缠好，胶带做到平整、少皱、美观。

室内天线的安装如图 11.5～11.7 所示。

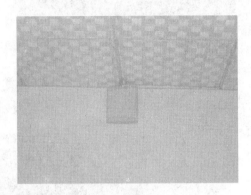

图 11.5　天线安装示范

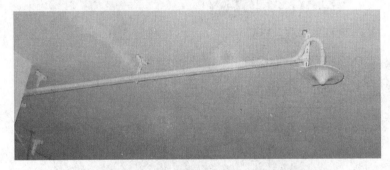

图 11.6　天线支架安装示范

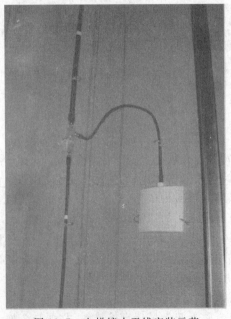

图 11.7　电梯境内天线安装示范

2. 室外天线安装

（1）安装位置、型号必须符合工程设计要求。

（2）天线安装必须牢固、可靠的固定在支撑物上。

（3）天线周围沿主要覆盖方向不得有建筑物或大片金属物等物体遮挡。

（4）全向天线必须向上安装且与地面保持垂直。

（5）定向天线垂直和水平的辐射角度必须符合设计要求。

（6）天线与馈线连接应紧密，无松动现象。

室外天线的安装如图 11.8 所示。

图 11.8　室外天线及走线安装示范

11.1.4　线缆的安装

- 线缆的规格、型号应符合工程设计要求。
- 所放线缆应顺直、整齐，线缆拐弯应均匀、圆滑一致，下线按顺序。
- 线缆两段应有明确的标志。

1. 射频同轴电缆布放和电缆头的安装

（1）射频同轴电缆必须按照设计文件（方案）的要求布放，要求布放牢固、美观，不得有交叉、扭曲、裂损等情况。

（2）需要弯曲布放时，要求弯曲角应保持圆滑均匀，其弯曲曲率半径满足射频同轴电缆的指标要求。如图 11.9 所示的线缆弯曲半径过小。

（3）射频同轴电缆所经过的线井应为电气管井，不得使用风管或水管管井。

（4）射频同轴电缆应避免与强电高压管道和消防管道一起布放直线，确保无强电、强磁的干扰。

（5）射频同轴电缆应尽量在线井和吊顶内布放，并用扎带进行牢固固定。

（6）与设备相连的射频同轴电缆应用线码或馈线夹进行牢固固定。

（7）射频同轴电缆布放时不能强行拉直，以免扭曲内导体。

（8）射频同轴电缆的连接头必须牢固安装，接触良好，并做防水密封处理。

（9）射频同轴电缆在天花板吊顶或井道里通过时，如果已经做接头需把接头封好，以免有污物进入接头。

（10）射频同轴电缆绑扎固定时间隔要求如表 11.1 所示。

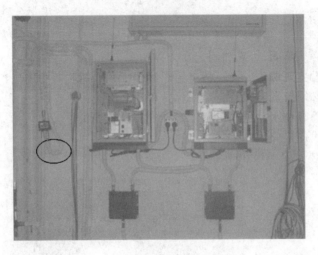

图 11.9　线缆弯曲半径过小

表 11.1　(1/2)″馈线绑扎间隔要求

布放方式	≤(1/2)″线径	>(1/2)″线径
平布放时	≤1.0 m	≤1.5 m
直布放时	≤0.8 m	≤1.0 m

（11）电缆头的规格型号必须与射频同轴电缆相吻合。

（12）电缆冗余长度应适度，各层的开剥尺寸应与电缆头相适合。

（13）电缆头的组装必须保证电缆头口面平整，无损伤、变形，各配件完整无损。电缆头与电缆的组合良好，内导体的焊接或插接应牢固可靠，电气性能良好。

（14）芯线为焊接式的电缆头，焊接质量应牢固端正，焊点光滑，无虚焊、无气泡，不损伤电缆绝缘层。焊剂宜用松香酒精溶液，严禁使用焊油。

（15）芯线为插接式的电缆头，组装前应将电缆芯线（或铜管）和电缆头芯子的接触面清洁干净，并涂防氧化剂后再进行组装。

（16）电缆施工时应注意端头的保护，不能进水、受潮；暴露在室外的端头必须用防水胶带进行防水处理；已受潮、进水的端头应锯掉。

（17）连接头在使用之前，严禁拆封；安装后必须做好绝缘防水密封。

（18）现场制作电缆接头或其他与电缆相接的器件时，应有完工后的驻波比测试记录，组装好电缆头的电缆反射衰减（在工作频段内）应满足设备和工程设计要求。

（19）对于不在机房、线井和天花吊顶中布放的射频同轴电缆，应套用 PVC 走线管，如图 11.10 所示。要求所有走线管布放整齐、美观，

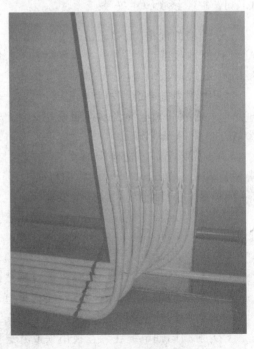

图 11.10　馈线套管走线

其转弯处要使用转弯接头连接。

2．泄漏电缆布放

（1）泄漏电缆的布放除了满足射频同轴电缆布放要求外，安装位置、安装方式和电缆型号必须符合工程设计要求。例如，安装位置需要变更，必须征得设计和建设单位的同意，并办理设计变更手续。

（2）泄漏电缆的布放的最小弯曲半径、最大张力和固定夹最小间隔等要求，应满足相应的技术指标。

（3）泄漏电缆布放时，不应从锋利的边或角上划过。如果不得不将泄漏电缆长距离的从地面或小的障碍物上拉过，应使用落地滚筒。

3．五类线布放

（1）五类线必须按照设计文件或设计方案的要求合理布放。布放应自然平直，不得产生扭绞、打圈接头等现象，不应受到外力的挤压和损伤。

（2）五类线缆终接后，应有余量。交接间、设备间对绞电缆预留长度宜为 0.5～1.0 m，工作区为 10～30 mm；有特殊要求的应按设计要求预留长度。

（3）五类线必须用尼龙扎带牢固绑扎，在管道内、弱电井和吊顶内隐蔽走线时绑扎间距不应大于 40 cm；在管道开放处和明线布放时，绑扎间距不应大于 30 cm。

（4）五类线的弯曲半径应符合：非屏蔽 4 对对绞电缆的弯曲半径应至少为电缆外径的 4 倍；屏蔽 4 对对绞电缆的弯曲半径应至少为电缆外径的 6～10 倍；主干对绞电缆的弯曲半径应至少为电缆外径的 10 倍。

（5）五类线应避免与强电、高压管道、消防管道等一起布放，确保其不受强电、强磁等源体的干扰。

（6）五类线与电源线平行敷设时，应满足表 11.2 所示隔离要求。

表 11.2　五类线与电源线平行敷设时距离间隔要求

条件	最小净距/mm
对绞电缆与电力电缆平行敷设	130
有一方在接地的金属槽道或钢管中	70
双方均在接地的金属槽道或钢管中	双方都在接地的金属槽道或钢管中，且平行长度小于 10 m 时，最小间距可为 10 mm。表中对绞电缆采用屏蔽电缆时，最小净距离可以适当减小，并应符合设计要求

（7）对于不能在弱电井桥架、走线井、吊顶内布放的五类线，应考虑安装在电缆走线架上或套用 PVC 管。走线架或 PVC 管应尽可能靠墙布放并牢固固定。走线架或 PVC 管不允许有交叉和空中飞线的现象。

（8）五类线终接应符合设计和施工操作规程，终接前必须核对缆线标示内容是否正确，缆线中间不允许有接头，终接处必须牢固、接触良好，对绞电缆与插接件应认准线号、线位色标，不得颠倒和错接。

五类线布放安装走线如图 11.11 所示。

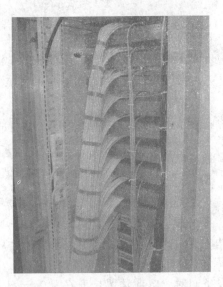

图 11.11　五类线安装走线示范

4. 电源线敷设

（1）电源线的敷设路由及截面应符合设计规定，直流电源线和交流电源线宜分开敷设，避免绑在同一线束内。

（2）敷设电源线应平直、整齐，不得有急剧弯曲和凹凸不平现象；电源线转弯时，弯曲半径应符合相应技术标准。

（3）电源线的布放在同一平面上可采用并联复接的方式走线。

（4）机房的每路直流馈电线连同所接的列内电源线和机架引入线两端腾空时，用 500 V 兆欧表测试芯线间和芯线与地间的绝缘电阻应不小于 1 MΩ。

（5）电源线必须根据设计要求穿镀锌管或 PVC 管后布放，镀锌管和 PVC 管的质量和规格应符合设计规定，管口应光滑，管内清洁、干燥，接头紧密，不得使用螺丝接头，穿入管内的电源线不得有接头。

（6）电源线与设备连接应可靠牢固，电气性能良好。

（7）电源插座的两芯和三芯插孔内部必须事先连接完后才可实际安装。

（8）电源插座必须牢固固定，如需使用电源插板，电源插板需放置于不易触摸到的安全位置。

（9）电源线与同轴电缆平等敷设时，隔离要求参照五类线与电源平行敷设的隔离要求执行。

电源线走线如图 11.12 所示。

5. 接地线敷设

（1）机房接地线的布放路由及布放位置应符合施工图的规定。接地线的规格应符合设计要求。

图 11.12　电源线走线示范

（2）机房接地母线的布放应符合工程设计要求。

（3）机房接地母线宜用紫铜带或铜编织带，每隔 1 m 左右和电缆走道固定一处。

（4）接地母线和设备机壳之间的保护地线宜采用 16 mm² 左右的多股铜芯线（或紫铜带）连接。

（5）当接线端子与线料为不同材料时，其接触面应涂防氧化剂。

（6）接地线应连接至大楼综合接地排，走线槽已经与综合接地排相连的，可连接至走线槽。

（7）电源地线和保护地线与交流中性线应分开敷设，不能相碰，更不能合用。交流中性线应在电力室单独接地。

接地线敷设如图 11.13 所示。

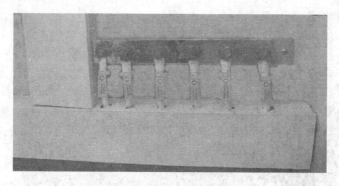

图 11.13　接地线接地端子连接示范

6. 走线管布放

（1）对于不在机房、线井和天花吊顶中布放的线缆，应套用 PVC 走线管。要求所有走线管布放整齐、美观，其转弯处要使用转弯接头连接。

（2）走线管应尽可能靠墙布放，并用线码或万用角铁进行牢固固定，其固定间距应能保证走线不出现交叉和空中飞线的现象。

（3）若走线管无法靠墙布放（如地下停车场），多种线缆走线管可一起走线，并用扎带将其固定。

（4）走线管进出口的墙孔应用防水、阻燃的材料进行密封。

走线管安装如图 11.14 所示。

图 11.14　走线管安装示范

11.1.5　标签

(1) 室内分布系统中每一个设备以及电源开关箱和馈线两端都应有明显的标签,方便以后的管理和维护。

(2) 在并排有多个设备或多条走线时,标签应粘贴在同一水平线上。

(3) 标签宜粘贴在设备、器材正面可视的地方,并用防水胶带进行防水处理。线缆的标签在首尾两端采用吊挂式,以方便阅读。

(4) 标签的标注应工整、清晰,并且标注方法要与竣工图纸上的标注一致。馈线的标签要标明进线和出线设备的编号和准确的长度。

标签粘贴如图 11.15 所示。

图 11.15　标签粘贴示范

11.2　室分系统的验收规范

11.2.1　验收内容

当室内分布系统工程建设完成后,为确保工程建设质量必须满足网络应用的技术要求,工程建设验收之前,首先应对网络系统的工程安装施工进行验收核查,以确保系统的可靠性和安全性,其具体内容如下:

- 有源设备、无源设备的安装;
- 天线的安装;
- 馈线的安装;
- 接地;
- 电源;
- 附件的安装。

11.2.2　工艺验收

室内分布系统安装调试完备,集成商在提请工程验收前检查时,需同时提交自检报告,验收方对自检报告进行检查。自检报告中应包括对本章要求的各项工艺指标的测试自检结果，并有监理公司的签字认可。

有关有源器件、无源器件(含天线)以及线缆等部分的验收可参见本章关于施工工艺的要求，此处不再赘述。

1. 施工安装环境检查

(1) 基站设备或直放站设备工作环境及设备安装机房环境应满足工程设计要求。

(2) 无线通信系统室内覆盖工程使用的器件及材料安装环境应保持干燥、少尘、通风，施工区域的井道、楼板、墙壁严禁出现渗水、滴漏、结露现象。

(3) 施工区域及其附近严禁存放易燃易爆等物品。

(4) 市电已引入，照明系统亦能正常使用。

(5) 室内覆盖系统防静电环境要求参见行业标准《通信机房静电防护通则》(YD 754-95)和具体工程设计要求。不满足要求的应按相关规范要求进行改造建设。

(6) 室内覆盖系统工程防火要求应满足符合行业标准《邮电建筑防火设计标准》(YD 5002-2005)(报批稿)要求。不满足要求的应按相关规范要求进行改造建设。

2. 施工安装前器件及材料环境检查

开工前建设单位、供货单位和施工单位(或集成商)共同对已到达施工现场的设备、材料和器件的规格型号及数量进行清点和外观检查，应符合下列要求：

(1) 设备规格型号应符合工程设计要求，无受潮、破损和变形现象。

(2) 材料的规格型号应符合工程设计要求，其数量应能满足连续施工的需要。工程建设中不得使用不合格的材料。

(3) 器件的电气性能应能进行抽样测试，其性能指标应符合进网技术要求。

(4) 当器材型号不符合原工程设计要求而需做较大改变时，应征得设计单位和建设单位的同意并办理设计变更手续。

(5) 不符合要求的设备和器件应由建设单位、供货单位和施工单位(或集成商)共同鉴定，并做好记录，如不符合相关标准要求时，应通知供货单位及时解决。

(6) 无线网室内分布系统使用的器件及材料严禁工作在高温、易燃、易爆、易受电磁干扰(大型雷达站、发射电台、变电站)的环境。

3. 信号源设备安装验收

(1) 一般要求

① 信号源基站设备的安装工程验收参见《中国移动相关无线设备验收规范》。不满足要求的应按相关规范进行改造建设。

② 设备电源安装要求应满足行业规范《通信电源设备安装设计技术规范》(YD/T 5040-2005)和具体工程设计要求要求。不满足要求的应按相关规范进行改造建设。

③ 设备安装要求应满足行业规范《电信设备安装抗震设计规范》(YD 5059-2005)。不满足要求的应按相关规范要求进行改造建设。

④ 设备防雷接地设施应满足行业规范《通信局(站)防雷与接地工程设计规范》(YD 5098-2005)和具体工程设计要求要求。不满足要求的应按相关规范进行改造建设。

(2) 安装位置

① 设备的安装位置符合设计文件(方案)的要求，并且垂直、牢固。安装位置有变更时必须征得设计单位、监理单位和建设单位同意，并办理设计变更手续。

② 信源设备在条件允许的情况下尽量安装在室内。对于室外安装的信源设备,应做防雨水溅湿主机箱体和防雷、防晒、防破坏的措施,且室外安装的信源设备宜采用 C30 混凝土基础,基础高度应不低于 15cm;对于室内安装的信源设备,室内不得放置易燃易爆物品;室内的温度、湿度不能超过信源设备正常工作温度、湿度的范围。

③ 安装位置无强电、强磁和强腐蚀性设备的干扰。安装位置应保证信源设备便于调测、维护和散热需要,要求信源设备底边离地有一定的距离且周围 0.5 m 内无热源设备。

④ 当有两个以上信源设备需要安装时,设备应在同一水平(或垂直)线上,设备间距便于日常操作维护。

⑤ 信源设备内的各子单元应安装正确、牢固、无损坏、无掉漆的现象。

(3) 后备供电

室内用信号源及有源设备应按照重要性和断电情况配置后备电池。后备电池宜采用直流配电加铁锂电池,时间宜参照重要站点 4 h,非重要站点 2 h。重要和非重要站点由各公司根据话务大小、覆盖类型、市电稳定性等因素自行划分。

11.2.3　工艺指标验收

1. 驻波比测试

针对室内分布系统具体制式的实际使用频段,测试室内分布系统的驻波比,包括信号源所带无源系统整体驻波比和平层分布系统驻波比。

按照设计图纸进行抽查测试,测试的点位原则上应包含主干驻波且不少于总点位的 20%。

验收要求:驻波比应不超过 1.5。

2. 无源器件指标抽检

室内分布系统所使用无源器件的工作频段应与所支持技术保持一致(附录 B)。对于2012 年起建设与改造的室分系统的新器件,所使用无源器件的互调抑制、功率容量和端口隔离度(仅针对合路器)等指标应符合无源器件相关企业标准要求,即互调抑制和功率容量应与系统多载波功率需求相匹配,端口隔离度应符合多系统共存要求;对于原有系统中的老器件,对靠近基站信源端的器件进行逐步替换。

按照设计图纸进行抽查测试,具备条件的应按照无源器件测试规范相关要求进行测试,不具备条件应依据外部标识或产品型号核查器件的标称指标是否满足使用要求。3 dB 电桥、合路器、负载和衰减器应全检,耦合器和功分器抽检的器件原则上不少于该类器件总数量的 5%。

验收要求:无源器件的重要性能指标符合使用原则。

3. 天线口输出功率测试

针对室内分布系统具体制式的实际使用频段,测试验证室内分布系统在各天线口面的输出功率,此处天线口输出功率指多系统合路后的总输出功率。

按照设计图纸进行抽查测试,测试的点位原则上不少于总点位的 10%。

验收要求:天线口输出功率不高于 15 dBm,且与设计方案标称值的差异不超过 3 dB。

4. 双通道功率平衡性测试

按照设计图纸进行抽查测试,测试的点位原则上不少于总点位的 10%。

验收要求:双通道功率差不超过 5 dB。

5．上行干扰测试

采集一周中周六、周日忙时的上行干扰带信息（GSM 系统）。

验收要求：一周中周六、周日忙时上行干扰大于−100 dBm 的采样点比例应不超过 30％。

11.2.4　网络性能验收

1．测试环境要求

室内分布的覆盖测试原则上要求遍历室内分布系统的各层，但实际上许多相邻楼层覆盖情况接近，故可选典型楼层进行测试。典型楼层的选取原则如下：

（1）大楼的非标准层（专用楼层、一楼大厅、会议楼层）、地下层、停车场为必测层；标准层选择低、中、高层分别测试。

（2）每个测试层测试走廊、楼道、电梯厅、公共区域、卫生间以及有代表性房间的窗口边缘区域（距离窗口 1 m 处）。

（3）每个 RRU 覆盖范围内至少抽测一层。

（4）每层电梯均需要进行测试。由进入电梯前开始记录，出电梯进入电梯厅后停止记录。

2．性能验收项目

当室内分布系统工程建设完成后，经工程建设质量验收和网络初验完成后，实际网络加载业务情况下的检验测试，测试项目应包括以下内容：

（1）覆盖效果测试：即对覆盖场强的测试（含主信道场强和邻道场强、信噪比、导频覆盖场强、C/I 或 E_b/N_o 及 BLER），施主信源接入端上行低噪杂散测试。

（2）通话质量检测。

（3）话音通信质量测试：

- MOS 值；
- 呼叫接通率；
- 接续时延；
- 掉话率；
- 切换成功率。

（4）数据传输质量测试：

- 短消息及彩信；
- 发送成功率、正确率及发送接收时延；
- 接入成功率，掉线率，上、下行业务速率及 BLER 值；
- 数据卡上网掉线率（如 GPRS 等）；
- 吞吐量、丢包率；
- 切换成功率。

本章参考文献

[1]　北京市电信规划设计院. 无线通信室内覆盖系统安装工程验收规范[M]. 北京：北京邮电大学出版社，2007.

[2]　上海市无线电协会. 移动通信多系统室内综合覆盖[M].上海：上海科学技术出版社，2007.

第12章 室分系统的网络优化

12.1 室内分布系统常见问题

12.1.1 室分系统问题分类

室内是移动通信网络为用户提供高质量、高容量的通信业务的重要区域。网络中存在的室分问题严重影响用户感知和运营商品牌形象,目前室分系统存在的问题主要有三大类。

(1) 集成服务类:设计方案、施工与设计方案的符合度、工程质量、维护质量。

(2) 网络环境类:频率规划(同邻频干扰)、其他运营商泄漏、私装直放站、私装屏蔽器、电源稳定性、参数设置、信源稳定性、容量。

(3) 设备器件类:设备或器件可靠性、设备或器件性能指标、设备监控。

12.1.2 室分问题对网络的影响

1. 集成服务类

集成服务类的问题主要包括:设计方案、施工与设计方案的符合度、工程质量、维护质量等。

(1) 方案设计不合理

由于方案设计人员专业水平偏低、经验不足或是对站点勘测不够详细,致使方案设计不够合理,在室分建设的源头埋下覆盖不达标、高干扰等严重影响网络质量的隐患,如图12.1所示。

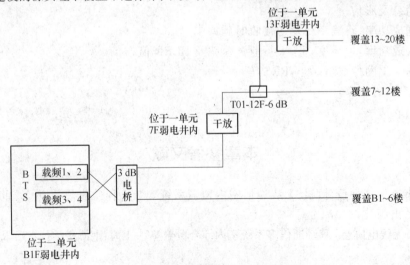

图12.1 设计不合理——干放串联

（2）施工与方案设计不一致

如图 12.2 所示，偏离设计方案容易使室分系统出现覆盖效果不达标、网络质量差等问题，情况严重可能导致部分区域弱信号，部分区域接通率低、掉话率高的问题。施工人员遵循设计方案，验收单位严格把关，是室分系统正常工作的保障。

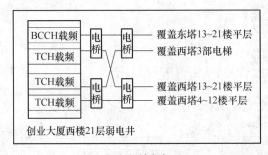
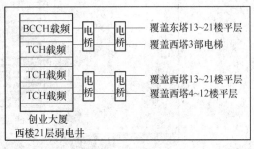

(a) 设计方案　　　　　　　　　　　(b) 施工方案

图 12.2　施工与设计方案不一致

（3）工程质量差

工程质量差一直是影响室分系统网络质量较大的因素，如图 12.3 所示。机房内的主设备之间的互联、传输线缆混乱，埋下隐患且后期维护困难；馈线、接头、无源器件的随意制作、使用、安装，容易导致系统功能异常、驻波过大、干扰严重等网络问题；天线安装不规范，导致室分系统覆盖效果不理想。

(a) 吸顶天线贴墙安装　　　　　(b) 无源器件、馈线悬空　　　　　(c) 主设备传输线缆混乱

图 12.3　工程质量不合格

（4）代维环节力量薄弱

对日常的用户投诉，部分代维人员只会简单地靠增加天线来加强信号，对设备不能进行检测排查，对主设备的调测能力低，甚至不清楚主设备覆盖详细情况，无法满足用户对网络日益苛刻的要求。

2. 网络环境类问题

该类问题主要包括：频率规划不合理、私装直放站、参数设置不当、其他运营商泄漏等。

（1）频率规划不合理

"频率"在无线通信网络中的地位从未被忽视。频率规划不合理，在室分系统中经常导致上、下行干扰严重，频繁切换等问题，如图 12.4 所示。

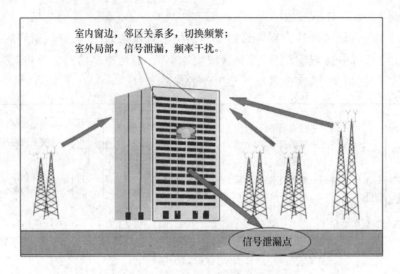

室内窗边，邻区关系多，切换频繁；
室外局部，信号泄漏，频率干扰。

信号泄漏点

图 12.4 高层——典型的频率干扰、频繁切换问题场景

（2）私装直放站

非法私自安装的无线直放站或 MINI 直放站大多为价格便宜、工艺简单的无线直放站，在人口密度大，移动信号覆盖不好的场所（如城中村）经常有用户私自安装。此类直放站往往对网络造成很大的干扰，其干扰特点是频带宽，占据整个上行，且幅度不稳定。

（3）参数设置不当及其他因素造成的问题

不合理的小区的接入、驻留以及移动性管理参数往往是造成室分话务流失、小区拥塞、切换失败、掉话等网络问题的原因。

3. 设备及器件类问题

该类问题主要包括：网管监控失效、器件性能指标不达标、设备性能指标、设备可靠性及器件可靠性等。

（1）网管监控失效

网管监控是为了对现有网络情况进行实时监察，帮助实现对问题的准确定位，及时解决。但是网管监控失效，不能及时发现设备故障和网络问题，严重影响用户感受。

（2）设备性能指标及可靠性不达标

设备性能指标是否达标，设备运行是否长期稳定，直接决定了网络质量的好坏和后期维护投入资金的多少。在现网中一些关键性指标、稳定性均不达标的直放站的使用，从源头上导致了室分系统性能低，用户感知差的后果。关键性能指标和可靠性引起的问题如图 12.5 所示。

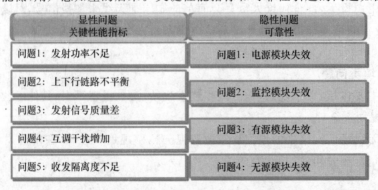

显性问题 关键性能指标	隐性问题 可靠性
问题1：发射功率不足	问题1：电源模块失效
问题2：上下行链路不平衡	问题2：监控模块失效
问题3：发射信号质量差	问题3：有源模块失效
问题4：互调干扰增加	问题4：无源模块失效
问题5：收发隔离度不足	

图 12.5 关键性能指标和可靠性引起的问题

（3）器件性能指标及可靠性

无源器件的关键指标包含了互调抑制、功率容量、隔离度、插损、驻波比等，从它们的重要程度上来看，无源器件从互调抑制、功率容量等方面进行控制，可明显提升网络指标，图 12.6 所示为无源器件三阶互调指标不达标。

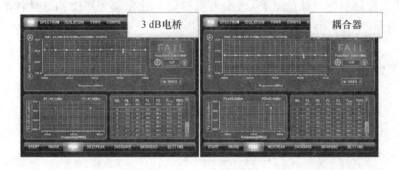

图 12.6　无源器件三阶互调指标不达标

无源互调是反映无源器件整体性能及优劣的综合指标；对无源互调指标要求越高，对网络产生的干扰影响就越低。表 12.1 所示为 4 载波配置时各系统平均功率和峰值功率。

表 12.1　4 载波配置时各系统平均功率和峰值功率

发射模式	峰均比	平均功率/W	峰值功率/W
GSM	4	80	200.47
EDGE	9.2	80	663.83
TD-SCDMA	7.5	6	33.66
WLAN	12	2	31.62
LTE	9	8	50.35
CDMA	12.7	80	1 486.14
WCDMA	11.9	80	1 236.11

功率容量表现为输入信号超出器件承受值后，会产生上行宽频的脉冲噪声（飞弧噪声），对系统产生宽带的上行干扰，严重情况下器件直接打火烧坏。表 12.2 所示为大功率高品质无源器件的关键性能指标。

表 12.2　大功率高品质无源器件的关键性能指标

项目	高端 N 型	高端 DIN 型
频段范围	800～2 700	800～2 700
平均功率	300 W	500 W
峰值功率	1 000 W	1 500 W
三阶互调	−130 dBc	−140 dBc

另外，无源器件的稳定性（气密性、水密性、防泄漏）是产品工艺和制作材质所决定的。目前关于通话质量问题的用户投诉日益增多，其中大多由器件的关键指标和稳定性不达标所引起，需要予以足够的重视。

12.2　室内分布系统网络优化流程

网络优化不仅仅是测试和处理网络故障,而且是及时掌握网络的变化情况,应用手段、措施将网络服务性能调整到更佳的状态,最为重要的是充分保障客户感知。具体的网络优化流程如图 12.7 所示。

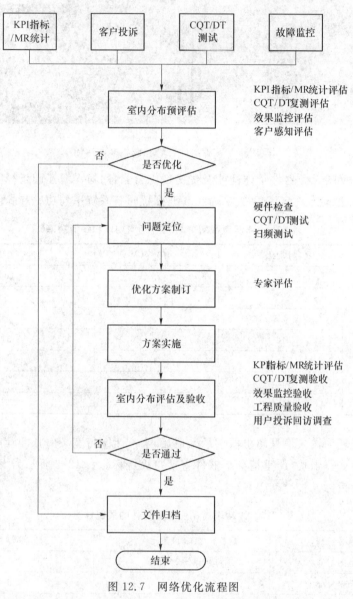

图 12.7　网络优化流程图

12.3　网络评估方法

12.3.1　数据采集

网络优化评估中的数据采集包括 OMC 话务统计数据采集、现场测试数据采集(室内走测数据、定点测试数据)、扫频数据采集等,其中优化工程师日常优化依据的重点是 OMC 话务统计数据和路测数据。

1. OMC 统计

OMC 话务统计数据是了解网络性能指标的一个重要途径,它反映了无线网络的实际运行状态。OMC 统计可以得到所有小区的话务量、掉话率、拥塞率、小区切换统计数据等信息,还能得到交换机的话务统计、接通率、全网接通率等信息。利用这些指标可分析该小区基站工作状况及优化方向。

2. MR 数据采集

采用 MR(Measurement Report,测量报告)工具处理所采集的测量数据,可用于全网无线环境的评价,代替大量的例行路测和定点测试,节约运维成本;以用户实际发生通话时的测量报告来评价网络,比路测和定点测量更有针对性,还能对这些采集的数据进行挖掘,分析用户的行为模式、用户在小区中的分布等信息,便于制订网络优化策略。

3. 接口信令分析

基于 A/Iu 接口信令通话记录,在处理用户投诉、异常事件、专题批量优化等工作时提供更加丰富和准确的信息,主要包括通话的主被叫号码、通话各个阶段的时间点、起呼和释放的小区、释放的大致原因、A/Iu 接口释放原因等。这些信息对于判断问题原因有很大的帮助,并且通过对这些信息的分析,可以对网路中存在的问题进行更加深入的挖掘。

4. 现场数据采集

应根据话务统计分析的结果和用户投诉情况进行路测。借助测试仪表、测试手机等工具沿特定路线进行网络参数和通话质量测定的测试形式,从实际用户的角度去感受和了解网络质量。

5. 扫频测试

鉴于建筑中高层常可收到较多室外信号且易受室外信号的影响和干扰,一般选取建筑的中高层进行扫频测试。大致每隔 5 层选取 1 层作为测试层,每层选取东、西、南、北 4 个面进行测试,以便了解周边信号的分布情况。在楼顶空旷无遮挡区域进行扫频时可只测试一次。测试点位要求安排在临窗区域,手机放置在窗边区域接收信号,可以尽量真实地接近室外信号达到建筑边缘的场强情况。

12.3.2 网络评估指标

1. GSM 网络评估指标

(1) DT&CQT 指标

① 覆盖率:要求覆盖率大于 95%。

② 通话质量:要求通话质量高于 90%。

③ 接通率:要求接通率大于 98.5%。

④ 掉话率:要求掉话率小于 1%。

⑤ 切换成功率:要求切换成功率大于 92%。

⑥ 下载速率:

· 开了 Edge,要求 FTP 下载速率大于 140 kbit/s。

· 未开 Edge,要求 FTP 下载速率大于 60 kbit/s。

(2) KPI 指标

① 接通率:要求接通率大于 98%。

② 掉话率：要求掉话率小于 1%。

③ 切换成功率：要求切换成功率大于 92%。

④ TBF 上、下行分配成功率：要求分配成功率大于 90%。

⑤ MRR 上、下行质差：要求下行质量大于 95%，上行质量大于 95%。

⑥ 质差比例：上、下行质差话务比例要求小于 5%。

⑦ 下行链路质量触发的切换比例：要求切换比例小于 10%。

⑧ 上行链路质量触发的切换比例：要求切换比例小于 10%

（2）用户投诉

投诉指标的意义：为了更详细地概括评估内容，从技术层面来看，无线网络评估是围绕着现场测试（CQT/DT）、KPI 指标、容量以及用户投诉 4 个方面进行的。

用户投诉是最直接的问题反馈，用户主要对无法接通（覆盖），通话质量差，掉话，数据业务速率慢等不同原因部分投诉，正因为投诉的种类多而全，准确地反映实际问题。

2. TD-SCDMA 网络评估指标

（1）DT& CQT 指标

① 覆盖率：

- 普通建筑物，其 PCCPCH RSCP＞＝－80 dBm& PCCPCH C/I＞＝0 dB 大于 95%。
- 地下室、电梯等封闭场景，其 PCCPCH RSCP＞＝－85 dBm& PCCPCH C/I＞＝－3 dB 大于 95%。

② 室内外占用百分比：室内信号占用比要求大于 90%。

③ 信号泄漏：

- 如果采用室内外同频，建筑物外 10～20 m 处，室内外信号的相对强度差为 5 dB。
- 如果采用室内外异频，建筑物外 10～20 m 处，室内外信号的相对强度差为 0 dB。

④ CS12.2k/CS64k 接通率：要求接通率大于 99%。

⑤ CS12.2k/CS64k 掉话率：要求掉话率小于 1%。

⑥ 语音业务接入时延（UE 到 UE）：要求时延小于 6s。

⑦ PS 上传速率：要求上传速率大于 55 kbit/s。

⑧ HSDPA 链路层下载速率：单用户情况下要求 HSDPA 速率大于 1 024 kbit/s。

⑨ BLER（下行）：BLER（下行）小于 5%～10%。

⑩ 系统间切换成功率：要求 2/3G 互操作成功率大于 90%。

⑪ 系统内切换成功率：要求切换成功率大于 95%。

（2）KPI 指标

① CS12.2k/CS64k 无线接通率：要求无线接通率大于 96%。

② CS12.2k/CS64k 无线掉话率：要求无线掉话率小于 2%。

③ PS 域无线接通率：要求接通率大于 96%。

④ PS 域无线掉线率：要求分组域掉线率小于 4%。

⑤ 异频接力切换成功率：要求异频接力切换成功率大于 92%。

⑥ 异频硬切换成功率：要求异频硬切换成功率大于 90%。

⑦ 容量：R4 载波码资源利用率小于 60%，单 HSDPA 载波用户数小于 3。

（3）用户投诉

投诉也是室内覆盖的重要评估环节，根据用户投诉可以将投诉分为起呼难、掉话率高、通

话断续、上网速度慢等几类问题,根据用户反映问题的不同,关注的指标也不同:

① 起呼难重点关注指标:语音业务接入时延和无线接通率。

② 掉话率高重点关注指标:无线掉话率。

③ 通话断续重点关注指标:BLER 值。

④ 上网速度慢:HSDPA 链路层下载速率及单 HSDPA 载波用户数。

由于用户反映的问题有时候定位不准确,单一的评估某个指标不能达到定位优化问题的目的,但可以针对用户反映的问题根据现场实际情况重点评估对应的指标,一切的网络质量评估的目的都是为了模拟用户,从用户角度出发来评估网络,所以用户投诉反映的问题是网络评估的重点,也是优化的重点。

3. cdma2000 网络评估指标

(1) CDMA 1X 指标要求

① 信号覆盖电平

a. 标准层和裙楼:目标覆盖区域内 95% 以上区域,CDMA 1X EV-DO A 载波前向接收信号功率不小于 -80 dBm,信号 C/I 应大于 -5 dB(边缘速率大于 153.6 kbit/s)。

b. 地下层和电梯:目标覆盖区域内 95% 以上区域,CDMA 1X EV$-$DO A 载波前向接收信号功率不小于 -85 dBm,信号 C/I 应大于 -8 dB(边缘速率大于 76.8 kbit/s)。

c. 导频污染区域控制要求:定义为进入激活集导频个数为 3 个以上且最强的导频比其余导频不高于 3 dB 的覆盖区域为导频污染区,室内覆盖设计范围内,导频污染区域应小于 5%。

② 接通率

目标覆盖区域的 95% 区域,99% 的时间移动台可接入网络。

③ 掉话率

忙时话务统计:掉话率小于 1%(以蜂窝基站/RRU 设备为信源),掉话率小于 2%(以直放站设备为信源)。

④ 误帧率(FER)

无线覆盖区域内 95% 以上区域,FER 小于 1%(以蜂窝基站/RRU 设备为信源);

无线覆盖区域内 90% 以上区域,FER 小于 1%(以直放站设备为信源)。

⑤ 切换成功率

室内外小区、室内各小区之间的切换成功率大于 94%。

⑥ 信号外泄

室内信号泄漏至室外 10 m 处的信号强度应不高于 -90 dBm/载波。

(2) CDMA 1X EV-DO Rev. A 指标要求

① 信号覆盖电平

a. 标准层和裙楼:目标覆盖区域内 95% 以上区域,CDMA 1X EV-DO A 载波前向接收信号功率不小于 -80 dBm,信号 C/I 应大于 -5 dB(边缘速率大于 153.6 kbit/s)。

b. 地下层和电梯:目标覆盖区域内 95% 以上区域,CDMA 1X EV-DO A 载波前向接收信号功率不小于 -85 dBm,信号 C/I 应大于 -8 dB(边缘速率大于 76.8 kbit/s)。

② 接通率

目标覆盖区域的 95% 区域,99% 的时间移动台可接入网络。

③ 切换成功率

室内外小区、室内各小区之间的切换成功率大于 94%。

④ 信号外泄

室内信号泄漏至室外 10 m 处的信号强度应不高于 -90 dBm/载波。

4. WCDMA 网络评估指标

根据中国联通集团对覆盖指标的指导性意见并结合楼宇特点及室外网络热点区域划分，对不同区域内不同楼宇采用不同的覆盖指标，将热点区域内不同楼宇类型分为 2 个不同等级，进行差异化覆盖。A 级（非地下居所）以满足 HSPA 业务为主，B 级（地下居所）以满足 CS64k 业务为主；对于 A 级内住宅楼类型的电梯、地下车库等非重要业务区域的覆盖参照 B 级。

（1）A 级技术指标

① 无线覆盖区内可接通率

要求在无线覆盖区内的 95％位置、99％的时间移动台可接入网络。

② 场强

无线覆盖边缘导频（CPICH）功率场强（50％负载下）：

a. 地上楼层，其导频功率不小于 -80 dBm，导频 E_c/I_o 不小于 -8 dB。

b. 电梯、地下室（带公共活动区的区域）、停车场，其导频功率不小于 -85 dBm，导频 $E_c/I_o \geqslant -10$ dB。

c. 地下室（非活动区），其导频功率不小于 -90 dBm，导频 $E_c/I_o \geqslant -12$ dB。

③ 通话效果

覆盖区域内通话应清晰，无断续、回声等现象。

a. 对于 12.2 kbit/s 的语音业务，BLER $\leqslant 1$％。

b. 对于 64 kbit/s 的 CS 数据业务，BLER $\leqslant 0.1$％。

c. 对于 PS 数据业务，BLER $\leqslant 5$％。

④ 移动台发射功率

室内 90％区域内达到移动台发射功率 $Tx \leqslant 10$ dBm。

⑤ 室内信号的外泄电平

室内信号泄漏到室外 10 m 处，相比室外 E_c/I_o（室外第一导频）小 5 dB 以上。在室外 E_c/I_o 值较弱时，室内外泄 $E_c/I_o \leqslant -15$ dB。

⑥ 天线端口的最大发射功率

室内天线最大发射总功率不大于 15 dBm。

（2）B 级技术指标

① 无线覆盖区内可接通率

要求在无线覆盖区内的 90％位置、99％的时间移动台可接入网络。

② 场强

无线覆盖边缘导频（CPICH）功率场强（50％负载下）：

a. 有效覆盖区，其导频功率不小于 -85 dBm，导频 $E_c/I_o \geqslant -8$ dB。

b. 电梯、地下室（带公共活动区的区域）、停车场，其导频功率不小于 -90 dBm，导频 $E_c/I_o \geqslant -10$ dB。

c. 地下室（非活动区），其导频功率不小于 -95 dBm，导频 $E_c/I_o \geqslant -12$ dB。

③ 通话效果

覆盖区域内通话应清晰，无断续、回声等现象。

a. 对于 12.2 kbit/s 的语音业务，BLER $\leqslant 1$％。

b. 对于 64 kbit/s 的 CS 数据业务,BLER≤0.1%。

c. 对于 PS 数据业务,BLER≤10%。

④ 移动台发射功率

室内 90%区域内达到移动台发射功率 $Tx<12$ dBm。

⑤ 室内信号的外泄电平

室内信号泄漏到室外 10 m 处,相比室外 E_c/I_o(室外第一导频)小 5 dB 以上。在室外 E_c/I_o 值较弱时,室内外泄 $E_c/I_o≤-15$ dB。

⑥ 天线端口的最大发射功率

室内天线最大发射总功率不大于 15 dBm。

5. WLAN 无线网络评估指标

(1)测试指标

① 无线覆盖信号强度

在设计目标覆盖区域内 95%以上位置,接收信号强度大于或等于-75 dBm。

② 信噪比

在设计目标覆盖区域内大于 95%的位置,用户终端无线网卡接收到的信噪比(SNR)大于 20 dB。

③ AP 的切换成功率

要求切换成功率大于 90%。

④ 同 AP 下用户隔离度

要求两个终端能 ping 通。

⑤ WLAN 速率要求

在设计目标覆盖区域内 95%以上位置,接收信号强度大于或等于-75 dBm;在设计目标覆盖区域内 95%以上位置,用户终端无线网卡接收到的信噪比(SNR)大于 20 dB;响应时间(时延)不大于 50 ms;ping 包的丢包率不大于 3%;要求所有测试用户(在信号强度大于-70 dBm 的区域)接入时 802.11a 和 802.11g 模式终端平均下载速率之和接近单用户接入时的下载速率。

(2)用户感知指标

用户投诉的多少是评估 WLAN 的重要组成部分,也是用户感知度的直接反映,处理投诉应该及时迅速。

① ping 包丢包率与时延

要求响应时间(时延)小于 50 ms 且 ping 包的丢包率不大于 3%。

② Web 认证接入时延

要求平均登录时延小于 5 s。

③ Web 认证接入成功率

要求 Web 认证接入成功率大于 95%。

④ 系统吞吐量与接入带宽

要求下载无明显中断而且 802.11a 和 802.11g 模式终端平均下载速率大于 8 Mbit/s 且上传速率大于 350 kbit/s。

⑤ 基于 Web 的用户下线成功率

要求下线成功率大于 95%。

⑥ AP 完好率

要求 AP 完好率大于 98%。

⑦ WLAN 掉线率

要求 WLAN 掉线率小于 5%。

12.4　GSM 室内分布系统的优化

12.4.1　覆盖问题

在室内网络优化的工作中,存在较多的室内网络覆盖不足的情况,由此带来一系列业务质量问题,如通话质量差、数据业务速率低等。常见原因如下。

1. BTS 硬件故障

如 BTS 功放输出功率过低,接收机灵敏度下降,合路器出现驻波比严重告警致使信号损耗大,射频连线错误等各种现象会影响室内的信号覆盖。根据设备告警、现场测试等定位硬件故障并进行更换等处理。

2. 无线参数设置不合理

如 TRX 功率等级设置不一致,BTS 发射功率设置不合理,小区最小接入电平过大等。需要根据现场测试情况设置合适的参数。

3. 天线布放不合理

(1) 设计方案不合理。部分站点可能存在方案设计不合理的情况,存在弱覆盖区域。如天线布放过远,使得天线与天线的交叠覆盖处存在弱覆盖区;地下层与标准层或出口处,天线的布放没有充分考虑信号的连续性,使得交叠处存在弱覆盖;另外电梯、电梯厅、拐角处等区域,由于信号会陡降,信号的接续和切换存在问题,需要特别考虑,卫生间、拐角房间、消防通道等特殊区域,容易出现弱覆盖或盲区。

(2) 物业协调问题。可能由于物业无法协调,导致天线设计或安装时无法装在房间内,只能布放在走廊等公共区域,造成房间内或窗边区域弱覆盖。

(3) 施工质量问题。工程施工时,天线点位未按照设计方案要求严格布放,会造成弱覆盖问题。

4. 有源设备问题

(1) 有源设备故障。由于设备故障等原因造成弱覆盖,如设备掉电、电源模块故障、光收发模块故障、功放故障等。

(2) 有源设备调测不当。例如,直放站开站时,功率余量预留较多导致输出功率偏小,或下行增益、信道号设置不正确、输入信号过弱等也会造成设备无输出或输出功率小。

5. 天馈系统问题

(1) 无源器件问题。由于无源器件老化或指标不合格,会发生耦合损耗变大的情况,此时也会造成分布系统整体功率变低。

(2) 施工工艺问题。由于工艺不达标,如馈线接头制作不正确,天馈系统进水,馈线弯曲半径过小均会使得天馈系统驻波过高(>1.5),造成弱覆盖。

12.4.2　干扰问题

干扰是影响网络运行的关键因素,对通话质量、掉话、切换、拥塞等均有明显影响。

1. 同邻频干扰

同邻频干扰的特征如下:

(1) 部分频点有干扰且频点分布没有规律。

(2) 如果是 BCCH 的同、邻频干扰,表现为不随话务量变化;如果是 TCH 的同、邻频干扰,表现为随话务变化,话务量越大干扰越大。

(3) 受到高干扰的频点可能存在各种等级的干扰。

处理措施:采用"断信源法"找出该基站小区受到干扰的频点,对该基站小区或周边基站小区进行频点优化。对于 GSM900 频点确实紧张的区域,则尽量采取多建设 DCS1800 小区吸收话务、多利用 TD 和 WLAN 网络吸收数据业务,从而降低 GSM900 小区承载的语音和数据业务,降低 GSM900 小区载波配置,就可以很好地避免同邻频干扰。另外如果在话务统计中发现同邻频干扰在关闭小区跳频后,表现为一个单频点的干扰,也可以直接通过频率优化的方法解决。

2. 无源器件干扰

(1) 干扰影响

无源器件对室内分布系统产生干扰影响,主要是功率容量与互调抑制两个指标引起的。

① 功率容量

功率标称有平均功率和峰值功率两个类型。

$$系统平均功率＝单载波平均功率＋10\log N（N 为载波数）$$
$$系统峰值功率＝单载波平均功率＋10\log N＋系统峰均比（N 为载波数）$$

特别是输入信号峰值功率超出器件所能承受的峰值功率容量时,严重情况易发生器件打火击穿,器件长期高负荷运行易产生上行干扰。

② 互调抑制

无源互调:当两个以上不同频率的信号作用在具有非线性特性的无源器件时,会产生无源互调产物(Passive Inter-Modulation,PIM)。在所有的互调产物中,二阶与三阶互调产物的危害性最大。因为其幅度较大,可能落在本系统或其他系统接收频段,无法通过滤波器滤除,从而对系统造成较大危害。对应到互调干扰对移动通信系统的干扰影响如下:

· 在现网测试时,载频配置越高,互调信号越多,甚至导致出现群互调情况,底噪提升也更为明显。

· 在话务量高峰时期,载波发射数量更多,发射功率也更大,由互调导致的干扰问题也就更加严峻。

要保证器件的三阶互调,必须有严格的制作工艺:

· 保证一定的腔体镀银厚度,镀银面不能存在缺陷,在运输和储存过程中腔体须密封包装,需对镀银层进行防潮防氧化保护。

· 在产品装配阶段,镀银件独立包装;保证接头和腔体接触良好;器件内部焊点须光滑饱满,无虚焊,提高焊接的可靠性;保证器件腔体内部的洁净。

(2) 干扰判断排查方法

① 网管排查判断

如何确定干扰是否由无源器件引起,可以从以下几个角度考虑:

a. 判断是否与话务量密切相关,如果干扰与话务量关联性大,说明是系统内干扰,判断干扰来自网络直放站、同邻频干扰和器件故障;干扰与话务量相关性小,则初步判断干扰来自直放站(主要为私建直放站)、阻断器、其他网络信号干扰等外部强干扰源。

b. 如果判断是系统内干扰,再判断是否由有源设备(如直放站)等原因引起。可以通过关闭有源设备观察干扰情况来判断。

c. 排除直放站原因后,在网管上进行以下试验:在晚间没有话务量的情况下,发空闲时隙测试,此时所有配置载频满功率发射,并与往日的干扰带话务统计对比观察干扰带的变化。如果发送空闲时隙后干扰带较往日明显抬升则可判断为存在无源互调干扰,即干扰产生于无源器件方面;如果 BSC 不支持空闲时隙测试,可以模拟在话务高峰期降低发射功率和话务空闲期抬升发射功率来进行类似判断。

d. 另外,一些私装直放站也会对室分系统产生干扰。值得注意的是,一些场所的私装直放站在话务量高峰期期间才开启,而在话务量较低时段处于关闭状态,这往往也会导致对室分系统器件无源互调引起的干扰问题的错误判断,对于该场景的处理方法可以采取:在话务量高峰期时段降低信源蜂窝的发射功率,若降低发射功率后干扰问题明显改善则可判断确实是由于器件互调问题引起的,否则应该考虑是否私装直放站或者是外来其他大功率设备引起的干扰。

② 现场排查定位

在网管初步判断存在互调干扰后,可进一步做现场排查,从而准确定位。无源器件与馈线接头分布点较多排查难度较大,如果需要准确地判断出故障点,一般可以通过驻波比测试仪或者便携式互调测试仪来逐级定位排查,具体方法如图 12.8 所示。

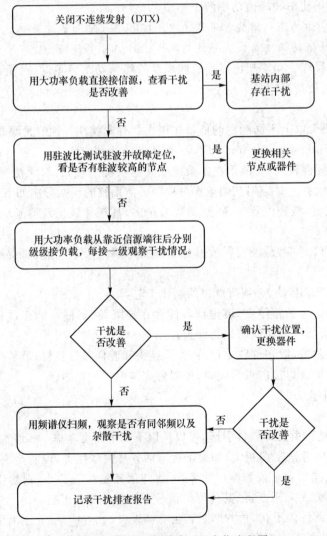

图 12.8　无源器件故障逐级定位流程图

检测室内分布无源器件产生的干扰,尽量检查靠近信源部分的器件,如电桥、前段功分器、耦合器等器件,可从器件的交调指标、功率容量及隔离度方面去考虑。在话务高峰期也可到现场感知无源器件(靠近信源处)是否发烫。如果发热,可能射频功率已经超过或临界器件所能承受的功率容限。

分别通过上述步骤:

a.网管筛选与话务量密切关联的干扰小区,排除外部干扰和直放站及频点干扰;

b.闲时通过发空闲时隙,并逐渐抬升发射功率,在忙时降低发射功率,并逐渐降低,来判断存在互调干扰的小区;

c.同时配合双工器+频谱仪等工程测试手段可以准确定位无源器件导致的室分系统干扰问题,进行相应问题器件的更换处理。

3. 有源设备干扰

(1)常见情况:当室分系统拖带有源设备时,有源设备调测不当(如上行增益设置过大)或拖带模拟有源设备过多均可能带来上行干扰,同时有源设备本身的质量问题也会带来上行干扰。有源设备使用一段时间后硬件故障或有源设备性能变差也会引入干扰。

(2)处理措施:有源设备带来的高干扰排查的连接方法也采用双工器法(见附录 H)测试找出引起干扰的无源器件进行更换解决。

4. CDMA 外部干扰

(1)常见情况:因为 CDMA 与 GSM 频率相近,若隔离度不够,将产生干扰,主要是CDMA的发射会干扰 GSM900 的接收,CDMA 带外泄漏信号落在 GSM 接收机信道内,提高了 GSM 接收机的噪声电平,使 GSM 上行链路变差。

(2)处理措施:采用"断信源法"(见附录 H)连接好频谱仪,观察上行波形整体抬升情况,如果超过 -100 dBm,且干扰特点符合 CDMA 干扰波形,则通过逐级断开路由的方法判断干扰来自于哪条路由,检查该条路由上 CDMA 干扰来源,在路由上加装抗干扰器解决。

5. 私装直放站干扰

(1)常见情况:私装直放站高干扰在城中村中较为常见,有时在某些私企也有遇到,其干扰的波形特点是频段越高,干扰越大。

(2)处理措施:采用"断信源法"连接好频谱仪,观察上行波形整体抬升情况,如果超过 -100 dBm,且干扰特点符合私装直放站高干扰波形,则通过逐级断开路由的方法判断干扰来自于哪条路由,检查该条路由上私装直放站干扰来源,协调相关单位和个人关闭私装直放站。

6. 其他系统干扰

(1)常见情况:如果外部干扰所有频点的干扰等级接近,可以判断为其他系统干扰。其他系统高干扰中较常见有手机信号屏蔽器高干扰、大功率用电设备 EMI 高干扰和其他无线通信系统高干扰,其产生的高干扰波形和时间没有规律可循。

(2)处理措施:采用"断信源法"连接好频谱仪,观察到上行波形整体抬升情况,如果超过 -100 dBm,则通过逐级断开路由的方法判断干扰来自于哪条路由,如果高干扰来源路由上没有有源设备,则继续精确查找干扰源,协调相关单位和个人处理;如果高干扰来源路由上安装了有源设备,则断开有源设备下行输出馈线后干扰消失就证实为外部干扰,继续通过逐级断开路由的方法判断高干扰来源,找到后协调相关单位和个人处理。

12.4.3　频繁切换问题

频繁切换会造成通话质量下降,增加掉话风险,增大网络干扰,浪费系统资源。室内覆盖系统的切换主要发生在以下3种情况:建筑高层与周边宏网的切换、大楼进出口与周边宏网的切换、大楼内部小区之间的切换。一般通过合适的设置是可以有效控制切换的。

频繁切换问题主要由以下几种原因导致。

1. 参数设置不合理

小区参数设置不合理容易引起乒乓切换问题。参数设置不合理主要指以下几种参数设置不合理:

(1) CRO 设置

低层3~9(即6~18 dBm),高层4~9(即8~18 dBm)。如果3 min内,路上的手机测量到室内小区的BCCH并解码,室内小区的C2会在实际电平上人为衰减:(6×2-4×10)dB=-28 dB,而室内小区在手机的6个最强小区中驻留超过3 min后,其C2将变为C2=C1+CRO,即增加12 dB,这样的效果是高速移动的手机在空闲状态下不会占到室内小区的信道而导致掉话,而进入室内的手机则大部分时间空闲状态下驻留在室内小区,占用状态下又通过层设置可很好地驻留在室内。

(2) 层优先级设置

室内覆盖优先级保证最高,层间切换门限-75~-85 dBm,层间切换磁滞4 dB;避免在路测占用状态下,快速移动的手机在通话状态下占用室内泄漏的信号,导致掉话、干扰等现象。

① 如大楼无泄漏,则层间切换门限设置值必须比最小接入电平大10~25 dB,边缘切换门限必须比最小接入电平大4~10个dB。

② 如路面(DT测试路测车会经过的路面)有泄漏,路面接收到大楼微蜂窝信号电平为X。例如,X为-91 dBm,则层间切换门限=X+层间切换磁滞(dB);例如层切换磁滞为4 dB,则层门限建议为-91 dBm+4 dB=-86 dBm,再加2~6 dB即可,即-84~-80 dBm。

(3) 临时偏置和惩罚时间设置

避免快速移动的手机在空闲状态下占用室内泄漏的信号,导致掉话、干扰等现象。惩罚时间的设置要略大于大楼前DT测试车辆可能通过的时间。

① temporary_offset

高层0~2(0,10或20 dB),低层1~3(0,10或20 dB)。

② 惩罚时间

penalty_time:高层0~2(20/40/60 s),低层1~11(40~240 s),这个时间的设置必须大于室外路面可能收到该小区信号且大于该小区的最小接入电平的时间。

2. 质差

质差会引起切换判决条件,存在质差可能会引起乒乓切换,通过KPI数据分析室分小区是否存在质差问题,现场通过CQT/DT/扫频的方式查找是否存在质差引起的乒乓切换,如果存在先处理质差。

3. 邻区配置不合理

邻区如果过多,特别是高层楼宇,很可能会引起乒乓切换。

对于室内小区切出到外界宏站的,添加室分出口处信号非最强也非最弱的1~2个邻区(必须以现场测试为准,如果大楼的出口较多,最多不超过5个);删除微蜂窝与外界小区冗余的邻区关系,因为加了最强的邻区,可能会导致手机在高层切换到这些小区;室内覆盖小区只在大门口和信号较弱但不是最弱的外部宏小区建立双向邻区。不要建立与较强小区的双向邻区,防止手机在楼宇高层切换到这些信号较强的邻区。

如存在两层,覆盖高层的小区仅仅与覆盖楼宇低层小区建立双向邻区,其他的宏蜂窝只允许切入该高层微蜂窝小区。

4. 弱覆盖

弱覆盖不仅会带来质差,而且也是切换判决条件,弱覆盖会引起乒乓切换。结合 KPI 数据和 CQT/DT 分析室分小区是否存在弱覆盖问题。建议最小接入电平设置为 $-90 \sim -100$ dBm,设置得太低会泄漏到道路上,设置得太高会引发室内无话务。

5. 高入侵

室外强信号入侵室内,在室内引起频繁切换。对于这种情况,可采取以下一些方式处理:

(1) 修改参数

对于只在室内边缘存在频繁切换但不是很严重的站点,可以设置功率切换参数、切换迟滞参数和优先切换参数等来避免。

(2) 增强覆盖

当频繁切换很严重且区域较大时,已经无法通过参数来避免时,可以增强覆盖电平来解决。增强覆盖的手段有以下几种:

① 适当增加基站和有源设备的输出功率,或者增加设备,使每个设备拖带的天线数目减少,进而提升天线输入功率。

② 增加单位面积天线密度,通过增加天线密度来增强覆盖。

③ 一般的天线安装在走廊内,可以把天线尽量安装在边缘地区,并使用定向天线朝内覆盖的方式来消除边缘区域的入侵问题。

④ 采用一些入户设备,如五类线、CATV 线等入户资源,来增强室内覆盖。

(3) 高低分层

当以上的方法都无法解决或无法实施时,可以通过高低分层、高层使用专用频点并只设置底层室分小区的相邻关系的办法解决乒乓切换问题。当然为了避免同邻频干扰,高层室分最好使用专用频点,如果 GSM 900 MHz 频段选不出专用频点,可以在 DCS 1 800 MHz 频段中选专用频点;如果频率不够用,TCH 可以使用大网频率,但 BCCH 必须使用室内专用频率。

12.4.4　信号外泄问题

信号外泄主要由以下几种原因导致:

1. 参数配置不合理

射频参数、层参数、接入参数和切换参数,这些参数与控制终端的接入和切入切出有密切的关系,通过调整这些参数可以很好地控制室分小区的外泄。

2. 有源设备输出功率不合理

如果有源设备输出功率较高,与设计方案不符且不合理,也会引起外泄,可降低有源设备下行增益。若建筑物整体信号偏强,此时可适当降低室分系统各设备输出功率,从而降低外泄。

3. 天线问题

检查窗边区域天线选型及安装是否合理,如果发现室内天线均安装在窗边且为全向天线等设计方案明显不合理问题,可采用改变天线安装位置(如安装在遮挡物后),选用定向天线朝内覆盖的方式进行整改减低外泄。

12.4.5　质差问题

通话质量差主要由以下几种原因导致:硬件故障,参数设置不合理,弱覆盖,网内、外干扰,有源设备问题和分布系统问题等。

1. 硬件故障

常见的硬件故障：时钟、载频等基站硬件故障，基站设备中个别单板问题，BSC侧单板故障。

2. 参数设置不合理

频率规划不合理，邻区关系配置不合理，接入参数设置不合理，切换相关参数设置不合理，上、下质量切换门限设置不合理，干扰切换相关参数设置不合理，上、下行功率控制参数设置不合理等都会造成通话质量差。

3. 弱覆盖

由于BTS硬件故障，无线参数设置不合理，天线部分不合理，有源设备问题，天馈系统问题等导致的覆盖差也会引起通话质量差。

4. 网内、外干扰

同邻频干扰，无源器干扰，有源设备干扰，CDMA外部干扰，私装直放站干扰，其他系统干扰等原因导致占用TCH信道也会引起通话质量差。

5. 有源设备问题

有源设备参数设置问题及有源设备故障导致质差问题。

6. 分布系统问题

当天馈系统出现工程质量问题时也会影响通话质量。

7. 传输问题

由于各种情况导致的Abis接口、A接口链路等传输质量差，传输链路不稳定等也会导致下行质量差。

12.4.6　案例

例12.1　A大厦弱覆盖投诉处理。

【建筑物描述】

A大厦是一座集办公、娱乐休闲、商务资讯、康乐健身、展览展销、商场购物、餐饮美食等各项功能于一体的大厦。

【问题描述】

用户投诉A大厦的31F-A室内通话质量差。统计话统指标发现下行电平切换（54.69%）和下行质量切换（15.29%）占比较高，可见该大厦的下行电平和下行质量较差。

【问题分析】

投诉区位于高层，现场测试发现，室内小区的电平很弱（-90 dBm左右），室外信号电平较强，MS在室内一直占用室外小区，导致通话时出现质差。

分析设计方案发现，该大厦31F是由一台干线放大器所覆盖，且31F-A房间内安装有一副室内天线ANT09-31F，天线安装方式为暗装；初步判断为设备输出功率低，天线隐性故障或天线漏装等问题。

经核查A大厦微蜂窝输出功率正常，覆盖31F干放（10W）的数据配置无误，输出功率为35 dBm，排除了由于设备输出功率低引起的弱覆盖；然后对天馈系统进行驻波测试，发现主干驻波为1.2，排除由于驻波原因引起的弱覆盖，在天线底下测试发现信号仅为-80 dBm，怀疑工程实施过程中天线漏装导致室内弱覆盖，联系工程厂家核实后，发现确实是该房间内的天线漏装。

【优化方案】

协调工程厂家对该区域漏装的天线进行补装并调测开通。

【优化效果】

补装天线开通测试显示信号场强良好，投诉区域无质差现象出现。

例 12.2　B 大厦上行质差、高掉话问题处理。

【建筑物描述】

B 大厦位于步行街入口,整幢楼高 29 层,是一栋商住一体楼。

【问题描述】

根据 KPI 指标(CQT 测试)初步认为该站点存在 3～4 级高干扰的问题,并且高干扰与话务量密切相关。

【问题分析】

通过上站排查,用频谱仪在基站 RX 口测试室内分布系统的上行底噪,根据波形特征可以判断,基站高干扰主要是无源器件质量差引起的交调干扰,频谱如图 12.9 所示。

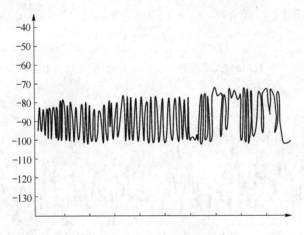

图 12.9　上行底噪频谱图

由图可见,波形出现密集左低右高的毛刺,且电平强度大于 −100 dBm,属于无源器件质量问题引起的高干扰。

【优化方案】

明确问题原因是无源器件质量引起的,在现场借助仪器逐级定位排查问题器件,进行更换后对比测试。在更换电桥后主干第 1 级耦合器后,发现无源器件交调干扰基本消除,底噪控制在 −110 dBm 以下,不会干扰基站,如图 12.10 所示。

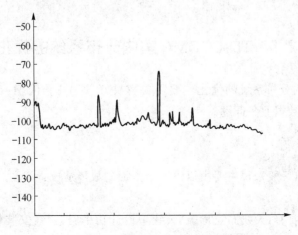

图 12.10　更换耦合器后上行底噪频谱图

【优化效果】

更换器件后,从 KPI 统计上看,干扰消除,掉话率大幅减低,如图 12.11、12.12 所示。

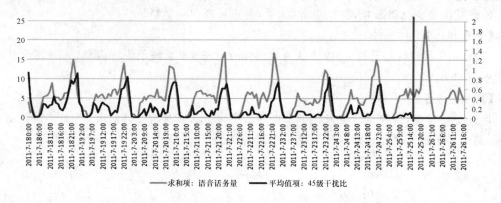

图 12.11　无源器件更换前后对比(话务量与干扰)

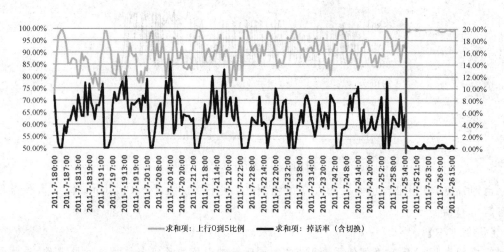

图 12.12　无源器件更换指标前后对比(掉话率与干扰)

经过更换无源器件优化后,该站点的上行话音质量由 89.6% 提升至 99.5%,掉话率由 6.2% 降低至 0.23%。

12.5　TD-SCDMA 室内分布系统的优化

TD-SCDMA 室内分布系统的优化主要需要解决好以下几个问题:覆盖问题、干扰问题、切换问题、外泄问题、数据业务问题。

12.5.1　覆盖问题

对于室内弱覆盖,一般来说主要由以下几个方面的故障造成:

1. 站点设计问题

站点设计问题主要有:天线布点稀疏、天线口设计功率弱、天线安装位置不当。对该类问题需协调室分厂家对室内分布进行整改,将弱覆盖的区域添加室分天线或者通过增加天线功率等级来解决。

2. 施工工艺质量差

施工工艺质量差主要体现在以下方面：接头未拧紧、接头虚接、接头进水、天线暗装、天线安装位置有金属物遮挡、耦合器接错、天馈驻波比大等。现场检查发现由于施工工艺质量引起的弱覆盖问题，需要协调厂家或施工单位对施工工艺进行整改。

3. 业主原因

由于业主阻扰设备安装或故意破坏，造成局部覆盖信号弱。需要和业主进行协调处理，保障设备的正常运行。

4. 信源设备问题

室内基站、微蜂窝、RRU 等信源输出功率弱，使天线口功率小导致信号覆盖弱。对于该类问题，需要检查信源设备是否正常工作，核查调整信源设备功率参数，提升室分系统的输入功率，增强室内覆盖。

5. 干放故障

TD-SCDMA 干放失步、干放输出功率弱、干放掉电等故障。检查干放的设备告警和工作状态，排除干放故障。

12.5.2　干扰问题

干扰是影响通话质量及掉话率、接通率等网络系统指标的重要因素之一，由于无线电波的传输特性，决定其在通信过程中必然受到外界多种因素影响。系统内由于覆盖不合理，可能会造成以下几种问题：

- 严重的室外小区的越区覆盖，造成干扰；
- 严重的室内小区的信号外泄，造成干扰；
- 在一些环境复杂的地方出现覆盖混乱，无明显主覆盖小区，造成频繁切换。

干扰产生的原因主要有以下几种：

（1）同频同码干扰

室内、外小区的频率、扰码设置不合理，造成同频同码组在近距离内出现；通过合理规划小区频点和扰码来避免。

（2）参数设备不合理

上行最大允许发射功率、小区最大允许发射功率、FPACH、PRACH 最大允许发射功率等参数设置不合理。合理设置小区参数，在保证业务正常的情况下避免产生不必要的干扰。

（3）过覆盖

室外基站的天线高度、方向角及俯仰角的设置不合理，导致室外基站过覆盖，产生同频干扰或邻区漏配等。控制室外站点的覆盖范围，避免过覆盖对室内产生干扰。

（4）GPS 失步

基站 GPS 异常后小区无法与整个网络同步，导致小区上行干扰严重。监控 GPS 告警，解决 GPS 设备故障，消除 GPS 失步造成的干扰。

（5）系统外干扰

雷达、电台等大功率发射机；TD 系统与 PHS、SCDMA 等其他系统的天线空间隔离度不够。通过扫频等方法定位干扰源，然后协调关闭干扰源。

12.5.3　切换问题

1. 影响切换的原因

室内分布系统的切换主要分为两部分：一部分是室内外的切换；另一部分是室内小区间的切换。影响切换性能的原因有很多，主要有邻小区配置、切换区域的控制、切换参数的设置等。

（1）邻小区的配置直接影响网络的服务性能，如切换性能、掉话性能等。邻小区优化是切换性能优化中必不可少的一部分，合理的邻小区配置可以提高 UE 对邻小区的评估速度，同时又保证 UE 可以顺畅地切换到相邻的强小区。

（2）覆盖的连续性也直接影响切换性能。一般认为小区的主覆盖区域的边缘电平为 −85 dBm，即小于等于该电平就应该开始进入切换带，周边必须至少有一个与源小区覆盖相连的候选小区且该小区电平渐强。

（3）合理的切换参数是保障室内分布系统正常切换的基础，不同类型的室内分布系统应根据实际情况来合理设定，使站点的切换能流畅进行，提高切换成功率。

2. 切换问题易发生区域

（1）一层出入口：在一层各个出入口处容易出现漏配邻区，注意检查邻区配置情况。

（2）电梯出入口：电梯厅与电梯井一般不是同一个小区的信号，进出电梯存在切换的问题。解决的方法是分别加强这两个小区的信号强度，尽可能地互相渗透。同时应将大厅一层与电梯信号调整为同一小区，从而避免切换过多。

（3）高层窗户边：比较容易出现乒乓切换的问题，可以配置单向邻区关系，只让切入不让切出。

3. 室内覆盖的切换控制

采用室内小区分裂结合切换控制的方式，即高低层分裂为不同小区，对不同小区设置不同的切换策略，高层小区和室外宏站只设置单向切换，低层小区设置双向切换；低层小区和室外宏站设置双向切换。

这种分层覆盖的方式带来的好处就是人为制造高层孤岛，即使室内局部存在有较强的室外宏小区信号，也不会造成乒乓切换，只有从高层到底层才会触发切换。

12.5.4　外泄问题

1. 室内信号的外泄要求

由于室内信号太强造成室内信号外泄，室内泄漏信号强，容易造成过路室外用户切到室内小区上，如果用户移动速度较快，而泄漏信号覆盖区域较小，终端来不及切出，很容易造成掉话。室内信号外泄的要求如下：

（1）如果采用室内、外同频，建筑物外 10～20 m 处，室内、外信号的相对强度差为 5 dB。

（2）如果采用室内、外异频，建筑物外 10～20 m 处，室内、外信号的相对强度差为 0 dB。

2. 室内信号外泄原因

室内分布系统信号外泄将会干扰室外小区，影响室外基站的覆盖和容量，因此应严格控制室内分布系统的信号强度，使其在恰当的刚好覆盖室内的区域。室内分布系统的信号外泄主要有以下几种原因：

（1）设计不合理，没有遵循"小功率多天线"的原则，导致室内区域信号强度分布不均匀，引起室内信号外泄漏。

(2) 室内分布的器件或天线选型不当,导致室内天线靠近窗口,且天线口功率过大。

(3) 天线安装位置不合理,没有合理利用墙壁遮挡减少室内信号向外泄漏。

3. 外泄问题处理方法

(1) 整体功率过强:适当降低整体输出功率、添加衰减器。

(2) 局部功率过强:适当降低局部输出功率或更换局部天线(全向改定向)。

12.5.5　数据业务问题

1. 常见问题

数据业务不达标的原因不全是室内分布系统的覆盖问题,也可能由于其他原因造成的,主要是以下几个方面的原因:

(1) 室内分布系统信号覆盖质量差,导致数据速率受影响。

(2) 有源设备功率设置不合理,导致下行业务功率受限,影响到业务速率。

(3) 干放的时隙设置不合理,影响到业务速率。

(4) 基站的数据业务资源配置算法不当,可影响数据业务指标,如码道资源分配原则。

(5) 基站资源配置不足。

(6) 承载数据业务的载波频点受到强干扰。

(7) 基站 Iub 接口传输带宽不足或用户过多容量不足而引起速率低。

2. 处理措施

(1) 改善室内的信号覆盖情况。

(2) 检查有源设备和干放的各参数并合理设置。

(3) 检查基站的 Iub 链路带宽配置是否足够,如带宽不足需增加 Iub 链路带宽。

(4) 如用户过多,可增加小区的码道资源配置或载波资源配置。

(5) 排查干扰。

12.5.6　案例

例 12.3　C 商城 B1F-4F 弱覆盖问题。

【建筑物描述】

C 商城位于某大街 1 号,是集超市及百货零售商场为一体的综合购物中心。

【问题描述】

在对 C 商城 B1F-4F 现场测试时发现室内的电平值大部分区域均小于−80 dBm,室内处于弱覆盖状态。

【问题分析】

因为该站点室内已经建设了 TD-SCDMA 的室分系统,但现场测试信号比较差,初步分析是室分系统的覆盖有问题,与室分系统集成厂家协调,现场用驻波器检查发现室分系统的下行驻波非常高,大于 3(标准小于 1.5),怀疑是因为室分馈线驻波过高导致下行覆盖差。检查发现是主馈线接口虚接导致下行驻波过大。

【优化方案】

重新连接主馈线虚接的接头,并逐一检查将驻波值降到小于 1.5。

【优化效果】

处理好室分的驻波问题后,重选测试发现 C 商城覆盖电平值大于 −70 dBm,弱覆盖问题得到解决。

例 12.4 某国际会议中心室内外切换问题。

【建筑物描述】

某国际会议中心位于滨江大道 8872 号,大楼总高度 32.6 m,总面积 1.1×10^5 m²,有电梯 4 部。

【问题描述】

测试时发现从该国际会议中心外(室外)经出入口进入大堂(室内)后,终端一直占用室外小区信号,没有正常切换到室内小区。

【问题分析】

该国际会议中心的外墙体大多为玻璃材质,对室外宏站信号的损耗比较小,从地图上查看国际会议中心与室外的新银城基站的距离为 300 m,因此可能造成室外宏站在室内的信号比较强的现象。

室内测试发现在室外宏站信号比较强的是:10 088/80、10 088/51、10 104/9、10 088/79。在 1 楼大堂,室内信号(10 063,36)的电平强度为 −75 dBm,而室外的信号(10 088,51)的信号强度为 −65 dBm,比室内信号强了 10 dB。

在室内对室内小区信号(频点 10 063,扰码 36)进行锁频测试,室内信号在 1 楼大堂的覆盖偏弱。

在室内对室外小区信号(频点 10 088,扰码 51)进行锁频测试,室外信号在 1 楼大堂的覆盖较强。

由于 1 楼大堂内室外站小区信号比室内小区的信号强,因此 UE 从室外进入室内后一直占用的室外的宏站信号而没有触发上报测量报告,也就一直没有触发切换。

【优化方案】

由于室内小区的覆盖正常,只是在 1 楼大堂内室外小区的信号过强,导致一直占用室外信号,可以修改小区参数使终端从室外进入室内后正常切换到室内小区。修改室外小区新银城-1 内国际会议中心-1 的邻小区参数中的小区个性偏移(由 0 调为 100,相当于 10 dB)。

【优化效果】

修改参数后测试发现,从室外进入室内后终端上报测量报告发起切换,性能表现正常。

12.6　cdma2000 室内分布系统的优化

CDMA 室内网络优化解决的问题主要包含网络覆盖、网络容量和网络质量三方面的问题,一般会表现出信号弱覆盖、业务质量差、语音呼叫困难、数据业务速度低、接通率低、掉话率高、切换成功率低等现象。

12.6.1　覆盖问题

通常造成室内网络信号覆盖不足的原因主要有以下几类:室内分布设计缺陷、室内分布施工工艺问题、信源设备问题。

1. 室内分布设计缺陷

由于室内分布初期方案设计有缺陷,如部分室内区域没有覆盖到、覆盖天线功率不足、布放天线过于稀疏、天线布放位置不合理等造成的室内弱覆盖。解决方法首先要找出室内分布工程的设计存档,查看是否存在设计缺陷,如有则需要进行室内分布整改,通过增加天线或改变天线布放点位来改善覆盖问题。

2. 室内分布施工工艺问题

此类问题主要是由于室内分布施工时因安装不当如馈线接头未拧紧、接头进水、天线漏接、天线安装位置有金属物遮挡、功分器或耦合器错接等。解决途径主要是对问题区域内分布系统进行检查整改,可通过测量驻波比等手段排查分布系统故障位置。

3. 信源设备问题

信源设备问题又可分为两方面,硬件问题和软件问题。硬件问题主要包括一些设备硬件故障、电源掉电、设备遭破坏等;软件问题主要指信源设备调测问题,如增益设置、参数匹配等。出现此类问题,首先可通过设备网管监控系统查看设备运行状况参数,排查软件问题,如未能消除故障则需到问题现场进行设备巡检维护,解决信源设备问题。

12.6.2 干扰问题

CDMA 网络中,弱覆盖和干扰问题均会导致信号质量差,因此,在解决了室内网络信号覆盖问题后,需要重点解决网络中的干扰问题。CDMA 网络干扰问题主要有两种:一种是导频污染;另一种是多系统合路时的系统间干扰。

1. 导频污染

在室内,由于高层能收到室外较多的导频信号,且室内分布系统信号覆盖较弱,在窗边无法占据主导,因此室内高层容易出现导频污染现象。

解决室内导频污染问题的核心思想主要有两个:一是提高室内小区导频强度并降低总的干扰信号强度,产生一个主的导频信号;二是降低单位面积内的扰码数量。具体而言,可以采取如下几个措施来解决导频污染问题:

(1)提高室内分布信号强度,使室内信号足够强。

(2)控制无线环境从而减少导频越区覆盖。

(3)调整周围扇区的发射功率来调节导频信号强度。

(4)调整周围小区基站的天线的物理参数(如方位角、俯仰角、天线类型等),减少导频重叠的数目。

(5)采用室内、外协同覆盖的方式使室内、室外为同频、同 PN 组网,多发射点精确覆盖,控制信号外泄的同时又能大大减少室内导频数量。

(6)采用直放站减少整体小区数量和小区重叠。

(7)对于导频污染特别严重的区域,可以采取异频组网的方式来消除导频污染。

2. 系统间干扰

从干扰形成的机制看,解决系统间干扰的主要方法是增加各个系统间的隔离度,使其满足干扰指标要求。具体而言,增加系统间的隔离度的方法主要有如下几种:

(1)合理地规划频点提高系统间的隔离度,在多系统共建共享中,尽量避免使用相邻的频段进行覆盖,如 cdma2000M 频段和 TD-SCDMA F 频段。如果无法避免使用相邻频段进行覆盖,则需合理地进行频点规划,尽量使其频段隔离度大些。

(2)外接滤波器能提高干扰系统与被干扰系统间的隔离度。

(3)提高有源设备杂散、互调、阻塞干扰指标可有效降低系统间干扰。

（4）充分考虑各系统间的隔离度要求，定制满足要求的合路器和 POI，增加其不同端口之间的隔离度。

（5）天馈系统进行上、下行分路建设，能在干扰系统与被干扰系统之间增加额外的空间隔离，降低系统间的干扰。

12.6.3　切换问题

在网络中，切换异常容易引起掉话等问题，因此，在室内分布方案设计中，需要选择合理的切换区域，同时，通过使用网络优化的手段（如调整大网及室内分布天线的方向角及倾角，设置合理的切换参数等）来降低整体切换次数，提高切换的成功率。

1. 合理的切换选择

对于常规 CDMA 室内分布系统设计，可以考虑将 1 楼大堂门口处、地下停车场出入口处、电梯厅或电梯井、楼梯口等区域设置为切换区域，设置合理的重叠覆盖范围，以满足切换时间的要求。另外，考虑室内、外协同综合覆盖，可以将切换区设置在室外人流量较少的区域，而室内与室外同频、同 PN 组网，避免了进出的切换，避免因切换引起的掉话，提高网络性能。

2. 合理的切换参数

除了切换区域设置不合理外，网络切换参数设置不合理也会导致切换异常。

（1）完善的邻区关系。邻区关系配置合理是正常切换的重要保证。过多地配置邻区关系会增加很多不必要的切换，从而增加了切换失败的可能，而邻区关系少配或漏配则会造成切换失败或根本无法进行切换。

（2）切换门限及其他切换网络参数的设置。合理设置切换参数是网络优化的重要手段，修改切换门限能控制切换发生的触发条件从而控制切换的难易程度，另外修改切换迟滞量，可以加强手机从室内重选或切换到室外信号的难度；或删除邻区，不进行切换等，这些方法都能很好地解决切换难或切换频繁的问题。

12.6.4　参数问题

由于增加直放站后，网络参数设置没有改变，也可能导致一些网络问题，如搜索窗设置，直放站上、下行增益的设置等。

1. 合理的搜索窗大小

CDMA 网络中引入直放站后，将一定程度上增加系统时延，需对基站搜索窗参数进行调整和优化，从而满足系统的覆盖要求。

2. 上、下行平衡

在开通直放站时，一定要控制上、下行增益之差，主要是为了上、下行平衡，不至于在安装直放站后影响网络参数。在实际工程中，上行增益一般设置为小于下行增益 3～5 dB，这样既能保证对施主基站底噪的抬升不大于 1 dB，同时又不影响网络性能。

12.6.5　案例

例 12.5　D 大厦导频污染问题。

【建筑物描述】

D 大厦属于高档商务写字楼，楼高 28 层，全玻璃外立面，附加 2 层地下停车场，层间面积约为 2 000 m²，拥有 6 个商用高速电梯和 2 个货梯。

【问题描述】

在 D 大厦高层室分室外信号入侵严重,通话质量较差。

表 12.3　优化前覆盖指标统计

室分信号采样点占比	21.53%
$E_C/I_O > -12$ 采样点	85.36%

【案例分析】

通过测试数据可以看出在 UE 由于周边宏站入侵严重,造成室内信号无法占据主导,导频污染现象严重,造成通话质量差问题。

【优化方案】

考虑到 D 大厦周边室外站信号渗透到室内、在室内产生频繁切换和高层导频污染,造成室内话务未由室内信源充分吸收,给室外站造成了额外的话务负荷。对该站点针对 1X 语音业务,采用全楼异频覆盖优化手段。

【优化效果】

通过采用全楼室内外异频组网,切入使用"伪导频"硬切换,切出使用"手机辅助"硬切换的方式解决导频污染问题。

表 12.4　优化后覆盖指标统计

室分信号采样点占比	100%
$E_C/I_O > -12$ 采样点	100%

例 12.6　E 百货大楼起呼困难问题。

【建筑物描述】

E 百货大楼属于中心城区商业建筑。

【问题描述】

在 E 百货大楼出现起呼困难、掉话、未接通、上网速度慢、掉线等情况。测试截图如图 12.13 所示。

TOTAL_Ec/Io　　　　　　　　　　　　　　　TXPOWER

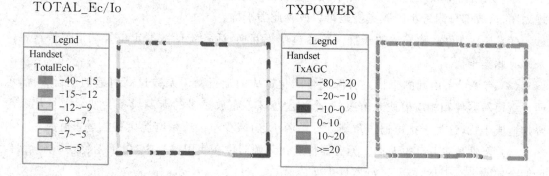

图 12.13　优化前测试情况

【案例分析】

通过数据可以看出在下行覆盖信号 E_C/I_O 质量一般,手机发射功率较高,而通过测试发现手机下行接收电平较好。而该点信源为无线直放站，查施主基站 RSSI 情况，结合测试情况可知，室内 E_c/I_o 平均在 -10 dB 左右，RX 平均在 -65 dBm 左右，TX 平均在 10 dBm 左右，出现反向链路过高现象，从而影响施主信源的 RSSI 值偏高。

【优化方案】

通过案例分析，初步判断为无线直放站设备本身问题，对无线直放站运行状况进行排查。

【优化效果】

经排查发现，该位置点的无线直放站使用时间较长，设备老化，替换设备，问题解决。

12.7　WCDMA 室内分布系统的优化

12.7.1　覆盖问题

造成室内网络信号覆盖不足往往是由于室内分布设计缺陷、室内分布施工工艺问题、信源设备问题原因导致，常规的解决手段如下：

（1）检查施工质量是否有问题。

（2）查看信源输出功率情况，可适当提升。

（3）如果是馈线、器件衰耗过大导致天线口输出功率低，可适当变更设计方案，调整部分器件的位置。

（4）如果天线口输出功率正常，则考虑是否可以通过调整天线点位来达到覆盖效果。

（5）如果以上方法都无法达到效果，可以考虑通过增设信源及天线来解决。

12.7.2　干扰问题

对于 WCDMA 网络而言，干扰问题可以分为两大类来处理：内部干扰和外部干扰。简而言之，从 NodeB 到天馈到天线这一段产生的干扰都归到内部干扰。外部干扰有带内信号干扰和带外强信号干扰，典型的如 PHS 干扰、直放站干扰、手机干扰器干扰等。

通过分析采集的 RTWP 数据，常见干扰分类及解决手段如下：

（1）网络内部频点扰码带来的干扰。在排除设备参数配置问题的前提下，查看频点扰码规划图，修改部分附近小区频点扰码可以改善此类干扰。

（2）基站硬件故障导致的干扰。可通过单板互换，话务统计数据定位及频谱仪快速定位来解决此类干扰。

（3）有源设备引起的干扰。有源设备老化造成的上行噪声系数过高引起的上行干扰，可通过更换新器件和相应模块来解决；一个施主小区下布放过多的有源设备会使得上行热噪声叠加造成干扰，这类干扰可通过重新划分信源小区，减少小区所带有源设备数量来解决。

（4）无源器件引起的干扰。无源器件老化无源器件在使用过程中，由于老化或质量问题，可能会导致上行干扰，需要进行器件更换。

（5）工程施工质量问题引起的干扰。工程质量不好，如天馈线接头制作粗糙，馈线和无源器件接头进水，接头之间连接不牢等，都可能会导致上行干扰，这类干扰可通过整改以提高工程质量来解决。

12.7.3　切换问题

与 CDMA 网络类似,WCDMA 室内网络优化主要为切换带设置优化、切换参数优化以及邻区关系优化。

(1) 通过调整切换带附近室分天线的天线口功率和切换迟滞等相关切换参数,优化室分系统的切换带,减少掉话及质差情况发生。

(2) 通过路测分析和后台参数检查是否存在邻区漏配的问题,通过优化邻区列表实现室内外小区的正常切换。

12.7.4　泄漏问题

1. 室内信号外泄的主要原因

(1) 有源设备未经调试或调试不当,造成楼层信号过强。

(2) 特殊区域的天线安装不合理或电平过高。这里的特殊区域主要为楼宇大门口玻璃结构外墙体,楼面狭长过道正对窗口等。

(3) 楼宇结构不同造成信号泄漏。

(4) 早期室内覆盖站点,由于设计天线口电平功率过高,造成楼宇整体信号偏强。

(5) 施工过程由于没有按照设计位置安装,造成信号分布不均。

2. 室内信号外泄的控制方法

在中高楼层,室内信号主要从窗户口向外泄漏。在这种情况下,需要针对室内的天线进行优化,利用楼层的天然阻挡,确保高层室内信号不对室外造成干扰。

在低楼层,室内信号主要从大厅、地下室等经窗户和出口泄漏到室外,从而发生信号泄漏。而这种泄漏会增加不必要的室内、外切换,使网络服务质量下降。

3. 解决信号泄漏的常用解决手段

(1) 多天线,小功率

通过增加天线的方式降低天线口功率,无论是对于覆盖效果还是对于控制信号泄漏都是很好的方法。

(2) 采用定向天线

低层建筑距离道路较近易产生泄漏和低层外泄,可以通过在出、入口位置改用定向天线的方式来减少信号泄漏。

(3) 增加衰减器

通过 CQT/DT 结合频谱仪检查靠近室外的天线注入功率是否过大造成外泄,在保证出入口正常切换的情况下,可在有外泄窗边天线分布系统支路上增加衰减器以减少信号泄漏。

12.7.5　案例

例 12.7　F 大厦 1F 出、入口通话掉话问题。

【建筑物描述】

F 大厦是集餐饮、住宿、娱乐于一体的办公大楼,楼高 17 层,地下 1 层,楼内有 5 部电梯。

【问题描述】

在 F 大厦出、入口进行通话过程中,发生掉话事件。测试截图如图 12.14 所示。

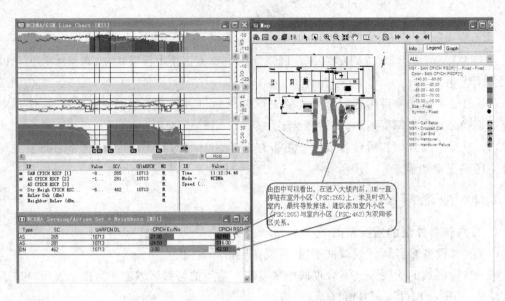

图 12.14　优化前测试情况

【案例分析】

通过测试数据可以看出在 UE 移动到室外后,发现在该区域有较强的邻区,手机已上报测量报告,但一直未触发切换。通过对室内、外邻区的核实发现 PSC＝265 的室分小区与 PSC＝462 的宏站小区双向邻区漏定义,由于 UE 未能及时切换到室外最佳小区,最终发生掉话事件。

【优化方案】

添加室分小区与室外小区的双向邻区关系如表 12.5 所示。

表 12.5　邻区配置表

源小区 ID	小区名	源小区 RNC	目标小区 ID	小区名	目标小区 RNC	备注
5212	室分-中太大厦-1	624	2271	市区-二枢纽-1	624	添加双向邻区

【优化效果】

现场添加室分小区与室外小区的双向邻区关系,UE 在出入口切换正常。

例 12.8　G 医院导频污染问题。

【建筑物描述】

G 医院综合楼全楼共 14 层,地上共 13 层,地下共 1 层,每层面积约 2 200 m²,总覆盖面积约为 31 000 m²。

【问题描述】

在 G 医院综合楼内高层窗边测试时受室外信号的强干扰,导致 E_c/I_c 急剧下降,测试截图如图 12.15 所示。

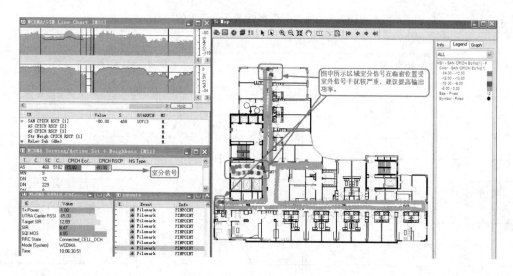

图 12.15　优化前测试情况

【问题分析】

G 医院综合楼楼层较高,在高层窗边位置距离天线较远,室外强信号较多,造成导频污染。

【优化方案】

提高室分信号的输出功率,压过室外信号,保证正常的通话质量。

【优化效果】

提高输出功率后,室内信号增强了,大部分在 −60 dBm 以上,室内信号占主导。

12.8　LTE 室内分布系统的优化

12.8.1　覆盖问题

1. LTE 室分覆盖存在的主要问题

RSRP 覆盖是关键因素,室分系统 SINR 一般都不会太差,没有干扰。RSRP 过高或者过低,都会对终端解调性能产生影响。常见的 RSRP 覆盖问题主要有如下几种情况:

(1) 邻区缺失引起弱覆盖;

(2) 参数设置不合理引起弱覆盖;

(3) 缺少基站引起弱覆盖;

(4) 越区覆盖;

(5) 背向覆盖;

(6) 双路不平衡引起覆盖问题。

通过不平衡测试结果,天线功率不平衡主要是对双流模式下的中点下载速率影响大,当天线功率不平衡在 8 dB 时,UE 的下载速率会明显下降。功率不平衡性与下载速率的关系如表 12.6 所示。

表 12.6　功率不平衡性与下载速率的关系

功率差/dB	四类终端 MIFI				三类终端 CPE	
	下载速率 /(Mbit·s^{-1})	RB 占用率	性能损失	上传速率 /(Mbit·s^{-1})	下载速率 /(Mbit·s^{-1})	性能损失
0	81.7	95.2%	3.4%	8.9	61.5	3.5%
4	84.6	98.4%	0.0%	8.8	63.7	0.0%
6	83.2	98.2%	1.7%	8.8	63.6	0.2%
7	83.2	97.6%	1.7%	8.8	61.1	4.1%
8	81.3	98.4%	3.9%	8.8	61.1	4.1%
10	79.7	93.6%	5.8%	8.8	63.1	0.9%
16	61.6	71.9%	27.2%	8.8	59.6	6.4%
20	62.3	72.7%	26.4%	8.4	53.3	16.3%
26	45.7	95.2%	46.0%	7.8	47.5	25.4%

注：上表性能损失，是指测试值与最好值的比较，四类为 84.6 Mbit/s，三类为 63.7 Mbit/s。

分析上表，主要关注变化的趋势。由上表可知，在功率差达到 8 dB 时，下载性能开始有所损失，损失达到 3.9%。另外，分析两种测试终端的数据可知，不同测试终端，对下行功率不平衡的感知近似。

对于不同的覆盖问题，有着不同的优化方法，以下是常见覆盖问题的优化方法：

（1）对于邻区缺失引起的弱覆盖，应添加合理的邻区，通过增加本小区的发送信功率提升本小区的 SINR 值。

（2）对于参数设置不合理引起的弱覆盖（包括小区功率参数以及切换、重选参数），可根据具体情况调整相关参数。

（3）对于缺少基站的弱覆盖，应通过在合适点新增基站来提升覆盖。

（4）对于信号外泄导致的覆盖问题，应通过控制大楼低层信号（特别是大楼进、出口的信号）来解决。

（5）对于天线口双通道功率不平衡的问题，应通过检查天馈系统，确保双路连接结构相同；尽量提升低的一路功率的方式来解决。

2. LTE 室分覆盖的主要解决手段

覆盖优化目标的制订，就是结合实际网络建设，衡量最大限度地解决上述问题的标准。

覆盖的常见问题有 4 种：覆盖空洞、弱覆盖、越区覆盖和导频污染（弱覆盖和重叠覆盖）。主要解决手段如下：

（1）天馈优化整改；

（2）参数调整；

（3）调整信源功率；

（4）升高或降低天线挂高；

（5）室分器件性能指标排查；

（6）工程施工问题整改。

12.8.2　干扰优化

1. LTE 室分干扰概述

TD-LTE 系统在本小区内不存在同频干扰，干扰主要来自于使用相同频率的邻小区。系统内的干扰主要是用户间干扰、PCI mod3 或 PCI mod6 干扰以及相邻小区交叉时隙等带来的干扰。系统外的干扰主要是雷达等军用、警用设备带来的干扰。以上各种干扰都会对 TD-LTE 系统网络性能造成很严重的影响。干扰可以从以下几个方面入手：

(1) 进行测试及扫频发现；

(2) 从话务统计分析发现；

(3) 提取基站底噪 IOT 和上行 RSSI 值发现。

对于设备原因引起的干扰,可通过设备排障手段解决；对于外部干扰或规划不合理引起的干扰,一旦发现后,应该及时排查干扰或调整网络解决；无法明确外部干扰源的情况下,在网络初期优化的过程中,可先通过逐个关闭受干扰基站附近 1～2 圈的站点,逐个进行排查。

2. TD-LTE 室分主要干扰问题分析

通常进行干扰原因分析时考虑以下几个方面：

(1) 相邻小区 PCI 存在 mod3 干扰(PSS 干扰)；

(2) 相邻小区 PCI 存在 mod6 干扰(CRS 干扰)；

(3) 交叉时隙干扰(小区子帧配比不一致,GPS 失步)；

(4) 切换带上非主服务小区及目标小区带来的干扰；

(5) 与本系统频段相近的其他无线通信系统产生的干扰,如 PHS(室外站使用 F 频段时)、WLAN(室内站使用 E 频段)等；

(6) 其他一些用于军用的无线电波发射装置产生的干扰,如雷达、屏蔽器等。

3. TD-LTE 室分干扰优化解决措施

系统外的干扰需要多方面的资源协调解决。而对于系统内的干扰,首先通过控制小区覆盖调整工程参数解决,在做 PCI 规划时应尽量避免相邻小区 PCI 存在 mod3 或 mod6 的情况。TD-LTE 同频组网时,在切换区域最好是只有源小区及目标小区的信号,对于非直接切换的小区信号一定要控制好,可以用扫频仪扫频确定干扰。干扰的主要解决方法如下：

(1) 修改小区的 PCI(避免相邻小区出现 mod3 或 mod6)；

(2) 调整工程参数；

(3) 提升主服务小区信号,降低干扰信号强度；

(4) 核查小区子帧配比,检查是否存在 GPS 失步,消除交叉时隙干扰；

(5) 通过检查硬件配置、合路方式,结合实地测试,确认问题,加以排障；

(6) 查找外部干扰源。

12.8.3　切换问题

1. LTE 室分切换问题概述

LTE 切换优化主要体现在切换带的选择,如何提高切换带的 SINR 值,这个问题尤其是在多小区的时候更加明显。当存在多个小区时,对于中心用户来说,应该是 RSRP 值越高越好,对于切换带的用户,并不是该小区的 RSRP 值越高越好,若本小区的 RSRP 值很高,就会对邻小区的切换带用户产生干扰,使邻小区用户的 SINR 值急剧恶化,导致切换失败。因此在优化切换带的 SINR 值时,需要多个小区联合进行优化,在提升本小区用户 SINR 值的同时也要提升邻小区的 SINR 值。

2. 切换优化整体思路

所有的异常流程都首先需要检查基站、传输等状态是否异常,排查基站、传输等问题后再进行分析。整个切换过程异常情况可分为如下几个阶段：

（1）测量报告发送后是否收到切换命令；

（2）收到重配命令后是否成功在目标测发送 MSG1；

（3）成功发送 MSG1 之后是否正常收到 MSG2。

切换问题排查需要结合不同阶段相应的信令流程具体分析。

12.8.4　接入优化

接入过程是 UE 从空闲模式，转化进入业务状态的阶段。业务建立过程出现的故障和失败，是网络优化工作中的重要组成部分。各种业务建立中的故障，在优化工作中统一归类为接入优化。

接入优化工作，出发点是业务建立过程中表现出的各种问题。问题的收集工作，很大程度上依赖于日常的路测（DT）和日常的定点拨打测试（CQT）的测试结果分析。这就要求在测试中，需要完整记录当时的无线质量状况、无线参数、空口的信令消息等，为后续的分析工作奠定良好的基础。例如，目前可以使用 LTE 路测系统，进行室外及室内测试分析，如果再配合网络侧的信令数据跟踪分析，将对接入问题的收集和接入问题的分析与定位有很大的帮助。

目前，接入问题的发现与定位，多数是以路测事件的分析入手的。接入优化中，以事件进行问题分类比较容易进行。

12.8.5　掉话优化

目前的掉话原因，大致可以分为以下四类：

（1）弱覆盖导致掉话；

（2）切换问题导致掉话；

（3）干扰导致掉话；

（4）设备异常导致掉话。

弱覆盖引起掉话在建网初期占相对较大的比重。天线系统的安装是按照规划数据进行的，但是规划设计数据常常因为覆盖环境而变化或者因为站址位置而偏移，往往规划角度与实际角度存在差异，导致部分区域存在弱覆盖，在建网初期需要重点优化覆盖。在排除了覆盖问题的前提下，考虑切换、干扰和设备异常等其他因素，掉话分析可以参考以下几步：

（1）数据采集

通过测试，采集长呼、短呼等各种路测数据。采集 ENB 侧数据跟踪、日志等数据。

（2）获取掉话的位置

采用 LTE 路测软件获取掉话的时间和地点，获取掉话前后采集的 RSRP 和 SINR 数据，以及掉话前后服务小区和邻小区信息，获取掉话前后的信令信息。

（3）数据分析

根据获得的数据，分析划分为切换掉话问题、覆盖掉话问题、干扰掉话问题、设备异常掉话问题及其他问题，针对具体的掉话类型进行分析，提出相应的解决方案。

（4）实施优化方案

通过问题分析与定位，制订和实施优化方案。优化方案主要包括：天线参数调整、网络侧数据配置调整。天线参数调整应优先考虑天线方向角与下倾角的调整，再考虑发射功率的调整。

12.8.6　吞吐量优化

1. 下行吞吐量问题

（1）单用户峰值吞吐量低

单用户峰值吞吐率和理论值差 5% 以上，可能存在问题，需要定位。主要可考虑如下原因：

① 峰值配置（上、下行子帧配置，特殊子帧配置等）是否设置正确。

② 判断数据源是否充足。

③ 查看 MIMO 模式是否正确，是否是 TM3 和双码字。如果不是，需要排查原因：

a. 如果配置 MIMO 模式是 SIMO，查看是否有 RRU 通道数下降告警；

b. 如果固定 TM3，UE 没有全部上报 Rank2，说明选点相关性较高，需要重新选点。

④ 选点 SINR 是否满足峰值要求，一般峰值要求均衡前 SINR 大于 25 dB 以上。

⑤ UE 本身问题，可在该点更换终端尝试。

（2）单用户吞吐量低

① 分配 RB 少

若 UE 处于 DRX 状态，下行会没有调度或极少调度，这是正常现象。UE 是否 DRX 状态可以通过 eNB TTI 跟踪 DRX 字段查看，或者可通过重配命令 mac-MainConfig 里 drx-Config 得到 UE 进入 DRX 和 DRX 释放的时间。

此外，从单用户角度来看，在上层数据源充足的情况下，下行 RB 不足原因仅有 UE Category 的限制，这种场景也只发生在 SINR 较好的场景下。

根据协议，UE Category 可以分为 5 种，如表 12.7 所示。

表 12.7　LTE 系统中的 5 种终端类型

UE Category	下行最大比特数/TTI	单码字下行最大比特数/TTI	下行空分复用支持的最大 Rank
Category 1	10 296	10 296	1
Category 2	51 024	51 024	2
Category 3	102 048	75 376	2
Category 4	150 752	75 376	2
Category 5	299 552	149 776	4

表 12.7 中，UE Category 1 只能调度单码字，27 阶，最大只能调度 16RB，最大 10 kbit · s^{-1}/TTI；UE Category 2 双码字（重传＋初传），27 阶，最大只能调度 40RB；单码字，27 阶，最大只能调度 79RB；最大 50 kbit · s^{-1}/TTI；UE Category 3 双码字（重传＋初传），27 阶，最大只能调度 80RB，最大 100 kbit · s^{-1}/TTI；UE Category 4 和 UE Category 5 不会对下行单小区单用户峰值有限制。目前商用终端中大多数是 cat 3 终端。

LTE 系统的 UE 能力限制了最大吞吐率，即最高 MCS 时，下行调度的最大 RB 数，均属于正常现象；UE cat 能力在信令跟踪 UECapabilityInformation 消息中查看，如图 12.16 所示。

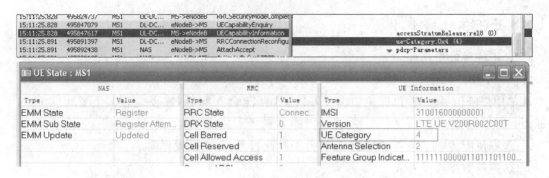

图 12.16　路测软件中查看 UE 种类

② 上行反馈通道

上行反馈通道指 RI、CQI、ACK/NACK 等指标的反馈异常,需要分两种类型分别排查。

第一类是下行 PDCCH 是否存在虚警、漏检、检错的问题。PDCCH 指示上行资源分配,如果 PDCCH 受影响,致使上行反馈信道指示出错,可能导致下行重传增多或丢包,影响吞吐率。

第二类是上行解析错误,如果下行发送了 UL Grant,则上行反馈走随路,否则走 PUCCH。

如果上行存在较大干扰的话,上行解调 ACK/NACK 不一定会解出 DTX(DTX 判断原则是判断该用户 RSSI 是否低于门限),但是上行 SINR 会很低,因此判断准则同 CQI/RI 解错判断方法。

(3) 多用户小区吞吐量低

多用户吞吐率判断准则从目前来看主要有两方面:一是 RB 利用率是否满足 98% 以上;二是是否满足 QCI 等级的调度机会。如果小区内用户的 QCI 等级相同,即满足用户间公平性。

ENB 侧观察小区分配 RB 数的方法:通过网管系统上的 RB 使用情况监控当前的 RB 利用率,下行分集调度分配的 RB 数＋下行频选调度分配的 RB 数＋下行 HARQ 重传分配的 RB 数之和,是否接近于每个 TTI 下行带宽所能支持的 RB 数。如果 RB 利用率不足 98%,则认为异常,需要定位。

RB 利用率不足可从以下两个方面进行判断:

① 参数配置是否正确。

② CCE 分配失败、功率受限、RB 碎片、ICIC 影响因素。

公平性得不到满足可从以下两个方面进行判断:

① ICIC 问题。如果小区内 ICIC 打开,那么评价用户是否公平,需要按边缘用户和中心用户分别评价。边缘用户是否占满边缘频带且调度公平,中心用户是否占满边缘频带且调度公平。

② 调度问题。

a. 调度算法是否选择了正比公平算法;

b. 上层数据源是否充足;

c. 多用户吞吐率波动大;上报 CQI 波动大会导致用户调度优先级波动大,进而影响该用户的调度公平性。

2. 上行吞吐量问题

(1) 首先判断 RSRP 是否过高。RSRP 过高会造成接收器件的削波,下载经常出现误码,且有时误码很高,导致吞吐量下降。

(2) 天线下做上行业务。同时联系后台跟踪 RSSI,观察不同天线口上接收功率是否差异过大。如果很多时候都相差 4 dB 以上,基本可确认室分系统存在不平衡。(双流室分,单流室分不存在该问题。)

(3) 基站侧配置成 1T1R,分别测试每个通道的情况,关注天线下面 RSRP 的差异情况,如果差异大,则说明两个通道确实不平衡。同样的点 RSRP 相差 5 dB 以上即肯定有问题。

(4)分析测试数据中 RB、MCS、调度数之间的关系,如果是调度数不足导致的速率低,则需要灌包排查 FTP 和传输问题;如果是 MCS 低,则需要 RRU 近端通过外接小天线进行对比测试,注意选点上需要注意 RSRP 的要求。如果外接天线没有问题,则说明有可能是室分引入了干扰(重点需要排查 WLAN,和 2.4 GHz 频段比较近)。

12.8.7　案例

例 12.9　双路不平衡优化案例。

【问题描述】

H 公寓移动营业厅,总计两层。现有 3G/LTE 室分网络,其中 LTE 通过新增建一路室分,形成双通道网络。通过测试发现,终端在单双流间切换,下载速率偏低,平均速率约为 28 Mbit/s,并且较大比例占用单流;更换多个测试点位,问题依旧存在。

【问题分析】

查看原有室分设计图纸,发现 LTE 的双通道 RRU 总计拖带 4 副天线,由于 RRU 的输出功率需按照满功率发射要求,为使天线输出功率满足要求,设计时在 RRU 的输出口加装耦合器和负载的方式达到衰减功率的目的,如图 12.17 所示。

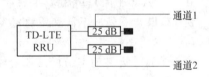

图 12.17　室分主干连接图

如图 12.18 所示,现场实际拍摄到连接情况是,仅一个通道加装耦合器和负载,另一个通道没加装,导致两路天线口输出功率不平衡度约为 25 dB(两路馈线输出长度近似相等)。

图 12.18　室分主干实际连接图

【解决措施】

为保持两个输出功率一致，在另一输出端口，增加一个 25 dB 耦合器和负载。

【处理效果】

复测终端始终双流下载，平均速率 88 Mbit/s 左右，下载波形稳定。

例 12.10 合路器频段不支持案例。

【问题描述】

I 大厦 1F～3F 为商业区，建设双路室分，网络质量良好；4F～12F 为写字楼，采用单路简单馈入方式，建设单路室分，楼宇内 2G/3G 信号覆盖均匀，但强度偏弱，LTE 信号仅在放置 RRU 信源周边较小范围有信号，其余区域信号极弱或根本无信号。

【问题分析】

由于采用单路简单馈入方式引入 LTE，所以 2G/3G 和 LTE 是共天馈的；楼宇内 2G/3G 信号覆盖正常，推断楼宇内各个平层天馈系统正常；但是楼宇内没有 LTE 信号，初步判断 2G、3G 和 LTE 合路的合路器故障或 RRU 输出功率不正常。检查合路器，合路器指标参数显示支持 800～2 200 MHz 和 2 400～2 500 MHz 频段，不支持 LTE 使用的 2 320～2 370 MHz 频段。

【解决措施】

更换频段支持 800～2 500 MHz 的合路器。

【处理效果】

在覆盖区域进行 DT 测试，整层覆盖良好，指标合格。

例 12.11 下载速率低且不稳定案例。

【问题描述】

遍历测试 J 大厦的 FDD LTE 系统时发现：测试点 RSRP 基本在 −85～−65 dBm 之间，SINR 基本在 20～30 dB 之间，但下载速率都在 20 Mbit/s 以下。

【问题分析】

查询告警信息，未发现相关告警；查询扇区的 RSSI 时发现 RSSI 在 −97.93 以下，正常；从测试数据的 BLER 来看，此室分测试的 BLER 较高，BLER 基本在 20%～100% 之间。于是怀疑后台参数配置错误，修改了后台配置的 CFI 和 RS 功率配置参数。

【解决措施】

(1) 进行配置参数的修改

CFI 配置为动态分配（考虑到目前用户较少，实际分配格式建议为 CFI=1），定时指配定时器修改为 1 920。将子帧控制格式指示 CFI 从 3 修改为 1 时，每个子帧中仅有一个符号资源用于控制面承载，其余的 13 个符号资源全部用于用户面承载，以此来提升用户面资源数量，确保下行极限速率。

(2) 降低 RS 功率

RS 功率由 14 修改为 6.2。终端接收 RSRP 过高（室内分布系统易出现 RSRP 过高），会造成接收器件的削波，下载经常出现误码，且有时误码很高，导致吞吐量下降，务必保证天线下测试 RSRP 低于 −60 dBm，可通过降低 RS 功率或在天线前端增加衰减器解决。天线口输出功率过高，终端接收 RSRP＞−60 dBm 的场景下，由于 LNA（低噪功放）出现饱和，下载速率不稳定。

【处理效果】

BLER 基本保持在 10% 以下，同时下载速率有明显提升，基本维持在 70 Mbit/s 左右，且较稳定。

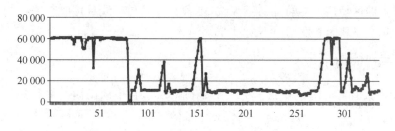

图 12.19　信号过强时引起的速率波动

12.9　WLAN 室内分布系统的优化

12.9.1　覆盖问题

1. 覆盖的类型

覆盖区域应该根据用户需求分为重点覆盖区域、密集覆盖区域和连续覆盖区域三大类。

(1) 重点覆盖区域:应考虑该特定区域的信号强度并特别关注,此区域覆盖的优化需选择合适的输出信号强度和天线进行覆盖。

(2) 密集覆盖区域:应考虑在未来时间内的并发用户数目,保证密集的无线覆盖能够满足一段时间的将来用户群体的发展需要;此区域的优化目标主要是考虑缩小每个 AP 的覆盖范围或者考虑增加 AP 进行覆盖的优化。

(3) 连续性覆盖区域:保持信号能够满足最低标准即可。

2. 优化思路

无线覆盖优化保证每个 AP 下的平均用户数最大化,这样才能够保证无线网络建设投资能够得到最大的投资回报。

对于每一类覆盖的信号强度在满足要求的基础之上,需要考虑用户突发的特性。

优化前:收集现网无线测试数据(包含信号强度、信噪比、时延、丢包率等信息),通常稳定的信号强度在 −40～−60 dBm 之间,当信号强度小于 −75 dBm 时,用户的上网体验将受到影响。

优化过程:利用信号分析软件进行测试,对于边缘场强较弱的区域需要增加干放或者更换低损耗馈线等方式增强覆盖信号,若采用放装 AP 的情况下,则需要在弱信号区域增加 AP。

按照无线覆盖的一般原则(如蜂窝覆盖)完成工程安装规范、设备功率信道、覆盖方式方面的调整,以保证无线信号强度与质量的要求。

在信号侧优化的基础上,如有必要,深入分析用户数据类型及应用特点,并做出针对性的参数,配置调整,保证信号质量。例如,功率的调整,减少越区覆盖,同时保证覆盖范围。

3. WLAN 覆盖设计优化时需要注意的问题

(1) 当使用 AP 自带辫状天线时,区域信号最大覆盖距离建议考虑在 80 m 以内,在天线增益为 12 dBi 的条件下,开阔视距环境中覆盖半径约为 80 m,在半开阔环境中覆盖半径约为 50 m。

(2) 从室外透过的混凝土墙后的无线信号几乎不可用,所只考虑利用从门、窗入射信号。即使无线信号能通过门、窗直射穿透,纵向最多也只能覆盖两个房间。

（3）被覆盖的区域应该尽可能靠近天线,被覆盖区域与天线尽可能直视。

（4）建议每个 AP 的并发用户不超过 20 个。

12.9.2　干扰问题

由于国际上只有部分国家开放了 12～14 信道频段,在中国国内一般情况下使用 1、6、11 三个信道。

在二维平面上使用 1、6、11 三个信道实现任意区域无相同信道干扰的无线部署。当某个无线设备功率过大时,会出现部分区域有同频干扰,这时可通过调整无线设备的发射功率来避免干扰。在三维平面上,要想在实际应用场景中实现任意区域无同频干扰是比较困难的。在信道设置时要考虑三维空间的信号干扰。

1. 新建 WLAN 的热点

（1）中小型无遮挡的开阔空间

此类区域内最多布放 3 个 AP 即可满足覆盖及容量需求,每个 AP 可使用 1、6、11 任意一个子信道,如图 12.20 所示。

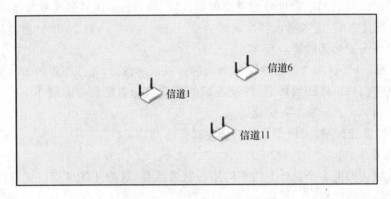

图 12.20　频率规划示意图一

（2）超大型无遮挡的开阔空间

对于一些超大规模无遮挡的热点区域需使用 3 个以上的 AP 时,可按照每个 AP 覆盖半径 50 m,采用空间间隔的方法实现 1、6、11 子信道的频点复用,如图 12.21 所示。

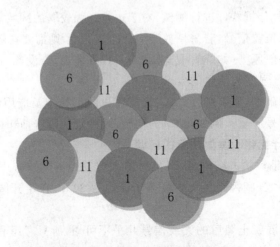

图 12.21　频率规划示意图二

对于有阻挡物的热点区域,须充分利用热点区域的阻挡物实现 1、6、11 三个子信道未全部被占用的无遮挡开阔空间。

2. 已建有 WLAN 网络的热点

(1) 1、6、11 三个子信道未全部被占用的无遮挡开阔空间

此类热点区域布放 AP 时选用 1、6、11 三个子信道中未使用的子信道进行热点区域的覆盖。

(2) 1、6、11 三个子信道已全部被占用的无遮挡开阔空间

两个相重合的频段是存在同频干扰的。但是,当双方信号强度不是非常大的时候,这种干扰对双方的信号质量不会产生明显的影响。选择 1、6、11 子信道是为了从根源上避免出现同频干扰的情况,但并不能代表绝对不能出现 1、6、11 以外的频点。

应对方法:

① 不同模式的 AP 进行组网。

② 采用双频 a/g 模式 AP 进行覆盖,避免同频干扰。

③ 要在小范围提供大容量的无线局域网,必须通过干扰规避来提升网络容量。

干扰规避的方法:

① 同一区域中尽量使用不同频率,2.4 GHz 频段有 3 个频点(1、6、11),5.8 GHz 有 5 个频点(149、153、157、161、165)。

② 尽量采用定向天线分别覆盖不同的区域。

③ 尽可能增加频率复用距离。

④ 如果 AP 的密度大,接入用户多,建议调小 AP 的发射功率,保证 AP 之间的同频干扰最小。

⑤ 利用现有的物理环境(如墙体等)隔开相同频率的 AP。

12.9.3　容量问题

1. 基于 802.11g 的单模组网

802.11g 的有效吞吐量大大高于 802.11b。

假设有 5 个 AP,每个 AP 有 20 个无线客户端与之相连,所有的 AP 和客户端共享同一个 802.11g 信道(25 Mbit/s)。这等价于每个用户只能获得少于 1~1.25 Mbit/s 的吞吐量,802.11g 的单模性能是 802.11b 单模性能的 4~5 倍,但还是比较慢。

2. 基于 802.11a/g 双模方案

在双模方案中,11a 和 11g 两个模块可同时工作,用于两个频段间的负载均衡,终端侧的问题(如低吞吐量,高时延)会得到显著改善。

仍然假设有 5 个 AP,每个 AP 有 20 个无线客户端与之相连,所有的 AP 和客户端共享一个 802.11g 信道(25 Mbit/s)和一个 802.11a 信道(25 Mbit/s),所有带宽都为用户使用,每个用户可以获取 2.5 Mbit/s 的吞吐量,比 802.11g 单模方式性能提高 2 倍。

3. 基于 802.11n 双模方案

802.11n 采取单模方式。802.11n 单频速率超过 300 Mbit/s,有效吞吐量约为 150 Mbit/s。

仍然假设有 5 个 AP,每个 AP 有 20 个无线客户端与之相连,所有的 AP 和客户端共享同一个 802.11gn 信道(150 Mbit/s),所有带宽都为用户使用。每个用户可以获取 7.5 Mbit/s 的吞吐量,是 802.11ag 双模方式性能的 2~3 倍。

802.11n 同样可采取双模方式,带宽有更大的提高。

从上面分析可以得出结论 802.11n 是扩大容量的最有效方式,但考虑到成本因素,建议先以 802.11n 进行部署,在对带宽有较高要求的区域采用 802.11n 双频模式进行部署以提高容量。

12.9.4　功率调整

WLAN 系统使用的是 CSMA/CA 公平信道竞争机制,在这个机制中,STA 在有数据发送时,首先监听信道,如果信道中没有其他 STA 在传输数据,则首先随即退避一个时间,如果在这个时间内没有其他 STA 抢占到信道,STA 等待完成后可以立即占用信道并传输数据。WLAN 系统中每个信道的带宽是有限的,其有限的带宽资源会在所有共享相同信道的 STA 间平均分配。

为避免 AP 间的同频干扰,必要时应对同信道的 AP 功率进行适当调整,保证客户端在一个位置可见的同信道 AP 较强信号只有一个,尽量避免越区覆盖,同时要满足信号强度的要求(例如,不低于 -75 dBm)。

12.9.5　参数调整

调整 Beacon 帧发送间隔,将其调整为 200ms,可有效降低发送速率,减少空口占用率。

12.9.6　SSID 优化

减少 SSID 的数目,SSID 的发送包含在空口 beacon 帧中。例如,目前在高校站点中,部分高校采用两个 SSID 同时工作的模式,但目前校园网以 CMCC-EDU 的用户为主,网管上统计 CMCC 的用户几乎没有,因此可以删除 CMCC 的 SSID,减少 beacon 帧的数量,理论上可以减少 beacon 帧总量的 50%。

12.9.7　案例

例 12.12　某高校 WLAN 优化。

【问题现象】

K 高校 WLAN 用户反映 WLAN 有:高峰期打开 portal 认证页面困难,网络下载速度慢,网络游戏容易断线,在线视频会停顿等问题。现场测试结果如表 12.8 所示。

表 12.8　WLAN 网络性能测试表

测试内容	标准值	测试值	是否满足
平均 ping 丢包率	3%	5%	否
平均 ping 时延	50ms	68ms	否
平均接入场强	-75 dBm	-70 dBm	是
平均下载速率	80 kbit/s	60 kbit/s	否
平均信噪比	20 dB	23 dB	是

【原因分析】

原因分析如表 12.9 所示。

表 12.9　问题分类分析表

问题现象	可能原因
ping 丢包率高,时延过大	(1) VLAN 过大; (2) 同邻频干扰严重; (3) 用户使用下载工具下载
下载速度慢	(1) 个别用户使用下载工具大流量下载; (2) 同邻频干扰严重; (3) 接入网宽带不足
接入场强较低	(1) 天线数量不够或方位角偏差; (2) 同邻频干扰严重

【优化措施】

优化措施如表 12.10 所示。

表 12.10　优化措施分类表

问题原因	优化措施
VLAN 过大	细化 VLAN,将一栋楼宇单独划分一个 VLAN
个别用户使用大流量下载业务	添加 BT、迅雷服务器限制,对单用户进行合理速度控制
接入网带宽不足	采用带有交换功能的 ONU 直接连接 AP 的组网方式增加带宽
天线数量不够或方位角偏差	增加天线或调整天线方位角
同邻频干扰严重	合理规划 WLAN 信道,调整 AP 发射功率

例 12.13　L 迎宾馆 WLAN 优化。

该迎宾馆主要以商业为主,大小会议厅若干,会议厅主要用于各级领导开重要会议或者各个公司开各种会议。

热点大约 70 m×50 m,采用 9 个 AP 覆盖,用户高峰期达到 200 以上。此热点用户密集,而且需要同时访问网络。用户同时进入站点,对 AP 和带宽都是一大考验。大量用户同时访问网络可能会出现以下问题:

(1) 用户无法接入 AP;

(2) 网络速度非常慢;

(3) ping 外网丢包率较高。

针对以上问题可采取如表 12.11 所示优化措施优化 WLAN。

表 12.11　优化措施表

问题现象	可能原因	优化措施
个别用户无法接入网络,无法获取 IP	(1) 用户超过 AP 的接入最大值; (2) 场强较弱; (3) AP 数量不够	增加 AP 覆盖,合理调整信道,避免越区覆盖造成干扰,保证每 AP 达到最佳接入用户数

问题现象	可能原因	优化措施
网络速度非常慢	(1) 同邻频干扰严重； (2) 容量覆盖不足； (3) 带宽没有得到保证； (4) 用户利用下载工具下载	增加 AP 容量覆盖。因 AP 安装较集中，干扰较大，重新规划信道，适当降低 AP 发射功率
Ping 外网丢包率超 5%	(1) 同邻频干扰； (2) 用户采用大流量下载； (3) 链路问题	对单用户进行带宽控制，保证每用户为 2 Mbit/s

例 12.14　M 高校宿舍 WLAN 优化。

【问题现象】

M 学院某宿舍楼用户反映其电脑使用 WLAN 业务频繁出现掉线的情况，该宿舍其他用户也发现同样的情况。

【原因分析】

维护人员到达现场后测试发现，该处信号强度较好，且覆盖该处的 AP 上并发用户数也不多，分析认为不是弱覆盖或者网络拥塞导致用户频繁掉线，使用 WLAN 测试软件测试时发现该处有两个信号强度相差不多的 WLAN 信号，导致用户电脑频繁在这两个 AP 之间切换而掉线，该现象被称为乒乓效应。在尽可能不产生弱覆盖的情况下降低了其中一个 AP 的发射功率，使得该区域接收到的信号强度相差较大，用户频繁掉线现象消失。

【优化措施】

除降低其中一个 AP 发射功率外，还可以提高其中一个 AP 的发射功率，另外调整发射天线角度和位置也可以在一定程度上解决乒乓效应。优化前、后对比如图 12.22 所示。

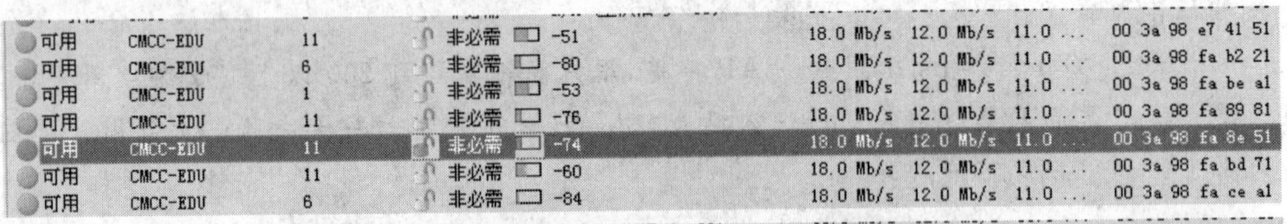

图 12.22　调整前、后对比图

例 12.15　N 高校学生宿舍 WLAN 优化。

【问题现象】

N 大学宿舍楼 5～8 栋二期优化工程每层增加 AP 一个，但 AP 开通后现场测试无法弹出 portal 页面，或登录成功后网速较慢，无法正常上网。

【原因分析】

（1）检查信号强度显示"非常好"，信号稳定。

（2）检查终端正常，无错误设置，登录方式正确。

（3）覆盖区域测试到频点信号情况如图 12.23 所示。测试信号发现在同一点搜索到的同频信号不止一个，且强度均较高，测试噪声较高，判断为干扰严重。

可用	CMCC	6	非必需	−44	18.0 Mb…	00 27 0…	OFDM24	Infrast…	16:31:1…　16:31:4…
可用	CMCC	6	非必需	−58	18.0 Mb…	00 27 0…	OFDM24	Infrast…	16:31:1…　16:31:4…
可用	CMCC	11	非必需	−64	18.0 Mb…	00 27 0…	OFDM24	Infrast…	16:31:1…　16:31:4…
可用	CMCC	11	非必需	−88	18.0 Mb…	00 27 0…	OFDM24	Infrast…	16:31:3…　16:31:4…
可用	CMCC-EDU	6	非必需	−43	18.0 Mb…	00 27 0…	OFDM24	Infrast…	16:31:1…　16:31:4…
可用	CMCC-EDU	6	非必需	−57	18.0 Mb…	00 27 0…	OFDM24	Infrast…	16:31:1…　16:31:4…
可用	CMCC-EDU	11	非必需	−63	18.0 Mb…	00 27 0…	OFDM24	Infrast…	16:31:1…　16:31:4…
可用	CMCC-EDU	11	非必需	−88	18.0 Mb…	00 27 0…	OFDM24	Infrast…	16:31:1…　16:31:4…
不可用	CMCC-EDU	1	非必需	N/A	18.0 Mb…	00 27 0…	OFDM24	Infrast…	16:31:3…　16:31:4…
可用	CMCC-EDU	6	非必需	−88	18.0 Mb…	00 27 0…	OFDM24	Infrast…	16:31:3…　16:31:4…

图 12.23　覆盖区域测试到频点信号情况

【优化措施】

（1）学校宿舍楼 5～8 栋楼层走廊长 30 m，放置 AP 两个，两个 AP 之间相距 3 m，组网布局不合理，对 AP 位置进行调整。

（2）AP 选用频点不合理，部分楼层存在同一楼层 AP 选用相同频点的情况，对频点重新进行合理规划。

（3）由于大学 5～8 栋宿舍楼属于老楼房，AP 穿透力较强，上、下层穿透信号形成干扰，对 AP 信号进行调整，适当降低 AP 发射功率，减小 AP 覆盖半径。

不断调整各项参数，进行大量测试验证优化效果，保证业务正常使用。

本章参考文献

[1]　李洋. 高层室分系统网络优化初探[J]. 中国新通信，2012，14(9)：11-12.

[2]　徐明. CDMA 网络优化关键技术的研究与应用[D]. 北京：北京邮电大学，2011.

[3]　谢鲲鹏. 基于室内网络信号覆盖的优化研究与应用[D]. 上海：复旦大学，2009.

[4]　杨利华. 移动通信室内覆盖的优化[J]. 电子世界，2012 (14)：85-86.

[5]　韩玉清. 浅谈室内覆盖建设与优化[J]. 科技风，2012 (11)：10-10.

[6]　黄翠琳，陈浩. TD—SCDMA 室内覆盖快速优化方法[J]. 电信工程技术与标准化，2010 (6)：32-36.

全书各章习题

第1章

一、单项选择题

1. FTTH 的含义是＿＿＿＿。
   A. 光纤到路边　　　B. 光纤到小区　　　C. 光纤到家庭　　　D. 光纤到大楼

2. 以下哪种传输介质目前较少应用于室内覆盖的信号传递？＿＿＿＿
   A. 同轴电缆　　　B. 泄漏电缆　　　C. 光缆　　　D. 带状线

3. 无源电缆分布系统不包括如下哪种组成部分？＿＿＿＿
   A. 耦合器　　　B. 功率分配器　　　C. 干放　　　D. 合路器

二、判断题

1. 室内覆盖只能通过室内分布系统来实现。（　　　）

2. 光纤分布系统中,远端设备与天线只能是分离结构的。（　　　）

3. 根据信源小区的载波或能量是否全部用于室内覆盖系统使用,还可以将信源分为室内分布系统和室外分布系统。（　　　）

4. 射频拉远型光纤(五类线)分布系统为有源系统,由主设备 BBU 接入合路单元 DCU、RHub、pRRU 构成,设备之间采用光纤或五类线连接。（　　　）

5. 当前还没有任何技术手段可以估计无室内分布系统楼宇的室内话务量。（　　　）

第2章

一、单项选择题

1. 绕射能力差而穿透能力强的移动通信频段为＿＿＿＿,这样造成室内、外信号差别较大,因而该频段主要用于吸收室外话务。
   A. 900 MHz　　　B. 1 800 MHz　　　C. 450 MHz　　　D. 190 MHz

2. 夏天的植被损耗＿＿＿＿冬天的损耗;深圳的墙体穿透损耗＿＿＿＿长春的穿透损耗。
   A. 大于　小于　　　B. 小于　大于　　　C. 大于　大于　　　D. 小于　小于

3. 以下＿＿＿＿不属于自由空间传播的条件。
   A. 充满均匀、线性、各向同性的理想介质　　　B. 无限大的空间
   C. 需要考虑边界条件　　　D. 介质对电磁波无吸收

4. 一台 2W 干放因老化功率下降,现用频谱仪测得现在的实际功率输出只有 0.5 W,那这干放现在的输出比正常情况下满功输出少了＿＿＿＿ dB?
   A. 3　　　B. 7　　　C. 6　　　D. 4

5. 在一个 BTS 下,17 点到 18 点一个小时内共发起了 1 200 次通话,通话平均时长为一分钟,那这个 BTS 这一小时内的话务量是 _____?

A. 20Erl　　　　　B. 24.5Erl　　　　　C. 0.5Erl　　　　　D. 12 Erl

6. EARFCN 为 38 950 的频点归属于 LTE 系统的哪个频段? _____。

A. Band 2　　　　　B. D 频段　　　　　C. Band 39　　　　　D. Band 40

二、多项选择题

移动通信中多址接入技术有 _____。

A. TDMA　　　　　B. FDMA　　　　　C. HDMA　　　　　D. CDMA

三、问答题

1. 假设在同一层楼中有两个相邻的房间,两个房间之间用混凝土墙体进行隔断。在两个房间中分别放置发射节点和接收节点,两个节点之间的直线距离为 10 m,假设与发射节点 1 m 处的视距传播的路径损耗为 40 dB,频率为 2 GHz,试用衰减因子模型求发射节点和接收节点之间的路径损耗。

2. 已知某个蜂窝网络需要覆盖的区域为 1 000 km^2,假设采用三扇区基站进行网络覆盖,并且基站间距为 1 732 m,试计算需要多少个基站才能无缝覆盖所需规划区域。

3. 陆地移动通信系统常用的多址接入技术有哪些? 对每种多址接入技术,列出至少一种采用该多址接入技术的通信系统。

4. 假设 GSM 系统可用带宽为 25 MHz,试求 GSM 在一个无线帧内可容纳的用户数。

5. 假设某泄漏电缆长度为 500 m,泄漏电缆馈入点功率为 27 dBm,泄漏电缆的传输损耗为 3 dB/100 m,泄漏电缆工作频率为 700 MHz,人体损耗为 5 dB,地铁中车厢的损耗为 10 dB,试求离泄漏电缆末端 3 m 处车厢内信号的场强。

第 3 章

一、单项选择题

1. GSM 无线网络的评估主要依据信号强度(Rxlev)和 _____。

A. 广播信道 BCCH 质量　　　　　　B. 频率干扰 Rxqual

C. 误块率 BLER　　　　　　　　　D. 误帧率 FER

2. 中国移动 GSM900 的下行频率是 _____。

A. 890～909 MHz　　　　　　　　B. 870～880 MHz

C. 935～954 MHz　　　　　　　　D. 954～960 MHz

3. 一部 GSM 手机现接收到的信号 CH 是 96,该频点的信号频率是 _____。该频点属于哪个运营商? _____。

A. 954.2 MHz,联通　　　　　　　B. 954.2 MHz,移动

C. 953.8 MHz, 移动　　　　　　　D. 953.8 MHz, 联通

4. CDMA 现在是中国电信运营的第二代移动通信网络,它与 GSM 系统最根本的区别是什么,CDMA 的单载波带宽是多少? _____。

A. CDMA 在不通话时信号是淹没在噪声中的,载波带宽是 0.03 MHz。

B. CDMA 是北美的 2G 标准其向 3G 标准(cdma2000)的过渡,比 GSM 升级成 WCDMA 要更容易,载波带宽是 0.03 MHz。

C. CDMA 具有小区呼吸效应,可自己调节覆盖范围,而 GSM 不行,载波带宽是 1.23 MHz。

D. CDMA 信道复用方式和 GSM 不同,载波带宽是 1.23 MHz。

5. 不属于 GSM 网络的系统参数为_____。

A. RQL　　　　　B. BCCH　　　　　C. Ec/Io　　　　　D. RX

6. GSM 采用什么模式,cdma2000 采用什么模式?_____。

A. FDD　　　　　B. TDD　　　　　C. CDD　　　　　D. MDD

7. LTE 室分系统使用 2 通道 RRU,配置为 20 Mbit/s 带宽,每通路 10 W 发射,并且两个重要参数 PA 和 PB 分别设置为 −3 和 1,则小区专属参考信号(CRS)的 EPRE 应当为_____。

A. 9.2 dBm　　　B. 12.2 dBm　　　C. 13 dBm　　　D. 15.2 dBm

二、多项选择题

1. TD-LTE 室内覆盖将面临诸多挑战,以下说法正确的有_____。

A. 覆盖场景复杂多样　　　　　　　B. 信号频段较高,覆盖能力相对较差

C. 双路室分模式对工程要求较高　　D. 与 WLAN 系统存在复杂的互干扰问题

2. 在同一区域使用多个 WLAN 的 AP 时,通常采用_____信道。

A. 1　　　　　　B. 4　　　　　　C. 6　　　　　　D. 11

3. LTE 系统双工方式包括_____。

A. TDD　　　　　B. FDD　　　　　C. H-TDD　　　　D. H-FDD

4. LTE 信道带宽可以配置为_____。

A. 1.4 MHz　　　B. 3.0 MHz　　　C. 5 MHz　　　　D. 10 MHz

E. 15 MHz　　　F. 20 MHz

5. LTE 系统多址方式包括_____。

A. TDMA　　　　B. CDMA　　　　C. OFDMA　　　D. SC-FDMA

三、计算题

1. TD-LTE 系统的峰值速率如何计算?

2. 假设 GSM 系统可用带宽为 25 MHz,可容纳多少个用户同时通信?

3. 假设 WCDMA 系统中某业务经过 QPSK 映射,1/2 码率编码后,又经过了 64 倍扩频后发送出去,该业务的原始信息传输速率是多少?

4. 假设 LTE 系统带宽为 20 MHz,每个用户的 PDCCH 占用 4 个 CCE,不考虑参考信号以及其他控制信道开销,一个子帧最多可承载多少个用户的 PDCCH?

5. 假设 LTE 系统中 VoIP 业务生成数据包的周期为 20 ms,每个用户在 20 ms 内生成的数据包大小为 50B,网络内同时发起 VoIP 业务的用户为 300 个,采用 QPSK,1/2 码率进行传输,为了保证下一数据包生成前,前一周期所有用户的数据包都被传输,至少需要多少系统带宽?

第 4 章

一、单项选择题

1. 某设备带外杂散指标为 −67 dBm/100 kHz,则相当于_____ dBm/200 kHz。

A. −64　　　　　B. −67　　　　　C. −70　　　　　D. −33.5

2. GSM900 系统,下行信号的_____互调产物有可能落入上行频段内。

A. 二阶互调　　　　B. 三阶互调　　　　C. 五阶互调　　　　D. 七阶互调

3. GSM900 系统,使用频谱仪测试上行接收频带,一般观察到_____时可基本断定产生了互调干扰?

A. 左低右高　　　　B. 左高右低　　　　C. U 型曲线　　　　D. M 型曲线

4. 三阶互调的两个频率成分是_____。

A. $2\omega_1 + \omega_2$　$2\omega_2 + \omega_1$　　　　　　B. $2\omega_1 + \omega_2$　$2\omega_1 - \omega_2$

C. $2\omega_1 - \omega_2$　$2\omega_1 + \omega_2$　　　　　　D. $2\omega_1 - \omega_2$　$2\omega_2 - \omega_1$

5. 用频谱仪测试某系统发射信号的边带噪声,RBW 带宽设为 200 kHz 时读数为 10 dBm,RBW 带宽设为 1 MHz 时读数为_____。

A. 10 dBm　　　　B. 15 dBm　　　　C. 17 dBm　　　　D. 24 dBm

6. 以下_____是不同系统间的常见干扰。

A. 阻塞干扰　　　　B. 杂散干扰　　　　C. 交调干扰　　　　D. 小区内干扰

二、判断题

1. 直放站系统引入的噪声与设备噪声系数有关,与增益无关。(　　)

2. 在 2G 与 3G 合路分布系统中,GSM 和 WCDMA 合路时,若两系统输出直接合路,基站收发信机到合路器之间馈线损耗忽略不计,为了控制 WCDMA 系统对 GSM 系统的干扰隔离度要求不小于 28 dB。(　　)

3. 分布系统中,三阶交调是因为引入的放大器件的非线性因素造成的。(　　)

4. 分布多级干线放大器的级联有并联和串联两种方式,其中并联方式对系统引入的噪声较小。(　　)

5. 常用的工程隔离方法有水平隔离、垂直隔离。(　　)

三、计算题

1. 假设某系统的载波带宽为 1.6 MHz,试求该系统在一个载波上的热噪声。

2. GSM 系统的下行发射功率为 43 dBm,DAS 互调指标为 -140 dBc@2×43,计算 GSM 接收机的无源互调功率 PIM3 是多少?

第 5 章

一、判断题

1. 一体化微站用于建筑物数目较多、楼宇遮挡较严重、覆盖范围相对较大的场景,可采用"多个一体化微站＋小区合并"模式组网覆盖大型居民社区等;分布式微站适用于宏站难以覆盖的或建设成本过高且建筑物数目较少的单点单小区覆盖场景,如小型酒店、商场等。(　　)

2. BBU 主要完成基带信号处理、主控、传输及时钟等功能,而 RRU 主要完成射频滤波、放大、上下变频及数字中频等处理功能,BBU 和 RRU 之间通过光纤连接并传输基带 IQ 数据及控制管理数据。(　　)

3. 三层架构分布式基站只能应用于室内覆盖,无法应用于室外覆盖室内的场景。(　　)

4. 强大的小区合并能力是 Femto(含 Nanocell)可以大量应用于覆盖需求强而容量需求分散场景的有力保障。(　　)

5. 根据处理能力和支持制式的不同,Femto 基站分为企业级和家庭级两种类别。(　　)

6. 结构复杂、业务需求较高的小型办公写字楼或酒店,在产品成熟且有 FEMTO 网关部

署的情况下,可考虑企业级 FEMTO 或企业级 FEMTO 联合传统分布系统方式覆盖。( )

7. Nanocell 和传统 Femtocell 的区别在于 Nanocell 额外多植入了 WLAN 的一种模式,并且 WLAN 的这种模式不仅是面向用户发射信号,而且会一直连接到 WLAN 的 AC 上。( )

8. 通常用于延伸室内、外覆盖的 GRRU 设备就是指 GSM 系统中的分布式基站,即 BBU 和 RRU 的组合。( )

9. LTE 系统中的中继(Relay)就是 2G 和 3G 系统中的直放站。( )

10. 中继站的主要应用场景是:在宏基站或街道站无法建设或建设成本过高时,不具备有线回传条件的室内补盲及室外覆盖室内场景,并可适用于室外覆盖室内场景与微站彼此互补。( )

二、问答题

1. 简述分布式基站和家庭基站的特点及它们各自的应用场景。

2. 请列出一体化微站和三层架构分布式基站的区别。

3. 简述 LTE 系统中继(Relay)与 2G 系统中直放站的区别。

第 6 章

一、单项选择题

1. 室内覆盖系统中,直放站信源功率覆盖不到的区域通常通过增加干线放大器来延伸覆盖,多个干线放大器一般是_____连接到分布系统中,这可以有效地避免噪声叠加。

A. 串联　　　　　　B. 并联　　　　　　C. 级联　　　　　　D. 星型连接

2. 覆盖天线和施主天线应使用_____天线,其指向和俯仰角要符合设计方案的要求。

A. 无源　　　　　　B. 有源　　　　　　C. 全向　　　　　　D. 方向性

二、多项选择题

1. TD-LTE 室内覆盖将面临诸多挑战,以下说法正确的有_____。

A. 覆盖场景复杂多样　　　　　　　　B. 信号频段较高,覆盖能力相对较差

C. 双路室分模式对工程要求较高　　　D. 与 WLAN 系统存在复杂的互干扰

2. 下列哪些属于有源器件_____。

A. 干放　　　　　　B. 光纤直放站　　　　C. 天线　　　　　　D. 负载

三、问答题

1. 直放站主要应用场合有哪些?

2. GSM 直放站时间色散与哪些因素有关,如何避免时间色散现象?

3. GSM900 接收机的热噪声、底噪和灵敏度之间的关系是什么? 计算出接收机的噪声系数 NF＝5 dB 时,其接收灵敏度为多少?

4. 一 20 W 的 CDMA 基站下带两台 10 W 光纤直放站,两台直放站的工作状态一样,下行增益为 40 dB,基站的噪声系数为 4 dB,光纤直放站的噪声系数为 5 dB,要使直放站对基站的噪声影响不超过 2 dB,则直放站的上行增益最多可以设为多少?

5. 直放站扩大 CDMA 网络的覆盖范围后一般需要做哪些优化?

6. 如题图 6-1 所示,某郊区有基站 A 为室外宏基站,基站 A 的信号到移动台的直接距离为 1 km,而多径信号的传播距离为 5 km;室外宏基站 B 为基站 A 的相邻基站,其信号到移动

台的直接距离为 1.488 km,同时多径信号的传播距离为 4 km;由于基站 AB 之间边缘覆盖差,在 AB 之间增加一室外光纤直放站 C,补充覆盖,信源为 A;AC 之间相距 4 km,BC 之间相距 3 km(设直放站本机处理时延为 0,1chip=244 m);

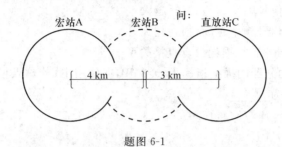

问：

题图 6-1

(1) 基站 A、基站 B 的 SRCH_WIN_A 的尺寸至少大于多少个 chip?

(2)基站 A、基站 B 的 SRCH_WIN_N 的尺寸至少大于多少个 chip?

(3) 除了 SRCH_WIN_A,SRCH_WIN_N 外,还有哪些设备还应修改什么参数?

第 7 章

一、单项选择题

1. 若某室内覆盖天线的功率为 0dBm,则其对应的功率为_____。

A. 0 W　　　　　　B. 0 mW　　　　　　C. 1 mW　　　　　　D. 10 mW

2. 驻波比是行波系数的倒数 ,驻波比为 1,表示完全匹配;驻波比为无穷大,表示全反射,完全失配。在移动通信系统中,一般要求驻波比小于_____。

A. 1.2　　　　　　B. 1.4　　　　　　C. 1.5　　　　　　D. 1.3

3. 室内覆盖天线采用的单极化天线的极化方向一般为_____。

A. 水平极化　　　　B. 垂直极化　　　　C. 交叉极化　　　　D. 双极化。

4. _____是天线的垂直半功率角。

A. 天线安装后垂直轴线与地面的夹角

B. 天线垂直能量辐射与水平能量辐射的比值

C. 天线波束的垂直波瓣宽度

D. 基站发射功率降低一半时天线波束的垂直波瓣宽度

5. 以下对天线的增益(dBd)的看法正确的是_____。

A. 这是一个绝对增益值

B. 天线是无源器件,不可能有增益,所以此值没有实际意义

C. 这是一个与集中辐射有关的相对值

D. 全向天线没有增益,而定向天线才有增益

6. 普通 1/2 英寸馈线在 900 Mbit/s 时每 100 m 线损为_____。

A. 3 dB　　　　　　B. 5 dB　　　　　　C. 7 dB　　　　　　D. 9 dB

7. 对八木天线引向器的表述中,正确的是_____。

A. 一般而言,引向器越多,水平瓣宽越窄,增益越高

B. 一般而言,引向器越多,水平瓣宽越宽,增益越高

C. 一般而言,引向器越多,水平瓣宽越窄,增益越低

D. 一般而言,引向器越多,水平瓣宽越宽,增益越低

8. 通常情况下,关于馈线的损耗描述正确的是_____。

A. 馈线线径越小,信号频率越高,损耗越小

B. 馈线线径越小,信号频率越高,损耗越大

C. 馈线线径越大,信号频率越高,损耗越大

D. 馈线线径、信号频率,与损耗没有直接关系

9. 若一个微带 2 功分器的插损指标为:0.3 dB,在使用中,若输入信号大小为 20 dBm,则两个输出口的信号大小为_____。

A. 16.7,19.7　　　　B. 16.4,16.4　　　　C. 16.7,16.7　　　　D. 19.7,19.7

10. 耦合器如题图 7-1 所示。

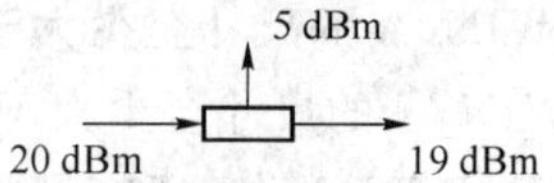

$$5\ \text{dBm}$$

$$20\ \text{dBm} \longrightarrow \boxed{\qquad} \longrightarrow 19\ \text{dBm}$$

题图 7-1

此耦合器的耦合度与插入损耗分别为_____。

A. 15 dB/1 dB　　　　B. 5 dB/15 dB　　　　C. 15 dB/14 dB　　　　D. 20 dB/1 dB

11. 在设计 GSM 和 TD-SCDMA 两网合一系统时,可用作合路的器件是_____。

A. 3 dB 耦合器　　　B. 二功分器反接　　　C. 双频合路器　　　D. 同频合路器

12. 对地下停车场的进出口进行覆盖建议使用_____天线。

A. 全向吸顶天线　　　B. 定向板状天线　　　C. 定向吸顶天线　　　D. 射灯天线

13. 3G 中对电梯井覆盖时最理想应选用_____。

A. 吸顶天线　　　　B. 八木天线　　　　C. 板状天线　　　　D. 柱状天线

二、多项选择题

1. 以下关于天线前后比的描述正确的是:_____。

A. 天线的前后比低,表明天线对后瓣的抑制好

B. 天线的前后比高,容易产生越区覆盖

C. 天线的前后比低,容易产生越区覆盖

D. 天线的前后比高,表明天线对后瓣的抑制好

2. 下列_____属于无源器件。

A. 干放　　　　B. 光纤直放站　　　　C. 天线　　　　D. 负载

三、填空题

1. 室内覆盖使用的主要无源器件有:_____、_____、_____、_____、_____、_____。

2. 室内分布系统信号电平通过二功分器损耗_____,三功分器损耗_____,四功分器损耗_____。

3. 驻波比/回波损耗,按验收规范要求:天馈线的驻波比要小于_____,该驻波比对应于回波损耗是_____ dB。

4. 天线方向图宽度一般是指_____。一般是方向图越宽,增益越_____;方向图越窄,增益越_____。

第 8 章

一、多项选择题

为防止信号泄漏到室外,可以采取以下哪些措施? _____

A. 在门厅和窗户区域选择定向天线　　　B. 在门厅和窗户区域选择全向天线

C. 充分利用隔墙等建筑物阻挡　　　D. 边界区域更换小增益天线

E. 调整优化和邻区的切换信息

二、判断题

1. 电梯井的定向天线口输出功率不足或天线间距离太远,都可能导致电梯运行过程中通话断断续续。(　　)

2. 室外信号对室内的干扰与建筑物结构、室外基站分布、频点设置均有关系。(　　)

三、问答题

1. 题图 8-1 是某大楼的室内分布的简易系统图,经检查除 A,B,C,D 四处其他器件都是正常的,问在下述情况中故障最有可能出现在 A,B,C,D 四处中的哪处?

(1) 1~7F 有信号,电梯没信号;

(2) 1~5F 有信号,5F 以上和电梯没信号;

(3) 只有 1~5F 没有信号。

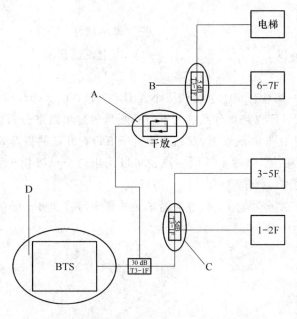

题图 8-1

2. GSM900 室内分布系统中,要求某一天线覆盖周边 10 m 的区域,覆盖电平须达到 −75 dBm,天线 IXD-360/V03-NG 是室内吸顶天线(增益为 0 dBi),要满足上述要求,天线输入电平应为多少?(假设覆盖区域为开阔空间,无物体阻挡,损耗符合自由空间传播模型,多径衰落余量为 10 dB,GSM 中心频率可取 1 000 MHz)

3. 某一制式的室分系统中,天线口功率为 5 dBm,手机的最小接收电平为 −100 dBm,最

小发射功率为 -48 dBm,基站的低噪是 -108 dBm,假设室分系统的损耗是 15 dB(包括馈线损耗、器件介质损耗、分配损耗),室内传播模型是

$$L=38.4+38\lg d+15$$

其中,L 为损耗,d 为手机到天线距离(d 的单位是 m),15 为阴影衰落余量(当视距范围内不考虑阴影衰落余量)。求:该场景下天线的有效覆盖半径范围是多少?

第 9 章

一、单项选择题

1. LTE 室内分布系统中无法使用的传输模式是＿＿＿＿。

A. TM1　　　　　B. TM2　　　　　C. TM3　　　　　D. TM7

2. LTE 室分系统(O1 配置)应当预留多大的传输带宽?＿＿＿＿

A. 40 Mbit/s　　　B. 60 Mbit/s　　　C. 80 Mbit/s　　　D. 110 Mbit/s

3. LTE 室分系统中使用两个单极化室分天线做双路传输时,两个单极化室分天线的间距应该＿＿＿＿。

A. 越大越好　　　　　　　　　B. 越小越好

C. 保持在 0.5 m 以上　　　　　D. 以上说法都不对

4. LTE 室分系统中使用两个单极化室分天线做双路传输时,两个单极化室分天线的间距应该＿＿＿＿。

A. 越大越好　　　　　　　　　B. 越小越好

C. 保持在 0.5 m 以上　　　　　D. 以上说法都不对

二、判断题

1. LTE 系统中一共只有 504 个物理层小区 ID(PCI)。(　　　)

2. 相同条件下,LTE 双路室分系统的下行吞吐量约是单路室分系统的 1.5 倍以上;尤其是在信道条件差、信干比低的场景下,双路系统对于下行吞吐量的提升效果更为明显。(　　　)

3. 对于双路室分系统,末端上的同一点位可以采用两个单极化天线,也可以采用一个双极化天线,从而节约了安装空间要求。(　　　)

4. 对于 TD-LTE 室分小区,上行业务需求大的楼宇可将业务子帧配置为 2:2,特殊子帧配置为 10:2:2。(　　　)

第 10 章

一、计算题

1. 设计一收发合缆 POI,要求设计一 POI,基本电性能指标如题表 10-1 所示,内部器件只采用 2 路合路器(800~960/1 710~2 170 MHz)和四进四出电桥(800~2 200 MHz)两种器件,请提供实现方案。

题表 10-1

低频段	800~960 MHz
高频段	1 710~2 170 MHz
功率容量	50 W(平均);100 W(峰值)/端口
插入损耗	不大于 7.1 dB
回波损耗	天线 ANT Ports:大于 18 dB; 信源 RBS Ports:大于 19 dB
隔离	大于 22 dB(同系统); 大于 75 dB(不同系统)
无源互调 PIM3	小于−150 dBc@2×43 dB (GSM900、DCS1800、WCDMA bands RBS Ports REVERSE)
信源端口数	低频段 4 个;高频段 4 个
天线 ANT 口	4 个

2. 考虑一收发分缆 POI,POI 收发模块插损 IL 均小于 5 dB BTS1 端口输入 2 载波,每载波功率为 43 dBm,要求 BTS2 端口测量无源互调电平小于−150 dBc,求收发天线空间耦合 Cou 分别为 0 dB 和 30 dB 情况下,TX 模块无源互调指标。

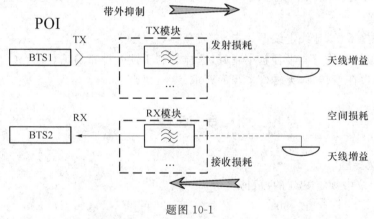

题图 10-1

3. 计算题 1 中有一电桥矩阵,电桥矩阵的作用是什么?假设电桥矩阵的四端口分别输入功率为 43 dBm,频率为 f_1、f_2、f_3 和 f_4 的信号,假设电桥为理想电桥,则输出信号电平是多少?

4. 对于计算题 1 给出的 POI,假设所有端口到天线插入损耗都为 6 dB,在每端口输入 50 W 平均功率,100 W 峰值功率的情况下,计算每个天线口的功率容量。

二、问答题

1. POI 与合路器相比,有什么特点?

2. POI 系统中使用隔离器,使用隔离器的目的是什么?有什么好处和坏处?

第11章

一、单项选择题

1. 室内分布系统信源一般安装在_____。

    A. 电梯间   B. 地下室   C. 弱电井   D. 楼道

2. 室内馈线布放应尽量使用_____,避免与强电高压管道和消防管道一起布放。

    A. 风管井   B. 水管井   C. 电气管井   D. 天井

3. 室内馈线应尽量在线井和天花吊顶中布放,对于不在机房线井和天花吊顶中布放的馈线,应套用_____。

    A. PVC 管   B. 钢管   C. 铜管   D. 热缩管

4. 地下停车场的布线应_____排风,消防等管道。

    A. 低于   B. 高于   C. 水平   D. 无所谓

5. 主机保护地,馈线、天线支撑件的接地点应_____。

    A. 拧在一起   B. 后两者拧在一起 C. 分开   D. 无所谓

二、多项选择题

设备安装位置要满足:_____。

    A. 无强电   B. 无强磁   C. 无强腐蚀   D. 无干扰

三、判断题

1. 在工程施工中,地线走线严禁走 90°直角。(　　)

2. 一般来说,馈线弯曲半径越小越好,这样有利于馈线排布的美观性。(　　)

3. 地线可以任意转弯,无转弯半径的要求。(　　)

第12章

一、单项选择题

1. LTE 协议中规定 PCI 的数目是:_____。

    A. 512   B. 504   C. 384   D. 508

2. 以下_____对于 LTE 双路室分系统的性能没有影响。

    A. 双路功率的平衡度   B. 双路天线的间距

    C. 单极化天线的极化隔离度   D. 双极化天线的极化隔离度

3. 应当为 LTE 单载波室分系统预留_____传输带宽。

    A. 50 Mbit/s   B. 80 Mbit/s   C. 110 Mbit/s   D. 150 Mbit/s

4. 如下哪个频段只能用于 TD-LTE 的室内覆盖?_____

    A. 1 880~1 900 MHz   B. 2 320~2 370 MHz

    C. 2 570~2 620 MHz   D. 2 010~2 025 MHz

5. LTE 双通道室分使用单极化天线,在狭长走廊环境部署时,应尽量使两个单极化天线的连线方向与走廊方向呈_____关系。

    A. 平行   B. 垂直   C. 45°交叉   D. 60°交叉

6. ICIC 技术是用来解决_____。

A. 邻频干扰　　　　B. 同频干扰　　　　C. 随机干扰　　　　D. 异系统干扰

7. 下述关于 $2*2$ MIMO 说法正确的是?_____

A. 2 发是指 eNodeB 端,2 收也是指 eNodeB 端

B. 2 发是指 eNodeB 端,2 收是指 UE 端

C. 2 发是指 UE 端,2 收也是指 UE 端

D. 2 发是指 UE 端,2 收是指 eNodeB 端

8. UE 终端,LTE 底噪理论值约为_____。

A. −125 dBm　　　B. −130 dBm　　　C. −93.75 dBm　　　D. −94 dBm

9. LTE 传输模式中,发射分集的应用场景是_____。

A. 用户较多的区域　　　　　　　　B. 信噪比高的区域

C. 低速移动环境　　　　　　　　　D. 信道质量不好的小区边缘等区域

10. 当某个小区的指标突然恶化后,首先应该检查的是_____。

A. 邻区表关系　　　B. 硬件告警　　　C. 切换门限　　　D. 小区发射功率

11. 由于现网 TD-S 为 4:2 的配置,若不改变现网配置,TD-LTE 在需要和 TD-S 邻频共存的场景下,时隙配比只能为_____。

A. 2:2+10:3:1　　　　　　　　B. 2:2+10:2:2

C. 1:3+3:9:2　　　　　　　　　D. 3:1+3:9:2

12. CQT 测试一般城市通常至少选_____测试点。

A. 10 个　　　　　B. 20 个　　　　　C. 30 个　　　　　D. 40 个

13. 网络优化工作的前提是_____。

A. 所有基站都已开通　　　　　　　B. 网络指标未达到要求

C. 基站工作状态正常　　　　　　　D. 局方要求开始优化

14. TD-LTE 系统中,以下_____项可以认为测试无线环境为好点。

A. RSRP＝−90 dB,SINR＝11　　　B. RSRP＝−95 dB,SINR＝17

C. RSRP＝−85 dB,SINR＝3　　　　D. RSRP＝−75 dB,SINR＝25

15. 漏作邻区时,可能会导致网络出现_____。

A. 弱覆盖,掉话　　　　　　　　　B. 干扰增加,弱覆盖

C. 导频污染,掉话　　　　　　　　D. 乒乓切换,掉话

二、多项选择题

1. TD-LTE 室内覆盖将面临诸多挑战,以下说法正确的有_____。

A. 覆盖场景复杂多样　　　　　　　B. 信号频段较高,覆盖能力相对较差

C. 双路室分模式对工程要求较高　　D. 与 WLAN 系统存在复杂的互干扰问题

2. 导致多系统合路室分系统网络间干扰的原因有_____。

A. 互调干扰　　　B. 阻塞干扰　　　C. 杂散干扰　　　D. 泄漏干扰

3. 下列关于 TD-LTE E 频段室分系统的描述错误的有_____。

A. 双路系统使用单极化室分天线时,天线间距应小于 4 倍波长

B. 双极化室分天线的性能非常差,无法使用

C. 与 WLAN 系统的干扰较小,与 GSM 系统的干扰较大

D. 双路系统中应注意两路馈线损耗的平衡性

4. MIMO 分类有空分复用,其特点和优势为_____。

A. 利用较小间距的天线阵元之间的相关性

B. 利用较大间距的天线阵元之间或波束赋型的不相关性

C. 终端/基站并行发射多个数据流,提高链路容量

D. 发射和接收一个数据流,避免单个信道衰落对整个链路的影响

5. TD-LTE 下行数据速率和_____有关。

A. 带宽配置　　　　B. 调制方式　　　　C. MIMO 方式　　　　D. 特殊子帧配置

6. 系统中 UE 能达到的数据最高下行速率和下列哪些因素有关?

A. 小区上、下行时隙配比　　　　　　B. 小区的传输模式

C. 双路系统中两根天线的隔离距离　　　D. 室分系统的路径损耗

7. 关于 GPS 天线及馈线安装,说法正确的有_____。

A. GPS 天线安装位置在满足工程要求的情况下,应尽可能靠近机房,缩短馈线距离

B. GPS 天线应在避雷针的 45°保护范围之内

C. 室外线缆进入机房前,可以不做“回水弯”

D. 射频线接头 300 mm 以内,线缆不能有折弯,线缆保持平直

8. 如下哪些工具可用于 RRU 至 BBU 的传输排障?

A. 万用表　　　　B. 发光笔　　　　C. 光功率计　　　　D. 光纤头子清洁试纸

9. TD-LTE 路测中,假如路测采集系统发现信号很弱,通过扫频仪扫频也发现信号很弱,接近-126 dB,下面说法正确的是_____。

A. 基站可能有故障

B. 终端测量信号很弱时可用扫频仪确认

C. 扫频仪测试不依赖网络,故测试结果更可信

D. 扫频仪测试不准

三、问答题

1. 从移动通信技术特点角度来划分,室内覆盖工程优化的问题主要分为哪几种类型?

2. 通常,对哪些数据进行分析,可以对室分存在的问题进行定位?

3. 某室分工程大楼内收到周围一基站比较强的信号,形成强干扰,采取哪些措施可以规避该基站的过覆盖问题?

4. TD-LTE 网络中导频污染的解决方法有哪些?

习 题 答 案

第1章

一、单项选择题

1. C 2. D 3. B

二、判断题

1. × 2. × 3. × 4. × 5. ×

第2章

一、单项选择题

1. B 2. A 3. C 4. C 5. A 6. D

二、多项选择题

ABD

三、问答题

1. 由于收发节点位于同一楼层，$n_{MF} = 2.76$。

由于两个房间用混凝土墙体进行隔断，工作频率为 2 GHz，根据表2.10可得 PAF 在 20~30 dB 之间。

收发节点之间的路径损耗为

$$PL(dB) = 40 + 10 \times 2.76 \times \log 10 + PAF$$

所以，收发节点之间的路径损耗在 87.6 ~97.6 dB 之间。

2. 由基站间距离 1 732 m 可得每个小区半径为 $1732/\sqrt{3} = 1\,000$ m。

单小区覆盖面积为 $\pi R^2 = 3.14 \times 1^2 = 3.14$ km²

由于采用三扇区基站进行网络覆盖，单个基站可以覆盖的区域为 $3 \times 3.14 = 9.42$ km²

为了覆盖 1 000 km² 的区域，所需基站数量为 $1\,000/9.42 \approx 107$。

3. 陆地移动通信常用的多址接入技术主要有：

① 频分多址接入（FDMA），如 GSM。

② 时分多址接入（TDMA），如 GSM。

③ 码分多址接入（CDMA），如 WCDMA/cdma2000/TD-SCDMA。

④ 正交频分多址接入（OFDMA），如 LTE。

⑤ 空分多址（SDMA），如 LTE。

4. GSM 系统一个子信道的带宽为 200 kHz，一个无线帧内共有 8 个时隙。

如果系统带宽为 25 MHz，则可划分为 125 个子信道。

假设每个用户占用一个时隙,此时一个无线帧内可容纳的最大用户数为 $125 \times 8 = 1\,000$。

5. 由于泄漏电缆工作频率为 700 MHz,由 2.25 可知,离泄漏电缆末端 3m 处耦合损耗为 71.76 dB。

泄漏电缆末端的功率为 $27 - 0.03 \times 500 = 12$ dBm。

泄漏电缆末端 3m 处的场强为 $12 - 71.76 = -59.76$ dBm。

当考虑人体损耗和铁皮车厢损耗时,车厢内接收到的信号强度为 -74.76 dBm。

第 3 章

一、单项选择题

1. B 2. C 3. A 4. D 5. C 6. A 7. C

二、多项选择题

1. ABCD 2. ACD 3. AB 4. ABCDEF 5. CD

三、计算题

1. 计算 TD-LTE 峰值速率需要查找 TBS 最大承载比特数与调制方式、系统带宽的映射关系。

TD-LTE 峰值速率中与下列条件有关:

(1) 无线半帧中子帧配置比例;

(2) 是否采用双流发射(每 PORT 口发射数据独立);

(3) 极限系统带宽;

(4) 高阶调制方式;

(5) 特殊时隙中的 DWPTS 符号数是否承载数据业务有关。

如果以上内容均在最好的情况下即为 LTE 峰值条件。

第一步,查找 PDSCH 调制方式与 TBS 索引号的表,确定最大调制阶数为 64QAM。

第二步,确定在最大系统带宽下 TBS INDEX =26 TBS 承载最大比特数,查表得 75 376 bit,该表名称为 TBS-L1。

(注释:我们现在说的 100PRB 为传输带宽,系统带宽对应为 110PRB,查表时以查找系统带宽为基准。)

第三步,双流发射最大比特数根据协议 36.213 确定:

① 当系统带宽小于 55PRB 时,如果采用双流发射直接把 TBS-L1 查找数值乘以 2 即可。

② 当系统带宽数值大于 55PRB 时,查找 TBS-L1 图表数值对应 TBS-L2 中对应最大比特数。

双流 110PRB 系统带宽即传输带宽 100PRB 对应的最大比特数为 149 776 bit。

具体计算:

不含特殊子帧或 DWPTS 符号数小于 9 时,最大吞吐率为 $(149\,776/1\,024) \times 3/5 = 87.76$ Mbit/s。其中,3/5 为帧结构中下行子帧的占比。(3 个下行子帧、1 个特殊子帧、1 个上行子帧)。

第四步,特殊子帧中 DWPTS 是否传输数据问题。目前 TDS 为 2:4 配置,如果使用 F 频段建设 LTE 的话必须考虑时隙对齐的问题,所以 LTE 特殊子帧中 DWPTS:GP:UPPTS 定为 3:9:2,即 DWPTS 不能传输数据(当 DWPTS 符号数为 9 或以上时是可以传输数据的)。

特殊时隙 DWPTS 大于或等于 9 时,相应 TBS 最大为常规子帧承载比特数的 0.75 倍,通过第一～第三步的过程速率为 110 136/1 024×1/5＝21.51 Mbit/s。

（注释:具体比例也有不成文的估算,即 DWPTS 符号数/子帧符号数(恒值 14 符号)＝? /14 最终结算结构)

① 不含特殊子帧或 DWPTS 符号数小于 9 时,最大传输速率为 87.76 Mbit/s。

② 特殊子帧或 DWPTS 符号数大于 9 时,最大传输速率约为 110 Mbit/s。

2. GSM 系统信道带宽为 200 kHz,25 MHz 带宽可划分出的子信道为 25 000 000/200 000＝125;

每个 GSM 子信道有 8 个时隙,最多可容纳 8 个用户同时发起业务,则 25 MHz 带宽可容纳的用户数为 125×8＝1 000 个。

3. WCDMA 系统码速率为 3.84 Mchip/s,即业务经过扩频后的采样频率为 3.84 Mbit/s;

由于经过了 64 倍扩频,扩频前业务速率为 3.84 Mbit $\cdot$ s^{-1}/64＝60 kbit/s;

由于原始经过 QPSK 调制和 1/2 速率编码,原始信息速率为 60/(2×1/2)＝60 kbit/s。

4. LTE 系统 20 MHz 带宽可使用的 PRB 数目为 100 个,子载波个数为 100×12＝1 200;

每个 CCE 占用 36 个资源粒子,4 个 CCE 占用的资源粒子总数为 4×36＝144;

一个子帧中 PDCCH 可使用的 OFDM 符号个数为 3 个,则一个子帧最多可承载的 PDCCH 的个数为 3×1 200/144＝25。

5. 一个 VoIP 数据包的大小为 50×8＝400 bit;

一个 VoIP 数据包经过编码后的 QPSK 符号数为 400×2×1/2＝400,即一个 VoIP 数据包需要占用的资源粒子个数为 400;

一个 VoIP 数据包需要占用的 PRB 对的个数为 400/(12×14−8)＝2.5 (假设采用单天线,参考信号占用的资源粒子个数为 8),即一个 VoIP 数据包需要占用的资源粒子个数为 3 个 PRB 对;

300 个用户需要占用的资源数为 300×3＝900;

300 个用户所需要的系统带宽至少是 900/20＝45 个 PRB 带宽;

对 LTE 系统来说,300 个用户所需的系统带宽为 10 MHz。

第 4 章

一、单项选择题

1. A 2. C 3. A 4. D 5. C 6. D

二、判断题

1. × 2. √ 3. √ 4. √ 5. √

三、计算题

1. P_0＝−174＋10log(1.6×10^6)＝−112 dBm。

2. DAS 互调指标为 43＋(−140)＝−97 dBm,DAS 无源互调电平为−97−3×(43−40)＝−106 dBm,GSM 接收机无源互调功率 PIM3＝DAS 无源互调电平＝−106 dBm。

第 5 章

一、判断题

1. × 2. √ 3. × 4. × 5. × 6. × 7. √ 8. √ 9. × 10. √

二、问答题

略

第6章

一、单项选择题

1. B　2. D

二、多项选择题

1. ABCD　2. AB

三、问答题

1. 直放站可以广泛应用于写字楼、宾馆、校园、体育场馆、车站、电梯、地下室等容易受墙体屏蔽无线信号的场所,还可以广泛应用在低话务密度地区(城郊、农村、高速公路等)地区,有快速覆盖、建网成本低等特点。

2. GSM 直放站时间色散与引入直放站带来的时延大小以及干扰信号的强度有关,在直放站与基站的重叠覆盖区域内,当直达信号与被障碍物反射的信号之间时延 15 μs 以及 $C/R < 12$ dB 时才会出现时间色散问题。

避免时间色散的方法如下:

(1) 将基站或直放站尽可能建在离反射物近的地方,使直达信号和反射信号路径时延差小于 15 μs。

(2) 当基站或直放站离反射物体较远时,将天线指向离开反射物的方向使天线背向障碍物,并挑选前后比增益相差大的天线。

(3) 采用光纤直放站尽量选取信源基站与覆盖区背向的扇区信号作为直放站信源。

(4) 光纤直放站的覆盖端天线尽量用多面定向板状天线来代替全向天线。

(5) 如果外界物理环境和电磁环境使之不可避免时,可在直放站调测过程中尽量减小重叠区域的面积,或者提高重叠区域的 C/R 值,来满足重叠区域手机用户的正常通话。

3. (1) 热噪声 $KTB = -121$ dBm;

(2) 底噪声 $KTB + \text{NF} = -116$ dBm;

(3) 灵敏度 = 底噪 + $C/I = -104$ dBm。

4. CDMA 基站原来的噪声为 $-113 + 4 = -109$ dBm。

要使直放站对基站的噪声影响不超过 2 dB,即噪声不要超过 $-109 + 2 = -107$ dBm,则直放站的总噪声电平小于 $-107 - (-109) = -111.3$ dBm,每台直放站的噪声电平小于 $-111.3 - 10\log2 = -114.3$ dBm。

基站到直放站的耦合损耗及线路损耗为

基站下行输出功率 - 直放站下行输出功率 - 直放站下行增益

$$= 43 - 40 + 40 = 43 \text{ dB}$$

则根据每台直放站的最高噪声电平要求可得:

直放站热噪声 + 直放站上行增益 - 直放站到基站的耦合损耗及线路损耗

$$= -113 + 5 + G_上 - 43 < -114.3 \text{ dBm}$$

故直放站的上行增益要小于 36.7 dB。

5. CDMA 网络中引入不同类型的延伸设备,将一定程度上增加系统时延,需对基站搜索窗参数进行调整和优化,合理的搜索窗设置将使网络运行质量更高、网络性能更好。

CDMA 直放站对系统搜索窗口参数的影响,可从直放站时延和产生多径两方面考虑。根据直放站覆盖区、施主基站覆盖区及周围基站覆盖区的重叠覆盖情况,从而合理调整这些参数。

(1) 对于移动台搜索窗的影响:

• 激活集搜索窗(SRCH_WIN_A);

• 邻域集搜索窗(SRCH_WIN_N。)。

(2) 对于基站搜索窗的影响:

• 接入信道搜索窗长度;

• 反向链路业务信道多径搜索窗。

6. (1) A 基站:$SRCH\_WIN\_A = 2 \times \max(5-1, 1.5 \times 4-1)/0.244 = 42chip$;

B 基站:$SRCH\_WIN\_A = 2 \times \max(4-1.488)/0.244 = 22chip$;

A、B 基站的 SRCH_WIN_A 尺寸都需大于 42chip。

(2) A 基站:$SRCH\_WIN\_N = 2 \times \max(5-1.488, 4-1, 1.5 \times 4-1.488, 7)/0.244 = 58chip$;

B 基站:$SRCH\_WIN\_N = 2 \times \max(5-1.488, 4-1, 1.5 \times 4-1.488, 9)/0.244 = 74chip$;

A、B 基站的 SRCH_WIN_N 尺寸都需大于 74chip。

(3) A、B 基站修改 RADIUS 参数。

第 7 章

一、单项选择题

1. C　2. C　3. B　4. C　5. C　6. B　7. A　8. B　9. C　10. A　11. C
12. B　13. C

二、多项选择题

1. CD　2. CD

三、填空题

1. 耦合器　功分器　合路器　馈线　负载　室内天线

2. 3 dB　4.8 dB　6 dB

3. 1.5　14

4. 天线主瓣宽度即从最大值下降一半时两点所张的夹角　低　高

第 8 章

一、多项选择题

ACDE

二、判断题

1. √　2. √

三、问答题

1. (1) 故障在 B 处;　(2) 故障在 A 处;　(3) 故障在 C 处。

2. 设天线所需电平为 P(dBm)，电磁波自由空间损耗为 L，根据题意有

$$P - L - 10 \text{ dB} \geqslant -75 \text{ dBm}$$

$$L = 32.4 + 20\log(f \times d)$$

$$= 32.4 + 20\log(1\,000 \times 0.01)$$

$$= 52.4 \text{ dB}$$

$$P \geqslant -75 \text{ dBm} + 52.4 \text{ dB} + 10 \text{ dB} \geqslant -9.6 \text{ dBm} - 13.6 \text{ dBm}$$

3. 最大允许路损（MAPL）= 5 dBm − (−100 dBm) = 105 dB

$$L_{\max} = 38.4 + 38\lg d_{\max}(\text{m}) + 15 = 105 \text{ dB}$$

于是

$$d_{\max}(\text{m}) = 23 \text{ m}$$

$$\text{最小耦合损耗（MCL）} = -48 \text{ dBm} - (-108 \text{ dBm}) = 60 \text{ dB}$$

$$L = 38.4 + 38\lg d(\text{m})（当视距范围内不考虑阴影衰落余量）$$

则有

$$38.4 + 38\lg d(\text{m}) + 15 \leqslant 60$$

于是 $d_{\min}(\text{m}) = 1.1$ m。

第 9 章

一、单项选择题

1. C　2. D　3. C　4. C

二、判断题

1. √　2. ×　3. √　4. √

第 10 章

一、计算题

1. 略

2. 假设 POI TX 模块无源互调指标为 PIM3（单位为 dBm@2 * 43dBm）；

无源互调产物随功率变化，只有 TX 模块产生无源互调，RX 模块由于接收功率低不会产生无源互调；

BTS2 端口无源互调电平 $P_r < -150$ dBc，相当于 −150 + 43 = −107 dBm；

则收发链路无源互调计算公式：$P_r \leqslant \text{PIM3} - \text{IL} - \text{Cou}$；

Cou = 0 dB，PIM ⩾ P_r + IL + Cou = −107 + 5 + 0 = −102 dBm；

Cou = 30 dB，PIM ⩾ P_r + IL + Cou = −107 + 5 + 30 = −72 dBm；

对于空间耦合等于 0 dB 情况，TX 无源互调指标用 dBc 表示为

$$-102 - 43 = -145 \text{ dBc@2 * 43 dBm}$$

对于空间耦合等于 30 dB 情况，TX 无源互调指标用 dBc 表示为

$$-72 - 43 = -115 \text{ dBc@2 * 43 dBm}$$

以上示例明显看出收发分缆 POI 可以明显降低无源互调要求。

3. 四端口电桥矩阵又称为四进四出电桥，其作用与 3dB 电桥的作用类似，可以完成四路信号的同频合路，每个输出端口都包含四路输入信号，且每路信号的功率电平为输入信号1/4,

相当于插损 6 dB。

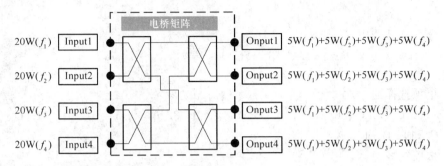

4. 每端口输入信号平均功率 $P_{iav} = 50$ W，$P_{ipp} = 100$ W；

每端口输入信号到达 ANT 口信号功率 $P_{oav} = 50 \times \dfrac{1}{4} = 12.5$ W，$P_{opp} = 100$ W $\times \dfrac{1}{4} = 25$ W（6 dB 转化为线性系数为 $\dfrac{1}{4}$）；

信号功率叠加原理：假设有 N 个相同功率信号叠加（可以为不同频率，平均功率为 P_{av}，峰值功率为 P_{pp}），则信号叠加后总功率为：$P_{tav} = N \times P_{av}$，$P_{tpp} = N \times P_{pp}$；

天线口总功率如下：

总平均功率 $P_{tav} = P_{oav} \times 8 = 12.5 \times 8 = 100$ W；

总峰值功率 $P_{tpp} = P_{opp} \times 8^2 = 12.5 \times 64 = 800$ W；

根据以上计算，要求每个天线口功率容量至少为 800 W。

二、问答题

1. 在室分系统中，POI 的作用与合路器类似，都是用作多系统信号合路，但与合路器相比，POI 系统往往更为复杂，POI 主要有以下不同之处：

（1）POI 合路数量要大于合路器，作为 POI 系统，接入系统最多支持 10 路以上信号接入，而合路器一般只支持 5 路以下信号接入。

（2）合路器不支持同频信号接入，POI 允许同频信号接入。

（3）POI 输出端口数量一般为 2 路/4 路，合路器输出端口只有一个。

（4）POI 往往带有监控功能，与监控设备一起使用，而合路器一般情况下不带监控功能。

2. POI 对于同频信号端口，需要用 3 dB 电桥或四进四出电桥来合路，3 dB 电桥的隔离度一般大于 25 dB，意味着两路同频信号的隔离度也只有 25 dB 左右，为提升同频系统的隔离度，一般 POI 内部增加隔离器，隔离器可以增加两路信号间的隔离度，不足之处在于隔离器的互调电平很差，一般不足 -100 dBc@2 * 43 dBm，用到大信号通路上，会产生较大三阶互调，落到接收带内，可能会带来干扰，因此 POI 内部使用隔离器一定要慎重。

功率设计是 POI 的一个关键点，也是一个难点。

第 11 章

一、单项选择题

1. C 2. C 3. A 4. B 5. C

二、多项选择题

ABC

三、判断题

1. √　2. ×　3. ×

第 12 章

一、单项选择题

1. B　2. C　3. C　4. B　5. A　6. B　7. B　8. A　9. D　10. B　11. D　12. B　13. C　14. B　15. A

二、多项选择题

1. ABCD　2. ABC　3. ABC　4. BC　5. ABCD　6. ABCD　7. ABD　8. BCD　9. ABC

三、问答题

1. 室内覆盖工程优化的网络问题主要分为：覆盖问题、容量问题、切换问题、干扰问题。

2. 网络优化评估中的数据采集包括 OMC 话务统计数据采集、现场测试数据采集（路测数据、CQT 测试数据）、用户投诉单、设备运行数据、扫频数据采集等。

3. 对于网络中的过覆盖问题，采取的措施有：调整天线下倾角；调整天线方位角；调整天线口的功率；升高或降低天线挂高；站点搬迁。

4.（1）调整扇区的发射功率，实现最佳的覆盖距离天线调整。

（2）天线调整内容主要包括：天线位置调整、天线方位角调整、天线下倾角调整。

天线位置调整：可以根据实际情况调整天线的安装位置，以达到相应小区内具有较好的无线传播路径。

天线方位角调整：调整天线的朝向，以改变相应扇区的地理分布区域。

天线下倾角调整：调整天线的下倾角度，以减少相应小区的覆盖距离，减小对其他小区的影响。

（3）邻小区参数优化在实际的网络优化过程中。由于各种各样的原因，有时候没有办法或者无法及时地采用上述方法进行导频污染区域的优化时，此时根据实际的网络情况，通过增删邻小区关系和调整 PCI，PCI 调整以模 3 为隔间，设计调整的邻区之间的 PCI 尽量不在相同模 3 内的 PCI，来进行导频污染地区的网络性能的优化。

（4）采用 RRU 或者 Nanocell 设备。在某些导频污染严重的地方，可以考虑采用双通道 RRU 或者 Nanocell 拉远来单独增强该区域的覆盖，使得该区域只出现一个足够强的导频。

附录 A mW 与 dBm 的对应关系

dBm	mW	dBm	mW	dBm	mW	dBm	W
−20	0.010	0	1.000	+20	100	+40	10.00
−19	0.012	+1	1.250	+21	120	+41	12.60
−18	0.016	+2	1.580	+22	159	+42	15.80
−17	0.020	+3	2.000	+23	200	+43	20.00
−16	0.025	+4	2.510	+24	251	+44	25.10
−15	0.032	+5	3.160	+25	316	+45	31.60
−14	0.040	+6	3.980	+26	398	+46	39.80
−13	0.050	+7	5.010	+27	501	+47	50.10
−12	0.063	+8	6.300	+28	631	+48	63.10
−11	0.079	+9	7.940	+29	794	+49	79.40
−10	0.100	+10	10.00	+30	1 000	+50	100.0
−9	0.013	+11	12.60	+31	1 260	+51	126.0
−8	0.016	+12	15.80	+32	1 590	+52	158.0
−7	0.200	+13	19.90	+33	2 000	+53	200.0
−6	0.250	+14	25.10	+34	2 550	+54	251.0
−5	0.316	+15	31.60	+35	3 160	+55	316.0
−4	0.398	+16	39.80	+36	3 910	+56	398.0
−3	0.501	+17	50.10	+37	5 010	+57	501.0
−2	0.630	+18	63.10	+38	6 310	+58	631.0
−1	0.794	+19	79.40	+39	7 940	+59	794.0

附录 B 常见通信系统频点

B1 GSM900

表 B1 GSM900M 系统的信道与频点对应关系

Channel	UL/MHz	DL/MHz	Channel	UL/MHz	DL/MHz	Channel	UL/MHz	DL/MHz
1	890.200	935.200	41	898.200	943.200	81	906.200	951.200
2	890.400	935.400	42	898.400	943.400	82	906.400	951.400
3	890.600	935.600	43	898.600	943.600	83	906.600	951.600
4	890.800	935.800	44	898.800	943.800	84	906.800	951.800
5	891.000	936.000	45	899.000	944.000	85	907.000	952.000
6	891.200	936.200	46	899.200	944.200	86	907.200	952.200
7	891.400	936.400	47	899.400	944.400	87	907.400	952.400
8	891.600	936.600	48	899.600	944.600	88	907.600	952.600
9	891.800	936.800	49	899.800	944.800	89	907.800	952.800
10	892.000	937.000	50	900.000	945.000	90	908.000	953.000
11	892.200	937.200	51	900.200	945.200	91	908.200	953.200
12	892.400	937.400	52	900.400	945.400	92	908.400	953.400
13	892.600	937.600	53	900.600	945.600	93	908.600	953.600
14	892.800	937.800	54	900.800	945.800	94	908.800	953.800
15	893.000	938.000	55	901.000	946.000	95	909.000	954.000
16	893.200	938.200	56	901.200	946.200	96	909.200	954.200
17	893.400	938.400	57	901.400	946.400	97	909.400	954.400
18	893.600	938.600	58	901.600	946.600	98	909.600	954.600
19	893.800	938.800	59	901.800	946.800	99	909.800	954.800
20	894.000	939.000	60	902.000	947.000	100	910.000	955.000
21	894.200	939.200	61	902.200	947.200	101	910.200	955.200
22	894.400	939.400	62	902.400	947.400	102	910.400	955.400
23	894.600	939.600	63	902.600	947.600	103	910.600	955.600

Channel	UL/MHz	DL/MHz	Channel	UL/MHz	DL/MHz	Channel	UL/MHz	DL/MHz
24	894.800	939.800	64	902.800	947.800	104	910.800	955.800
25	895.000	940.000	65	903.000	948.000	105	911.000	956.000
26	895.200	940.200	66	903.200	948.200	106	911.200	956.200
27	895.400	940.400	67	903.400	948.400	107	911.400	956.400
28	895.600	940.600	68	903.600	948.600	108	911.600	956.600
29	895.800	940.800	69	903.800	948.800	109	911.800	956.800
30	896.000	941.000	70	904.000	949.000	110	912.000	957.000
31	896.200	941.200	71	904.200	949.200	111	912.200	957.200
32	896.400	941.400	72	904.400	949.400	112	912.400	957.400
33	896.600	941.600	73	904.600	949.600	113	912.600	957.600
34	896.800	941.800	74	904.800	949.800	114	912.800	957.800
35	897.000	942.000	75	905.000	950.000	115	913.000	958.000
36	897.200	942.200	76	905.200	950.200	116	913.200	958.200
37	897.400	942.400	77	905.400	950.400	117	913.400	958.400
38	897.600	942.600	78	905.600	950.600	118	913.600	958.600
39	897.800	942.800	79	905.800	950.800	119	913.800	958.800
40	898.000	943.000	80	906.000	951.000	120	914.000	959.000

B2　DCS1800

表 B2　DCS1800M 系统的信道与频点对应关系

Channel	UL/MHz	DL/MHz	Channel	UL/MHz	DL/MHz	Channel	UL/MHz	DL/MHz
512	1 710.200	1 805.200	638	1 735.400	1 830.400	764	1 760.600	1 855.600
513	1 710.400	1 805.400	639	1 735.600	1 830.600	765	1 760.800	1 855.800
514	1 710.600	1 805.600	640	1 735.800	1 830.800	766	1 761.000	1 856.000
515	1 710.800	1 805.800	641	1 736.000	1 831.000	767	1 761.200	1 856.200
516	1 711.000	1 806.000	642	1 736.200	1 831.200	768	1 761.400	1 856.400
517	1 711.200	1 806.200	643	1 736.400	1 831.400	769	1 761.600	1 856.600
518	1 711.400	1 806.400	644	1 736.600	1 831.600	770	1 761.800	1 856.800
519	1 711.600	1 806.600	645	1 736.800	1 831.800	771	1 762.000	1 857.000
520	1 711.800	1 806.800	646	1 737.000	1 832.000	772	1 762.200	1 857.200
521	1 712.000	1 807.000	647	1 737.200	1 832.200	773	1 762.400	1 857.400
522	1 712.200	1 807.200	648	1 737.400	1 832.400	774	1 762.600	1 857.600
523	1 712.400	1 807.400	649	1 737.600	1 832.600	775	1 762.800	1 857.800

Channel	UL/MHz	DL/MHz	Channel	UL/MHz	DL/MHz	Channel	UL/MHz	DL/MHz
524	1 712.600	1 807.600	650	1 737.800	1 832.800	776	1 763.000	1 858.000
525	1 712.800	1 807.800	651	1 738.000	1 833.000	777	1 763.200	1 858.200
526	1 713.000	1 808.000	652	1 738.200	1 833.200	778	1 763.400	1 858.400
527	1 713.200	1 808.200	653	1 738.400	1 833.400	779	1 763.600	1 858.600
528	1 713.400	1 808.400	654	1 738.600	1 833.600	780	1 763.800	1 858.800
529	1 713.600	1 808.600	655	1 738.800	1 833.800	781	1 764.000	1 859.000
530	1 713.800	1 808.800	656	1 739.000	1 834.000	782	1 764.200	1 859.200
531	1 714.000	1 809.000	657	1 739.200	1 834.200	783	1 764.400	1 859.400
532	1 714.200	1 809.200	658	1 739.400	1 834.400	784	1 764.600	1 859.600
533	1 714.400	1 809.400	659	1 739.600	1 834.600	785	1 764.800	1 859.800
534	1 714.600	1 809.600	660	1 739.800	1 834.800	786	1 765.000	1 860.000
535	1 714.800	1 809.800	661	1 740.000	1 835.000	787	1 765.200	1 860.200
536	1 715.000	1 810.000	662	1 740.200	1 835.200	788	1 765.400	1 860.400
537	1 715.200	1 810.200	663	1 740.400	1 835.400	789	1 765.600	1 860.600
538	1 715.400	1 810.400	664	1 740.600	1 835.600	790	1 765.800	1 860.800
539	1 715.600	1 810.600	665	1 740.800	1 835.800	791	1 766.000	1 861.000
540	1 715.800	1 810.800	666	1 741.000	1 836.000	792	1 766.200	1 861.200
541	1 716.000	1 811.000	667	1 741.200	1 836.200	793	1 766.400	1 861.400
542	1 716.200	1 811.200	668	1 741.400	1 836.400	794	1 766.600	1 861.600
543	1 716.400	1 811.400	669	1 741.600	1 836.600	795	1 766.800	1 861.800
544	1 716.600	1 811.600	670	1 741.800	1 836.800	796	1 767.000	1 862.000
545	1 716.800	1 811.800	671	1 742.000	1 837.000	797	1 767.200	1 862.200
546	1 717.000	1 812.000	672	1 742.200	1 837.200	798	1 767.400	1 862.400
547	1 717.200	1 812.200	673	1 742.400	1 837.400	799	1 767.600	1 862.600
548	1 717.400	1 812.400	674	1 742.600	1 837.600	800	1 767.800	1 862.800
549	1 717.600	1 812.600	675	1 742.800	1 837.800	801	1 768.000	1 863.000
550	1 717.800	1 812.800	676	1 743.000	1 838.000	802	1 768.200	1 863.200
551	1 718.000	1 813.000	677	1 743.200	1 838.200	803	1 768.400	1 863.400
552	1 718.200	1 813.200	678	1 743.400	1 838.400	804	1 768.600	1 863.600
553	1 718.400	1 813.400	679	1 743.600	1 838.600	805	1 768.800	1 863.800
554	1 718.600	1 813.600	680	1 743.800	1 838.800	806	1 769.000	1 864.000
555	1 718.800	1 813.800	681	1 744.000	1 839.000	807	1 769.200	1 864.200
556	1 719.000	1 814.000	682	1 744.200	1 839.200	808	1 769.400	1 864.400
557	1 719.200	1 814.200	683	1 744.400	1 839.400	809	1 769.600	1 864.600
558	1 719.400	1 814.400	684	1 744.600	1 839.600	810	1 769.800	1 864.800
559	1 719.600	1 814.600	685	1 744.800	1 839.800	811	1 770.000	1 865.000
560	1 719.800	1 814.800	686	1 745.000	1 840.000	812	1 770.200	1 865.200

Channel	UL/MHz	DL/MHz	Channel	UL/MHz	DL/MHz	Channel	UL/MHz	DL/MHz
561	1 720.000	1 815.000	687	1 745.200	1 840.200	813	1 770.400	1 865.400
562	1 720.200	1 815.200	688	1 745.400	1 840.400	814	1 770.600	1 865.600
563	1 720.400	1 815.400	689	1 745.600	1 840.600	815	1 770.800	1 865.800
564	1 720.600	1 815.600	690	1 745.800	1 840.800	816	1 771.000	1 866.000
565	1 720.800	1 815.800	691	1 746.000	1 841.000	817	1 771.200	1 866.200
566	1 721.000	1 816.000	692	1 746.200	1 841.200	818	1 771.400	1 866.400
567	1 721.200	1 816.200	693	1 746.400	1 841.400	819	1 771.600	1 866.600
568	1 721.400	1 816.400	694	1 746.600	1 841.600	820	1 771.800	1 866.800
569	1 721.600	1 816.600	695	1 746.800	1 841.800	821	1 772.000	1 867.000
570	1 721.800	1 816.800	696	1 747.000	1 842.000	822	1 772.200	1 867.200
571	1 722.000	1 817.000	697	1 747.200	1 842.200	823	1 772.400	1 867.400
572	1 722.200	1 817.200	698	1 747.400	1 842.400	824	1 772.600	1 867.600
573	1 722.400	1 817.400	699	1 747.600	1 842.600	825	1 772.800	1 867.800
574	1 722.600	1 817.600	700	1 747.800	1 842.800	826	1 773.000	1 868.000
575	1 722.800	1 817.800	701	1 748.000	1 843.000	827	1 773.200	1 868.200
576	1 723.000	1 818.000	702	1 748.200	1 843.200	828	1 773.400	1 868.400
577	1 723.200	1 818.200	703	1 748.400	1 843.400	829	1 773.600	1 868.600
578	1 723.400	1 818.400	704	1 748.600	1 843.600	830	1 773.800	1 868.800
579	1 723.600	1 818.600	705	1 748.800	1 843.800	831	1 774.000	1 869.000
580	1 723.800	1 818.800	706	1 749.000	1 844.000	832	1 774.200	1 869.200
581	1 724.000	1 819.000	707	1 749.200	1 844.200	833	1 774.400	1 869.400
582	1 724.200	1 819.200	708	1 749.400	1 844.400	834	1 774.600	1 869.600
583	1 724.400	1 819.400	709	1 749.600	1 844.600	835	1 774.800	1 869.800
584	1 724.600	1 819.600	710	1 749.800	1 844.800	836	1 775.000	1 870.000
585	1 724.800	1 819.800	711	1 750.000	1 845.000	837	1 775.200	1 870.200
586	1 725.000	1 820.000	712	1 750.200	1 845.200	838	1 775.400	1 870.400
587	1 725.200	1 820.200	713	1 750.400	1 845.400	839	1 775.600	1 870.600
588	1 725.400	1 820.400	714	1 750.600	1 845.600	840	1 775.800	1 870.800
589	1 725.600	1 820.600	715	1 750.800	1 845.800	841	1 776.000	1 871.000
590	1 725.800	1 820.800	716	1 751.000	1 846.000	842	1 776.200	1 871.200
591	1 726.000	1 821.000	717	1 751.200	1 846.200	843	1 776.400	1 871.400
592	1 726.200	1 821.200	718	1 751.400	1 846.400	844	1 776.600	1 871.600
593	1 726.400	1 821.400	719	1 751.600	1 846.600	845	1 776.800	1 871.800
594	1 726.600	1 821.600	720	1 751.800	1 846.800	846	1 777.000	1 872.000
595	1 726.800	1 821.800	721	1 752.000	1 847.000	847	1 777.200	1 872.200
596	1 727.000	1 822.000	722	1 752.200	1 847.200	848	1 777.400	1 872.400
597	1 727.200	1 822.200	723	1 752.400	1 847.400	849	1 777.600	1 872.600

Channel	UL/MHz	DL/MHz	Channel	UL/MHz	DL/MHz	Channel	UL/MHz	DL/MHz
598	1 727.400	1 822.400	724	1 752.600	1 847.600	850	1 777.800	1 872.800
599	1 727.600	1 822.600	725	1 752.800	1 847.800	851	1 778.000	1 873.000
600	1 727.800	1 822.800	726	1 753.000	1 848.000	852	1 778.200	1 873.200
601	1 728.000	1 823.000	727	1 753.200	1 848.200	853	1 778.400	1 873.400
602	1 728.200	1 823.200	728	1 753.400	1 848.400	854	1 778.600	1 873.600
603	1 728.400	1 823.400	729	1 753.600	1 848.600	855	1 778.800	1 873.800
604	1 728.600	1 823.600	730	1 753.800	1 848.800	856	1 779.000	1 874.000
605	1 728.800	1 823.800	731	1 754.000	1 849.000	857	1 779.200	1 874.200
606	1 729.000	1 824.000	732	1 754.200	1 849.200	858	1 779.400	1 874.400
607	1 729.200	1 824.200	733	1 754.400	1 849.400	859	1 779.600	1 874.600
608	1 729.400	1 824.400	734	1 754.600	1 849.600	860	1 779.800	1 874.800
609	1 729.600	1 824.600	735	1 754.800	1 849.800	861	1 780.000	1 875.000
610	1 729.800	1 824.800	736	1 755.000	1 850.000	862	1 780.200	1 875.200
611	1 730.000	1 825.000	737	1 755.200	1 850.200	863	1 780.400	1 875.400
612	1 730.200	1 825.200	738	1 755.400	1 850.400	864	1 780.600	1 875.600
613	1 730.400	1 825.400	739	1 755.600	1 850.600	865	1 780.800	1 875.800
614	1 730.600	1 825.600	740	1 755.800	1 850.800	866	1 781.000	1 876.000
615	1 730.800	1 825.800	741	1 756.000	1 851.000	867	1 781.200	1 876.200
616	1 731.000	1 826.000	742	1 756.200	1 851.200	868	1 781.400	1 876.400
617	1 731.200	1 826.200	743	1 756.400	1 851.400	869	1 781.600	1 876.600
618	1 731.400	1 826.400	744	1 756.600	1 851.600	870	1 781.800	1 876.800
619	1 731.600	1 826.600	745	1 756.800	1 851.800	871	1 782.000	1 877.000
620	1 731.800	1 826.800	746	1 757.000	1 852.000	872	1 782.200	1 877.200
621	1 732.000	1 827.000	747	1 757.200	1 852.200	873	1 782.400	1 877.400
622	1 732.200	1 827.200	748	1 757.400	1 852.400	874	1 782.600	1 877.600
623	1 732.400	1 827.400	749	1 757.600	1 852.600	875	1 782.800	1 877.800
624	1 732.600	1 827.600	750	1 757.800	1 852.800	876	1 783.000	1 878.000
625	1 732.800	1 827.800	751	1 758.000	1 853.000	877	1 783.200	1 878.200
626	1 733.000	1 828.000	752	1 758.200	1 853.200	878	1 783.400	1 878.400
627	1 733.200	1 828.200	753	1 758.400	1 853.400	879	1 783.600	1 878.600
628	1 733.400	1 828.400	754	1 758.600	1 853.600	880	1 783.800	1 878.800
629	1 733.600	1 828.600	755	1 758.800	1 853.800	881	1 784.000	1 879.000
630	1 733.800	1 828.800	756	1 759.000	1 854.000	882	1 784.200	1 879.200
631	1 734.000	1 829.000	757	1 759.200	1 854.200	883	1 784.400	1 879.400
632	1 734.200	1 829.200	758	1 759.400	1 854.400	884	1 784.600	1 879.600
633	1 734.400	1 829.400	759	1 759.600	1 854.600	885	1 784.800	1 879.800
634	1 734.600	1 829.600	760	1 759.800	1 854.800			

Channel	UL/MHz	DL/MHz	Channel	UL/MHz	DL/MHz	Channel	UL/MHz	DL/MHz
635	1 734.800	1 829.800	761	1 760.000	1 855.000			
636	1 735.000	1 830.000	762	1 760.200	1 855.200			
637	1 735.200	1 830.200	763	1 760.400	1 855.400			

B3　TD-SCDMA

1 900～1 920 MHz 和 2 010～2 025 MHz 是国际电联规定的 TDD 制式 3G 核心频段，1 880～1 900 MHz 和 2 300～2 400 MHz 是 TDD 扩展频段。在 3GPP(3G 合作伙伴组织)规范中，TD-SCDMA 使用的 1 900～1 920 MHz 与 2 010～2 025 MHz 频段被共称为 A 频段。

在我国共有 155 MHz 频谱划归 TD-SCDMA 使用，习惯上将 3G TDD 的 155 MHz 可用频段称为 A/B/C 共 3 段。频段 A:1 880～1 920 MHz，按照每波道 1.6 MHz 可提供 25 个频道；频段 B:2 010～2 025 MHz，按照每波道 1.6 MHz 可提供 9 个频道；频段 C:2 300～2 400 MHz，按照每波道 1.6 MHz 可提供 62 个频道。实际上，在 3GPP 规范中，定义的 UARFCN(UTRA 绝对无线频率信道号)定标值为 $N_t=5F$，即 TD-SCDMA 射频信道编号与载波频率之间的关系是 $N_t=5F$，如 TD-SCDMA 使用的 B 频段 2 010～2 025 MHz 范围频率，则信道号 ARFCN 是 10 050～10 125，共计 15 MHz 的频率可以支持 9 个频点。对于 A 频段，其中的 1 900～1 920 MHz 频段，从 1998 年起至今，被属于 TDD 的小灵通 PHS 系统实际使用。2009 年 2 月工业和信息化部发文，1 900～1 920 MHz 频段无线接入系统应在 2011 年年底前完成清频退网工作，以确保不对 1 880～1 900 MHz 频段 TD-SCDMA 系统产生有害干扰。这为 TD-SCDMA 采用 A 频段进行网络建设和业务发展提供了频率基础保障。

对于 B 频段，是现网规划和部署使用的主要频段，可用频点有 9 个，分别是:$f_1=2010.8$ MHz、$f_2=2012.4$ MHz、$f_3=2014.0$ MHz、$f_5=2017.4$ MHz、$f_6=2019.0$ MHz、$f_7=2020.8$ MHz、$f_8=2022.4$ MHz 和 $f_9=2024.0$ MHz。随意修改频道中心频率参数会导致网络中出现干扰现象，导致网络营运指标的下降。B 频段 9 个频点，使用时可规划为室外 6 个，室内使用 3 个。

对于更高频率的 C 频段，目前尚无设备商提供同时支持 A＋B＋C 频段的产品，暂未使用。

B4　WCDMA

WCDMA 每 5M 一个频点号，目前使用的是上行为 1 940～1 955 MHz，下行为 2 130～2 145 MHz，分 3 个频点号:10 663、10 688、10 713。

B5　TD-LTE

EARFCN 为绝对射频中心频点，对应载波中心频率的计算公式为

$$f_c(MHz)＝起始频率＋0.1×(EARFCN－起始频点)$$

表 B3　TD-LTE 系统的信道与频点对应关系

频带 （Band）	起始频点 （EARFCN）	终止频点 （EARFCN）	起始频率 /MHz
33	36 000	36 199	1 900
34	36 200	36 349	2 010
35	36 350	36 949	1 850
36	36 950	37 549	1 930
37	37 550	37 749	1 910
38	37 750	38 249	2 570
39	38 250	38 649	1 880
40	38 650	39 649	2 300
41	39 650	41 589	2 545

B6　FDD LTE

EARFCN 为绝对射频中心频点，对应载波中心频率的计算公式为

$$f_c(\mathrm{MHz}) = 起始频率 + 0.1 \times (EARFCN - 起始频点)$$

表 B4　FDD LTE 系统的信道与频点对应关系

FDD 频带 （Band）	上行链路			下行链路		
	起始频点 （EARFCN）	终止频点 （EARFCN）	起始频率 /MHz	起始频点 （EARFCN）	终止频点 （EARFCN）	起始频率 /MHz
1	18 000	18 599	1 920	0	599	2 110
2	18 600	19 199	1 850	600	1 199	1 930
3	19 200	19 949	1 710	1 200	1 949	1 805
4	19 950	20 399	1 710	1 950	2 399	2 110
5	20 400	20 649	824	2 400	2 649	869
6	20 650	20 749	830	2 650	2 749	875
7	20 750	21 449	2 500	2 750	3 449	2 620
8	21 450	21 799	880	3 450	3 799	925
9	21 800	22 149	1 749.9	3 800	4 149	1 844.9
10	22 150	22 749	1 710	4 150	4 749	2 110
11	22 750	22 949	1 427.9	4 750	4 949	1 475.9
12	23 010	23 179	699	5 010	5 179	729
13	23 180	23 279	777	5 180	5 279	746
14	23 280	23 379	788	5 280	5 379	758
17	23 730	23 849	704	5 730	5 849	734

FDD 频带 (Band)	上行链路			下行链路		
	起始频点 (EARFCN)	终止频点 (EARFCN)	起始频率 /MHz	起始频点 (EARFCN)	终止频点 (EARFCN)	起始频率 /MHz
18	23 850	23 999	815	5 850	5 999	860
19	24 000	24 149	830	6 000	6 149	875
20	24 150	24 449	832	6 150	6 449	791
21	24 450	24 599	1 447.9	6 450	6 599	1 495.9
22	24 600	25 399	3 410	6 600	7 399	3 510

B7　WLAN

表 B5　WLAN 系统的信道与频率对应关系

信道	中心频率/MHz	信道低端/高端频率/MHz
1	2 412	2 401/2 423
2	2 417	2 406/2 428
3	2 422	2 411/2 433
4	2 427	2 416/2 438
5	2 432	2 421/2 443
6	2 437	2 426/2 448
7	2 442	2 431/2 453
8	2 447	2 436/2 458
9	2 452	2 441/2 463
10	2 457	2 446/2 468
11	2 462	2 451/2 473
12	2 467	2 456/2 478
13	2 472	2 461/2 483

附录 C　不同制式杂散指标

表 C1　GSM/DCS 蜂窝发信机杂散指标

频率范围	最大值	测试带宽	频率范围	最大值	测试带宽
9 kHz～1 GHz	−36 dBm	200 kHz	1～12.75 GHz	−30 dBm	3 MHz
890～915 MHz	−103 dBm	10 kHz			

表 C2　CDMA 蜂窝发信机杂散指标

频率范围	最大值	测试带宽
9～150 kHz	−36 dBm	1 kHz
150 kHz～30 MHz	−36 dBm	10 kHz
30 MHz～1 GHz	−36 dBm	100 kHz
1～12.75 GHz	−36 dBm	1 MHz
806～821 MHz	−67 dBm	100 kHz
885～915 MHz	−67 dBm	100 kHz
930～960 MHz	−47 dBm	100 kHz
1.7～1.92 GHz	−47 dBm	100 kHz
3.4～3.53 GHz	−47 dBm	100 kHz
发射工作频带两边各加上 1MHz 过渡带内的噪声电平	−22 dBm	100 kHz

注:信部无[2002]65号:《关于800MHz频段CDMA系统基站和直放机杂散发射限值及与900MHz频段GSM系统邻频共用设台要求的通知》。

表 C3　PHS 蜂窝发信机杂散指标

频率范围	最大值	测试带宽
1.9～1.92 GHz(带内)	−36 dBm	300 kHz
其他频带(带外)	−26 dBm	300 kHz

表 C4　WCDMA 蜂窝发信机杂散指标特殊频段的抑制保护

频段	最大电平	测量带宽	备注
1 920～1 980 MHz	−96 dBm	100 kHz	BS 接收频段
921～960 MHz	−57 dBm	100 kHz	与 GSM900 共存时
876～915 MHz	−98 dBm	100 kHz	GSM900 BTS 与 UTRA Node B 共址时
1 805～1 880 MHz	−47 dBm	100 kHz	与 DCS1800 共存时
1 710～1 785 MHz	−98 dBm	100 kHz	DCS1800 BTS 与 UTRA Node B 共址时
1 893.5～1 919.6 MHz	−41 dBm	300 kHz	与 PHS 共存时
2 100～2 105 MHz	$-30+3.4\times(f-2\,100\text{ MHz})$ dBm	1 MHz	与邻频带业务共存时
2 175～2 180 MHz	$-30+3.4\times(2\,180\text{ MHz}-f)$ dBm	1 MHz	与邻频带业务共存时
1 880～1 920 MHz 2 010～2 025 MHz	−52 dBm	1 MHz	与 TD-SCDMA BS 共存时
1 880～1 920 MHz 2 010～2 025 MHz	−86 dBm	1 MHz	与 TD-SCDMA BS 共存时
2 300～2 400 MHz	−52 dBm	1 MHz	与 TD-SCDMA BS 共存时
2 300～2 400 MHz	−86 dBm	1 MHz	与 TD-SCDMA BS 共存时

表 C5 WLAN AP 杂散指标

频带	最大值	测量宽带
30～1 000 MHz	≤−36 dBm	100 kHz
2.4～2.483 5 GHz	≤−33 dBm	100 kHz
3.4～3.53 GHz	≤−40 dBm	1 MHz
5.725～5.85 GHz	≤−40 dBm	1 MHz
1～12.75 GHz	≤−30 dBm	1 MHz

表 C6 LTE 基站杂散指标（A 类要求）

频率范围	限制	测量宽带
9～150 kHz	≤−13 dBm	1 kHz
150 kHz～30 MHz	≤−13 dBm	10 kHz
30 MHz～1 GHz	≤−13 dBm	100 kHz
1～12.75 GHz	≤−13 dBm	1 MHz

表 C7 LTE 基站杂散指标（B 类要求）

频率范围	限制	测量宽带
9～150 kHz	≤−36 dBm	1 kHz
150 kHz～30 MHz	≤−36 dBm	10 kHz
30 MHz～1 GHz	≤−30 dBm	100 kHz
1～12.75 GHz	≤−30 dBm	1 MHz

此外，对于 TD-LTE，国内规定：F 频段（1 880～1 915 MHz）RRU 在 1 920～1 980 MHz 频段的发射机杂散指标必须满足−65 dBm/MHz；D 频段（2 575～2 615 MHz）RRU 在 2 500～2 570 MHz 频段内的杂散指标必须满足−65 dBm/MHz，在 2 620～2 690 MHz 频段内的杂散指标必须满足−52 dBm/MHz。

附录 D　爱尔兰 B 表

信道数目	阻塞概率(GOS)							
	0.01%	0.05%	0.1%	0.2%	0.5%	1%	2%	5%
1	0	0.001	0.001	0.002	0.005	0.01	0.02	0.053
2	0.014	0.032	0.046	0.065	0.105	0.153	0.223	0.381
3	0.087	0.152	0.194	0.249	0.349	0.455	0.602	0.899
4	0.235	0.362	0.439	0.535	0.701	0.869	1.092	1.525
5	0.452	0.649	0.762	0.9	1.132	1.361	1.657	2.218
6	0.728	0.996	1.146	1.325	1.622	1.909	2.276	2.96
7	1.054	1.392	1.579	1.798	2.157	2.501	2.935	3.738
8	1.422	1.83	2.051	2.311	2.73	3.128	3.627	4.543
9	1.826	2.302	2.557	2.855	3.333	3.783	4.345	5.37
10	2.26	2.803	3.092	3.427	3.961	4.461	5.084	6.216
11	2.722	3.329	3.651	4.022	4.61	5.16	5.842	7.076
12	3.207	3.878	4.231	4.637	5.279	5.876	6.615	7.95
13	3.713	4.447	4.831	5.27	5.964	6.607	7.402	8.835
14	4.239	5.032	5.446	5.919	6.663	7.352	8.2	9.73
15	4.781	5.634	6.077	6.582	7.376	8.108	9.01	10.633
16	5.339	6.25	6.721	7.258	8.1	8.875	9.828	11.544
17	5.911	6.878	7.378	7.946	8.834	9.652	10.656	12.461
18	6.496	7.519	8.046	8.644	9.578	10.437	11.491	13.385
19	7.093	8.17	8.724	9.351	10.331	11.23	12.333	14.315
20	7.701	8.831	9.411	10.068	11.092	12.031	13.182	15.249
21	8.319	9.501	10.108	10.793	11.86	12.838	14.036	16.189
22	8.946	10.18	10.812	11.525	12.635	13.651	14.896	17.132
23	9.583	10.868	11.524	12.265	13.416	14.47	15.761	18.08
24	10.227	11.562	12.243	13.011	14.204	15.295	16.631	19.031
25	10.88	12.264	12.969	13.763	14.997	16.125	17.505	19.985
26	11.54	12.972	13.701	14.522	15.795	16.959	18.383	20.943

续 表

信道数目	阻塞概率(GOS)							
	0.01%	0.05%	0.1%	0.2%	0.5%	1%	2%	5%
27	12.207	13.686	14.439	15.285	16.598	17.797	19.265	21.904
28	12.88	14.406	15.182	16.054	17.406	18.64	20.15	22.867
29	13.56	15.132	15.93	16.828	18.218	19.487	21.039	23.833
30	14.246	15.863	16.684	17.606	19.034	20.337	21.932	24.802
31	14.937	16.599	17.442	18.389	19.854	21.191	22.827	25.773
32	15.633	17.34	18.205	19.176	20.678	22.048	23.725	26.746
33	16.335	18.085	18.972	19.966	21.505	22.909	24.626	27.721
34	17.041	18.835	19.743	20.761	22.336	23.772	25.529	28.698
35	17.752	19.589	20.517	21.559	23.169	24.638	26.435	29.677
36	18.468	20.346	21.296	22.361	24.006	25.507	27.343	30.657
37	19.188	21.108	22.078	23.166	24.846	26.378	28.254	31.64
38	19.911	21.873	22.864	23.974	25.689	27.252	29.166	32.624
39	20.639	22.642	23.652	24.785	26.534	28.129	30.081	33.609
40	21.371	23.414	24.444	25.599	27.382	29.007	30.997	34.596
41	22.106	24.189	25.239	26.416	28.232	29.888	31.916	35.584
42	22.845	24.967	26.037	27.235	29.085	30.771	32.836	36.574
43	23.587	25.748	26.837	28.057	29.94	31.656	33.758	37.565
44	24.332	26.532	27.641	28.882	30.797	32.543	34.682	38.557
45	25.08	27.319	28.447	29.708	31.656	33.432	35.607	39.55
46	25.832	28.109	29.255	30.538	32.517	34.322	36.534	40.545
47	26.586	28.901	30.066	31.369	33.381	35.215	37.462	41.54
48	27.344	29.696	30.879	32.203	34.246	36.109	38.392	42.537
49	28.104	30.493	31.694	33.039	35.113	37.004	39.323	43.534
50	28.866	31.292	32.512	33.876	35.982	37.901	40.255	44.533
51	29.631	32.094	33.332	34.716	36.852	38.8	41.189	45.533
52	30.399	32.898	34.153	35.558	37.724	39.7	42.124	46.533
53	31.169	33.704	34.977	36.401	38.598	40.602	43.06	47.534
54	31.942	34.512	35.803	37.247	39.474	41.505	43.997	48.536
55	32.717	35.322	36.63	38.094	40.351	42.409	44.936	49.539
56	33.494	36.134	37.46	38.942	41.229	43.315	45.875	50.543
57	34.273	36.948	38.291	39.793	42.109	44.222	46.816	51.548
58	35.054	37.764	39.124	40.645	42.99	45.13	47.758	52.553
59	35.838	38.581	39.959	41.498	43.873	46.039	48.7	53.559
60	36.623	39.401	40.795	42.353	44.757	46.95	49.644	54.566
61	37.411	40.222	41.633	43.21	45.642	47.861	50.589	55.573
62	38.2	41.045	42.472	44.068	46.528	48.774	51.534	56.581

信道数目	阻塞概率(GOS)							
	0.01%	0.05%	0.1%	0.2%	0.5%	1%	2%	5%
63	38.991	41.869	43.313	44.927	47.416	49.688	52.481	57.59
64	39.784	42.695	44.156	45.788	48.305	50.603	53.428	58.599
65	40.579	43.523	45	46.65	49.195	51.518	54.376	59.609
66	41.375	44.352	45.845	47.513	50.086	52.435	55.325	60.619
67	42.173	45.183	46.691	48.378	50.978	53.353	56.275	61.63
68	42.973	46.015	47.539	49.243	51.872	54.272	57.226	62.642
69	43.774	46.848	48.389	50.11	52.766	55.191	58.177	63.654
70	44.578	47.683	49.239	50.979	53.661	56.112	59.129	64.667
71	45.382	48.519	50.091	51.848	54.558	57.033	60.082	65.68
72	46.188	49.357	50.944	52.719	55.455	57.956	61.036	66.694
73	46.996	50.195	51.799	53.59	56.354	58.879	61.99	67.708
74	47.805	51.035	52.654	54.463	57.253	59.803	62.945	68.723
75	48.615	51.877	53.511	55.337	58.153	60.728	63.9	69.738
76	49.427	52.719	54.369	56.211	59.054	61.653	64.857	70.753
77	50.24	53.563	55.227	57.087	59.956	62.579	65.814	71.769
78	51.054	54.408	56.087	57.964	60.859	63.506	66.771	72.786
79	51.87	55.254	56.948	58.842	61.763	64.434	67.729	73.803
80	52.687	56.101	57.81	59.72	62.668	65.363	68.688	74.82
81	53.505	56.949	58.673	60.6	63.573	66.292	69.647	75.838
82	54.325	57.798	59.537	61.48	64.479	67.222	70.607	76.856
83	55.146	58.649	60.403	62.362	65.386	68.152	71.568	77.874
84	55.968	59.5	61.268	63.244	66.294	69.084	72.529	78.893
85	56.791	60.352	62.135	64.127	67.202	70.016	73.49	79.912
86	57.615	61.206	63.003	65.012	68.111	70.948	74.452	80.932
87	58.44	62.06	63.872	65.896	69.021	71.881	75.415	81.952
88	59.267	62.915	64.742	66.782	69.932	72.815	76.378	82.972
89	60.095	63.772	65.612	67.669	70.843	73.749	77.342	83.993
90	60.923	64.629	66.484	68.556	71.755	74.684	78.306	85.014
91	61.753	65.487	67.356	69.444	72.668	75.62	79.271	86.035
92	62.584	66.346	68.229	70.333	73.581	76.556	80.236	87.057
93	63.416	67.206	69.103	71.222	74.495	77.493	81.201	88.079
94	64.248	68.067	69.978	72.113	75.41	78.43	82.167	89.101
95	65.082	68.928	70.853	73.004	76.325	79.368	83.133	90.123
96	65.917	69.791	71.729	73.895	77.241	80.306	84.1	91.146
97	66.752	70.654	72.606	74.788	78.157	81.245	85.068	92.169
98	67.589	71.518	73.484	75.681	79.074	82.184	86.035	93.193
99	68.426	72.383	74.363	76.575	79.992	83.124	87.003	94.216

附录 E 驻波比(VSWR)、回波损耗(Return Loss)、传输损耗(Tran. Loss)等的对应关系

电压驻波比	回波损耗/dB	传输损耗/dB	电压反射系数	功率传输(%)	功率反射(%)	电压驻波比	回波损耗/dB	传输损耗/dB	电压反射系数	功率传输(%)	功率反射(%)
1.0	∞	.000	.00	100.0	.0	1.64	12.3	.263	.24	94.1	5.9
1.01	46.1	.000	.00	100.0	.0	1.66	12.1	.276	.25	93.8	6.2
1.02	40.1	.000	.01	100.0	.0	1.68	11.9	.289	.25	93.6	6.4
1.03	36.6	.001	.01	100.0	.0	1.70	11.7	.302	.26	93.3	6.7
1.04	34.2	.002	.02	100.0	.0	1.72	11.5	.315	.26	93.0	7.0
1.05	32.3	.003	.02	99.9	.1	1.74	11.4	.329	.27	92.7	7.3
1.06	30.7	.004	.03	99.9	.1	1.76	11.2	.342	.28	92.4	7.6
1.07	29.4	.005	.03	99.9	.1	1.78	11.0	.356	.28	92.1	7.9
1.08	28.3	.006	.04	99.9	.1	1.80	10.9	.370	.29	91.8	8.2
1.09	27.3	.008	.04	99.8	.2	1.82	10.7	.384	.29	91.5	8.5
1.10	26.4	.010	.05	99.8	.2	1.84	10.6	.398	.30	91.3	8.7
1.11	25.7	.012	.05	99.7	.3	1.86	10.4	.412	.30	91.0	9.0
1.12	24.9	.014	.06	99.7	.3	1.88	10.3	.426	.31	90.7	9.3
1.13	24.3	.016	.06	99.6	.4	1.90	10.2	.440	.31	90.4	9.6
1.14	23.7	.019	.07	99.6	.4	1.92	10.0	.454	.32	90.1	8.9

续 表

电压驻波比	回波损耗/dB	传输损耗/dB	电压反射系数	功率传输(%)	功率反射(%)	电压驻波比	回波损耗/dB	传输损耗/dB	电压反射系数	功率传输(%)	功率反射(%)
1.15	23.1	.021	.07	99.5	.5	1.94	9.9	.468	.32	89.8	10.2
1.16	22.6	.024	.07	99.5	.5	1.96	9.8	.483	.32	89.5	10.5
1.17	22.1	.027	.08	99.4	.6	1.98	9.7	.497	.33	89.2	10.8
1.18	21.7	.030	.08	99.3	.7	2.00	9.5	.512	.33	88.9	11.1
1.19	21.2	.033	.09	99.2	.8	2.50	9.4	.881	.43	81.6	18.4
1.20	20.8	.036	.09	99.2	.8	3.00	6.0	1.249	.50	75.0	25.0
1.21	20.4	.039	.10	99.1	.9	3.50	5.1	1.603	.56	69.1	30.9
1.22	20.1	.043	.10	99.0	1.0	4.00	4.4	1.938	.60	64.0	36.0
1.23	19.7	.046	.10	98.9	1.1	4.50	3.9	2.255	.64	59.5	40.5
1.24	19.4	.050	.11	98.9	1.1	5.00	3.5	2.553	.67	55.6	44.4
1.25	19.1	.054	.11	98.8	1.2	5.50	3.2	2.834	.69	52.1	47.9
1.26	18.8	.058	.12	98.7	1.3	6.00	2.9	3.100	.71	49.0	51.0
1.27	18.5	.062	.12	98.6	1.4	6.50	2.7	3.351	.73	46.2	53.8
1.28	18.2	.066	.12	98.5	1.5	7.00	2.5	3.590	.75	43.7	56.2
1.29	17.9	.070	.13	98.4	1.6	7.50	2.3	3.817	.76	41.5	58.5
1.30	17.7	.075	.13	98.3	1.7	8.00	2.2	4.033	.78	39.5	60.5

续表

电压驻波比	回波损耗/dB	传输损耗/dB	电压反射系数	功率传输(%)	功率反射(%)	电压驻波比	回波损耗/dB	传输损耗/dB	电压反射系数	功率传输(%)	功率反射(%)
1.32	17.2	.083	.14	98.1	1.9	8.50	2.1	4.240	.79	37.7	62.3
1.34	16.8	.093	.15	97.9	2.1	9.00	1.9	4.437	.80	36.0	64.0
1.36	16.3	.102	.15	97.7	2.3	9.50	1.8	4.626	.81	34.5	65.5
1.38	15.9	.112	.16	97.5	2.5	10.00	1.7	4.807	.82	33.1	66.9
1.40	15.6	.122	.17	97.2	2.8	11.00	1.6	5.149	.83	30.6	69.4
1.42	15.2	.133	.17	97.0	3.0	12.00	1.5	5.466	.85	28.4	71.6
1.44	14.9	.144	.18	96.7	3.3	13.00	1.3	5.762	.86	26.5	73.5
1.46	14.6	.155	.19	96.5	3.5	14.00	1.2	6.040	.87	24.9	75.1
1.48	14.3	.166	.19	96.3	3.7	15.00	1.2	6.301	.88	23.4	76.6
1.50	14.0	.177	.20	96.0	4.0	16.00	1.1	6.547	.88	22.1	77.9
1.52	13.7	.189	.21	95.7	4.3	17.00	1.0	6.780	.89	21.0	79.0
1.54	13.4	.201	.21	95.5	4.5	18.00	1.0	7.002	.89	19.9	80.1
1.56	13.2	.213	.22	95.2	4.8	19.00	.9	7.212	.90	19.0	81.0
1.58	13.0	.225	.22	94.9	5.1	20.00	.9	7.413	.90	18.1	81.9
1.60	12.7	.238	.23	94.7	5.3	25.00	.7	8.299	.92	14.8	85.2
1.62	12.5	.250	.24	94.4	5.6	30.00	.6	9.035	.94	12.5	87.5

附录 F　常见同轴电缆参数

规格	5D	7D	8D	(1/2)″	(7/8)″	(13/8)″	(1/2)″超柔
百米损耗/800 MHz	19.0 dB	13.0	12.9	6.8	3.8	2.28	10.9
百米损耗/900 MHz	20.4 dB	14.3	13.8	7.2	4.1	2.38	11.2
百米损耗/1 800 MHz	29.7	21.1	20.8	10.6	6.1	3.6	16.5
百米损耗/2 200 MHz	—	—	—	11.2	6.46	3.8	18.1
百米损耗/2 400 MHz	—	—	—	11.9	6.68	4.27	20.1
30 dB 损耗线长 900 MHz/m	150	210	215	450	730	730	255
每百米重量/kg	8	11.5	14.	25	57	57	21
导线护套外径/mm	7.5	9.8	10.4	15.8	28	28	14.7
特性阻抗/Ω	50	50	50	50	50	50	50
驻波比(<2 000 MHz)	≤1.20	≤1.20	≤1.20	≤1.20	≤1.20	≤1.20	≤1.20
相对传输速度	88%	88%	88%	88%	88%	88%	81%
最小弯曲半径/mm	70	100	110	200	280	280	35

附录 G　五类线衰减常数

频率	单位	百米衰减值
1.0 MHz	dB/100 m	≤2.0
4.0 MHz	dB/100 m	≤4.1
8.0 MHz	dB/100 m	≤5.8
10.0 MHz	dB/100 m	≤6.5
16.0 MHz	dB/100 m	≤8.2
20.0 MHz	dB/100 m	≤9.3
25.0 MHz	dB/100 m	≤10.4
31.25 MHz	dB/100 m	≤11.7
62.5 MHz	dB/100 m	≤17.0
100 MHz	dB/100 m	≤22.0

附录H 断信源法和双工器法

1. 断信源法及其应用

同邻频干扰排查通常采用"断信源法",如图H1所示。

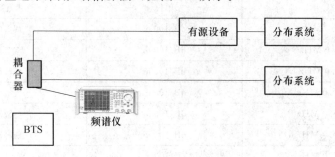

图H1 断信源法测试高干扰

采用断信源法连接好频谱仪后,将频谱仪的MARKER标志到信源小区频点号上行,频谱仪采用刷新的状态进行观察,观察各频点是否是脉冲信号、且频谱仪在刷新的状态下是否高于−100 dBm的来分析判断频点是否存在同邻频高干扰,同时将频谱仪设置在最大保持状态,持续30秒左右判断该频点的最大干扰电平。

经过以上的过程,得出该基站小区受到干扰的频点,知会网优对该基站小区或周边基站小区进行频点优化。对于GSM900频点确实紧张的区域,则尽量采取多建设DCS1800小区吸收话务、多利用TD-SCDMA和WLAN网络吸收数据业务,从而降低GSM900小区承载的语音和数据业务,降低GSM900小区载波配置,就可以很好地避免同邻频干扰。

2. 双工器法及其应用

无源器件问题带来的高干扰排查通常采用"双工器法",如图H2所示。

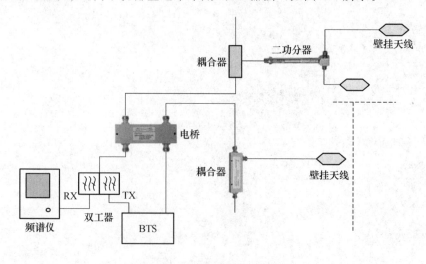

图H2 双工器法测试高干扰

无源器件和施工工艺问题带来的高干扰,可以先按"双工器法"连接好频谱仪,然后按照如下步骤开展排查:

（1）在基站（射频）关断的状态下观察 890～909 MHz 频段的整体波形：

a. 如果上行波形整体不超过－100 dBm，则判断为无源器件高干扰。

b. 如果上行波形大于－100 dBm。则判断为有源设备高干扰和外部高干扰。

（2）在基站正常运行的状态下观察 890～909 MHz 频段的整体波形，如果是无源分布系统，且此时频谱仪测试到的整个上行波形抬升大于－100 dBm，判断为有无源器件高干扰。

（3）在基站正常运行状态下观察 890～909 MHz 频段的整体波形，如果是有源分布系统：

a. 逐台且一次只关闭一台有源设备，如果在此过程中高干扰消失，则判断为相应有源设备及其分布系统高干扰，按有源设备高干扰排查整治方法进行处理。

b. 如果随着关闭设备数量的增加干扰逐渐降低，则判断为设备底噪叠加干扰，则在不影响覆盖的情况下降低有源设备上行增益（但上下行增益相差不得大于 5），或进行小区分裂减少每小区拖带的有源设备数量的方法处理。

c. 如果以上两种情况下干扰一直存在，则判断为无源器件高干扰。

（4）如果判断无源器件干扰，则关闭基站逐级更换无源器件，并重新做前级接头，直到解决整个上行频段波形抬升带来的高干扰问题。也可以通过频点规划的方法进行规避。